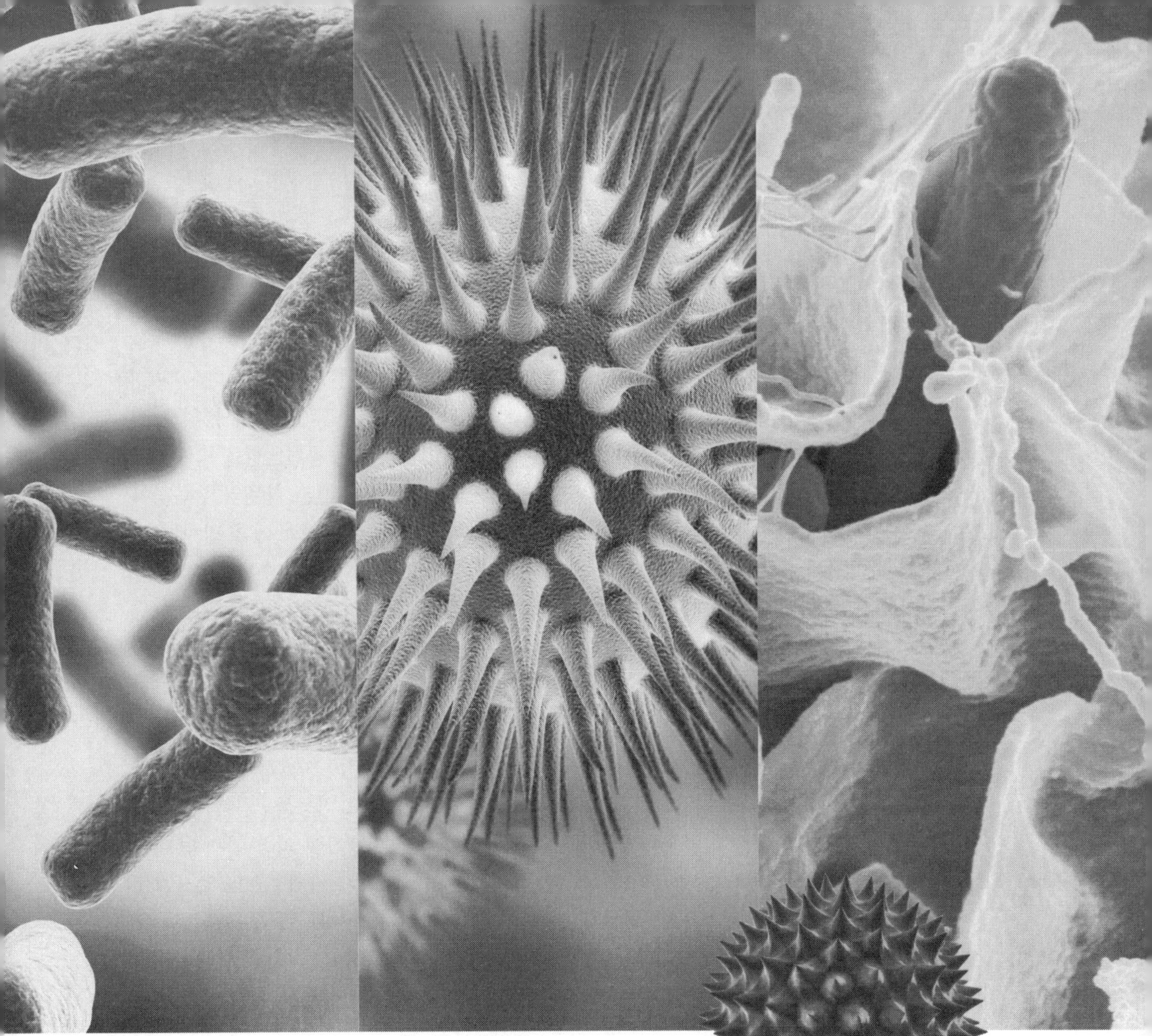

동물질병학

The Diseases of Animals

김옥진 · 김현주 · 정태호 · 황인수 · 홍선화 공저

동일출판사

PROLOGUE

'동물질병학'은 동물의 생명과 건강을 위협하는 여러 가지 요인을 제거하여 동물의 질병 및 장애를 미연에 예방하여 동물의 건강을 유지할 뿐만 아니라 인수공통전염병을 숙지하고 예방할 수 있는 위생학, 공중보건학에 대한 지식을 배향하도록 하는데 본 학문의 주목적이 있다. '동물질병학'을 통하여 동물질병 전반에 관한 원인, 증상, 진단, 경과 예후 및 예방법의 개요를 파악하여 동물의 건강유지 등의 제반 사항에 관해 기술적 체계를 습득할 수 있다. '동물질병학'을 통하여 동물의 각종 질병과 예방법 및 인수 공통 전염병의 예방법 등을 파악하게 하여 과학적인 동물의 사육관리를 가능하게 하며, 동물원 사육사 및 동물간호사로의 자질을 갖추도록 하는 데 그 목적을 두고 있으며 그 중요성이 무척 크다고 할 수 있다.

동물 전공학생들은 동물간호복지사, 동물매개심리상담사, 축산기능사, 가축인공수정사 등의 자격증 관련 시험과 연계된 과목이라 필히 공부를 하여야 하고 비동물전공 학생들 중 식품 또는 위생관련 업종을 희망하는 학생들 또한 공중보건 및 위생학이 각종 자격증 대비를 위하여 필히 공부하여야 할 과목이라 할 수 있다. 현재 각종 국가 자격증으로 축산기능사, 가축인공수정사, 축산물검사원, 미용사, 조리사, 식품관리사 뿐 아니라 동물간호사 등의 민간자격증 시험에 공중보건학 또는 위생학이 시험으로 평가되어지고 있는 상황이며 이러한 공중보건과 위생 분야에서 동물전염병이 차지하는 비중이 적지 않기 때문이다.

동물질병학은 사람과 동물의 공존에 가장 중요한 전염병, 위생, 공중보건에 대한 이해의 폭을 넓힐 수 있었고 전문 용어를 습득할 수 있는 과목이다. 현제 공중보건학 및 병원미생물학, 전염병학은 동물관련 학과뿐 아니라 의학, 치의학, 한의학, 약학 및 생물학 전공의 생명과학도들에게 가장 기본적인 학문으로 받아들여지고 있다.

현재, 동물질병학과 관련된 교과목의 개설이 늘고 있으나 학생들이 학습 재료로 사용할 수 있는 교재가 극히 제한되어있는 것이 사실이다. 더욱이 기존 학습교재가 인체의학 및 수의학에 치우치는 경향이 많아 동물관련 학과의 학생들에게 필요치 않은 내용이 많이 포함되어 있는 상황이다. 저자는 이러한 문제점을 개선하고자 부족한 자료이지만 '공중보건학', '가축위생학', '동물전염병학' 및 '병원미생물학'을 포함하는 동물들의 질병과 위생에 대한 내용을 담아 학습 교재를 만들고자 하였다.

향후 '동물전염병학', '가축위생학', '가축질병학' 및 '병원미생물학' 등으로 세분하여 교과목이 개설되고 각각에 맞는 내용이 알차게 채워진다면 가장 바람직한 교과목이 될 것으로 생각되지만, 현실적으로 대학의 교과목 개설에 제한 점이 있어 안타깝게도 이들 교과목을 각각 세분하여 강의하지 못하는 현실이라 이들을 통합하여 강의할 수 있는 동물질병학을 개설하여 교습하는 상황에서 이에 맞는 학습교재의 개발이 절실한 상황이었다. 내용이 방대하고 시간에 쫓기어 만족할 만한 내용을 담지 못하였음을 아쉽게 생각하지만 시간이 지나서 보다 많은 자료들을 수집하고 내용의 오류를 수정하여 보다 완성된 교재를 다시 내리라 다짐하며 현재 부족한 교재에 대한 아쉬움을 뒤로 미루어 본다.

본 교재는 반려동물인 개와 고양이를 포함하여 산업동물, 관상동물 및 야생동물의 주요 질병들을 간략하고 알기 쉽게 정리하였다. 본 교재가 동물 관련 전공 학생들에게 동물의 전염병과 질병을 학습하는 데 기본 학습서가 될 수 있을 것이다.

본 교재는 동물 관련 학생들에 동물질병에 관한 기본 개념을 제공하고 개별 질병에 대한 특성들을 제시하는 기본 학습서로 동물질병의 이해에 큰 도움을 줄 것으로 확신한다.

본 교재의 완성에 큰 도움을 주신 분으로 그 누구 보다 본 교재의 출판을 허락해 주시고 꼼꼼한 출간 작업으로 교재의 완성도를 높여주신 동일출판사 정창희 대표님에게 큰 감사를 드린다. 또한 동물질병 관련 방대한 자료의 수집과 정리를 맡아준 김동우 조교와 오기욱 조교, 문지윤 학생들의 노고를 잊을 수 없을 것이다. 또한, 본 교재의 완성을 위하여 인용 및 발췌를 허락하여 주신 여러 선배님들에게 또한 감사드린다.

본 교재가 동물질병에 대한 이해를 도모하고 관련 질병의 특성과 예방 대안을 학습하는 데 기본 방향을 제시하여 줄 수 있으면 하는 바람으로 이 글을 맺을까 한다.

지은이 일동

CONTENTS

Chapter 04. 애완파충류 / 99

Chapter 05. 축산자원 동물 질병 / 109

CONTENTS

CONTENTS

Chapter 01 개의 질병

1. 부위별 질병

1) 부위에 따른 분류

(1) 피부병

가. 탈모증

① **증상**

털이 빠지는 증상을 탈모증이라고 하는데, 먼저 털갈이에 의한 탈모와 질병에 의한 탈모를 구분해야 한다. 털갈이는 몸 전체적으로 털이 빠지는데, 주로 가볍고 부드러운 솜털이 빠져 나온다. 질병에 의한 탈모는 주로 몸에 부분적으로 털이 빠지고, 가려움증을 느끼는 경우가 많다. 그리고 털이 빠진 부위가 헐거나 붉게 변하고 염증이 있으면 병적인 탈모이다.

② **원인**

탈모의 원인은 매우 다양하다. 기생충, 세균, 호르몬 장애, 곰팡이 등이 흔한 탈모의 원인이다.

③ **대책**

정확한 원인을 알아내는 것이 중요하다. 질병에 따라 치료방법은 매우 다양한데 가능한 초기에 진단하는 것이 좋으므로 빨리 병원에 간다. 경우에 따라 피부 보조제 등으로 탈모를 예방할 수도 있다.

나. 아토피

① 증상

최근에는 개에게도 아토피가 많이 생기고 있다. 아토피는 특정한 원인에 대하여 관민반응을 보이는 것으로 피부의 가려움증과 호흡곤란과 같은 증상으로 난다. 가려움증으로 인해 피부 상처나 세균의 이차 감염이 발생할 수 있습니다. 대부분 개들은 호흡기 증상보다 피부과 증상으로 아토피가 나타난다.

② 원인

보통 한 살에서 세 살 사이에 발생하고, 유전적 원인이 대부분이다. 아토피의 알레르기를 일으키는 물질을 확인하면 치료와 예방이 가능하지만 원인물질을 확인하는 것이 쉽지는 않다. 집 먼지 진드기도 큰 원인이 될 수 있고 벼룩이나 꽃가루 등 다양한 원인에 의해 알레르기 반응을 보인다. 피부가 아토피 증상을 가지게 되면 피부 결합이 느슨해지고 약해져서 감염이 되기 쉽고 수분도 잘 빠져나가 기 때문에 건조해지게 된다.

③ 대책

알레르기의 원인이 되는 물질을 찾아서 그것들을 제거하고 이차적인 감염을 치료하면 증상이 호전되나 지켜야 할 것은 거기에 다시 노출이 되면 언제든지 재발할 수 있다는 점을 주의해야 한다. 알레르기를 일으키는 물질을 항원이라 하는데, 항원검사에 따른 원인물질을 확인하고 그 알레르기 반응을 줄여주는 항체요법을 동물병원에서 상담하는 것도 좋은 방법이다.

다. 지루증

① 증상

피지에 문제가 있는 것을 지루라고 하는데, 지루에는 건성지루와 습성지루가 있다. 건성지루는 건조한 비듬과 분비물이 피부에 많이 생기고 가려움이 심한 것이고, 습성지루는 끈끈한 점액이 묻어 있고 냄새가 심하게 난다.

② 원인

다양한 원인이 있는데, 선천적인 경우와 기생충, 영양상의 문제, 아토피, 진균감염 등이 흔한 원인이다.

③ 대책

원인에 따라 치료가 다르므로 정확한 진단을 먼저 해야 한다. 특히 약용샴푸들이 많은데, 함부로 사용을 하면 증상을 악화시키고 지루를 만들기도 한다.

라. 개선충(옴)

① 증상

개선충은 피부에 사는 아주 작은 벌레인데, 매우 심한 가려움을 유발해 신경질적으로 긁어 대기도 한다. 특히 귀 끝을 손으로 가만히 누르면 뒷다리를 부르르 떠는 **'이개족 반사'**가 특징이다. 자주 긁기 때문에 비듬이 많이 생기게 되고 피부가 헐고 염증이 생긴다.

② 원인

옴이라는 기생충이 원인인데 보통 지저분한 곳이나 집단사육 하는 환경에서 여러 마리의 강아지가 같이 지내면서 전염되는 경우가 많다.

③ 대책

옴의 치료제는 다양한 형태로 여러 가지가 있다. 주사, 샴푸, 연고, 바르는 약 등 여러 가지 제제가 있지만, 치료기간은 상태에 보통 3주정도 걸린다. 그리고 사람에게도 감염이 될 수 있는데, 여자와 어린아이들이 민감하게 반응한다. 최근에는 등에 바르는 약으로 옴을 예방하고 있다.

마. 모낭충

① 증상

모낭충은 털주머니에 사는 벌레이다. 탈모가 주된 증상이고 주로 다리 끝이나 얼굴 주변에 자주 발생한다. 옴에 비해 가려움증은 별로 없지만 모낭충 특유의 피부 비린내가 나고 심항 염증을 일으키게 된다.

② 원인

모낭충은 유전되기도 하며 보통 면역이 약한 개들에게 발생한다. 감염이 쉽고 다른 이차적으로 세균감염을 일으키게 된다.

③ 대책

발견즉시 치료하면 완치되지만 온몸에 퍼진 경우 치료되지 않을 수 있다.

Chapter 01

바. 벼룩 알레르기

① **증상**

벼룩에 의해 알레르기가 일어나면 매우 심한 가려움증을 보인다. 특히 아랫배 부위에 빨간 반점이 생기고 털이 빠지는 증상이 나타난다.

② **원인**

벼룩은 가려움증 뿐 아니라 빈혈과 리켓치아 질병을 옮기기도 한다.

③ **대책**

옴과 같이 벼룩을 예방하는 약이 있어 한 달에 한 번씩 발라주면 된다.

(2) 호흡기계 질병

가. 단두종 증후군

① **원인**

단두종은 주둥이가 짧은 퍼그, 시츄, 페키니즈 등을 말하는데, 이러한 품종들은 선천적으로 코가 짧아 입천장과 목젖에 해당하는 연구개가 늘어져서 숨길을 막는 증상이 나타날 수 있다. 또한 코가 짧아서 숨쉬기고 곤란하여 호흡이 어려운데 이러한 증상들을 총칭해서 단두종 증후군이라고 부른다.

② **증상**

숨을 쉴 때마다 연구개가 떨려 소리가 나고, 잘 때는 코고는 소리가 심하며, 비염과 기관지염 등을 보이기도 한다.

③ **대책**

길어진 연구개와 좁아진 콧구멍을 교정하는 수술이 필요하다.

나. 상부 호흡기 질환

① **증상**

상부호흡기는 코, 콧구멍, 인후두, 기관을 말한다. 호흡기 질환은 급성으로 심한 것들이 아니면 일반적으로 상부 호흡기 감염이 먼저 일어나고 그 다음 기관지와 폐로 진행하는 하부호흡기 질환이 발생한다. 비염은 바이러스나 진균 또는 세균에 의해서 처음에 맑은 콧물과 약간의 재채기를 동반하는 경우가 많은데, 또한 부비강에 염증이 진행되면 코가 붓거나 막혀서 숨쉬기가 곤란하고 때로는 코 안쪽의 점막이 부어서 피가 나오기도 한다. 상부호흡기 질환의 특징적인 증상은 재채기이다.

② **원인**

가장 흔한 것은 바이러스와 세균의 감염이고 드물게 곰팡이가 원인이 되기도 한다. 비강협착 같은 해부학적인 이상은 일부 품종에서 선천적 발생하기도 하고, 때에 따라 알레르기가 원인이 되기도 한다.

③ **대책**

감염에 의해 발생한 상부호흡기 질환은 약물 처치로 비교적 쉽게 치료된다. 그러나 선천적인 해부학적 이상이 있는 비강협착 이나 단두종 증후군 같은 경우에는 수술적인 교정이 필요하다. 수술은 비교적 까다로운 성형외과 수술에 해당하지만 수술이 성공하면 정상적으로 생활 할 수 있다.

다. 비염

비염이란 코의 내부점막에 염증이 생긴 상태를 말하며 급성과 만성염증으로 구분된다.

① **원인**

직접적인 원인이 되는 외상, 종양, 감염, 기후의 급변, 자극성 가스 등을 원발성 원인이라 하고 홍역이나 알레르기 같은 다른 원인이 제공된 후 발병되는 것을 속발성이라 한다. 주로 전신적인 항병력이 약해져 있을 때 건조하거나 환기가 안 좋으면 비점막에 세균 등의 미생물이 침입하는 것이 일반적인 현상이다.

② **증상**

㉮ **급성 비염 :** 재채기를 동반하며 처음에는 콧구멍에서 맑은 수양성 콧물(nasal discharge)이 흐르다가 곧이어 짙은 흰색 또는 염증색의 농이 흐르게 되며, 비공의 내벽은 비후되고 발적증상을 나타낸다. 그리고 때때로 결막염이 나타나기도 하는데 이는 눈의 분비물이 코를 통해 흘러 들어가는 통로인 누관(lacrimal duct)이 막히기 때문이다. 체온은 정상보다 다소 높은 39.0~39.5℃를 나타낸다.

㉯ **만성 비염 :** 한쪽 또는 양쪽 비공에서 비루가 계속 반복되어 흐르는 경우를 만성비염이라 하며 비루에서 심한 악취가 날 경우에는 치근염(이빨의 뿌리부분에

염증)이나 뼈에 질병이 있는지 확인하여야 할 것이다. 비염이 심할 경우에는 내벽에 궤양(Ulcers)이 형성되기도 한다.

③ **예방 및 치료**

가장 정확하고 효과적인 치료를 위해서는 비염 전문의에게 정확한 진단을 받는 것이 중요하다. 그리고 가벼운 증상일 경우에 가장 먼저 할 수 있는 방법으로는 비강 점막의 건조를 방지해 주기 위해 증기(Steam)를 자주 쏘이는 것이 중요하다. 그리고 멸균된 탈지면으로 분비물을 잘 닦아내고 항생제를 nebulizer를 이용하여 분무하여야한다. 대증요법으로는 개의 체력향상과 항병력 강화를 위해 대사촉진제와 비타민A를 주사해 준다. 그리고 항생제를 사용하면 도움이 된다.

라. 하부 호흡기 질병

① **증상**

하부호흡기는 기관지와 폐포를 말하는데, 감염된 질병들은 상부호흡기를 통해 하부호흡기로 질병이 진행되어 온다. 따라서 대부분 하부호흡기 질환은 증상이 오래 가고 치료가 늦게 되는 경우가 많다. 대부분 기침을 하고 열이 나고 식욕이 없는 것이 특징이다.

② **원인**

대부분 바이러스, 세균, 진균 등의 감염과 알레르기가 원인이다. 때에 따라 세균과 바이러스나 곰팡이가 혼합적으로 감염 되는 경우가 있다.

③ **대책**

하부호흡기 감염증을 치료기간이 오래 걸리는 경우가 많아 꾸준한 치료가 필요하다. 또한 체력을 많이 소모하기 때문에 영양관리에 주의하고, 오랜 기간 항생제를 투여해야 되는 수도 있어 약물검사를 할 경우도 있다.

마. 폐렴(pneumonia)

폐는 체내의 대사산물인 이산화탄소를 체외로 배출시키고 신체의 열, 에너지, 정상 컨디션 등을 위해 필수적인 산소를 혈액으로 공급하여 주는 역할을 하는데 여기에 어떤 기계적인 손상이나 세균의 침입으로 폐렴이 발생하게 된다.

① **원인**

손상에 의한 폐렴은 교통사고나 총상 등 가슴부위의 심한 손상으로 인해 급작스럽게 발생되며, 염증성 폐렴은 폐 조직에 세균이 침입했을 때 일어나며 혹한에 시달리거나 영양실조, 각종 질병시 개의 저항력이 약해졌을 때 많이 발생한다.

② **증상**

호흡이 매우 거칠어지며 점차 들이쉬는 숨은 짧아지고 내쉬는 숨은 길어지면서 호흡속도가 빨라진다. 그리고 경우에 따라서는 기침을 하지 않는 경우도 있지만 대부분 기침을 하며 콧물이 흐른다. 세균성 폐렴의 경우는 41℃ 이상의 고열을 동반한다.

③ **예방 및 치료**

개가 기침을 하거나 콧물이 흐르는 등 가벼운 호흡기 증상을 나타 낼 때는 가능한 한 빨리 치료를 실시해서 증상이 악화되는 것을 막아야 하며 폐렴에 걸렸을 경우에는 광범위 항균제로 장기간의 치료를 해야만 치료가 가능하며 영양제를 병용투여해서 회복을 촉진시켜 주도록 한다.

바. 기관 협착증

기관은 파이프처럼 생긴 물렁뼈로 된 숨길인데, 어떤 경우 이 물렁뼈가 약해져서 파이프 속이 눌리는 경우가 있다. 이것은 기관협착증이라고 부른다. 늙거나 혹은 유전적인 영향으로 기관협착증이 발생하는데, 기관이 좁아진 마큼 숨쉬기가 힘들어 심한 기침을 하고 호흡곤란증세를 보인다. 때에 따라서는 호흡 경련 등의 증세에 따라 쇼크로 사망하는 수도 있다. 요크셔테리어 품종에서 잘 걸리는데, 수술로 교정 하거나 꾸준한 약물 투여로 치료할 수 있다.

(3) 소화기 질병

가. 식도 질병

① **식도염**

종종 식도에도 염증이 생기는 수가 있다. 뜨거운 음식을 먹거나 혹은 자극적인 화학물질이나 위산이 역류해서 식도 점막 세포를 다치게 하면 식도에 염증이 생긴다. 식도에 염증이 생기면 구역질이 나고 침을 흘리고 음식을 삼키는 것을 싫어한다.

② **식도 이물**

갈비뼈, 탁구공, 바늘 같은 이물을 꿀꺽하고 삼키다가 식도에 걸리는 강아지들이 종종 있다. 이러한 경우 응급상황으로 속히 치료하지 않으면 생명이 위험하게 된다. 식도에 이물이 걸리면 침을 흘리고 음식을 삼키지 못하고 토하며 목을 아파한다.

③ **거대식도**

어떤 질병이나 혹은 유전에 의해 식도가 늘어진 경우가 있다. 식도가 크게 늘어나서 거대식도라고 부르는데, 음식을 먹으면 늘어진 식도에 고여 있다가 입으로 게워 내는 특징이 있다. 따라서 음식을 먹지 못하고 살이 빠지고 때에 따라 음식물이 기관으로 넘어가 폐렴을 일으키기도 한다.

나. 위장의 질병

① **급성 위염과 출혈성 위장염**

갑자기 심각한 구토 증세를 보이는 경우가 있는데 이러한 것은 음식물의 자극이나 세균 또는 바이러스와 같은 병원균에 의해 위의 점막 세포가 손상된 때문이다. 또한 심한 스트레스에 의해서도 위에 염증이 생겨 출혈을 보이고도 한다. 때에 따라서는 면역계통에 손상이 있어 위에 출혈을 일으키는 위장염으로 진행되기도 한다. 속히 치료 받으면 완치되는데 방치하면 위험하다.

② **위내 이물**

강아지는 특히 아무거나 가리지 않고 먹는 습성이 있어 이물을 삼키는 경우가 많다. 장난감이나 스타킹은 물론 심지어 바늘이나 칼을 삼키기도 한다. 이유 없이 구토를 할 때는 위내 이물이 있는 경우가 종종 있다. 위안에 이물이 있으면 위 점막이 자극되어 구토와 구역질이 나타난다. 강아지에서는 다른 증상을 수반하지 않고 급성 구토를 보이는 경우 위내 이물이 있는 경우가 많다. 대부분은 수술로 치료되는 경우가 많다.

③ **위 염전**

위안에 가스가 차올라 위가 꼬이는 것을 위 염전이라고 부른다. 위가 꼬이고 가스가 더 차오르면 숨이 막히고 체액 대사에 이상이 생겨 쇼크로 사망하게 된다. 보통 대형 품종의 개에서 잘 발생하고 성품이 온화한 개보다는 예민한 개에서 더 쉽게 발병한다. 사료나 물을 한꺼번에 많이 먹고 난 뒤 곧 바로 운동을 하거나 식이성 인자나 염증성 위장질환 등이 원인이 되어 위 운동의 장애 때문에 위가 염전된다.

응급상황으로 처치하면 회복 할 수 있지만 시간을 치료시기를 놓치면 생명이 위태롭게 된다.

④ **위염**(gastritis)

개의 위점막은 전체가 다 소화액을 분비하는 위선으로 구성되어 있으며 이로 인해서 개가 구토를 쉽게 일으키는 것으로 알려져 있다. 위염이란 이러한 위점막에 염증이 생긴 증상을 일컫는다.

㉮ **원인 :** 개는 먹이를 찾아다니는 선천적인 습성이 있으며, 이로 인해 강아지들은 아무 것이나 주워 먹기 때문에 위염을 일으키기 쉽다. 가장 심한 위염의 경우는 세균에 의해 위염이 발생되고 여기에 다시 아주 단단한 뼈 등이 위벽을 계속 자극하거나 음식물이 위 내에서 섞였을 때이다. 또한 홍역과 같은 바이러스가 관여되는 경우도 많으며 이 경우는 대개 다른 개에게도 전염이 된다. 최근 연구결과들은 사람의 위염 원인 병원체인 Helicobacter 균종이 개에게서도 발견되며, 이로 인한 위염 및 위궤양 유발의 가능성이 추정되고 있어 이에 대한 확인이 요구되고 있다.

㉯ **증상 :** 위염의 가장 중요한 증상은 구토이다. 정상적인 개라도 이유 없이 구토를 하지만 위염 시의 구토는 매우 심하며 수양성 구토물이 나온다. 심한 구토로 개가 침울해지고 탈수가 되면 혀의 앞부분이 갈색으로 변하며 세균이나 바이러스가 침입했을 때는 대체로 장염(enteritis)이 발병된다.

㉰ **예방 및 치료 :** 강아지의 경우 이물질 등 아무 것이나 먹지 않도록 주의를 해야 하며 닭 뼈와 같은 갈라지기 쉬운 뼈나 단단한 뼈 혹은 부패된 먹이 등을 주지 말아야한다. 일단 위염에 걸리면 심한 구토를 하게 되어 개는 심한 스트레스를 받게 되고 탈수를 일으키게 되므로 구토를 방지해주는 것이 급선무이나 이물질이나 중독성 물질을 먹었을 때에는 오히려 구토를 유도하는 것이 좋다. 진토제로는 메토크로푸라미드 제제 등이 있으며 위벽 보호제로는 비스무스 등이 있다. 치료 시 주의해야 할 사항은 탈수로 인한 체력약화를 방지하기 위해 음수에 전해질제제를 용해하여 공급하거나 전해질액을 정맥주사 해주어야 한다. 그리고 광범위 항균제나 앰피실린 같은 제제를 병행하는 것도 2차 감염을 막아줄 수 있다. 치료기간 중에는 부드러운 음식이 좋으며 증상이 호전되면 점차 고형사료를 주는 것이 현명한 사양관리일 것이다.

Chapter 01

다. 장염

① 기생충성 장염

기생충이 장을 자극하는 경우에도 장염이 생기게 된다. 대부분 자견 시기와 실외견에게 흔히 발생하는데, 주로 일어나게 되는데 일반적으로 회충 흡충 편충 원충 등 기생충성 장염의 원인이 된다. 특히 원충에 의한 장염은 위험할 수 있다.

㉮ **증상 :** 단순하게 기생충에 의한 장염일 경우 설사나 구토 증상을 보이지만, 식욕은 좋은 것이 특징이다. 때로는 변으로 기생충이 나오면서 설사와 구토 등의 임상증상이 없는 경우도 있지만, 때에 따라 심한 경우 변에서 피가 배어 나오기도 한다.

㉯ **원인 :** 기생충만 감염이 되어 장염이 되는 경우도 있지만, 때에 따라 기생충에 의한 면역저하 현상에 의해 장염이 되기도 한다.

㉰ **대책 :** 구충제는 꾸준히 먹이는 것이 좋다. 생후 15일부터 기생충 예방을 시작해야 하고, 심한 경우 한번에 구충이 안 되므로 병원에서 현미경 검사나 기타 다른 검사를 통해서 정확한 기생충의 종류를 진단 받고 주사 치료도 받아야 한다. 심장사상충과 기생충 예방을 위한 구충제는 다달이 먹이는 것이 좋다.

② 세균성 장염

㉮ **증상 :** 가장 흔한 장염의 원인은 세균에 의한 것인데, 심한 설사를 하게 된다. 주로 어린 강아지들이 세균성 장염에 잘 걸리며 배가 아프고 식욕이 없고 구토가 있을 수도 있다.

㉯ **원인 :** 흔히 이질균이라고 불리는 세균의 감염에 의해 장염이 된다. 이들 세균은 때에 따라 독소를 내기도 하여 심한 복통이 올 수도 있다. 대표적인 세균은 캠필로박터, 살모넬라, 클로스트리디움 등이 있다.

㉰ **대책 :** 장염을 일으키는 세균들은 불결한 곳에서 잘 자라고 또 물을 통해 전파되기 때문에 소독을 잘하고 환경을 깨끗이 하면 예방할 수 있다.

③ 바이러스성 장염

㉮ **증상 :** 바이러스가 장내로 들어와 장점막 상피세포에서 증식하며 점막세포를 손상시켜 증상을 일으키게 된다. 바이러스에 의한 장염은 순차적인 진행을 보이는데, 밥을 먹지 않다가, 구토를 하고, 설사와 혈변을 보이는 순서로 진행되는 경우가 많다. 구토와 설사가 심하면 몸 안의 수분이 빠져나가 목숨을 잃게 된다. 이러한 탈수 증상이 바이러스성 장염의 주요한 특징이다. 또한 바이러스가 장점막을 침범하는 동안 혈액이 섞인 설사를 하기도 한다.

㉯ **원인 :** 여러 가지 바이러스가 강아지에게 장염을 일으킨다. 파보, 코로나 등의 바이러스가 가장 흔한 원인이다.

㉰ **대책 :** 바이러스는 초기에 치료해야 회복할 수 있다. 치료시기가 조금이라도 늦으면 사망률이 높아지기 때문이다. 탈수와 쇼크를 막고 수액을 기본으로 치료하면 회복되는 경우도 많이 있다. 예방접종을 통해 바이러스 장염을 예방할 수 있다.

라. 대장염

대장염은 대장에 염증이 생긴 것으로 일반적인 장염과 다른 증상을 보이는 경우가 많다. 장염은 대부분 소장의 염증을 말하는데, 대장은 변을 담아두고 배설하는 기관이기 때문에 대장염으로 인한 증상은 배변을 어려워하는 증상을 보인다. 변을 시원하게 보지 못하고 여러번 조금씩 나누어 보거나, 변을 볼 때 힘들어하고, 때로는 피가 묻어나오는 수도 있으면 설사를 수시로 하는 경우도 있다. 대장염의 원인은 심각한 스트레스와 알러지, 세균, 기생충 등이다. 대장염은 장염보다 증상은 심하지 않지만 오래도록 낫지 않고 만성화되는 경향이 있다.

마. 췌장염

췌장은 십이지장 옆에 붙어 있고 소화액을 분비하는 기관이다. 간혹 한꺼번에 고기를 많이 먹고 심한 구토를 하면서 몹시 배를 아파하는 개들이 있다. 이런 경우 췌장염을 의심해 볼 수 있다. 한번에 많은 양의 지방음식을 먹게 되면 췌장에서 지방을 소화하기 위해 많은 소화액을 분비하다 췌장에 염증이 생기는 것이다. 급성 췌장염은 아주 심각하여 사망할 수도 있지만 적절한 치료로 회복되는 경우가 대부분이다.

(4) 눈의 질병

가. 각막염

각막은 눈을 감싸고 있는 유리창 같은 조직으로 눈동자 가장 바깥쪽의 투명한 막이다. 각막염은 각막에 염증이 생긴 것으로 대부분 외부의 자극이나 감염에 의해 각막염이 발생한다. 눈꺼풀이나 속눈썹 혹은 눈 주변의 털이 각막을 찌르거나, 눈을 부빌 때 발톱에의 상처를 입는 경우가 가장 흔한 각막염의 발생 원인이다.

증상은 갑자기 눈을 잘 못 뜨고, 눈을 시어하고 눈물과 눈곱이 많이 흐르게 된다. 자세히 살펴보면 검은 동자가 다친 것을 볼 수도 있다. 종종 눈꺼풀이 붓기도 하는데, 치료는 각막의 손상정도에 따라 안약으로 간단히 치료할 수 있는 상태에서 수술을 해야 되는 단계까지 다양하다.

Chapter 01

나. 결막염

결막은 눈꺼풀 안쪽과 각막이 연결되는 부분의 조직이다. 결막에 염증이 생기면 작은 실핏줄이 늘어나 붉게 눈이 충혈 되는 것을 볼 수 있다. 때로 가려움증 때문에 눈을 심하게 부비면서 각막염을 일으키기도 한다.

원인은 털이나 먼지 등의 이물이 들어가 결막을 자극한 경우나, 세균 바이러스 등의 감염 또는 알레르기 등입니다. 결막염은 각막염에 비해 비교적 쉽게 치료된다.

다. 백내장

① 증상

백내장은 수정체가 백색으로 탁하게 변화되는 것을 말한다. 노령견에게 보이는 대표적인 질병이다. 보스톤 테리어, 골든 리트리버, 코카 스파니엘, 미니어쳐 슈나우저, 시베리안 허스키, 올드 잉글랜드 쉽독 등에서 잘 발생하지만 품종에 관계없이 백내장 증상을 보일 수 있다. 눈을 보아 수정체 안쪽이 하얗게 흐려져 있는 것을 관찰 하게 되면 백내장을 의심해야 한다. 당연히 시력이 떨어지고 진행되면 실명할 수도 있다.

② 원인

성견의 경우에는 당뇨병의 의한 합병증으로 오는 경우나 선천적인 경우가 많고 노령견은 노화에 의해 나타난다. 단백질이 수정체에 쌓여가며 수정체 색깔이 백색으로 변화되는데, 수정체의 한 부분이나 전체가 하얗게 변화되어 간다. 백내장은 회복되지 못하므로 치료는 수술을 하게 된다. 대부분은 수정체를 제거해서 사물을 식별 할 수 있도록 해주게 된다.

라. 건성 각결막염

눈물이 부족해서 각막과 결막이 건성화 되는 것을 건성 각결막염 이라 한다. 안구가 건조해져서 각막이나 결막에 염증이 생기게 되고 가려워서 앞발로 자꾸 긁게 된다. 건조 상태가 방치되면 염증이 심해진다. 원인은 선천적으로 눈물이 부족한 경우나 나이가 들어감에 따라서 눈물샘이 위축되거나 기능장애에 의해 발생하기도 하고, 홍역 등의 감염에 의해 안구가 건조해지는 경우도 있다. 치료는 인공누액을 이용한다. 때론 눈물 분비를 촉진하는 약을 쓰기도 하는데 점안액이 마르지 않고 오래가는 약제를 사용하기도 한다.

마. 안검 내번증

안검은 눈꺼풀을 말하는데 안검 내번증이란 안검이 안쪽으로 말려 들어가 있는 상태를 말한다. 눈꺼풀이 안쪽으로 말려있기 때문에 눈동자를 찌르고 자극하여 각막 표면에 불쾌감이나 통증을 일으키고 각막염과 결막염을 유발한다. 가려움 때문에 눈을 문지르고 눈물이 많이 흐르게 된다. 안검 내번증에 의한 만성 각막염이 되지 않기 위해서는 조기에 치료하는 것이 좋다. 원인은 선천적인 안검의 이상이다. 치료는 수술로 교정하는 것이다.

바. 안검 외번증

안검 내번증과는 반대되는 현상이다. 안검이 위로 추켜올려 있거나 늘어져 있어 눈꺼풀 안쪽의 눈물샘이나 결막이 항상 공기에 드러나기 건조해지고 세균 감염이 쉽게 된다. 이에 따라 안검의 저항성이 떨어지고 눈곱이나 눈물이 많이 나오게 된다. 또한 눈을 신경 쓰는 동작을 되풀이 하게 된다. 결막염이나 각막염이 발생하기도 한다. 세인트 버나드, 불독 등 얼굴의 피부가 늘어져 있는 개에게 많이 나타난다. 결막염이나 각막염이 있을 때 치료는 가벼운 경우 증상이 쉽게 회복되지만, 원인치료는 수술로 안검을 교정하는 것이다.

사. 순막 노출증

어느 날 갑자기 강아지의 눈 안쪽에 콩알만하게 빨간 혹이 돋아나는 경우가 있다. 개의 눈 안쪽에는 제 3안검이라는 특별한 조직인 순막이 있는데, 이것이 밖으로 빠져 나온 것이다. 대부분 유전적인 원인과 염증 때문에 순막 노출증이 발생한다. 주로 비글, 코카 스파니엘과 같은 품종에서 흔히 발생한다. 치료는 점안약은 별로 효과가 없기 때문에 수술을 해야 한다.

아. 유루증(Tear staining syndrome, TSS)

유루는 눈물이 흐르는 것으로 유루증이란 눈물이 과도하게 흘러 눈 밖으로 넘쳐나는 것을 말한다. 주로 말티즈, 푸들 같은 품종에서 흔하게 나타나는데, 눈물 속의 라이소자임 색소가 흰털을 물들여 갈색이나 검은 색으로 지저분하게 변색시키게 된다. 또한 시츄 같이 눈이 큰 품종에서도 유루증이 잘 발생한다. 안검내번증 등에서도 유루증이 나타나지만, 눈물이 흘러 코로 빠져나가는 누비관(nasolacrimal duct)이라는 구멍이 막히는 경우에도 발생한다. 눈물의 과다분비는 눈물분비량 평가 검사로 알 수 있고, 눈물의 분비량을 줄여주는 수술을 하거나 누비관의 폐쇄시에는 누비관을 뚫어주는 수술을 한다.

눈물이 빠져나가는 관이 막히는 경우가 '누비관 폐쇄증'인데, 누비관은 눈물이 코로 흘러 빠져나가는 눈물의 하수도와 같은 도관이다. 그런데 간혹 이 누비관이 막히는 경우가 있다.

누비관은 머리카락 두께정도로 가늘어서 염증이 있거나 자극이 있으면 쉽게 막힐 수 있다. 때론 선천적으로 누비관이 눌리거나 너무 좁아 잘 막히는 강아지들도 있다. 누비관이 막힐 때는 병원에서 마취를 하고 누비관 개통술을 통해 유루증을 해결 할 수 있다. 눈꺼풀이나 속눈썹이 눈을 찌르는 경우는 주로 눈이 큰 품종들이나 안검내번증이 있는 개들에서 잘 나타난다. 시주가 가장 대표적으로 유루증을 가지고 있는 품종인데 눈동자가 크고 코가 납작해서 눈이 잘 찔리기 때문이다. 구조적으로 눈꺼풀이 눈을 찌르는 상태라면 성형수술을 통해 유루증을 해결할 수 있다.

이 외에 다른 원인으로는 눈물샘 자체의 문제나 각막 또는 결막의 염증으로 눈물이 많이 흐르는 경우가 있다. 눈물은 정상적으로 눈물 분비량 측정지를 통해 검사해보면 1분에 5 mm 정도 분량으로 흐르는데, 때에 따라 이 눈물 양이 많거나 적은 경우가 있다. 눈물 분비량이 적으면 안구 건조증이 되고 눈물 분비량이 많으면 유루증이 된다. 만일 눈물 분비량이 많은 경우에는 눈물을 줄여주는 치료를 받는다. 유루증은 강아지에게 습진 등 피부병을 만들고 또 시큼한 냄새를 풍겨 문제가 된다. 평상시에는 눈물이나 눈곱을 강아지용 안구세정제를 이용하여 닦아 내는 것이 도움이 된다.

(5) 귀의 질병

가. 외이염

외이염은 외이도에 염증이 있는 것을 말하는데, 외이도란 고막까지의 귓구멍을 말한다. 코커스패니엘 같이 귀가 늘어져 있는 품종에서 흔히 발생하는데, 알레르기가 있는 개들에서 외이도염이 나타나기도 한다. 외이도염의 증세는 귓속에서 악취가 나고 검은색 또는 갈색의 귀지가 나오게 된다. 심한 경우 귀가 붓고, 가려움으로 상처가 생기기도 한다. 원인은 세균과 곰팡이 등의 혼합감염이 대부분인데, 종종 기생충이나 이물 때문에 외이도염이 발생하기도 한다. 또한 귀구멍 안의 귀지에 이상이 생기는 경우에도 분비물이 많은 외이도염이 발생한다.

보호자들은 외이도염이 있는 경우 귀청소를 더 자주 해주는데, 이것은 외이도염을 오히려 악화시키는 결과가 된다. 따라서 염증의 치료를 먼저 해주어야만 한다.

나. 귀 진드기

어린 강아지에게서 흔히 볼 수 있는 외부 기생충 중 하나가 외이도 내에 번식한 개선충의 일종인 귀 진드기이다. 심한 가려움증을 일으키고 악취를 내며 흑갈색의 지저분한 귀지가 생긴다. 귀 진드기는 귓구멍의 피부에 자극을 주기 때문에 감염된 강아지는 귀를 심하게 흔들게 된다. 치료는 비교적 쉽고 재발을 위해 진드기 예방약을 바르는 것이 도움이 된다.

(6) 치과 질병

강아지 때는 입장난을 좋아해서 양치를 길들이기 적합한 시기이다. 이때를 놓치고 양치하는 것이 습관화 되지 못한 개들은 대부분 3살을 전후해서 심한 치석을 가지게 된다. 치석은 치아와 잇몸사이에서부터 생겨 잇몸에 염증을 일으키고 치아 뿌리를 썩게 만들고 심한 입냄새와 구내염을 일으킨다. 또한 병원성 세균의 서식처가 되어 심한 경우 심장 질환을 일으키기도 한다. 치석은 음식의 찌꺼기가 이에 끼거나 타액 속의 칼슘 등이 치아 표면에 침착하여 생기는데, 강아지들은 풍치보다 치석이 많이 생긴다. 예방을 위해서는 양치를 하고 정기적인 스켈링이 필요하다.

(7) 항문낭 질병

가. 항문낭(항문분비샘)이란?

개에게 있는 특이한 구조물로 항문 양 옆에 있는 항문낭(anal sac)이 있는데 항문낭은 개 특유의 냄새가 나는 곳이다. 이곳에서 분비되는 항문낭 액은 적을 쫓거나 자신의 영역을 표시하는 역할을 하는 것으로 야생동물의 영역 표시 방법으로 사용되던 것으로 추정되는데 애완동물의 경우에 항문낭은 냄새와 항문낭 염증의 원인이 되기 때문에 정기적인 관리가 필요하다.

나. 항문낭 짜주기

① 주로 목욕하기 전에 실시하는 것이 좋다.

② 개를 움직이기 않게 한 후 꼬리를 잡아들어 올린다.

③ 오른손으로 항문 부위에 휴지를 덮는다. 항문의 조금 아래에 엄지손가락을 시계로 8시 방향에 두고, 나머지 손가락은 4시 방향에 둔다.

④ 연속적으로 엄지와 다른 손가락도 함께 가까이 대어 개의 항문 주변을 향하여 안쪽에서 바깥 위쪽 방향으로 밀어 올린다. 항문낭에서 액이 나오면 종이로 닦아 준다.

⑤ 이러한 방법을 2-3회 반복하여 항문낭액을 완전히 제거한다.

⑥ 항문주위에 조금 묻어 있는 항문낭액은 목욕시 닦아 낸다.

다. 항문낭 염증이 있는 경우

항문낭 염증이 있는 경우 개의 항문 주위에 역한 냄새를 풍기는 액들이 흘러나와 묻어 있는 경우가 많으며 개는 항문이 가려워 바닥에 항문을 비비는 행동을 자주 보인다. 동물병원에 내원하여 치료를 받아야 하면 심한 경우에 항문낭을 제거해주는 수술을 받는 것이 좋다. 제 때 치료나 수술을 받지 않는 경우에 항문낭 염증의 악화로 항문 주위 괄약근 손상으로 배변이 흘러나오는 어려운 상황을 맞을 수 있다. 시추, 퍼그, 시나우저 등에서 자주 항문낭 염증이 발생하는 것으로 보고되고 있다.

(8) 비뇨생식기 질환

가. 급성 신부전(acute renal failure)

급성 신부전은 콩팥이 갑자기 기능 이상을 일으키는 것을 말한다. 외부 비뇨기관을 통해 세균이나 바이러스가 콩팥까지 거슬러 올라가 감염되거나 또는 독성 물질에 자극을 받거나, 요도나 방광에 결석이 있어 오줌길이 막히는 경우에 콩팥에 손상을 입고 신부전 증상을 보이게 된다. 또한 어떤 특정 약물이나 부동액, 양파, 포도 등도 콩팥에 자극을 심하게 주어 급성 신부전을 일으킨다. 콩팥 기능이 갑자기 안 좋아지면, 몸 안의 수분을 조절하지 못하고, 전해질 균형이 깨져 구토를 하는 증상을 보인다. 또한 입에서 냄새가 나기도 하고, 식욕부진과 설사 증상이 나타나기도 한다. 이에 따라 탈수가 되고, 오줌 양이 감소하게 된다. 콩팥은 진단이 어렵고 치료고 힘들기 때문 중독증상을 발견하면 빨리 치료를 시작하는 것이 좋다.

나. 만성 신부전(chronic renal failure)

만성 신부전은 천천히 콩팥의 기능이 나빠져 오랫동안 신부전 증상을 보이는 경우인데, 여러 가지 질병의 말기에 나타나는 증상이기도 하다. 식욕이 없고 물을 많이 먹게 되고 오줌도 많이 누게 된다. 체중 줄고, 설사와 변비 등의 소화기 증상이 함께 나타난다. 콩팥이 기능을 하지 못하기 때문에 몸 안의 산과 알칼리의 균형이 깨지고 전해질 이상이 초래된다. 혈액과 오줌의 성분이 변화되어 피검사와 오줌검사로 진단한다. 또한 초음파를 통해 콩팥의 상태를 관찰하기도 한다. 장기적인 치료가 필요하며 특별한 처방식을 먹여야 한다.

다. 사구체 신염(Glomerular nephritis)

대부분 7년 이상의 노령견에서 발생한다. 사구체 신염의 75% 정도는 수캐에서 발생한다. 혈전의 의해서 마비가 오기도 하며, 심하면 요독증(uremia) 증상을 보인다. 요독증은 오줌의 노폐물을 여과시킬 수 없어 이것에 중독된 것을 말한다. 오줌 분석을 하면 오줌에 단백질이 섞여 나오는 것을 알 수 있다. 원래 단백질은 콩팥에서 걸러 다시 흡수해야 하는데 이 기능이 망가져서 복잡한 장애를 나타내게 된다. 몸이 붓거나 구토를 하고 숨차할 수도 있는 증상들을 보이게 된다. 식욕부진 탈수 구토 등의 증상과 함께 입 냄새가 심하게 날수도 있다.

라. 방광염

오줌을 누려고 하는데 잘 나오지 못하거나 오줌에 피가 고름이 섞여 나와 오줌 색깔이 이상하면 방광염을 의심해 볼 수 있다. 방광염은 가장 흔한 하부 비뇨기계의 질병이다. 결석 때문에 방광염이 발생하기도 하지만, 생식기를 통해 요도로 세균이 상행 감염되어 방광염이 나타나기도 한다. 방광염에 걸린 개는 오줌을 자주 누게 된다. 오줌 양은 늘지 않지만 여러 번 누려하는 것이 특징이다. 또한 오줌 눌 때 통증을 느낄 수 도 있으며 힘겨운 자세를 취하기도 한다. 병원에서 쉽게 진단하지만 치료기간은 오래 걸릴 수 있다.

마. 결석

결석은 몸 안의 무기질이 뭉쳐서 돌처럼 변한 것을 말한다. 결석은 종류가 아주 많은데 문제가 되는 것은 결석의 종류 뿐 아니라 결석이 생긴 위치이다. 제거하기 편리한 곳에 생긴 결석은 쉽게 치료 되지만 콩팥 안쪽에 생긴 결석 같은 경우 문제가 심각해진다. 콩팥에서 방광과 요도 사이에 어디에든 결석이 생기면 오줌 색이 변하고 오줌을 자주 누려한다. 결석은 위치에 따라 신장결석, 방광결석, 요도결석 등으로 구분하는데, 결석인 존재하는 위치에 따라 임상증상이 조금씩 달라진다. 오줌 줄기에 피가 묻어나올 때 처음 나오는 오줌에 피가 있는 것과 오줌을 다 본 뒤에 피가 떨어지는 것은 증상과 결석의 위치가 다르기 때문에 보호자가 관찰하여 수의사에게 말해주어야 할 사항이다. 또한 오줌색이 아주 붉게 변하는 것과 오줌에 빨간 피가 섞여있는 것은 다른데, 앞에 것은 피 속에 적혈구가 깨져 오줌과 뒤 섞인 것이고, 뒤의 것은 오줌에 피가 묻어있는 것이다.

결석은 수술이나 내과적인 치료로 제거하거나 녹여내고 처방식을 통해 치료한다.

2. 대사성 질환

1) 갑상선 기능 저하증

① 증상

선천적 또는 후천적으로 갑상선 기능 저하에 따른 피부의 탈모증세가 나타날 수 있다. 셰퍼드, 에어데일테리어, 코카 스파니엘, 그레이트 댄, 미니어처 슈나우저, 올드 잉그리쉬 쉽독 등의 품종에서 잘 발생하고 대부분 3~6살 전후로 발병한다.

② 원인

몸의 좌우가 대칭적인 탈모 증세와 피부에 색소가 침착 하는데 이것은 갑산성 기능이 저하되어 체내의 대사가 원할 하지 못하기 때문에 나타나는 증상이다. 기운이 없고 잠이 많거나 피부에 윤기가 없고, 추위에 약하고, 변비를 보일 수도 있으며 드물지만 발작을 비롯해서 신경증상을 보이는 경우도 있다.

③ **대책**

혈액검사와 호르몬 검사를 통해 갑상선의 기능을 진단하고, 치료는 지속적인 호르몬 요법을 시도한다.

2) 부신 피질 기능 항진증

뇌하수체의 문제가 생긴다든지 부신종양 및 스테로이드 제제의 과잉 복용 등으로 부신 기능이 항진되어 발생한다. 부신 피질 기능 항진증은 비글, 보스턴테리어 등에서 잘 걸리고 다음 다뇨, 다식 등의 증상과 함께 배가 항아리처럼 불러 오는 것이 특징이다. 털이 심하게 빠지고, 근육에 힘이 없고, 호흡이 거칠어지는 증상을 보이기도 한다. 탈모, 근육의 약화, 거친 호흡, 등이 나타난다. 부신 피질 기능 항진증은 쿠싱 증후군이라고도 하는데, 개 보다는 고양이에게 많다.

3) 당뇨병

췌장의 이상이나 원인 불명으로 인슐린 호르몬 분비에 문제가 생기는 경우에 당뇨병이 발생한다. 당뇨병은 식욕부진, 오줌에 단 냄새, 오줌의 혼탁, 구토, 쇠약, 체중저하, 입냄새 증가 등의 증상으로 발견되기도 하며 이상 증상이 느껴지는 경우에 동물병원에 내원하여 오줌 검사 또는 혈액 검사를 통하여 당뇨병 진단이 가능하다. 당뇨병의 경우에 처방식을 급여하여야 하며 혈당 수치가 높은 경우에 인슐린 주사를 맞아야 한다. 합병증의 예방을 위하여 지속적인 관리가 필요하다.

4) 저혈당증(hypoglycemia)

만성 소모성 질환에 걸린 경우 또는 영양 결핍의 경우에 섭취한 당에 비해 배설되는 당의 증가로 저혈당증을 보이게 된다. 저혈당증을 보이는 개체는 활동할 수 있는 에너지원의 고갈로 운동실조와 심한 경우 혼수상태로 발견이 된다. 응급으로 동물병원에 이송하여 포도당 주사를 정맥내로 투여하여 혈당을 높여주어야 한다. 이 후 계속적인 영양 관리가 필요하다. 어린 연령의 강아지는 비축된 당이 체내에 적어 사료를 한 두 끼 거르는 경우에 저혈당증에 빠지기 쉽다. 식욕이 적은 말티스, 요크셔테리어, 치와와 등의 소형견종의 어린 강아지 사육에는 각별한 주의가 요구된다.

5) 뼈와 관절의 질환

(1) 골절

교통사고나 싸우다 물린 경우에 골절이 흔히 발생한다. 하지만 보호자는 개가 골절을 당했는데도 알지 못하고 지나가는 수가 있다. 이렇게 되면 보통은 다리를 들고 다니며 골절된 부위가 붓기도 하지만, 골절된 처음 며칠은 증상이 안 나타날 수도 있 수도 있다. 골절은 처음 3일 이내에 치료하지 않으면 교정이 어려워질 수도 있으니 주의가 필요하다. 골절은 심하지 않은 경우 기브스와 같은 포대나 외부고정 방법을 이용하고 경우에 따라서는 내부고정 재료들로 수술을 한다.

(2) 고관절 이형성

고관절은 엉덩이 관절을 말하고 이형성은 형성이 잘되지 못한 상태를 말한다. 즉 고관절 이형성은 고관절의 형성 이상 상태인데, 생후 2살 이전에 발생하는 경우가 많다. 주로 대형견에서 자주 나타나지만 소형견에서도 종종 발생한다. 원래 고관절 이형성은 유전적인 문제이기 때문에 번식 대상에서 제외되지만 국내에는 고관절 이형성을 판별하고 관리하지 않아 대형견의 고관절 이형성이 많은 편이다.

고관절 이형성의 정확한 진단을 위해서는 방사선 사진에 의한 정형외과 적 평가가 필요하다. 교정은 체중 20 kg 미만이라면 수술이 비교적 간단하지만 아주 큰 대형견은 인공관절을 이식하는 복잡한 수술을 하여야 한다. 고관절 이형성이 있는 개는 운동을 제한하고 관절 약을 한동안 먹여야 한다.

(3) 대퇴골두 괴사증

골반 뼈에 끼워지는 대퇴골의 머리 부분이 괴사되는 경우가 있다. 뼈조직의 괴사 때문에 대퇴골두 괴사증이라고 부른다. 대부분 소형견에서 발생하는데 통증을 보일 수도 있으며 다리를 절거나 대퇴골두 괴사증이 있는 쪽 다리를 들고 다니게 된다. 방치하면 다리의 변형이 심해져 교정이 어려워 질 수도 있다. 대부분 수술을 통해 완치 될 수 있고 치료가 잘되는 편이다.

(4) 슬개골 탈구

슬개골은 무릎뼈를 말하는데, 슬개골 탈구란 무릎뼈가 빠지는 것이다. 슬개골 탈구가 있으면 다리를 들고 다니거나 절게 되는데 오래되면 관절변형이 된다. 침대나 높은 곳에서 뛰어 내리면 갑자기 소리를 지르거나 갑자기 뒷다리를 절면 슬개골 탈구를 의심해 볼 수 있다. 하지만 경우에 따라서는 증상이 나타나지 않고 진행되는 경우도 있다. 무릎에 있는 인대가 무릎뼈를 감싸고 있는데, 슬개골 탈구는 인대와 무릎뼈 사이의 구조적인 변형이 되어 발생한다. 진행 정도에 따라 4단계로 구분을 하는데 일찍 수술을 하는 것이 좋다. 처음에는 인대만 빠지다가 시간이 지나면 밑에 있는 경골이라는 다리뼈가 돌아가게 되고 더 심해지면 골반에도 이상이 오기 때문이다.

(5) 영양성 골절

뼈에 필요로 하는 무기질과 영양소가 부족하여 뼈가 부러지는 것을 영양성 골절이라고 한다. 사료를 먹지 않고 사람 밥만 먹는 다든지 성장기에 적절한 영양이 공급이 되지 않을 경우 뼈의 영양상태가 나빠 뼈의 강도가 약해서 작은 충격에도 골절이 되는 경우가 있다. 영양골절의 경우 뼈가 취약하기 때문에 수술도 힘들고 치료가 어려워진다. 영양성 골절은 적합한 음식을 제공하면 사전에 예방할 수 있는 질병이다.

(6) 관절염

관절에 염증이 생기는 경우는 감염이 되는 경우와 그렇지 않은 경우가 있다. 나이가 들면서 생기는 퇴행성 관절염은 감염과는 무관하게 생기는 염증이다. 또한 좋지 못한 자세나 관절연골의 점진적인 기능악화 또는 인대손상 등이 원인이 되는 경우에도 비감염성 관절염이 생기게 된다. 관절염의 임상증상은 사람과 비슷하여 축축한 날씨에는 증상이 더 심해지게 되고 운동을 싫어하고 걷지 않으려 한다. 관절이 붓기도 하고 다리를 펴거나 굽힐 때 통증을 느끼게 된다. 방사선 촬영을 통해 진다하는데, 심한 경우 관절액을 검사하기도 한다. 치료는 체중을 줄이고 수영과 같은 물리요법과 함께 치료 한다.

6) 미네랄 영양소 결핍

(1) 칼슘(Calcium)

칼슘은 뼈의 형성과 세포의 기능에 필수적인 영양소로 성장기 동물의 칼슘 결핍은 구루병(rickets)이라 하여 다리뼈가 구부러지고 등이 굽는 증상을 보이고 골다공증(osteoporosis)으로 뼈가 약해져 골절이 자주 발생하게 된다. 임신과 출산 기간에 칼슘의 부족은 산욕열 또는 유열(milk fever)이라 하여 호흡근육의 마비로 호흡이 어렵고 의식불명으로 응급 치료를 받지 못하는 경우에 사망에 이르는 무서운 결과를 초래한다. 성장기 강아지와 임신 및 출산 기간의 개는 칼슘 영양소 공급에 주의를 기울여야 한다.

(2) 인(phosphorus)

인은 칼슘과 더불어 뼈의 형성에 관여하며 인 영양소의 결핍은 구루병(rickets)이나 골연화증(osteomalacia)이 일어나며, 이물질 섭취(pica), 번식률 감소 등의 증상을 보인다.

3. 감염성 질병

1) 바이러스 감염증

(1) 광견병(Rabies): 인수공통감염병

모든 온혈 포유동물에 감염되는 치명적인 법정전염병으로서 사람이나 다른 동물을 물었을 때 타액을 통해 전파되어 사람에게는 공수병을 일으킨다. 국내에서는 철책선 인근의 오소리, 너구리 등 야생동물이 감염되어 이 동물이 개나 소 등의 동물을 물어 광견병을 일으키고 있다. 사람도 감염되면 치명적인 인수공통감염병으로 주의를 요한다.

① 원인 및 침입경로

원인은 레오바이러스(Reo virus)에 속하는 광견병 바이러스(Rabies virus)로 병든 개의 타액 속에 있다가 상처나 공기, 점막감염으로 등으로 침투된 바이러스는 말초신경을 따라 중추신경계로 침범하여 신경증상을 일으킨다. 바이러스가 침입한 부위에 따라 다르나 보통 15~25일 만에 발생하며 경우에 따라서는 1년 후에 발병하는 경우도 보고된다.

② 증상

광견병에 걸린 개는 불안해하는 전구기 증상이 36시간 정도 진행되며 병견은 멀리 방랑하면서 다른 동물이나 개줄, 파이프 등과 같은 무생물을 물어뜯는 등 점차 광폭한 상태가 되고 눈의 충혈과 침을 흘리며 꼬리를 가랑이 사이로 밀어 넣는 등의 광조기 증상을 나타낸다. 그 후 후구부터 마비증상을 보이기 시작하고 나중에는 인후두가 마비되어 쉰 소리를 내거나 먹이를 삼킬 수가 없게 되어 물을 먹을 때 심한 통증이 따르기 때문에 물을 두려워하게 되는 「공수병」에 걸린다. 질병의 말기에 가서는 근육이 마비가 되어 입을 벌린 체 침을 흘리고 휘청거리다가 쓰러져 죽게 되는데 대체적으로 발병일로 부터 1주일이면 죽게 된다.

③ **예방**

동물은 1년에 한 번 이상 광견병 백신을 접종하는 것이 최선의 예방책이다. 사람의 경우 만일 의심이 가는 개에게 물렸을 때에는 물린 부위의 피를 짜내고 즉시 비눗물로 세척한 후 병원이나 보건소에 가서 상담하는 것이 좋다. 사람을 물은 개는 광견병 예방주사를 접종했는지를 반드시 확인한 후 일정한 장소에 10일 동안 입원시켜 광견병 여부를 확인한다. 이는 광견병에 걸린 개가 1주일 이내에 죽게 되는 것이 일반적으로 10일 동안 경과해도 개에게 아무런 이상이 없으면 광견병은 의심을 하지 않아도 된다.

④ **예방백신 사용법**

- **사독백신** : 3~4개월령 1차 접종 후 3~4주 후에 2차 보강접종 하고 매년 동일한 방법으로 추가 접종함.
- **생독백신** : 3~4 개월령에 근육주사 한 후 매년 1회씩 추가 접종한다.(국내에서 생산되는 백신은 모두 생독백신이다.)

(2) 개 파보바이러스 감염증(canine parvovirus infection) : 개과 동물 감염증

본 질병은 개와 늑대, 여우와 코요테 등의 개과 동물과 족제비, 밍크, 페렛 등의 족제비과 동물에 전염력과 폐사율이 매우 높은 질병으로 어린 연령의 개일수록, 백신 미접종의 개체일수록 증상이 심하게 나타나며, 심한 구토와 설사가 따르므로 강아지에게는 치명적인 질병이다.

① **원인**

개 파보바이러스가 원인체로 감염된 개의 변을 통해 접촉이나 경구적으로 전염이 이루어지며 주요 증상은 출혈성 장염의 형태로 많이 나타난다. 다행히 사람에 전파되지 않는다.

② **증상**

㉮ **심장형** : 3~8주령의 어린 강아지에서 많이 나타나며 심근 괴사 및 심장마비로

급사하기 때문에 아주 건강하던 개가 별다른 증상 없이 갑자기 침울한 상태로 되어 급격히 폐사되는 것이 특징이다.

㉯ **장염형** : 8~12주령의 강아지에서 다발하며, 구토를 일으키고 악취 하는 회색 설사나 혈액성 설사를 하며 급속히 쇠약해지고 식욕이 없어진다. 강아지의 경우 설사에 의한 급속한 탈수로 인해 발병 24~48시간 만에 폐사되는 수가 많다.

③ **예방 및 치료**

개 종합백신 DHPPL 예방접종이 최선의 방법이다. 파보바이러스 감염증도 다른 바이러스성 질병과 마찬가지로 일단 발병되면 치료가 쉽지 않으며 철저한 예방을 해야 하는 질병으로, 강아지에게 심장형으로 왔을 때는 급사하기 때문에 치료가 불가능하며, 장염형으로 나타났을 때는 구토와 설사로 많은 체액이 손실 되어 지속적인 체액공급이 필요하므로 전해질 제제를 투여해주는 것이 좋다. 또 세균에 의한 2차 감염을 막기 위해 항균제를 주사해주는 것이 좋으며 면역증강제를 투여해주는 것도 좋다. 그러나 가장 좋은 것은 사전에 예방을 해주는 것으로 파보백신을 미리 접종해서 강아지에게 면역력을 생기게 해주는 것이다. 그리고 철저한 소독으로 바이러스까지 잡는 소독약을 사용해서 견사 및 동물을 소독해주어서 질병의 전염을 막아야 한다.

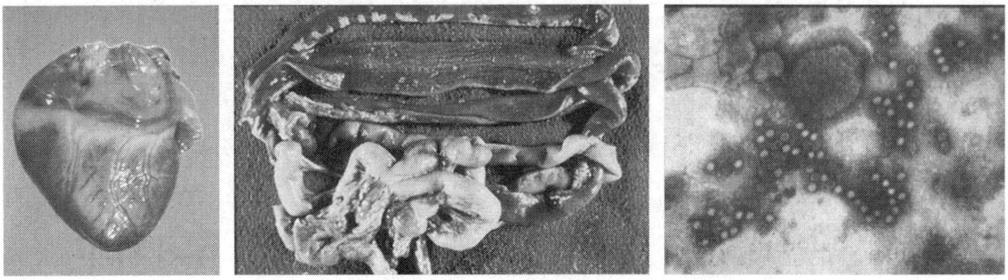

그림 1-1. 개 파보바이러스 감염증.
심장형(좌), 장염형(중간), 혈액설사 내 바이러스입자(우)

(3) 개 홍역(canine distemper) : 개과 동물 감염증

본 질병은 개와 늑대, 여우와 코요테 등의 개과 동물과 족제비, 밍크, 페렛 등의 족제비과 동물에 전염성이 강하고 폐사율이 높은 전신감염증으로서 눈곱, 소화기증상, 호흡기증상, 신경증상 등의 임상증상을 보이며 병이 경과하는데 소수의 사례에서는 발바닥이나 코가 딱딱해지고 균열이 생기는 경우도 있다. 일반적으로 개과와 족제비과의 4~5개 월령의 어린 동물 등이 많이 감염되며 임신한 모견이 홍역에 걸리는 경우에는 사산이나 허약한 강아지를 분만하게 된다.

① **원인**

Paramyxovirus 속의 Canine distemper virus가 원인체로서 혈청형은 한가지이며 눈물이나 콧물을 통한 공기 전파와 접촉 및 경구감염이 가능하다. 이 바이러스는 개과의 개, 여우, 이리, 너구리 및 족제비과의 족제비, 밍크, 스컹크, 페렛 등에 공통적으로 감염된다. 다행히 개 홍역은 사람에 전파되지 않으며 사람의 홍역 원인체와는 다르다.

② **증상**

흡입 감염된 canine distemper virus는 임파절을 통하여 혈류로 들어가 약 1주일간 증식하면서 바이러스혈증(viremia)을 일으키는데 약 50% 정도는 10일 이내에 항체가 형성되면서 2~3일간 가벼운 식욕감퇴, 결막 염, 발열 등의 증상을 일으키며 회복되는데 이를 1차 발증이라 한다. 바이러스에 노출된 후 14~18일 정도에 전신적인 증상(발열, 의기소침, 식욕감퇴, 침 흘림)과 호흡기증상(혈액화농성 안루, 비루, 기침), 소화기증상(구토, 설사, 체중감소, 탈수증)을 보이며 폐사에 이른다. 간혹 보이는 두부의 경련 및 마비, 껌 씹는 것처럼 이빨의 부딕침(chewing), 보행실조, 의식을 잃고 누워서 자전거 페달을 밟듯이 허공에 발을 휘젓는 증상(pedaling) 등의 신경증상은 바이러스가 뇌에 침입한 경우에 나타나는 증상으로서 이러한 증상을 보이는 것은 예후가 좋지 않아 안락사를 시키는 것이 좋다. 다른 감염병과 다른 특이 사항으로 홍역은 사람의 간질과 같이 발작하는 신경증상 시기를 제외하고는 식욕이나 다른 활동이 정상적으로 보여 치료시기를 놓치는 경우가 많이 발생한다.

③ **예방적인 사양관리**

개 종합백신 DHPPL 예방접종이 최선의 방법이다. 완전하지는 않지만 유일한 예방법은 소독과 정상적인 예방백신을 사용하는 것뿐이다. 다만 평상시에 항병력을 높게 유지하기 위하여 풍부한 단백질과 비타민, 미네랄 결핍이 없도록 사양관리를 하면 큰 도움이 될 것이다.

④ **개 홍역 감염 시의 대책**

㉮ 동물 몸에 직접 분무가 가능한 소독제 희석액을 견사, 주위 토양, 동물 자체에

1일 1회 이상 충분히 살포하며 면역증강제를 주사한다.

㈏ 증상에 맞는 진통제, 해열제, 대사촉진제, 소화제, 2차 감염을 예방하는 항균제와 손실된 체액을 보충해주는 아미노산+전해질 제제 등을 적절하게 사용하면서 에너지원을 지속적으로 보충해주는 방법을 택하면 좋은 결과를 유도 할 수도 있다.

(4) 개 전염성 간염(canine infectious hepatitis) : 개과 동물 감염증

본 질병은 개와 늑대, 여우와 코요테 등의 개과 동물과 족제비, 밍크, 페렛 등의 족제비과 동물에 감염되며 개의 홍역(canine distemper)과 유사한 증상을 나타내는 질병으로서 강아지 때 급사되는 경우를 제외하고는 사망률이 10% 정도로 가볍게 내과 하는 경우가 대부분이며 국내에서 판매되는 백신에 의하여 비교적 잘 방어가 되는 질병이다.

① **원인**

Canine adenovirus에 속하는 개 전염성간염 바이러스(infectious canine hepatitis virus) 감염이 원인이다. 병든 개의 오줌을 통해 배출된 바이러스에 접촉하거나 바이러스의 경구감염으로 전파된다. 다행히 이 바이러스는 사람에 전파되지 않고 사람의 감염 바이러스와는 종류가 다르다.

② **증상**

잠복기는 5일 정도 되며, 발병되면 고열이 나고 눈 점막의 충혈, 편도선의 부종, 그리고 구토나 설사가 발생될 수도 있다. 정도에 따라 황달이 나타나며 7일정도 지나면 회복기에 들어가는데 이때 눈의 각막이 희게 또는 자주 빛으로 흐려지는 경우가 많으나 2차 감염이 없는 한 회복되면 자연히 맑아진다.

③ **예방 및 치료**

개 종합백신 DHPPL 예방접종이 최선의 방법이다. 병성이 약한 질병이기 때문에 치료가 대체로 쉬우며 개의 체력보강과 소화 · 식욕촉진을 위해 대사촉진제의 사용과 소화제, 면역촉진제 등을 주사해 주면 도움이 된다. 그리고 2차 세균감염 방지를 위해 광범위 항균제를 병행하는 것이 현명한 방법이다. 예방 및 치료시에는 동물 몸에 직접 뿌릴 수 있는 전문 소독약제를 희석하여 동물과 견사 주위에 살포하면 방역에 큰 도움이 된다. 물론 최대의 예방법은 DHPPL 종합백신을 정확한 시기에 접종하는 것이 중요하다.

Chapter 01

(5) 개 코로나 바이러스 장염(Canine coronavirus infection) : 개과 동물 감염증

본 질병은 개와 늑대, 여우와 코요테 등의 개과 동물과 족제비, 밍크, 페렛 등의 족제비과 동물에서 전염성이 강하고 구토와 설사를 주 증상으로 한다. 개 파보 바이러스 감염증과 유사하여 개 파보 바이러스와 감별 진단이 필요하다. 다행히 사람에 감염되지 않는다.

① 원인

1970년 초 독일에서 처음 개 코로나 바이러스(canine corona virus: CCV)를 분리하였으며 개과에 속하는 모든 동물에 감수성이 높고 실온에서 병든 개의 분변 내에 있는 병원체는 6개월 이상 감염력을 가진다. 그러므로 오염된 먹이나 분변을 섭취할 수 있는 불결한 장소에서는 소화기 감염이 쉽게 일어날 수 있다.

② 증상

모체이행항체의 역가가 방어능력 이하로 떨어지는 4~16주에 주로 발병하는데 뚜렷한 임상증상이 나타나기 전의 초기증상은 무기력, 발열, 식욕결핍이 나타나고 임상증상이 나타나는 시기(바이러스가 혈액 내에 나타나는)에는 장점막 섬모의 괴사와 탈락으로 분비성 설사와 구토증상을 보인다. 파보바이러스에 비하여 열이나 혈액변의 발생은 약하게 나타나고 때로는 복부 내 가스가 차서 통증을 보일 때도 있다.

③ 예방

개 코로나 바이러스 예방접종을 실시하는 것이 최선의 방법이다. 다른 바이러스

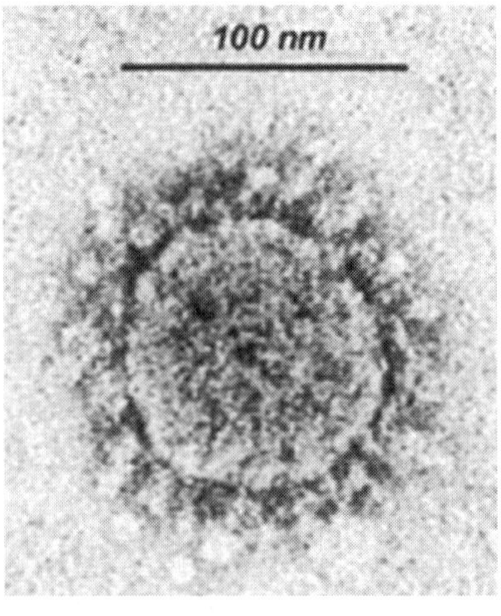

그림 1-2. 개 코로나바이러스 감염증. 설사(좌), 설사 분변 내 코로나바이러스(우)

질병과 마찬가지로 철저한 예방이 우선이므로 대규모 사육이나 지저분한 시설에서는 소독을 철저히 하는 것이 최우선의 예방책이라고 할 수 있다. 또한 탈수에 대한 대책으로 전해질 제제를 투여하며, 세균의 2차 감염을 막기 위해 항균제를 투여하고, 면역증강제를 같이 투여하는 것이 좋다.

(6) 개 감기(canine parainfluenza virus infection) : 개과 동물 감염증

본 질병은 개와 늑대, 여우와 코요테 등의 개과 동물과 족제비, 밍크, 페렛 등의 족제비과 동물에 감염되는 개의 감기로서 켄넬코프와 증상이 유사하지만 병원체가 다르다. 개의 감기는 개 파라인프루엔자 바이러스 감염에 의하며 다행히 사람에 감염되지 않는다. 그럼에도 불구하고 개가 감기에 걸리면 주인도 감기가 걸린 경우가 많은데 이는 집안 환경이 감기에 걸리기 쉬운 환경에 노출되어 있어 개와 주인 모두 감기가 걸린 것뿐이고 병원체는 다르다. 따라서 개에서 사람이 감기가 옮지는 않는다.

① 원인

Canine parainfluenza 바이러스 감염이 원인이다. 호흡기 전파로 바이러스가 공기 중에 떠다니며 코로 들어온 바이러스에 의하여 감기가 유발된다. 다행히 이 바이러스는 사람에 전파되지 않고 사람의 감염 바이러스와는 종류가 다르다.

② 증상

발병되면 열이 나고 눈 점막의 충혈, 콧물, 재채기 등의 증상을 보인다. 정도에 따라 진행되어 폐렴에 이를 수 있다.

③ 예방 및 치료 : 개 종합백신 DHPPL 예방접종이 최선의 방법이다.

(7) 개 허피스바이러스(canine herpesvirus infection) : 개과 동물 감염증

본 질병은 개와 늑대, 여우와 코요테 등의 개과 동물과 족제비, 밍크, 페렛 등의 족제비과 동물에 감염된다. 개에서 한 번 감염되면 어린 연령에 치명적인 허피스바이러스 감염증으로 유사산의 원인이 된다. 다행히 사람에 감염되지 않는다.

① 원인

개 허피스바이러스(canine herpes virus) 감염에 의하여 발병된다. 개 허피스바이러스는 감염된 개체에 치유 없이 평생 감염이 유발되며 추운 겨울과 같은 스트레스 상황에 노출된 감염된 개는 체내에서 바이러스 증식이 일어나 체외 배출로 전파가 유발된다. 한국에서는 1992년 겨울 경기도 오산에서 진돗개에서 출산된 한 배 새끼가 출생 후 일주일 만에 폐사하여 부검 의뢰된 케이스를 서울대학교 수의학과에서 개 허피스바이러스 감염증으로 진단하고 바이러스를 국내 최초로 분리하 하였다(당시 개 허피스 바이러스 확인을 담당한 김옥진 박사는 현재 원광대학교 교수로 재직)

② **증상**

2주령 이하의 어린 강아지는 개 허피스바이러스의 전신 감염증으로 전신 장기 출혈과 괴사에 의하여 수포 형성, 고통스런 울부짖음 등의 증상을 보이다가 사망에 이른다. 나이든 개체는 감염 후 특이 증상 없이 평생 감염이 이루어져 전파를 유발하는 감염원이 된다.

③ **예방**

현재 예방접종이 개발되어 있지 않아 감염된 개체와의 접촉 차단이 최선의 예방이다. 또한 추운 겨울에 출산하는 개체들은 따뜻한 보온에 주의하여야 한다.

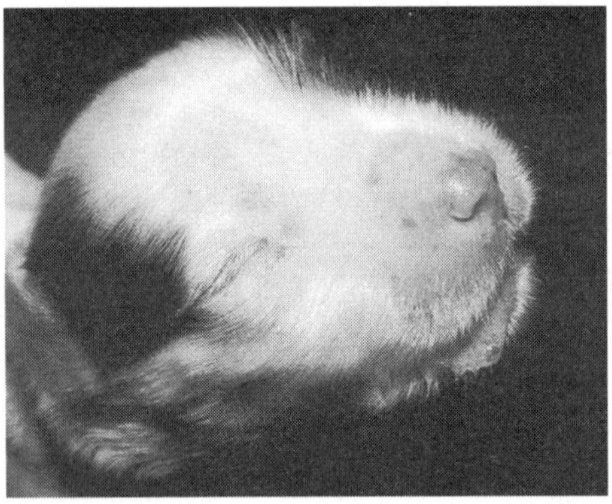

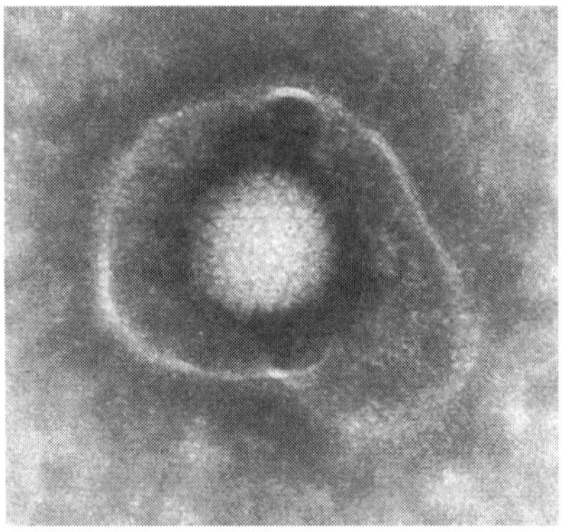

그림 1-3. 개 허피스바이러스 감염증. 피부 수포 형성(좌), 허피스바이러스 입자(우)

2) 세균성 감염증

(1) 렙토스피라증(leptospirosis) : 인수공통감염병

1898년 이래 유럽 등지에서 많이 발생한 질병으로 갑작스런 고열, 오한, 황달 그리고 유산을 일으키는 등의 증상을 보이며, 사람에게도 전파되어 비슷한 증상을 보이는 인수공통전염병으로서 렙토스파이라 세균에 감염된 들쥐에 의하여 전파되는 질병이다.

① **원인**

Leptospira 세균인 「렙토스피라 케니콜라」 및 「렙토스피라 익테로헤모레지」라는 세균 감염에 의하여 발생되며 주요 감염 경로는 렙토스파이라 세균에 감염된 쥐의 오줌에 의해 전파되며 이 세균에 감염된 개나 소, 돼지와의 접촉도 원인이 된다. 또한 토양에 오염된 렙토스파이라 세균에 노출된 경우에 피부 상처 부위를 통하여 감염이 유발될 수 있다. 특히 주의해야 할 것은 사람에게도 감염되는 인수공통감염병으로 두통, 결막염, 황달, 유산 등을 일으키므로 철저하게 예방을 하여야 할 것이다.

② **증상**

개의 경우에는 렙토스피라증의 주요증상은 출혈형과 황달형으로 나눌 수 있으며 출혈형의 경우 41℃이상의 발열과 심한 구토가 있으며 뒷다리의 통증으로 다리를 절뚝거리기도 한다. 병이 진행되면 구강점막에 궤양이 형성되고 출혈성 설사를 일으키면서 저 체온이 되어 수일 내에 폐사에 이른다. 황달형의 경우도 비슷한 증상을 보이나 간의 손상에 의해 황달증상을 보이는 것이 특징적이다.

③ **예방 및 치료**

개 종합백신 DHPPL 예방접종이 최선의 방법이다. 과거에는 치료가 어려운 병으로 알려졌으나 최근에 와서는 강력한 광범위 항균제가 개발되면서 치료가 용이하게 되었다. 의심되는 증상을 보이는 경우는 동물병원에 내원하여 치료를 받도록 한다.

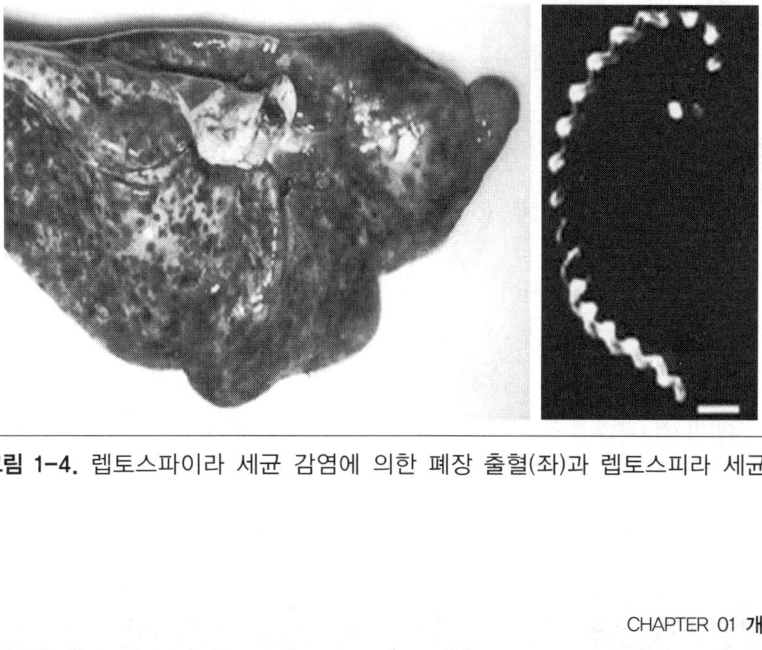

그림 1-4. 렙토스파이라 세균 감염에 의한 폐장 출혈(좌)과 렙토스피라 세균(우)

(2) 켄넬코프(kennel cough) : 개과 동물 감염증

본 질병은 개와 늑대, 여우와 코요테 등의 개과 동물과 족제비, 밍크, 페렛 등의 족제비과 동물에 감염된다.

① 원인

보데텔라 브롱키셉티카(*Bordetella bronchiseptica*) 세균이 관여해서 일어나는 급성호흡기 질병으로 Parainfluenza virus의 복합감염이 일어나 증상이 발생하는 것으로 알려져 있다. 번식장(kennel)과 같이 집단 사육하고 환기가 잘 안 되는 불결한 사육환경에서 키우는 개들의 경우에 집단적으로 발생한다.

② 증상

어린 강아지에게서 심한 증상을 나타내며 나이든 개에도 감염이 된다. 수양성 비루와 폭발적인 건성기침이 특징적이며 연속적인 기침 후에 구토가 뒤따른다. 목에 가시가 걸린 것처럼 캑캑 거리며 심한 경우에 토하기도 하여 목에 가시가 걸린 것으로 잘못 판단하기도 한다.

초기에는 발열증상이 보이지 않다가 세균이 2차 감염이 이루어지면서 체온이 39~40 까지 급속히 올라갔다가 정상화되며 세균에 의한 폐렴이 유발되기도 한다.

③ 예방 및 치료

Kennel cough 예방접종이 최선의 방법이다. 의심되는 증상을 보이는 경우는 동물병원에 내원하여 치료를 받도록 한다.

(3) 개 부루셀라병(canine brucellosis) : 인수공통감염병

유산을 제외한 특별한 임상증상을 나타내지 않고, 진단상 어려움이 많고, 항상 보균동물로 존재함으로써 집단적으로 사육하고 있는 번식장에서는 매우 중요한 전염병이다. 사람에도 감염될 수 있는 인수공통감염병으로 발생시 신고의 의무가 있는 법정전염병이다.

① 원인체

*Brucella canis*에 의해서 야기되지만 이 균 외에 *B. abortus, B. suis, B. melitensis*에 의한 감염도 보고된 바 있다.

*Brucella canis*는 Brucella속의 0.5~0.7 × 0.6~1.5um 크기의 그람 음성의 비운동성인 작은 간균으로 숙주 세포내 기생하는 세균이다. Brucella배지, 혈액배지,

Tryptic soy agar에서 3~5일간 호기성 및 CO_2 배양시 모두 발육한다. 직경 1~1.5mm의 반투명 소집락을 형성하며 Mucoid 상으로 된다.

② **감염경로**

이 질병의 전파방법은 주로 유산 후 유산태아나 유산물질, 질 분비물로 부터 부루셀라균의 흡식이나 섭식에 의해서 이루어진다. 또한 감염 후 3~11주 사이의 정액에는 많은 수의 균이 있으므로 좋은 감염원이 될 수 있다.

③ **증상**

*B. canis*는 암캐의 경우 임신된 자궁에만 감염되어 태반의 상피세포에 국소화(colonizing) 하여 태아조산 및 유산을 일으킨다. 암캐는 때때로 임신 전 기간에 그리고 한배 새끼의 모든 생존태아나 죽은 태자에게 모두 전파함으로써 생존태아의 경우라도 대개 수 시간 또는 수 일안에 죽는다. 임신하지 않는 암캐는 대개 임상증상을 나타내지 않지만 자궁분비물 또는 오줌을 통해서 계속해서 원인균을 배설한다.

④ **예방 및 치료**

유사산을 보이는 경우 브루셀라 감염 의심으로 진단을 시도하는 것이 좋으며 브루셀라 의심 동물과 접촉을 피하는 것이 좋다. 번식장의 경우에 철저한 견사 소독이 요구된다. 브루셀라 세균은 세포내 기생하기 때문에 치료가 어렵다. 또한 법정전염병이기 때문에 진단되면 신고를 하여야 한다.

(4) 개 라임 병(canine Lyme Disease, canine Borreliosis) : 인수공통감염병

진드기에 의하여 전파되는 질병으로 사람에 감염이 일어나는 인수공통감염병이다. 다행히 한국에서 보고되지 않은 질병으로 미국에서는 많은 발생이 일어나고 있다.

① **원인체**

Borrelia burgdorferi 세균에 의하여 감염이 일어난다. 나선모양의 스파이로헤트 세균이며 그람 음성의 세균으로 야생 쥐, 다람쥐와 같은 야생 설치류 및 사슴에 존재하는 세균으로 알려져 있다.

② **감염경로**

개와 사람에 전파는 진드기 일종인 deer tick(Ixodid)에 의한다.

③ **증상**

감염된 개는 열과 식욕부진, 임파절 종창, 관절염 및 보행 장애 등의 증상을 보인다. 심한 경우 콩팥의 손상으로 사망에 이른다. 사람의 경우에도 발열과 관절 통증 및 종창 등의 증상이 보고되어 있다.

④ **예방 및 치료**

진드기 예방을 하고 유행 시기에는 진드기 접촉 위험이 있는 산행을 줄이는 방법으로 예방을 한다. 의심되는 증상을 보이는 경우는 동물병원에 내원하여 치료를 받도록 한다.

3) 기생충 감염증

대부분의 기생충 감염은 개와 사람에 모두 감염될 수 있는 인수공통감염병이다. 따라서 개의 기생충에 대한 구충과 예방은 공중보건학적으로 매우 중요하다고 할 수 있다.

(1) 심장사상충(Heartworm)

심장사상충(Heartworm, *Dirofilaria immitis*)은 현재 가장 광범위하게 퍼져있는 기생충으로 사람에게는 중간 숙주인 모기를 통해 전염된다. 사람의 사상충증은 유충이 죽어 폐 내에 전색을 형성하는 것으로 알려져 있는데 이러한 경우는 드물게 발생되며 대개 무증상이다. 그러나 폐전색이 형성되면 방사선 사진에서 결절로 나타나며 정확한 진단을 위해서는 외과적으로 생체검사와 조직학적인 평가를 받아야하는 문제를 일으킨다. 사람의 사상충증 예방은 개의 심장사상충을 줄여나가는 것이므로 모든 심장사상충을 치료하는 것이 바람직하다. 또한 심장사상충의 예방은 사람의 사상충증 발현률을 현격히 줄일 것이다.

① **원인충**

심장사상충(*Dirofilaria immitis*)은 온대지방의 개의 우심실과 폐동맥에 기생하는 사상충(絲狀蟲)으로 길이는 암컷 25~30cm, 수컷 12~16cm이다.

② **생활사**(life cycle)

암수 성충의 교미에 의하여 산출(産出)된 마이크로필라리아(microfilaria)는 비 감염기 마이크로필라리아로서 감염견의 혈액 속에서 2년간 생존케 되며 모기의 흡혈에 의하여 모기체내(말피기관)로 이동한 후 2회의 탈피과정을 거쳐 감염기 자충(제3기)으로 성장하게 되며 이 감염기 자충이 모기의 흡혈로 다시 개의 피부에 침투 → 피하 조직에서 67~80일간 생존하면서 2회 탈피과정을 거쳐 제 5기 유충으로 변한다. 제5기 유충은 정맥벽을 통하여 천공 → 혈관 → 폐동맥 정착 단계를 거치게 된다. 체내의 암컷 성충은 약 7년간 생존하면서 마이크로필라리아를 산출하여 지속적인 전염원이 된다.

③ **증상**

3가지 유형의 증상을 보이는데 다수의 성충이 일시에 죽어서 폐동맥을 막아 생기는 증상으로서 호흡곤란, 운동기피, 발작성 실신, 객혈 등의 증상이 관찰되며 말기에는 복수, 하복부의 피하부종, 흉수 등을 볼 수 있는 유형의 폐성심증과 돌발적인 쇠약, 식욕감퇴, 혈색소뇨증, 호흡곤란, 복수 등의 증상을 보인 후 수일이내에 폐사하는 간 기능부전증후군증이 있고 기침 객혈, 숨을 거푸 쉬는 소리를 내는 알레르기성 증상으로 구분된다. 폐성심증과 간기능 부전증후군증은 청진시 심내 잡음, 제2심음 분열음이 있다.

④ **예방**

중간 매개체인 모기의 활동기 동안 감염이 우려될 시에는 매월 1회씩 심장사상충 구충제 이보멕틴 제제를 투여 한다.

⑤ **태반감염**

감염견의 혈액 속에 있는 마이크로필라리아는 태반을 통하여 이행이 되나 비감염기에 해당되어 발병하지 않으나 출생 후 모기의 흡혈에 의하여 감염을 받을 수 있다.

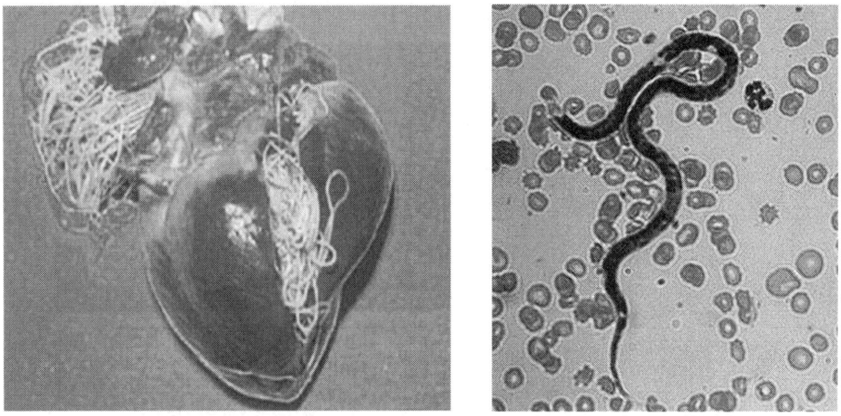

그림 1-5. 심장사상충 심장 내 성충(좌), 혈액 내 유충(우)

⑥ **치료 방법**

의심되는 증상을 보이는 경우는 동물병원에 내원하여 치료를 받도록 한다.

가. 원충감염(protozoa infection)

① **지알디아증**(Giardia infection)

주원인은 *Giardia canis*이며 2개의 핵과 편모를 가진 이자형의 원충으로서 개의 상부소장에 기생하면 돌발적으로 악취가 나는 수양성 설사와 식욕감퇴를 주 증상으로 하는 급성형과 만성적으로 흡수장애를 일으키는 만성형으로 구분된다.

지알디아 람블리아(*Giardia lamblia*)는 인간 및 다른 포유동물의 소장에 기생하며 전세계적으로 존재하는 원충이며 풍토성 또는 전염성 장관질환과 설사를 유발한다. 감염은 섭취한 포낭의 소장에서 영양체로 부화되어 일어나며 혈관을 타고 퍼지지는 않고 장관 상피에 붙어 있다. 개나 고양이의 지알디아(giardia)가 사람에 감염된다는 명확한 결론이 내려진 것은 아니지만 예방적으로 관리하는 것이 좋다. 분변으로 배출되는 포낭은 열이나 건조한 상태에서는 견디지 못하나 신선한 물에서는 수개월간 생존 가능하다. 염소 소독 수돗물에서 저항한다.

지알디아 감염증은 선진국이나 개도국이나 모두 흔하다.

사람 사이의 전파는 개인위생이 나쁜 공공장소나 동성연애자 사이에서 일어날 수 있다. 음식을 익혀 먹고 물을 끓이거나 정수함으로 예방할 수 있다.

의심되는 증상을 보이는 경우는 동물병원에 내원하여 치료를 받도록 한다.

② **트리코모나스증**

비위생적인 견사에서 사육되는 자견에 Trichomonas spp 편모를 가지며 운동성이 있는 원충이 감염되어 발생하는 질병으로서 수양성 설사를 유발하는 원인이 된다.

의심되는 증상을 보이는 경우는 동물병원에 내원하여 치료를 받도록 한다.

③ **크립토스포리디아증**(Cryptosporidium infection)

콕시디아 속 원충인 크립토스포리디움(Cryptosporidium)의 중요한 보균가축은 소이지만 개와 고양이의 분변에서도 검출되며 이 원충은 많은 동물을 감염시키고 감염된 동물의 대변으로 나온 낭포체는 전염성 가지고 있다.

낭포체는 꽤 단단하며 소독약제중 염소 소독제제에는 저항성을 가지고 있다고 보고되고 있다. 사람이나 동물의 분변 내에 전염성 낭포체와의 접촉을 최소화하는 것이 전염을 예방하는 최선의 길이다. 사람이 경구적으로 낭포체(oocysts)를 섭취하면 부화하여 포자소체(sporozoite)가 되고 이 포자소체는 장관상피 세포로 가서 감염을 일으킨다.

사람에서는 무증상이나 자연 치유되는 경향을 보이기도 하지만 심한 경우 위험할 수도 있으며 일단 감염되면 가족 구성원간의 접촉, 동물의 분변에 의한 오염, 의료인 간의 접촉 등으로 전파된다 한다.

최근에 정상인이나 AIDS 환자 등의 면역결핍증 환자에서 설사를 유발하는 것으로 보고되고 있다.

④ **톡소플라즈마증**(Toxoplasma infection)

톡소플라즈마증은 편성 세포내 원충인 톡소플라스마 곤디(*Toxoplasma gondii*)의 감염에 의해 발생하며 대부분의 조류 및 포유동물에서는 불현성감염을 일으키지만 간혹 설사를 유발하거나 유산, 폐염, 건염, 안증상, 중추신경증상 등을 일으켜 디스템퍼와 혼돈될 수 있는 질병이다. 사람에 감염되면 인체의 면역능력에 따라 무증상에서 뇌염, 폐렴 등의 증상을 나타낼 수 있으면 급성형으로 나타나거나 만성화 할 수 있다.

㉮ **생활사**(life cycle) : 이 원충은 비고양이 생활사와 고양이 생활사로 구분되며 비고양이 생활사는 쥐 양, 돼지 등의 중간 숙주 내에서 일어나는 무성의 타키조이트(tachyzoite) 형태로서 온혈동물에 기생하지만 고양이가 종숙주이다. 톡소플라스마 곤디(*T. gondii*)는 침투는 하지만 분열하지 못하는 적혈구를 제외하고는 모두 포유류의 세포 내에서 성장 가능하다. 이 기생충의 주 생활사는 고양이와 그 먹에서 이루어진다. 인체의 감염은 트로포조이트(trophozoites)에 감염된 음식을 섭취하거나 고양이의 분변으로부터 나온 낭포체(oocyst)를 먹게 되어 발생한다.

㉯ **병원성** : 사람이 임신기간 중에 감염된다면 태아의 1/3 정도가 태반 감염될 수 있다고 보고되고 있다. 태반감염이 되면 사산되거나 신생아의 안구 질환을 야기 시킬 수 있다. 고양이 또한 trophozites의 섭취에 의한 경구감염으로서 감염후 1~2일부터 oocyste를 분변 내로 배설하며 급성 감염기 동안 고양이는 하루에 1억 개의 기생충을 배출한다. 바로 이러한 이유 때문에 임신한 산모는 고양이의 분변에 접촉하지 않아야 할뿐더러 고양이 분변통은 하루에 한 번씩 철저하게 세정해야 하는데 산모를 시켜서는 안 된다.

㉰ **치료** : 의심되는 증상을 보이는 경우는 동물병원에 내원하여 치료를 받도록 한다.

⑤ **아메바증**(Entamoeba infection)

아메바란 무성생식으로 기생하는 원충류로서 크기가 10~60μ정도인 이질아메바(*Entamoeba histolytica*)가 개, 고양이, 쥐, 돼지 등에 감염되어 대부분 무증상으로 경과되지만 급성으로 진행되는 경우 소화기관내에서 궤양을 일으키며 점액성 설사를 유발하기도 한다.

세계인구의 약 10% 정도가 *E. histoltica*에 감염되어 있는 것으로 보고되고 있으며 전파는 오염된 물, 음식 혹은 손에 살아있는 포낭을 섭취함으로 감염되는 것으로 알려져 있다.

⑥ **바베시아증**(Babesia infection)

진드기 매개성 주혈원충증(住血原蟲症)으로서 *Babesia canis, Babesia gibsoni* 등의 원충이 문제가 되며 주 증상으로는 발열, 빈혈증상, 혈색소뇨, 황달이 특정인 증상을 보이며 종대된 간이나 비장 등이 촉진된다. 인간이 감염되면 초기에는 비특이적인 발열질환으로 나타난다. 바베시아는 적혈구 안으로 들어가 말라리아와 형태적으로 유사하게 보인다. 야생동물과 가축에서의 바베시아 감염은 전 세계적으로 발생한다.

의심되는 증상을 보이는 경우는 동물병원에 내원하여 치료를 받도록 한다.

나. 외부 기생충

① **개 선충(scabies)**

주원인은 개 선충(*Sarcoptes scabies*)의 감염으로 옴이라고도 불리는 증상을 유발한다. 개 선충에 감염된 개는 가려움에 피부를 긁고 긁는 상처에 감염된 세균에 의하여 피부에 염증이 유발된다. 인수공통감염병으로 사람도 감염되며 감염된 피부에 오돌도돌한 빨간 돌기들이 생기고 가려움증을 느끼게 된다.

개 선충의 예방은 정기적인 피부 위생 관리가 필요하며 개 선충 오염 빗이나 클리퍼의 사용에 주의하고 감염된 개와의 접촉을 피하여야 한다.

피부를 긁으면 동물병원에 내원하여 진단 후 치료를 요한다(그림 1-6).

② **개 모낭충**(demodex)

주원인은 개 모낭충(*Demodex canis*)의 감염으로 모낭충에 감염된 개는 모낭 안에 기생충 감염에 의한 염증으로 털이 빠지고 가려워 긁은 피부에 2차 세균감염으로 염증이 유발된다.

모낭충은 개선충에 비교하여 보다 치료가 어려워 장기 치료가 요구되며 흔히 재발이 유발되기 때문에 관리에 주의를 요한다.

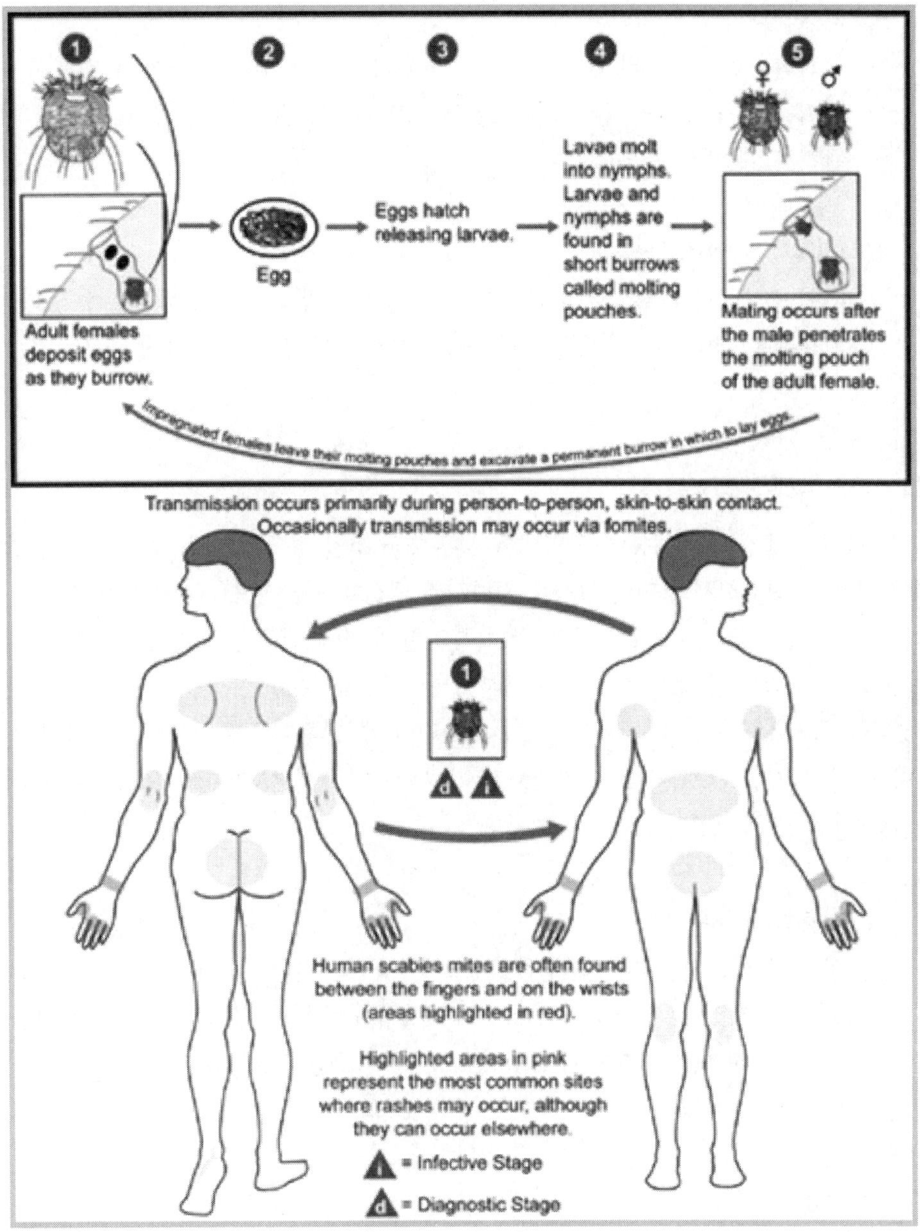

그림 1–6. This image, from the Centers for Disease Control and Prevention(CDC), illustrates the life cycle of Sarcoptes scabiei var. hominis.

③ **귀 이**(Ear mite)

주원인은 ear mite의 감염으로 증상이 유발된다. 귀 속에 귀지와 염증을 유발하며 가려워 긁기 때문에 귀에 2차 세균 감염이 일어난다. 정기적인 귀 청소와 위생적 관리로 예방할 수 있다.

④ **이**(lice) **및 벼룩**(flea)

주원인은 이와 벼룩으로 이와 벼룩의 감염은 위생적 관리로 예방할 수 있다. 외부 기생충을 예방하는 약제들이 다양하게 개발되어 있어 편리하게 이용할 수 있다.

다. 내부 기생충 감염증

개는 태반을 통하여 기생충에 감염되어 생후 20~25일 정도면 벌써 성충이 되어 충란을 배출시키는가 하면 신체의 면역 능력을 저하시켜 백신에 의한 항체가 형성에도 지장을 초래한다. 감염기 유충은 각 장기를 뚫고 다녀 통과한 부분에 염증을 유발하고 간이나 뇌에도 영향을 끼치게 되는 등 소모성 질환의 근본 원인으로서 작용한다. 개의 기생충은 일반적으로 충란에서 성충이 되는데 3주일 정도가 소요되어 개가 종숙주인 기생충은 장내에서 증식이 되면서 생활사를 갖게 된다. 일반적으로 기생충의 종류를 류형(類形)으로 분류하면 다음과 같이 분류 할 수 있다.

① **선충류**(線蟲類)

선 형태의 모양을 한 견회충(*Toxocara canis*), 견소회충(*Toxocara leonina*), 개편충(*Trichuris vulpis*) 등이 있으며 구충류(鉤蟲類)는 갈고리가 있는 형태를 갖춘 견십이지장충(*Ancylostoma caninum*), 비경구충(*Uncinaria stenocephais*)이 있다.

② **조충류**(條蟲類)

납작한 선모양의 형태를 한 기생충으로서 긴촌충(*Diphyllobothrium latum*), 촌충(Echinococcus spp.), 일반조충(Taenia spp.), 두상조충(*Taenia pisifomis*), 고양이 조충(*Taeniataenia formis*), 다두조충(Multiceps spp.) 등이 있다.

③ **흡충류**(吸蟲類)

창형흡충(*D. lanceolatum*), 묘흡충(*O. tenuicollis*), 간흡충(*Fasciola hepatica*), 페디스토마(*P. westermanii*) 등이 있다.

Chapter 01

㉮ **회충증 :** 개에 있어서 가장 많이 감염된 선충류로서 모견의 체조직에 잠재하던 3기 자충이 임신말기(42일경)에 태반을 통과 태아에 감염되거나 아니면 분만 후 약 30일 정도 모견의 유즙을 통하여 배설되어 포유 자견이 감염됨으로 생후 20일이면 대부분의 자견이 회충에 감염된 것으로 보아야 한다.

회충이나 개 편충같은 선충류가 감염되어 있으면 강아지에서는 빈혈이 심하게 나타나고 등은 야위나 복부는 팽팽하게 커진다. 생후 2~3주령의 강아지는 반드시 기생충 구제를 10일~15일 간격으로 최소 3회 이상 반복 투여하도록 하고 모견은 포유 중에는 자견과 동시에 구충제를 투약한다.

선충류의 감염이 심하면 영양탈취 및 유충의 채내이행으로 인한 기계적 자극에 의해 쇠약, 설사, 빈혈, 기침 등의 증상을 나타내며 피부병, 간장장애, 복막염 등을 일으키기도 한다. 어린이들이 흙을 먹는 습관과 위생관념의 미흡 때문이겠지만 1~5세정도의 어린이들에게 자주 발견되는 개회충증은 충란을 입으로 섭취하여 유발되는 것으로서 섭취된 충란이 유충이 되면 인체의 장관 벽을 뚫고 지나가며 여러 조직을 이행하고 다닌다.

이들은 인체 내에서 정상적인 생활사를 갖출 수 없기 때문에 인체 면역계에 의해 파괴되지만 그전까지는 장관 내 이행이 지속된다. 대부분은 무증상으로 진행되지만 중추 신경계와 심근에 호산성 육아종성 반응을 일으키기도 한다.

드물게는 발열, 체중감소, 기침, 폐, 발진 등과 더불어 전안구염, 포도막염, 맥락막염 등을 일으키고 실명하게 된다는 보고서도 있다.

이러한 이유로 공공장소에서는 분변 처리에 관심을 기울여야 할 것이며 보호자에게 개회충의 생활사를 알려주고 인체 감염성을 교육하여 분변 등에 오염되지 않도록 주의시킬 필요가 있다.

㉯ **구충증 :** 견십이장충 등의 충란이 외부에서 부화한 감염기 자충이 경피감염(피부를 통하여 감염), 또는 경구감염을 통하여 증상을 일으키며 주요 임상 증상으로는 흑변, 심혈성 빈혈, 피부소양증 등이 있다

㉰ **조충증 :** 촌충(Tapeworm) 또는 충충류(Cestode)인 편절 기생충으로서 개 조충(*Diylidium canium*)은 개에서 아주 흔하며 중간숙주는 벼룩이다. 사람의 경우 우연히 이 유충을 지닌 벼룩을 섭식하여 발생하는 것으로 보고되고 있다.

조충이 기생할 때에도 선충의 기생시와 비슷한 증상을 나타내며, 특히 이러한 조충은 사람 특히 어린아이에 감염되는 경우가 많지만 대개 무증상으로 경과하고 소수의 경우에만 심한 복통, 소화장애, 오심, 구토증상을 일으키며 경우에 따라서는 신경증상을 일으키기 때문에 철저히 구제를 해야 한다.

조충이 있을 때에는 대변이나 항문주위의 털에 쌀알 크기만한 촌충의 편절들을

볼 수 있으며, 특징적인 증상으로는 장염이 심하게 나타나며 항문이 심하게 가려워 엉덩이를 땅에 끄는 행동을 하기도 한다.

㉣ **포낭충증 :** 국내에서는 문제가 되지 않는 질병으로서 주로 양을 방목하는 목야지에서 사육되는 개들이 감염원이 될 수 있다.

단방조충, 다방조충(*E. granulosus, multilocularis*) 등의 충란을 섭식하여 감염된다. 인체에 섭식된 충란은 문맥순환을 거쳐 간, 폐 등 여러 장기에 포낭을 형성한다.

포낭충낭(echinococcal cyst)은 천천히 자라나는데, 공간점유 효과가 나타나기 전까지는 무증상이지만 포낭이 터지면서 황달, 발열, 소양감, 두드러기, 호산구 증가증, 과민반응으로 급사하거나 흉통, 각혈 등의 증세를 보인다.

사람은 이 포낭을 수술로 제거해야 하며 전 세계적으로 분포하는 것으로 알려져 있으며, 양이 중간숙주 역할을 한다.

개는 종숙주이며 개의 분변으로 나온 충란은 바로 감염을 갖는다.

양과 개가 같이 있는 곳에서는 단방조충과 다방조충의 역학과 공중보건학적 관리에 관심을 갖고 주기적으로 변 검사를 통해 충란의 확인을 받아야하고 감염된 개는 반드시 치료한다.

라. 장기 유주증(visceral larva migrans)

기생충은 알에서 부화하여 애벌레를 거쳐 기다란 성충으로 자라는데, 애벌레인 유충이 몸속에서 간이나 콩팥 등 장기로 옮겨 다니는 수가 있다. 이것을 장기 유주증이라고 부른다.

단순한 기생충 감염보다 위험해서 유충이 유주해간 장기를 손상시키기도 한다. 대부분 선충류인 개회충(*Toxocara canis*, roundworm)의 알을 먹게 되면 감염되는데, 학교에 다니기 전의 어린 아이들(1~5세)에게 쉽게 감염된다.

개의 개회충 알이 사람의 입속에 들어가면 인체에서 알이 부화하여 유충이 되고 몸속의 장관벽을 뚫고 지나가며 여러 조직으로 돌아다니게 된다.

개회충은 사람의 몸속에서는 정상적인 생활사를 가지지 못하고 인체 면역에 의해 죽게 되지만 그전까지는 장기들 속을 돌아다니게 된다. 대부분은 증상이 없지만 때에 따라 유충이 뇌나 심장 까지 침범해서 위험한 경우도 있다. 증상은 몸에 열이 나고 체중이 빠지고, 기침을 하거나 피부 발진이 있을 수 있고 눈에 통증을 일으킬 수도 있다. 유충이 눈에 들어간 경우에는 실명하게 된다.

기생충에 감염된 강아지는 감염된 강아지 생후 21일 째부터 충란을 분변으로 배설하게 된다. 개회충은 대부분 태반감염을 통해 강아지에게 감염되므로 생후 2~3주령의 강아지와 어미 개는 반드시 기생충 치료해야 한다.

마. 피부 유주증(cutaneous larva migrans)

십이지장충(Hookworm)으로 알려진, 개 구충(*Ancylostoma caninum*), 브라질구충(*A. braziliense*) 등의 유충은 장기 유주증으로 사람의 피부로 파고드는 경우가 있다. 이들 기생충의 유충은 특정한 효소를 분비하며 피부나 점막을 녹이고 뚫고 들어가게 된다. 강아지 역시 경피감염, 경구감염, 경유방감염 등으로 감염되기 때문에 어미개의 젖을 통해 쉽게 유충을 섭취하게 된다.

(2) 곰팡이 감염증

피부 곰팡이 감염증은 진균에 의하여 유발되며 인수공통감염병으로 사람 피부에도 감염이 유발된다. 다양한 곰팡이에 의하여 피부 병변이 유발되며 세균과 외부 기생충 감염증과 감별 진단이 필요하다. 우드 램프에 의하여 피부에 자외선을 쬐어 형광을 발하는 것을 확인하여 피부 곰팡이 감염증을 진단할 수 있다. 피부를 긁어 도말하여 현미경으로 관찰하여 곰팡이 포자를 관찰하는 것으로 진단하기도 한다. 곰팡이는 치료가 어렵고 흔히 재발하기 때문에 주의를 요한다.

4) 병원체의 예방

(1) 기생충의 예방 및 치료

자연환경에 널리 분포되어 있어 다양한 전파방법으로 감염되는 기생충의 감염예방을 단순한 구충제로만으로는 어려움이 있어 기생충의 기초적인 생활사를 평소에 알아두어야 할 필요가 있으며 다음과 같은 요령으로 관리하면 구충은 물론 건강한 개의 상태를 유지 할 수 있을 것이다.

① 조속한 분변 청소 및 위생적 처리
② 동물 자체 및 주변 정기적인 소독
③ 청결하고 영양이 풍부한 먹이급여
④ 이, 벼룩, 모기 등의 해충 구제
⑤ 쥐의 구제
⑥ 선충류 및 조충류, 흡충류 구충이 가능한 종합구충제

일반적인 구충프로그램으로 신생 자견 15일, 25일, 40일령 쯤 구충을 실시한 후 집안에서 키우는 개는 2개월마다 야외에서 키우는 개는 월 1회씩 연속 구충하는 것이 현명하다.

(2) 예방접종

① 생독백신과 사독백신

임상적인 감염증을 일으키는 바이러스나 세균의 균종을 분리하여 면역형성을 위한 백신을 제조하는데 그 제조과정에서 살아있는 상태로 계대(繼代)한 후 약독화(弱毒禍)하여 제조한 백신중 바이러스 백신은 생독백신, 균 백신은 생균백신이라 말하며 이와는 반대로 이들을 포르말린 등의 화학적 처리를 하여 사멸시킨 후 그 세포를 이용하여 제조한 백신을 사독 혹은 사균백신 또는 불활화백신이라 칭한다. 두 가지 제조방법에 의하여 만들어진 백신은 각각의 장단점이 있어 그 목적에 따라 제조 방법은 선택된다. 일반적으로 생독백신의 경우 접종 후 3주정도 되면 최고도의 면역을 획득케 되며 사독(사균) 백신은 10일에서 21일 간격으로 보강 접종을 한다. 현제 시판되는 백신은 대부분 안전하여 권장량의 2~3배의 백신을 접종하여도 큰 부작용이 발생되지 않을 뿐 아니라 생독 백신의 경우에도 1/2 정도의 백신으로도 모체이행 항체의 소실 시기를 잘 맞추면 면역 형성이 되니 접종 시에 좀 흘렸다고 다시 재접종 할 필요는 없을 것이다.

㉮ 생독(생균) 백신 장점

㉠ 모체이행항체의 소멸 시기에 접종하면 1회 접종으로 면역력이 생성된다.
㉡ 제조비용이 사독에 비하여 상대적으로 적어 값이 저렴하다.
㉢ 면역이 형성된 경우 사독에 비하여 면역 지속기간이 길다.
㉣ 냉동 건조 되어있어 냉장고에서 동결이 되어도 사용이 가능하다.
㉤ 생독 백신은 적은 바이러스량으로 감염방어능력을 형성한다.

㉯ 사독(사균) 백신 장점

㉠ 안정성이 높고 겔 또는 오일로 제조되어 사용이 용이하다.
㉡ 생독백신에 비하여 냉장보관이 용이하다.
㉢ 개발하는데 오래 걸리지 않는다.
㉣ 보강접종으로 면역증강효과가 크다.
㉤ 유효 항원만 정제 추출함으로써 부작용 경감과 면역원성 향상된다.
(사독 백신은 반드시 2~3주의 간격을 맞추어주어야 효과가 있다.)

② 개 종합백신(DHPPL)

일반적으로 비교적 간섭 현상이 덜하고 표적장기(target organ)가 다른 백신을 사용자가 쓰기 편하게 몇 개씩 묶어 DHP, DHPP, DHPPL, DHPPLL, DHPPCL로 명하는 혼합백신이 생산되고 있다. 국내에 주로 사용되는 종합백신은 DHPPL로서 개 홍역, 개 간염, 개 감기, 개 파보장염, 렙토스피라 감염증과 같은 5종 병원체에 대하여 예방할 수 있다.

그러나 우리는 사랑하는 개를 위하여 가능한 최소한 혼합되어있는 백신을 사용하는 것이 현명하다는 것을 인식하여야 할 필요가 있다. 특히 표적장기(target organ)가 같은 백신은 반드시 별도로 백신을 하는 것이 유리하며 파보백신처럼 생독과 사독백신이 각각 개발되어있는 경우에는 반드시 최소 15일 정도의 간격을 두고 사용하는 것이 현명하다.

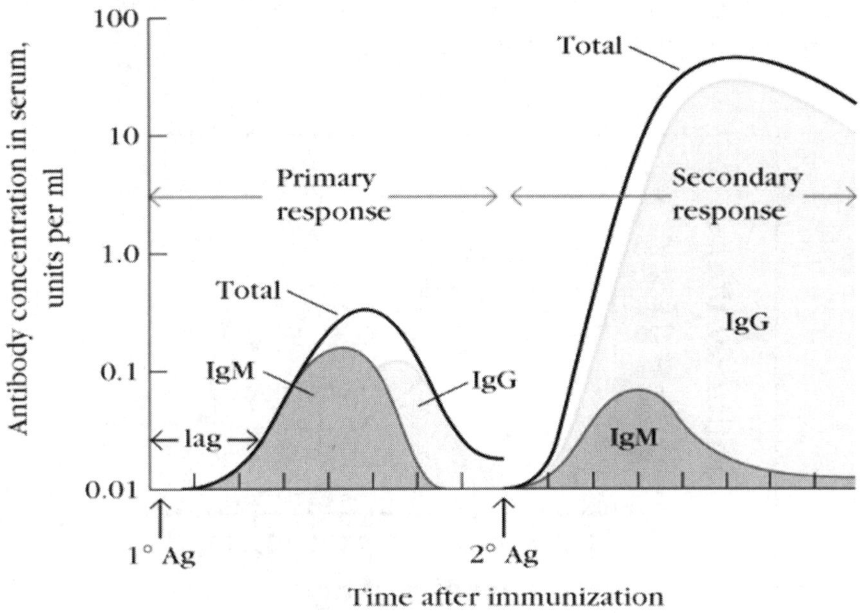

●● **그림 1-7.** 반복 접종에 의한 방어 항체 양의 혈중 내 증가

③ **모체이행항체**(母體移行抗體)

개는 분만 직후 일반 비유기 젖보다 더 진한 형질의 젖을 분비하는데 이를 가리켜 「초유」라고 하고 그 초유에는 모견이 살아오면서 체험한 질병에 대한 면역물질과 백신 접종에 의하여 형성된 면역물질이 함유되어있어 이를 모체이행항체라고 부르며 그 항체의 수준을 계수화 시켜 놓은 것을 항체가(抗體價)라고 한다. 모체이행항체에 의한 항체 획득은 자신의 노력이 아닌 젖을 통한 항체 획득이라는 의미로 「수동면역」이라 하고 그 반면에 백신에 의한 항체 형성은 바이러스의 체내 증식에 의하여 형성된 항체라고 하여 「능동면역」이라고 한다. 모체이행항체는 질병 별로

항체가 수준이 달라 반감기에 의하여 어떤 질병은 방어 항체가 수준 이상으로 남아있는데 비하여 어떤 질병은 이미 방어 항체가 수준 이하로 저하되어 바이러스에 노출되면 감염이 된다. 일반적으로 충분한 항체를 소유한 모견의 초유를 충분히 먹은 자견의 경우라 하더라도 생후 주령이 늘어나면서 모체이행 항체가 소실되어 12주령이 넘어가면 완전 소실로 면역공백이 생기게 된다. 대부분 방어항체가 수준 이하로 모체이행항체가 소실되기 전에 백신을 접종하는 것이 좋다. 개체에 따라 모체이행 항체 소실 시기가 다르지만 일반적으로 젖을 떼는 6주 이후부터 예방접종을 시작하도록 권장하고 있다. 1회 접종으로 병원체를 막아낼 수 있는 충분한 방어항체가 체내에 생성되지 않기 때문에 2~4주 간격으로 3~5회 정도의 기본 백신 접종 프로그램이 요구되고 있다.

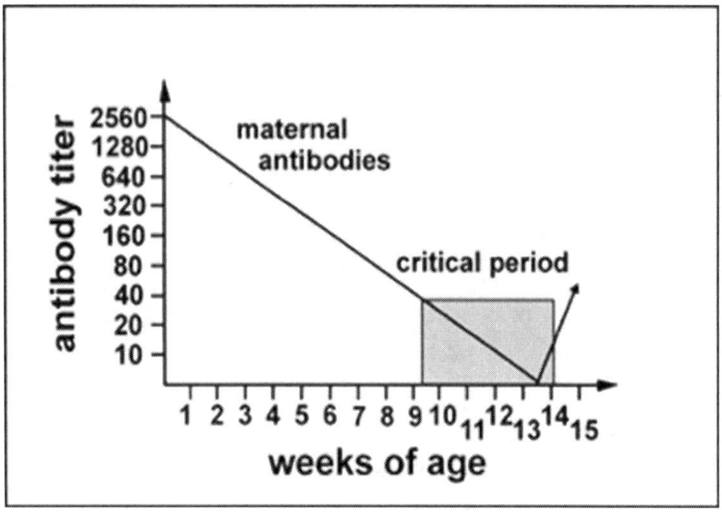

●● **그림 1-8.** 출생된 강아지 혈액내 개 파보바이러스에 대한 모체 이행 항체의 소실

④ **예방접종의 종류와 접종 프로그램**

모체이행항체가 소실되기 이전인 생후 6주령부터 예방접종을 실시하여 방어항체 수준을 끌어올리기 위해서 표 1-1과 같은 백신을 프로그램에 따라 반복 접종을 한다.

표 1-1. 개 예방접종의 종류와 접종 프로그램

백신 종류	예방 목적 질병	접종 프로그램
종합백신 (DHPPL)	개 홍역, 개 간염, 개 감기, 개 파보 장염, 렙토스피라	생후 6주부터 2~4주 간격으로 5회 접종 이 후 매 년 1회 보강접종
코로나 장염	Canine corona virus	생후 6주부터 2~4주 간격으로 2~3회 접종 이 후 매 년 1회 보강접종
켄넬코프	*Bordetella brochiceptica* Parainfluenza virus	생후 8주부터 2~4주 간격으로 2~3회 접종 이 후 매 년 1회 보강접종
광견병	Rabies virus	생후 3~4개월령 1회 접종 이 후 6개월 마다 보강접종

MEMO

Chapter

02

고양이 질병

1. 고양이의 비전염성 질병

1) 심근병(Cardiomyopathy)

① 원인

타우린과 같은 필수 영양소의 부족으로 알려져 있다. 심장은 4개의 방이 있는데 튼튼한 심근으로 이루어져 있어 혈액을 온몸에 퍼지도록 도와주는 펌프와 같은 역할을 하고 있다. 그런데 고양이가 심근증에 걸리면 4개의 방(chamber)은 심장벽은 안쪽에 향해 비대해져 방이 점점 좁아지게 된다. 그 결과 심장에서 전신에 보내는 혈액의 양이 감소하여 순환 장해에 빠지거나, 작은 혈액 덩어리가 작은 혈관을 막아 혈전증이 발생한다.

② 증상

특징적인 증상은 없지만 가벼운 운동을 해도 기침을 하며 청색증이 관찰되어 혀의 색깔이 보라색으로 나타난다. 진행이 되어 호흡 곤란이 생기면 마치 개처럼 혀를 내밀고 헐떡거린다.

③ 진단과 예방

혈액 검사, 심전도, X-ray 촬영으로 정확하게 진단할 수 있다. 예방은 특별한 방법은 없지만 평소의 타우린 부족을 일으키지 않도록 고양이전용 사료를 주어야 한다.

Chapter 02

2) 만성 신부전(Chronic renal failure)

① 원인과 병의 진행

원인은 여러 가지 병원체의 감염, 중독성 물질의 섭취, 선천적인 이상 그리고 면역기관의 장애이다. 고양이의 사구체 개수는 사람의 약 1/4밖에 되지 않아 신부전에 걸리면 매우 위험한 상태가 될 수 있다. 실제로 신부전은 고양이의 주요한 사망의 원인이 되고 있다.

② 증상

처음 증상은 물을 자주 마시고 오줌의 양도 많다. 식욕이 떨어지며 여위고 기운이 없어진다. 신부전이 진행되어 요독증을 일으키면 구토, 식욕도 없고, 더욱 진행되면 신경증상을 일으켜 경련을 일으킬 수 있다.

③ 진단과 주의사항

혈액 검사를 통해 진단할 수 있다.

만약, 고양이가 만성 신부전증이라면 다음의 주의사항을 따라야 한다.

- 신선한 물을 언제라도 자유롭게 마실 수 있도록 준비해 두어야 한다.
- 고양이가 스트레스를 받지 않도록 해야 한다.
- 수의사의 지시에 따르고 적절한 식이 요법을 실시한다.
- 고양이를 자주 관찰하고 이상이 있으면 곧바로 수의사와 상담한다.

3) 자궁축농증(Pyometra)

① 원인

자궁 세균감염으로 농이 쌓인 상태를 자궁 축농증이라고 한다. 자궁은 농(고름)으로 가득 차 있어 복부 전체를 차지하여 배가 많이 부른 상태가 된다. 그래서 임신을 한 것으로 착각하기도 한다. 감염세균에 의하여 요독증이 발생하면 치명적인 여러 가지 장해를 일으킨다.

② 증상

기운이 없으며 식욕 저하, 발열, 복위팽만, 구토, 다음(물을 많이 마심), 다뇨, 그리고 생식기에서 분비물 등이 전형적인 증상이다.

③ **예방과 치료**

고양이가 성적으로 성숙하면 이 병에 걸릴 가능성이 있다. 중성화수술 (난소, 자궁 적출수술)을 하면 미리 막을 수 있다. 치료는 수술적 방법과 약물요법이 있지만 약물요법은 재발의 위험이 있어 수술을 하는 것이 좋다.

4) 고양이의 Struvite결석증 증상

① **고양이의 Struvite결석증 증상**

- 소변을 빈번히 보고 생식기를 자주 핥는다.
- 소변 보는 시간이 길어지고 통증을 동반 한다.
- 소변에 때때로 혈액이 보인다.
- 식욕이 감소한다.

② **진단**

- 소변검사, 혈액, 단백질, 결정체 검출
- pH측정 세균배양
- X-Ray

③ **지켜야 할 사항**

- 신선한 물을 항상 공급한다.
- 하루 식사량을 조절한다.
- 하루 3~4회 먹이 공급

④ **물 공급과 뇨 희석**

- 소금은 물 섭취를 증가시킨다.
- 소변량이 증가하면 뇨결석의 위험성이 줄어든다.
- 다량의 소변은 인과 마그네슘 농도를 묽게 하고 결석 형성의 위험을 줄여준다.

5) 구내염과 충치

① **원인**

구내염을 일으키는 원인은 다양하지만 전염성 전신 질병을 유발하는 전염병에 걸린 경우와 치석이나 이것으로 인한 세균 감염, 진균 (곰팡이) 감염, 비타민 결핍, 신장병 그리고 자기 면역 질환 등이 원인이 될 수 있다.

② **증상과 치료**

증상은 침을 흘려 입 주위가 지저분해지며, 입의 통증으로 사료를 먹고 싶어도 먹을 수 없다. 치료는 원인 치료가 바람직하지만, 전신 전염성 질환인 경우에 의한 구내염이라면 대증치료를 합니다.

6) 모구증(헤어볼, Hairball)

① **원인**

고양이는 자기 털을 핥고 다듬는 습관이 있어서 털을 많이 삼키게 되는데, 털은 소화가 되지 않으므로 변과 함께 배출되기도 하지만 배출되지 않은 털은 위에 남아 서로 엉키게 된다. 이것을 모구증(헤어볼, Hairball)이라 하고 야구공 보다 단단하며 크기도 다양한데 위나 기도에 생기기 쉬우며 발생 빈도는 50~80%에 이른다. 자기 털을 유난히 자주 핥거나 길고 굵은 털을 가진 고양이들이 헤어볼 또는 모구증(毛球症)이 발생할 확률이 더 높다.

② **증상**

크기가 작은 경우에는 별 문제가 되지 않으나 커지면 소화 기능이 저하되고 심하면 장을 막을 수도 있다. 헤어볼은 소화가 불가능하므로 고양이들은 입으로 뱉어내려고 애를 쓴다. 기침을 하며 입을 벌리고 헛구역질을 하거나 토한다. 주로 나타나는 증상은 설사, 변비, 또는 잦은 구토 등이다.

③ **모구증(헤어볼, Hairball) 발생을 증가 시키는 요인.**

- 봄, 가을 털갈이 철이 한창일 때.
- 피부나 털이 건강치 못할 때.
- 스트레스가 심할 때
- 어미 고양이가 갓 낳은 고양이 털을 핥아 주는 시간이 길 때.
- 주인이 고양이 털을 충분히 빗질해 주거나 다듬어 주지 않을 때

④ **모구증(헤어볼, Hairball) 예방법**

털갈이 철을 비롯해 평소 브러시 질을 자주 해주는 것이 효과적인 예방이며 고양이에게 물리적인 부담을 주지 않는 환경을 조성해서 스트레스 탈모를 줄인다. 수위사

의 정기적인 검진도 필요하다. 최근에는 고양이 사료에 모구증(헤어볼, Hairball) 제거 성분이 포함된 사료가 시판되고 있어 이러한 사료의 급여로 질병의 예방에 도움이 된다.

⑤ **치료**

심하지 않은 경우 모구증(헤어볼, Hairball) 제거제를 먹이고 이로써 해결이 되지 않는 경우 외과적 수술을 한다.

⑥ **모구증(헤어볼, Hairball) 제거제 :** 사하제, 윤활제, 효소 섬유질 등

2. 고양이의 전염성 질병

1) 고양이 바이러스 전염병

(1) 광견병(Rabies) : 인수공통감염병

광견병 바이러스 감염에 의하여 유발되며 광견병에 걸린 야생동물 또는 다른 동물에 의해 물릴 때 생긴 상처로 체내에 들어온 바이러스가 신경세포를 타고 뇌로 들어가 뇌세포를 손상시켜 신경마비와 광폭증상을 보이다 치명적으로 사망한다.

(2) 고양이 범백혈구감소증(Feline panleukopenia, FPV) : 고양이과 동물의 감염증

고양이과 동물들에만 감염이 이루어진다. 고양이 홍역(distemper) 또는 고양이 전염성 장염이라고 불리기도 하는 바이러스 질환으로 고양이 파보바이러스 감염에 의한다. 혈액속에 모든 백혈구가 감소하는 것으로, 심한 장염을 일으키는 것이 특징 이다. 초기에는 발열과 식욕부진이 나타나고 물도 먹지 않으며 구토나 탈수를 일으키고 계속해서 설사를 하는 경우가 있다. 적절한 치료를 받으면 거의 한 주간 이내에 식욕이 회복되지만 새끼의 경우나 합병증을 가지고 있는 경우에는 사망률이 높다. 원인이 되는 파보바이러스는 저항력이 강하고, 통상적인 소독으로는 효과를 기대할 수 없다.

(3) 고양이 백혈병바이러스 감염증(Feline leukemia virus, FeLV) : 고양이과 동물의 감염증

고양이과 동물들에만 감염이 이루어진다. 레트로바이러스에 속하는 고양이 백혈병바이러

Chapter 02

스 감염에 의해 유발된다. 백혈구에 암이 유발되는 것으로 이 병에 걸린 고양이의 타액에는 대량의 바이러스가 존재하므로 같은 식기로 먹던가, 몸을 서로 핥는 것으로 감염된다. 2마리이상 기르는 경우는 정기적으로 검사를 하고, 이 바이러스를 가지고 있는 것을 알게 되면 고양이의 사인에 크게 연관된 병으로, 감염되면 임파 B종이나 백혈병을 일으킬 수 있다. 또, 증상이 나타나지 않은 채 전적으로 쇠약해져 여러 가지 증세를 나타내는 소위 후천성 면역 부전 상태가 되며 다른 병을 합병하는 경우도 있다.

(4) 고양이 바이러스성 호흡기 질환

2개의 바이러스(비기관염바이러스, 칼리시바이러스)에 의해 발생하는 경우가 많다.

- **고양이 비기관염(Feline rhinotracheitis)** : 고양이과 동물의 감염증
  고양이과 동물들에만 감염이 이루어진다. 고양이 허피스 바이러스(Feline herpesvirus)감염에 의한다.

(5) 고양이 칼리시바이러스(Feline calicivirus) : 고양이과 동물의 감염증

고양이과 동물들에만 감염이 이루어진다. 고양이 칼리시 바이러스(Feline calicivirus)감염에 의한다. 이것들은 공통된 증상이 많으며, 반드시 구별된다고는 할 수 없다. 재채기, 결막염, 콧물, 기침, 침 흘림, 구내염 등이 나타나며 발열을 하며 식욕이 없어진다. 한번 걸려도 면역이 있는 기간이 짧고, 재감염되는 병이다. 전염력이 강한 병으로 증상이 가라앉아도 바이러스를 장시간 체내에 가지고 있다거나 가벼운 증상으로 감염이 지속되거나 또 만성 축농증으로 변하는 경우도 있다.

(6) 고양이 전염성 복막염(Feline infectious peritonitis, FIP): 고양이과 동물의 감염증

고양이과 동물들에만 감염이 이루어진다. 고양이 코로나바이러스가 원인으로 생기는 병으로 전신의 장기를 침입한다. 복막염으로 인해 복수가 차거나, 가슴에 물이 차는 경우가 있다. 또 복수나 물이 가슴에 차지 않는 경우도 있으며, 눈이나 뇌에 이상이 생기는 경우도 있다. 병이 진행해도 비교적 식욕이 있는 경우가 많으며, 증상 이 나타난 고양이는 서서히 소약해지고 회복의 기미가 없어져 버린다.

(7) 고양이 면역결핍증 바이러스(Feline immunodeficiency virus, FIV) : 고양이과 동물의 감염증

고양이과 동물들에만 감염이 이루어진다. 고양이 면역결핍바이러스가 원인으로 생기는 병으로 면역 저하로 만성 구내염, 치은염, 기도염, 임파절 부종, 설사와 빈혈 증상을 보인다.

2) 클라미디아: 인수공통감염병

Chlamydia Pschittasi 감염에 의한다. 사람에서 결막염이 유발된다.

3) 기생충

대부분의 고양이 기생충은 인수공통감염병이다.

(1) 톡소플라즈마

원충에 의한 전염병으로 사람과 고양이에 공통된 인수공통감염병이다. 원충은 고양이 몸 어딘가를 침입, 발열, 폐렴, 설사, 간장애(황달) 등의 여러 가지 증세를 일으킨다.

① 생활사와 형태

반달형 모양의 원충으로 원충의 동물계와 식물계의 중간 단계에 해당하는 생물이다.

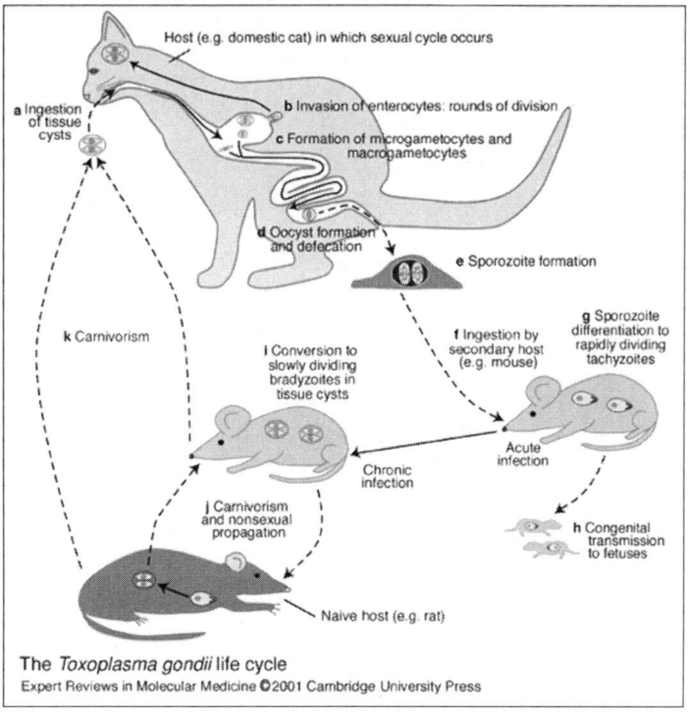

●● **그림 1-9.** 톡소플라즈마 기생충의 life cycle

Chapter 02

② **인체감염경로**

- **후천성 감염 :** 식육(食肉) 중에서 외계에 분산하여 흙이나 식품 중에서 경구섭취. 잘 익혀지지 않은 상태의 돼지고기 또는 고양이 분변에서 유래한 것
- **선천성 감염 :** 톡소플라즈마 원충에 감염된 임산부에서 태반을 통하여 태아에 감염.

③ **병원성**

모체로부터 감염된 신생아에서는 뇌수종, 뇌염 등의 치명적인 증상을 일으킨다. 임산부의 경우에 유산, 사산 등의 치명적인 결과를 얻을 수 있어 고양이를 사육하는 가정에서는 임산부가 있는 경우에 톡소플라즈마 구충에 각별한 주의가 요망된다.

(2) 회충

① **생활사와 형태**

고양이 회충은 고양이가 회충 충란에 오염된 음식물이 등의 섭취를 통하여 전염된다. 섭취 후 회충의 알(egg)은 부화하여 자충이 되어 소장을 뚫고 복강으로 나와 다시 간장이나 피하로 파고들어 간다. 그리고 다시 폐를 거쳐 기관지를 지나 다시 소장에 들어가서 회충으로 성장한다. 이렇게 회충의 자충은 고양이의 몸을 돌아다니면서 성장해 가기 때문에 내부장기는 치명적인 손상을 입게 된다. 또한 고양이 회충은 어미의 태반을 거쳐서 자궁에 있는 태아에 감염될 수 있다. 드물지만 고양이의 몸을 돌고 있는 중에 뇌로 이행되어 자라는 경우도 있다.

② **예방 및 치료**

회충감염은 어린 고양이에게 특히 피해가 크기 때문에 어린 고양이는 동물병원을 방문하여 건강진단과 분변검사를 받아 보아야 한다. 생후 4~6주경에 구충한 후 생후 4개월이 되면 3주 간격으로 구충제를 투여한다.

(3) 조충

고양이조충은 길이가 15~40cm로 체절을 가지고 있으며 고양이의 소장에 기생한다. 오이씨 모양의 편절 또는 조충 자신이 신축운동을 하면서 항문을 통해 기어 나온다.

배설된 알(egg)을 쥐(또는 토끼)의 입을 통해 쥐의 몸 안으로 들어간다. 그 쥐를 고양이가 잡아먹게 되면 소장벽에 기생하여 성충이 된다.

쥐나 토끼가 중간 숙주로 전염의 매개가 된다. 또한 조충의 전염은 벼룩이나 이와 관련이 있는데, 조충의 알은 벼룩에게 잡아 먹혀 그 안에서 발육한 뒤 벼룩이 성숙하여 흡혈을 할 때 감염능력을 가지게 된다.

고양이가 자기의 몸을 핥을 때 감염된 벼룩이 입으로 들어가 감염을 일으키게 된다.

(4) 콕시디움 감염증

몸이 약한 고양이가 감염되면 증상이 특히 심하며 장에 많은 병변을 일으킨다. 감염 후 3~5일 정도의 잠복기를 거친 뒤 수양성(watery) 설사가 시작되고 식욕 저하 또는 아무것도 먹지 않고 심한 점액성 혈변을 배출한 후 결국 사망하게 된다.

고양이 변을 통해 배출이 되므로 변은 바로 치워야 하며, 고양이 식기나 용품은 뜨거운 물로 열탕 소독을 하여 다른 고양이가 감염되지 않도록 주의를 해야 한다.

(5) 벼룩 감염증

만약 많은 수의 벼룩이 고양이 몸에 기생하여 장기간에 걸쳐 다량의 피를 흡혈하면 빈혈이 생길 수도 있다. 또한 벼룩에 흡혈했던 부분은 빨갛게 일어나며 알러지를 일으켜 고양이가 가려워 할 수도 있다.

벼룩 알러지는 벼룩의 수에는 관계가 없이 한 마리의 벼룩이라도 흡혈을 하면, 벼룩의 타액 때문에 전신적인 알러지 반응을 일으킬 수 있다. 또한 벼룩은 조충(유충) 감염을 일으키기도 한다.

(6) 외이염과 귀진드기 감염증

① 원인

귀 안에 작은 개선충이라고 하는 일종의 진드기가 기생하여 일어나는 병이다. 귀 속에서 암갈색의 귀지가 보이며 매우 전염력이 강하여 다른 고양이에게 옮기고, 심하게 긁으면 머리나 귀에 상처가 생길 수 있으며 이혈종으로 진행될 수도 있다.

② 증상

고양이의 귀가 세균, 귀진드기, 진균(곰팡이) 등에 감염이 되면 심하게 머리를 흔들거나 몹시 가려워한다. 심한 악취가 나며 지저분한 더러운 귀지가 쌓여 있다. 치료가 되지 않으면 중이염, 내이염으로 진행될 수도 있다.

Chapter 02

4) 진균(곰팡이) 감염증

(1) 곰팡이성 피부병

① **원인과 증상**

주로 털 관리가 제대로 되지 않아 곰팡이에 감염되어서 발생하는 피부병이다. 증상은 털이 많이 빠지고 가려움증을 동반하며 몸 전체로 번진다. 또한 피부에서 하얀 비듬이 많이 떨어진다.

② **예방**

고양이의 털은 섬세하고 촘촘하기 때문에 털에 남아 있는 습기는 곰팡이성 피부병을 일으킬 수 있다. 털의 청결과 건조가 무엇보다 중요하다. 그러므로 평소에 햇볕을 많이 받도록 해야 하고, 고양이 주변 환경이 통풍이 잘 되게 해 준다.
털이 빠져 있는 곳만을 부분적으로 치료를 하면 재발할 수 있다. 전신치료가 원칙이다. 먹는 약, 약용 샴푸와 연고를 함께 치료를 해야 빠른 효과를 볼 수 있다

3. 전염병의 예방접종

1) 고양이 예방접종 종류

고양이 종합백신 국내에서 3종 백신이 주로 사용되며, 4종 백신 또한 일부 이용되고 있다.

① **3종 종합백신**

고양이 범백혈구감소증(Feline panleukopenia virus, FPV)과 바이러스성 호흡기 질환으로 고양이 바이러스성 비기관염(Feline viral rhinotracheitis, FVR), 고양이 칼리시 바이러스(Feline Calici virus, FCV)의 3개 병원체에 대한 예방

② **4종 종합백신**

3종 종합백신 병원체 + 고양이 백혈병 바이러스(Feline leukemia virus)의 4개 병원체에 대한 예방

③ **단독백신**

- 고양이 전염성 복막염(Feline infectious peritonitis, FIP)
- 고양이 광견병 : Rabies virus 예방
- 클라미디아 : *Chlamydia pschittasi* 병원체 예방
- 고양이 면역결핍 바이러스(Feline immunodeficiency virus, FIV) : lentivius 일종

2) 고양이 예방접종 스케줄

고양이 백신은 생후 8주령부터 접종하는데, 종합백신은 흔히 3종 백신으로「백혈구감소증(FPV)+바이러스성 호흡기질환(FVR, FCV)」의 3개 병원체에 대한 백신이 혼합되어 있는 제재를 많이 사용하며, 생후 8주부터 접종을 시작하여 3~4주 간격으로 3회를 실시한다.

이후 매 1년에 한번 이상 추가접종을 해주며 종합백신 추가접종 시에는 고양이 백혈병 바이러스 검사를 필수적으로 해주어야 한다.

12주령에 고양이 백혈병 바이러스 백신 1차 접종, 16주령에 2차, 이후 1년에 1회 추가 접종한다.

고양이 전염성복막염과 고양이 광견병 예방주사는 생후 16주령에 1차 접종한 후 매년 추가 접종을 한다. 고양이의 기생충 감염은 때로 사람에게도 옮겨 질 수 있기 때문에 기생충 검사 후 건강상태에 따라 구충제를 먹여야 한다.

표 2-1. 고양이 예방접종의 종류와 접종 프로그램

연 령	백 신 종 류
6~8주령	1차 : 3종 종합백신「백혈구감소증(FPV) + 바이러스성 호흡기질환(FVR, FCV)」
12주령	2차 : 3종 종합백신「백혈구감소증(FPV) + 바이러스성 호흡기질환(FVR, FCV)」 1차 : 백혈병(FeLV)
16주령	1차 : 전염성복막염(FIP), 광견병(rabies) 2차 : 백혈병(FeLV) 3차 : 3종 종합백신「백혈구감소증(FPV) + 바이러스성 호흡기질환(FVR, FCV)」
매년	3종 종합백신「백혈구감소증(FPV) + 바이러스성 호흡기질환(FVR, FCV)」, 백혈병, 광견병

* FPV : 고양이 백혈구감소증, FVR : 고양이 바이러스성 비기관염, FCV : 고양이 칼리시바이러스, FeLV : 고양이 백혈병, FIP : 고양이 전염성복막염

MEMO

Chapter

03

관상동물 질병

1. 토끼(Rabbit)

1) 토끼의 질병 예방

(1) 예방접종

표 3-1. 토끼의 예방 접종

예방주사 종류	기초접종	보강접종
RVHD (토끼 바이러스 출혈성설사)	1차 접종 : 생후 2개월령 2차 접종 : 생후 3개월령	6개월에 1회
광견병	생후 3개월령에 1회 접종	1년에 1회

(2) 기생충 구제

① 외부 기생충 : 약물 샴푸로 목욕을 시키거나, 주사로 치료한다.

② 내부 기생충 : 2달에 1회씩 정기적으로 복용 또는 주사로 예방, 치료한다.

2) 중성화수술

수컷 토끼의 경우 중성화 수술(Castration)은 공격성, 오줌뿌리기, 어지럽히는 행동을 예방해 준다. 약 3~4개월 령에 고환이 음낭 안으로 하강하고, 이후에 중성화 수술을 실시한다. 음낭피부를 절개하고 양측 고환을 제거한다. 암컷 토끼의 중성화 수술은 난소자궁절제술(Ovariohysterectomy)이라고 하며, 공격성과 영역행동을 예방해 준다. 또한 자궁증식증과 종양을 예방할 수 있다. 수술은 복부를 절개하고 난소와 자궁을 제거한다.

3) 토끼의 질병

(1) 스너플스(Snuffles)

토끼에서 가장 문제가 되는 호흡기 전염병으로서 호흡기 점막 및 폐의 염증을 일으켜 높은 폐사율을 나타내는 중요한 질병으로 '토끼호흡기질병'이라고도 한다. 이 스너플스는 계절요인이 있어 9~10월에 비교적 많이 발생한다. 이들 균이 토끼에 감염되면 주로 만성경과를 취하나 특히 건강이 불량한 개체에는 폐렴 및 패혈증으로 전환된다. 본 질병은 최근에 이르러 국내에 있어서 사육형태가 집단 및 다두사육 형태 로 전환됨에 따라 이들 호흡기질병의 발생 피해가 증가되고 있어 양토장에 많은 경제적 손실을 주고 있다.

① 원인

원인균은 파스튜렐라 멀토시다(*Pasteurella multocida*)로 그람 음성 세균이다. 대부분 접촉을 통해서 전염되고, 감염되면 회복하더라도 보균동물이 되어 다른 토끼에게 병원균을 전파할 가능성이 있다.

② 임상 증상

주요 증상은 재채기, 기침, 콧물이다. 비염 증상으로 점액농양의 콧물이 흐르는 것이 특징이다. 앞발로 흐르는 콧물을 비벼서 앞다리 안 쪽 털에는 코가 말라붙어 있고 코 주변도 더러워져있다. 질병이 진행됨에 따라 식욕결핍, 호흡곤란 증상, 눈물을 흘리거나 눈에서 점액농양의 분비물이 나온다. 귀에 염증을 동반하는 경우에는 중이와 내이의 점막에 충혈 및 염증이 있는데 이 경우에는 목이 삐뚤어지는 사경(斜頸) 증상이 나타날 수 있다. 심하면 폐렴이나 폐 농양을 일으키고 폐사한다.

③ 예방 및 치료

집단으로 사육하는 경우 양토사의 소독, 습기가 많은 사료 급이, 농후사료 비율유지, 비타민의 공급 등으로 토끼의 저항성을 높이도록 하면서 발병한 토끼와 감염에서 회복된 토끼를 도태하고 토끼장을 철저히 소독 및 청소한다. 가정에서 사육중인 토끼는 항생제, 수액처치와 보조치료, 진해제를 이용한 네블라이저(nebulizer) 처치를 실시하여 치료한다.

(2) 토끼 출혈병(Rabbit haemorrhagic disease; RHD)

바이러스성 출혈병(Viral Haemorrhagic Disease; VHD) 또는 토끼 칼리시바이러스 질병

(Rabbit Calicivirus Disease; RCD)이라고도 한다. 토끼 출혈병은 매우 전염성이 강하며 집토끼와 멧토끼에 치명적이다. 백신접종을 받지 못한 토끼는 80-90%의 폐사율을 나타낸다. 매우 드물게 회복은 되지만, RHD는 법적으로 신고해야할(법정전염병) 질병이다. 국내에서 이 토끼 출혈병은 강한 전염성을 나타내어 1980년도 후반에 울릉도를 제외한 거의 모든 지역의 토끼가 감염되어 거의 전멸하였던 질병이다. 2000년 이후에도 토끼 출혈병은 국내에서 지속적으로 발생하고 있다.

① 원인

원인은 칼리시바이러스(Calcivirus)로 매우 심한 감염을 일으켜 혈액응고 system에 장애를 초래해서 토끼가 궁극적으로 출혈로 사망하게 된다. 경구, 비강, 결막경로를 통해 감염되며, 감염된 사체나 감염동물의 털에 노출되거나, 감염된 사료, 깔짚, 음료수를 포함하는 접촉성 매개물에 의해 감염된다.

② 임상 증상

토끼 출혈병의 잠복기는 1-3일이며, 발열이 시작된 이후 폐사는 12-36시간 이내에 일어난다. 임상증상은 고열(40℃ 이상), 냉담, 식욕절폐, 앞으로 엎드리기, 경련 마비 등을 포함한 신경증상, 신음소리, 혈액이 섞인 비루이다

그림 3-1. 토끼 출혈병(RHD)에 의한 심한 비출혈

출처 : Center for Food Security & Public Health(CFSP), Iowa State University of Science and Technology

③ **치료 및 예방**

토끼 출혈병은 바이러스에 의한 전염병이기 때문에 치료약은 없다. 따라서 방역이 가장 중요하다. 이 질병의 병원체가 토끼 사육장내로 들어오지 못하게 하기 위해서는 외부인이나 차량이 출입하는 것을 철저히 통제해야 한다.

불활화 백신을 생후 2개월령부터 1개월 간격으로 2회 접종하고 6개월마다 보강접종을 통해 예방한다. 백신 접종을 받은 동물은 강한 면역반응을 나타내어 야외 감염으로부터 방어하기 때문에 현재 시판되고 있는 토끼 출혈병 불활화백신을 2-3 개월령의 토끼에 1ml씩 뒷다리 근육에 접종하여 예방한다.

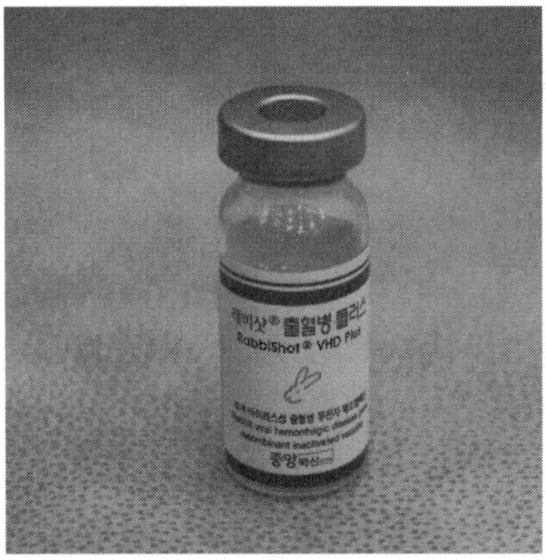

●● **그림 3-2.** 토끼 출혈병 예방 백신

4) 콕시디움병

가. 간 콕시듐

*Eimeria Stiedae*의 감염에 의한 것이다. 이 병에 걸리면, 간장이 크게 부어오르는 동시에 간장에 종양이 생긴다. 또 담낭의 내용물을 현미경으로 조사해 보면, *Eimeria Stiedae*의 낭포체가 관찰하게 된다. 식욕부진, 복부 팽창, 설사, 황달, 갑작스런 죽음이 나타난다.

나. 장 콕시듐

*Eimeria coecicola, E. flavescens, E. intestinalis, E. irresidua, E. mldia, E.piriformis*의 감염에 의한 것으로 알려져 있다. 기생하는 부위는 소장, 공장, 회장, 맹장, 결장이고 콕시듐의 종류에 따라 사망률이 높은 것에 이르기까지 다양하다. 감염된 경우라면, 어떤 경우든

질병 중에 낭포체가 확인된다. 단지 건강한 토끼라도 감염되어 있는 경우가 많기 때문에 소량의 낭포체가 확인될지라도, 토끼에 이상이 발견되지 않는 경우는 많이 걱정할 필요가 없다. 심한 감염이 있으면 심각한 설사와 죽음을 초래한다.

(4) 모구증(헤어볼)

토끼는 털갈이를 심하게 하며 자신이 털 손질을 하면서 털을 먹게 된다. 위에서 뭉쳐지게 되면 위의 유문부를 폐쇄시키게 된다. 처음에는 식욕이 없어지게 되다가 배변량이 점차 작아지고 털이 섞여 나오기도 하다가 점차 배가 부풀어져 죽을 수도 있다. 예방법으로는 입자가 큰 건초를 매일 자유급식 시키며, 운동을 시키고 빗질을 하여 털을 정리해 준다.

알아두기

토끼가 털을 뽑는 이상 행동장애

토끼가 털을 씹거나 뽑는 행동을 보이는 경우에는 대부분 낮은 섬유소 식이 공급이 원인이다. 이 경우에는 충분한 섬유소를 제공해 주어야하며 펠릿과 함께 건초를 충분히 공급해 주어야 한다. 또한 위산중화작용이 있는 산화마그네슘 0.25%를 사료로 함께 공급하면 효과가 있다. 일부의 경우에는 심심해서 털을 씹는 경우도 있는데 이 경우에는 장난감이나 이빨을 갈 수 있는 나뭇가지 및 미네랄 스톤을 공급해 주면 좋다.

(5) 혈뇨(hematourea)와 요로결석

토끼의 오줌은 투명하지 않고 탁한 것이 보통이며 붉은색, 노란색, 희뿌연색, 진한갈색 등으로 변하기도 하는데 음식물의 색소에 영향을 받는 것으로 알려져 있다. 그러나 요로결석이 있을 경우에 보이는 피오줌과는 구분을 해야 하므로 배뇨 시 통증을 나타내거나 오줌을 지리는 등 평소와 다른 점이 있으면 병원을 찾는 것이 좋다.

(6) 치아 부정교합

토끼의 앞니와 어금니는 평생 동안 자라는데 마주 보는 이빨을 서로 갈아서 적당한 길이를 유지한다. 유전적인 부정교합 등으로 아래턱에 이상이 있는 경우 앞니가 많이 자라게 되어 먹고 마시기가 어렵게 된다. 때때로 웃자란 길이를 잘라주어 일시적인 교정을 할 수도 있다. 깨끗하고 단단한 나무막대기나 상품화된 미네랄 스톤 등을 넣어주면 토끼가 치아를 가는데 도움이 되며, 침을 심하게 흘리거나 음식 먹기가 곤란하면 이빨을 잘라주어야 한다.

Chapter 03

Q&A

토끼에서 파스튜렐라(*Pasteurella multocida*) 세균 감염에 의해 초기 콧물, 재채기 등의 감기와 비슷한 증상을 보이다가 호흡곤란 및 폐렴으로 폐사되는 질병은?

▸ 스너플스(Snuffles)

알아두기

야토병(Tularemia)

토끼와 다람쥐에 있는 *Francisella tularensis* 병원균으로 인수공통전염병이다. 사람이 이 균을 보유한 토끼와 접촉했을 때 사람이 걸리는 질병이다. 토끼와 접촉 후에 2~5일이 지나 갑자기 발열하고 두통, 요통, 구토, 설사 등의 증상이 나타난다. 또한 균 침입부위의 피부나 점막에 궤양을 형성하고 림프절 종창을 일으킨다. 초기에 적절한 치료가 실시되지 않으면 위험할 수 있으며, 미국에서의 치사율은 3~7%이다. 이 질병 발생시에 즉시 보건당국에 신고해야 한다.

단원학습정리

- 현재 국내에서 실시하고 있는 토끼 예방접종은 RHD(토끼 출혈병)와 광견병이다.
- 토끼에서 RHD(토끼 출혈병)는 급성 전염병으로 집단으로 발생하고 감염된 토끼는 70~90% 가량이 폐사하게 된다.
- 토끼에서 앞니는 평생동안 성장하게 되고 부정교합이 있는 토끼는 이빨이 과 성장하여 정상적인 먹이 섭취가 어렵게 된다. 정기적으로 이빨을 절단해 주어야 하며, 이빨을 갈수 있는 상품화된 미네랄 스톤을 제공해주어 예방한다.

2. 햄스터(Hamster)

1) 일반적인 상태

질병이 있는 햄스터는 예민하게 반응하고 경직된 걸음걸이로 걷거나 움직이기 싫어한다. 눈은 초점이 없어 보이며 종종 결막 삼출물이 관찰 될 수도 있다. 주요 증상으로는 설사, 탈모, 다음다뇨, 눈 분비물, 호흡곤란 등의 임상 증상을 보인다.

(1) 질병에 걸리기 쉬운 환경

햄스터의 질병은 불결한 환경에 기인하는 경우가 많다. 일정한 주기로 케이지와 그 외 모든 것들을 완전히 소독해 주어야 하며, 햄스터를 만지기 전에는 꼭 손을 깨끗이 씻어야 한다. 일반적으로 다음과 같은 환경에서는 질병 발생 빈도가 증가할 수 있다.

- 바람에 노출되거나 기온이 갑자기 변할 때
- 먹이가 부족하거나 편식을 시킬 때
- 깔짚이 젖어 축축할 때
- 무른 먹이나 수분이 많은 먹이만 계속해서 줄 때
- 너무 협소한 공간이라 운동량이 부족할 때
- 햄스터의 잠을 방해 할 때

●● **그림 3-3.** 햄스터의 모습(출처: www.flickr.com)

2) 햄스터의 질병

(1) 비 만

비만은 케이지가 너무 좁아 운동할 공간이 없거나 쳇바퀴 등이 없는 경우, 먹이를 너무 많이 먹는 경우에 생긴다. 이때는 넓은 집으로 교체해 주고 사다리나 쳇바퀴 같은 운동기구를 넣어 주는 것이 좋다. 햄스터가 비만에 걸리면 운동할 수 있는 활동공간을 마련해주고 꺼내어 놀아주는 것이 가장 좋다.

알아두기

햄스터의 비만도 측정

비만도는 보는 사람에 따라 조금씩 차이가 난다. 햄스터가 배를 바닥에 붙이고 다닐 정도라면 비만도가 높은 햄스터이다.
햄스터가 좀 비만이라고 해도 운동을 열심히 한다면 그다지 큰 문제는 되지 않는다. 다이어트 시킨다고 먹이를 일부러 적게 주어서 부족한 먹이로 인해 햄스터가 스트레스를 받는다면, 이것이 햄스터의 건강에 더 나쁠 수 있다. 평상시의 먹이양을 주고, 해바라기씨, 땅콩 등 지방이 많은 먹이는 줄이고 야채, 과일을 적당히 주는 것이 좋다.

3) 세균성 장염

세균성 장염은 햄스터에서 가장 흔하게 발생하는 질병이다. 주로 설사 증상을 보이며 항문 및 꼬리 주변이 지저분해진다. 햄스터에서 설사 증상이 있는 경우에는 빠르게 사망할 수 있으므로 동물병원에서의 치료가 필요하다.

가. 증식성 회장염(Wet Tail)

증식성 회장염(proliferative ileitis) 또는 Wet Tail은 세균 감염 혹은 햄스터의 위나 장에 있는 정상적인 세균의 불균형 때문에 나타나며 종종 설사와 혼동되기도 한다. *Lawsonia intracellularis* 세균 감염에 의해 발생한다. 이 병에 걸린 햄스터는 설사를 하여 햄스터의 항문 주위는 물론 꼬리까지 젖거나 지저분해진다. 설사는 강한 악취를 풍긴다. 대변은 창백한 색깔이며 매우 부드럽고 점액이 섞여 나오기도 한다. Wet Tail은 스트레스와 관련된 질병으로 추정되며 종종 이유시기인 3~8주령의 어린 햄스터에 많이 나타난다. 초기의 임상증상은 허약하고 무기력해지며 식욕 결핍과 설사 증상이 나타난다. Wet Tail에 걸린 햄스터는 병 그 자체보다는 탈수로 죽거나 혹은 음식을 먹지 않아서 죽는다. 또한 Wet Tail은 심한 설사로 인해 직장이 항문 밖으로 빠져 나오는 직장 탈출증을 일으키기도 한다. 심한 경우에는 증상이 나타난 후 24시간 이내에 죽게 되며 항생제, 지사제, 수분공급 등의 방법으로 치료한다. 주위 환경이 축축하게 젖게 되면 더 빨리 악화되기 때문에 주변을 항상 청결하고 건조하게 유지시켜 주어야 한다. 오염되지 않은 깨끗한 물을 항상 공급해주고 되도록이면 초기에 치료를 해주는 것이 좋다.

> **알아두기**
>
> **햄스터에서 항생제 사용**
>
> 일반적인 포유동물의 경우 장내 세균이 그람 음성 세균으로 구성되어 있으나, 햄스터는 그람 양성 세균도 가지고 있기 때문에 항생제를 사용할 때에는 신중하게 투여되어야 한다.

나. 티저병(Tyzzer's disease)

Clostridium piliforme 세균 감염에 의해 발생하는 소화기 질병으로 증식성 회장염(Wet Tail)과 비슷한 증상을 보인다. 식욕감소, 탈수, 수양성 설사 등의 증상을 보이며 갑자기 사망한다. 햄스터가 어리거나 또는 과도한 스트레스 상황에서 더 잘 걸릴 수 있다.

(3) 림프구성 맥락수막염(Lymphocytic Choriomeningitis virus; LCMV)

림프구성 맥락수막염은 바이러스성 질병으로 어린 햄스터에서는 흔하지 않은 질병이다. RNA arena virus에 의해 유발되며 임상증상은 숙주의 면역 상태와 나이에 따라 다르게 나타난다. 감염된 야생 쥐의 소변과 타액의 접촉에 의해서 햄스터에 감염된다. 애완 및 실험용 햄스터의 경우 소변과 타액을 통해 사람에게 전파될 가능성이 있으며 이로 인해 바이러스에 양성인 햄스터는 반드시 안락사를 실시한다. 이 바이러스가 사람에게 전염되는 경우 맥락수막염으로 진행될 수 있으며 초기에 인플루엔자와 유사한 증상을 보인다. 실험실 검사를 통해 진단이 가능하고 PCR 또는 혈청항체검사를 통해 감염여부를 확인한다.

(4) 기생충성 질병

햄스터에서 가장 중요한 내부기생충은 왜소조충인 *Hymenolepis nana* 감염이다. 주로 소장에서 생활하고 분변을 통해 충란을 확인할 수 있다. 사람에게도 감염되는 인수공통전염병으로 햄스터에서 장 폐색을 일으켜 사망에 이를 수 있다.

(5) 피 부 병

햄스터의 피부병은 대부분 옴, 진드기, 이 등에 의한 기생충에 의한 것이다. 물론 알레르기나 물리거나 할퀸 상처에 의해 피부에 질병이 발생할 수 있다.

모낭충증(Demodicosis)은 햄스터에서 가장 흔한 외부 기생충으로 건강한 햄스터의 피부 소파 검사에서도 정상적으로 발견된다. 모낭충은 모낭 안에 서식하며 다른 질병으로 인해 면역이 저하된 경우에 증식하여 발생된다. 일반적으로 수컷 및 나이가 있는 햄스터에서 잘 발생하며, 등과 엉덩이 부위에 털이 빠지고 건조한 비듬이 형성된다.

백선증(ringworm)은 피부에 곰팡이 균이 감염되어 부분적으로 원형으로 털이 빠지는 증상을 보인다. *Tricophyton mentagrophytes* 또는 *Microsporum species* 등의 곰팡이 균 감염에 의해 발생하고 접촉시에 사람에게도 전염이 될 수 있다.

피부병의 감염경로는 피부병에 걸린 다른 햄스터와 접촉하거나, 피부병에 걸린 햄스터가 사용하던 톱밥, 기타 악세서리나 케이지에 의해서 감염된다. 일단 피부병에 걸리면 가려워서 무척 많이 긁는 것을 볼 수 있다. 주로 많이 감염되는 부위는 등, 귀, 코, 생식기 등이다. 많이 긁고, 털이 빠지며, 너무 긁어 피부에 상처가 나서 피가 나는 증상을 볼 수 있다.

피부병이 발생하면 감염된 햄스터를 따로 격리해야 하며, 감염된 햄스터가 쓰던 모든 것을 완전히 소독해 주어 전염을 막아야 한다. 또한 감염된 햄스터를 만지기 전에 반드시 비닐장갑이나 고무장갑을 착용하는 것이 좋다. 피부병은 사람에 감염될 수 있는 인수공통전염병인 경우가 많기 때문에 동물병원에서 햄스터를 치료하는 것이 좋다.

(6) 영양학적 질병

임신한 햄스터에게는 비타민 E를 충분히 공급해 주어야한다. 비타민 E가 부족한 경우에는 태아에서 신경계의 변성이 발생할 수 있다. 약하거나 죽은 새끼를 출산하게 되고 어미는 새끼는 먹게 된다. 출산된 새끼는 두개골과 척추가 부어있고 출혈이 있는 것을 볼 수 있다. 성장한 햄스터에서 비타민 E가 부족한 경우에는 근육이 약해지고 이상이 발생하며 마비증상이 나타난다. 비타민 E가 충분히 함유된 햄스터 전용사료를 공급하여 예방한다.

(7) 종양

햄스터의 약 4% 정도에서 종양이 발생한다. 그러나 2년 이상의 햄스터에서는 약 50% 가량이 발생하고 대부분 양성종양이다. 햄스터에서 가장 흔한 종양은 부신 종양으로 양성의 선종이다. 부신 종양이 발생한 경우 탈모, 행동학적 변화, 피부 과색소 침착 등의 증상을 보인다. 악성종양으로는 나이든 햄스터에서 림프종(Lymphoma)이 발생하고 림프절, 가슴샘, 지라, 간 등의 장기에 침범한다. 림프종에 걸린 햄스터는 활력저하, 체중감소, 부분적인 탈모 그리고 피부염증반응 증상을 보인다.

(8) 방광염/신장염

오줌에 피가 섞여 나오고 물을 많이 먹으며, 오줌을 눌 때 아파서 깩깩거리거나 맥이 풀린 모습을 하고, 오줌을 자주 누는 증상이 보이면 햄스터가 방광염이나 신장염을 의심해 볼 수 있다.

단원 학습 정리

- Wet Tail은 이유시기인 3~8주령의 어린 햄스터에서 주로 발생하는 설사병으로 *Lawsonia intracellularis* 세균 감염에 의해 발생한다.
- 림프구성 맥락수막염은 햄스터에서 흔한 질병은 아니지만 사람에 감염될 경우에는 맥락수막염으로 진행될 수 있다.
- 햄스터에서 심한 장내 기생충 감염은 장 폐색을 일으켜 폐사할 수 있다.

3. 페럿(Ferret)

1) 일반적인 상태

페럿은 야생에서 토끼와 쥐를 없애기 위해 사육하였으나 근래에는 반려동물로 기르는 추세이다. 페럿은 야생성으로 육식동물이다. 항문분비샘이 있어 자신을 보호하거나 영역을 표시할 때 냄새를 풍긴다. 반려동물용 패럿은 대부분 항문분비샘을 수술적으로 제거한 후 기른다.

중성화 수술을 하지 않은 수컷 페럿은 매우 사나워 반려동물로 키우기 어렵다. 또 암컷은 발정기에 교미를 시키지 않으면, 발정이 계속되어 발정호르몬의 수치가 증가하기 때문에 2차적으로 골수에 독성이 생겨 죽게 되므로, 애완용으로 기르려면 중성화수술을 해야 한다. 국내에 수입되어 판매되는 페럿은 일반적으로 중성화 수술이 실시된 상태에서 수입된다.

그림 3-4. 페럿의 모습(출처: http://commons.wikimedia.org)

2) 페럿의 질병

(1) 개 홍역(개 디스템퍼, Canine distemper; CDV)

개 홍역(개 디스템퍼)는 페럿에서 가장 위험한 바이러스성 질병으로 이 질병에 걸린 경우에 100% 사망하게 된다. RNA 바이러스인 *Morbillivirus*에 의해 발생되고, 감염된 페럿과의 접촉 또는 비말에 의해 전염된다. 감염 후 7~10일에 40℃ 이상의 고열과 턱 및 서혜부 부위에 발진 증상이 나타난다. 식욕감소, 콧물 및 재채기, 눈곱 등의 증상과 개에서와 비슷하게 발바닥이 딱딱해지는 경화증이 발생한다. 감염 후 12~14일에 대부분 사망하게 되며 치료방법은 없다.

미국에서는 유일하게 허가된 Purevax-D 백신을 사용하여 디스템퍼를 예방하고 있다. 기초접종은 생후 8주, 11~12주, 14~16주 3회 접종하고 1년에 1회 추가접종을 한다. Purevax-D 백신의 경우 부작용이 빈번하게 발생하며 접종 후에 30~60분 이내에 과민반응이 나타나는 경우가 있다. 이때 적절한 치료가 이루어지지 않는 경우에는 사망하게 된다.

알아두기

햄스터 예방 백신

현재 국내에서 페럿 전용 백신은 수입 허가가 되어 있지 않다. 일부에서는 개에서 사용하는 디스템퍼 백신을 접종하는데 이러한 경우 위험할 수 있다. 개 전용 홍역(디스템퍼) 백신은 페럿에서 안전하지 않으며 접종 후에 디스템퍼에 걸려 사망할 수 있는 위험성이 있다.

디스템퍼 생독 백신의 경우 살아있는 바이러스를 약독화(순화)하여 사용하는데 감수성이 높은 페럿에게 접종되는 경우 체내에서 증식하여 디스템퍼를 일으킬 수 있다. 디스템퍼 재조합 백신(사독 백신)은 바이러스가 죽어있기 때문에 페럿 체내에서 증식하지는 않지만 충분한 효능이 검증되어 있지 않다.

(2) 인플루엔자(Influenza)

사람의 인플루엔자 바이러스 A형과 B형이 페럿에 감염되고 인플루엔자 바이러스는 사람과 페럿 사이에 상호 감염이 가능한 인수공통전염병이다. 보호자가 감기에 걸린 경우 동거하는 페럿에 전염되어 함께 걸리는 경우가 많다. 인플루엔자에 감염된 경우 초기에 개 디스템퍼와 유사한 증상을 보이지만 증상은 심하지 않다. 수양성 콧물, 기침 및 재채기, 발열 등의 증상이 나타나지만 적절한 치료가 실시되는 경우 사망하는 경우는 거의 없다.

알아두기

페럿의 인수공통전염병

페럿에서 사람으로 전염되는 주요 질병으로는 인플루엔자, 광견병, 백선증(Ringworm)이다.

(3) 알류산병(Aleutian disease)

알류산병은 일반적으로 밍크에서 볼 수 있는 바이러스 질병으로 *Parvovirus* 감염에 의해 발생한다. 두 가지 형태의 바이러스가 페럿에서 보고되어 있다. 체중이 감소하고 약해지며 행동이 둔해지는 증상과 병리학적으로 간과 비장이 커지게 되지만, 육안적으로 질병을 판단하기는 어렵다. 혈액에서 항체가를 측정하여 진단할 수 있으며 면역매개성질병으로 치료 방법은 없으며 감염된 페럿은 전염을 방지하기 위해 철저한 격리를 실시한다.

Chapter 03

(4) 헬리코박터 위염(Helicobacter Gastritis)

Helicobacter mustelae 세균은 페럿의 위와 소장에 기생하며, 사람에서 위궤양과 비슷하게 만성적으로 위에 염증을 일으킨다. 만성 위염이 지속되는 경우 위 림프종, 위암으로 진행된다. 식욕결핍, 혈액이 섞인 구토, 이갈이, 설사, 혈변, 침 흘림, 복부통증 그리고 만성적인 체중감소 증상이 나타난다. 생검 및 조직검사를 통해서 감염 여부를 진단할 수 있고 최소 21일 이상 항생제 복합 투여에 의해 치료할 수 있다.

(5) 증식성 장 질병(Proliferative Bowel Disease; PBD)

증식성 장 질병은 1년 이하의 어린 페럿에서 발생한다. 세포내 기생 세균인 *Lawsonia intracellularis*(*Desulfovibrio sp.*) 감염에 의해 발생하고 이 세균은 회장과 결장에 기생한다. 만성적인 설사와 심한 체중 감소를 일으키고, 항문과 꼬리 부위는 설사로 인해 지저분하게 젖어 있다. 체중 감소는 빠르게 진행되고 체중의 12-54% 가량이 감소된다. 만성적으로 감염이 진행된 경우에는 만성 설사, 이급후중, 직장탈장 등의 증상을 보인다. 복부를 손으로 촉진하면 두꺼워진 결장과 장간막 림프절이 커진 것을 촉진할 수 있다. 2-3주간의 항생제를 투여하여 치료할 수 있다.

(6) 피부병

페럿에서 *Microsporum canis* 또는 *Trichophyton mentagrophytes* 진균 감염에 의해 백선증(ringworm)이 잘 발생된다. 어린 페럿에서 잘 발생하고 밀집 사육하거나 고양이와 접촉에 의해 감염된다.

귀 진드기(Ear mite)는 *Otodectes cynotis* 균에 의해 발생한다. 개 및 고양이에서와 비슷하게 어두운 회색빛이 도는 귀 분비물을 배출하고 불쾌한 냄새가 난다. 귀 진드기에 감염된 페럿은 일반적으로 특별한 증상을 보이지는 않지만, 심하게 감염된 경우에는 머리를 흔들거나 귀 부위를 긁게 된다. 동거하는 다른 페럿에게 쉽게 전염되므로 격리해서 관리한다.

(7) 심장사상충

모기에 의해 전염되는 심장사상충은 주로 야외에서 생활하는 페럿에서 잘 발생한다. 페럿은 크기가 작기 때문에 1~2마리의 심장사상충 감염으로 심한 증상을 보이거나 사망할 수 있다. 치료보다는 심장사상충 예방이 효과적인 방법이고 경구 예방약은 이버멕틴, 피부에 도포하는 레볼루션, 애드보킷 제품을 정기적으로 사용하여 예방한다.

Chapter 03

(8) 인슐린종(Insulinoma)

인슐린종은 췌장에서 인슐린을 분비하는 곳에 생기는 작은 종양으로 페럿에 흔히 발생하며 저혈당증을 일으킨다. 성별에 관계없고 주로 3살 이상에서 발생한다. 증상은 기운이 없고 다리에 부분적인 마비 증상으로 인해 걸을 때 비틀거리게 된다. 혈당 수치가 60mg/dl 이면 인슐린종을 의심해야 한다. 페럿의 정상 혈당 수치는 94-207mg/dl 이다. 수술을 통한 종양제거가 효과적이지만 종양의 크기가 작아서 수술적 제거는 어렵다. 인슐린 분비를 억제하는 약물을 사용하는 내과적 치료방법이 좋다.

(9) 부신피질기능항진증(Hyperadrenocorticism)

페럿에서 부신피질기능항진증은 부신에서의 성호르몬(테스토스테론, 에스트로겐 등)의 과잉분비에 의해 발생한다. 양측성 탈모, 중성화한 암컷의 질 종대, 소양감 등의 증상을 보인다. 가장 일반적인 증상으로는 몸의 뒤쪽에서부터 앞쪽으로 서서히 털이 빠지게 된다. 수술적 방법을 통하여 부신을 제거한다.

(10) 림프종(Lymphoma)

인슐린종과 부신 종양 다음으로 페럿에서 잘 발생하는 종양이다. 어린 경우에는 더 빠른 진행양상을 보이며, 증상으로는 식욕감소, 체중감소, 림프절 종대 등의 소견을 보인다. 전체 백혈구 수에서 60%이상이 림프구일 경우 림프종으로 진단 가능하다. 항암 치료 및 방사선 치료를 통해 증상의 완화는 가능하지만 완치는 어렵다.

(11) 비장 종대(Splenomegaly)

비장 종대는 성장한 페럿에서 흔히 볼 수 있다. 일반적으로 건강한 페럿에서도 적혈구 생성의 증가에 따라 비장 종대는 나타나며, 복부 촉진시에 비장이 쉽게 만져진다. 커다란 비장이 만져지면 복부 초음파 검사를 통해 비장 종양(림프종, 혈관육종 등) 여부를 확인해야한다. 비장 종양으로 진단되는 경우에는 수술적 방법으로 비장을 제거한다.

단원 학습 정리

- 페럿은 일반적으로 항문분비샘 제거와 중성화수술을 시켜 사육한다.
- 개 홍역(개 디스템퍼)는 페럿에서 치사율이 가장 높은 바이러스 감염병이다.
- 인플루엔자 바이러스는 인수공통전염병으로 페럿과 사람이 상호 감염되어 증상이 나타날 수 있다.
- 인슐린종은 페럿에서 췌장에 흔히 발생하는 종양으로 저혈당증을 일으킨다.
- 비장 종대는 성장한 페럿에서 정상적인 경우에도 흔히 볼 수 있는 증상이다.

4. 관상어

1) 백점병

① **병원체**

- 섬모충문, *Ichthyophthirius multifiliis*

② **전파경로**

- 다종 담수어, 연어과어류에 상재, 열대어에서 가장 많이 걸리는 병
- 약식어와 그 종묘, 관상어에서 다발
- 19세기부터 전 세계에 알려짐

③ **주요 증상**

- 피부, 지느러미, 아가미의 상피하층에 기생하며, 희고 작은 반점 형성
- 연못 벽에 몸을 문지름
- 피부표면에 박리가 일어나고, 충체의 이동에 의한 표피의 염증이 발생
- 아가미의 점액이 과잉 분비
- 피부에서 피가 나오며, 결국은 호흡 곤란으로 폐사
- 섭식불량을 관찰
- 말기에는 유영이 정지

④ **예방 및 치료**

- 과밀사육을 피함
- 물을 자주 교체하고, 유기물 오염을 경감시키며, 발병어류를 제거
- 염수욕에 의한 치료
- 유산키니네나 메틸렌 블루를 투약
- 수초가 있는 수조는 유산키니네를 투약(메틸렌 블루는 수초를 해침)

2) 지느러미 썩음병

① **주요 증상**

- 지느러미 끝이 썩어 들어가 마침내 온 몸에 퍼져서 폐사

② **예방 및 치료**

- 메틸렌 블루, 수용성 페니실린을 투약

3) 솔방울병

① **주요 증상**

- 물고기의 비늘이 일어나서 마치 솔방울같이 변함
- 심해지면 온몸이 붓고 폐사

② **예방 및 치료**

- 모나푸라신을 투약

4) 마우스 펀거스병

① **주요 증상**

- 물고기의 입이나 얼굴부위가 하얗게 썩어들어감
- 심하면 먹이를 먹지 못하고 죽음
- 전염성이 매우 강함

② **예방 및 치료**

- 발견 시 격리시키고 치료
- 수용성 페니실린을 투약

5) 수서균병

① **주요 증상**

- 물고기의 몸에 흰 솜과 같은 것이 붙고, 바닥에 몸을 비빔
- 심하면 계속해서 몸을 바닥에 비비고 마침내 폐사

② **예방 및 치료**

- 메틸렌 블루를 투약

Chapter 03

5. 관상조류

1) 허피스바이러스 감염증 : 앵무, 잉꼬류

① **병원체**

- Psittacid herpesvirus 1

② **전파경로**

- 경비, 경구감염
- 3~7일간의 잠복기
- 바이러스가 분변에 배출되어 오염먹이나 식수가 감염원
- 회복 조류는 무증상 보균동물
- 신규 도입 조류는 감염원이 될 수 있음

③ **주요 증상**

- 앵무, 잉꼬류에서 발생
- 심급성의 경우에는 무증상으로 급사
- 식욕부진, 입모, 황색설사, 구토. 빈사기에는 신경증상
- 부검소견은 일정하지 않으며 종종 정상으로 보임
- 조직학적으로는 간의 괴사, 호염기성 및 호산성 핵내 봉입체가 확인
- 돌연사 가능

④ **예방 및 치료**

- 불활화백신을 이용하고 있다.

2) 비둘기의 허피스바이러스 감염증

① **병원체**

- Columbid herpesvirus 1

② **전파경로**

- 잠복 감염 조류가 감염원이다. 감염 비둘기를 매, 독수리, 부엉이에게 먹이면

치사 감염된다.

③ **주요 증상**

- 전신감염, 식도염, 봉입체 간염을 확인
- 조직학적으로는 간, 비장, 췌장, 폐, 신장, 비점막, 전위의 괴사가 관찰
- 핵내 봉입체가 확인

④ **예방 및 치료**

- 백신은 없음

3) 허피스바이러스 감염증 : 매

① **병원체**

- Falconid herpesvirus 1

② **전파경로**

- 자연감염경로는 불명확하나, 비둘기 허피스바이러스에 감염된 비둘기를 먹은 매가 감염된다는 설이 있음
- 유럽에서는 최근 발생이 증가
- 황조롱이 등에도 감염되며, 매는 내성

③ **주요 증상**

- 무증상인 채 급사
- 원기소실, 식욕부진, 수일 후에 폐사
- 간 종대, 비종, 소장의 충혈이 나타나며, 조직학적으로는 간, 비장, 소장, 골수의 괴사와 핵내 봉입체를 관찰

④ **예방 및 치료**

- 백신은 없음
- 사육 시에는 비둘기와 접촉하지 않도록 하고, 비둘기를 먹이로 주지 않음

Chapter 03

4) 허피스바이러스 감염증 : 부엉이

① 병원체

- Strigid herpesvirus 1

② 전파경로

- 아시아, 유럽, 북미의 야생 미 사육부엉이에서 보고
- 오염고기나 우모상피의 에어로졸에 의한 경구, 경기도 감염
- 불현성감염 부엉이가 존재

③ 주요 증상

- 원기소실, 식욕부진을 보이고 수일 내에 폐사
- 간, 비장 및 골수에 괴사병변이 발견
- 병변부조직에서 핵내 봉입체가 관찰

④ 예방 및 치료

- 백신은 없음

5) 허피스바이러스 감염증 : 오리류

① 병원체

- Anatid herpesvirus 1

② 전파경로

- 4~6월에 발생이 많다.
- 접촉 또는 바이러스 오염수에 의해 전파
- 잠복감염 조류는 보균동물이 됨

③ 주요 증상

- 빛 공포증, 운동실조, 혼수, 협조운동장애, 경련, 출혈, 설사, 콧물, 돌연사 등
- 혈관장애에 의한 출혈
- 인후두, 전위 괄약근의 괴사 및 출혈

④ **예방 및 치료**

• 사육수금류에 대해 네덜란드에서는 약병원성 생백신

6) 조류의 폴리오마바이러스 감염증 : 녹색잉꼬 및 앵무, 잉꼬류

① **병원체**

• 폴리오마바이러스가 원인

② **전파경로**

• 감염조류는 분변 내에 바이러스를 배출

• 감염경로는 불분명

③ **주요 증상**

• 2주령 이상에서는 폐사, 그 이상에서는 어린 조류의 날개깃털 발생이상이나 정지 등 깃털 병변이 발견

• 복수, 간 종대 등이 관찰

④ **예방 및 치료**

• 시험제작 백신

7) 앵무, 잉꼬류의 부리, 깃털병

① **병원체**

• 앵무, 잉꼬류의 부리, 깃털병 바이러스

② **전파경로**

• 현재 가장 중요한 감염증으로, 세계 각국에 분포

• 바이러스를 포함한 분변, 깃털의 먼지 등에 의해 경구, 경기도감염

③ **주요 증상**

• 신생 및 병아리에서는 심급성, 급성질환이 나타나며, 3세까지의 조류는 만성적

Chapter 03

④ **예방 및 치료**

- 검역에 의한 적발과 격리가 중요하며, 오염된 환경을 청정화
- 백신이 시험제작

8) 살모넬라증

① **병원체**

- *Salmonella enterica* subsp. *enterica*, *S. Tyrhimurium*

② **전파경로**

- 무증상 보균조류는 분변 내에 균을 배출하여 환경을 오염
- 분구감염에 의함

③ **주요 증상**

- 일반적으로 무증상, 어린 조류에서는 발증하기 쉬움
- 급성에서는 패혈증에 의해 폐사
- 만성에서는 설사, 간, 비장의 종대

④ **예방 및 치료**

- 위생관리를 철저히 함
- 백신은 없음

9) 그람음성 장내세균병

① **병원체**

- *Escherichia coli*, Yersinia속, Pseudomonas속, Klebsiella속, Enterobacter 속 등

② **전파경로**

- 기회감염
- 다른 질병이나 스트레스에 의한 증식으로 감염증을 일으킴

③ **주요 증상**

- 호흡기증상, 소화관증상, 패혈증, 국소감염, 기면, 식욕부진 등

④ **예방 및 치료**

- 백신은 없음
- 사육환경의 개선

Chapter 03

10) 파스튜렐라증

① **병원체**

- *Pasteurella multocida*

② **전파경로**

- 보균동물이나 오염환경이 감염원
- 고양이나 개의 구강 상재균으로 사육조류가 물리면 감염
- 들새나 물새 등은 환경에서 감염되기도 함

③ **주요 증상**

- 패혈증
- 물새 등에서는 가금 콜레라와 동일한 증상

④ **예방 및 치료**

- 백신은 없으며, 위생관리를 철저히 함

11) 결핵

① **병원체**

- *Mycobacterium avium, M. tuberculosis*

② **전파경로**

- 노령의 조류에 많지만, 새종에 따라서는 어린 조류에서도 보임
- 오염된 먼지나 분변의 에어로졸 흡인에 의해 감염
- 분변에 배균되어 환경이 오염

③ **주요 증상**

- 쇠액, 설사, 파행 등이 나타남
- 임상증상이 없고 잠행성으로 진행
- 만성경과를 거치는 경우도 많음
- 육아종성 병변

④ **예방 및 치료**

- 소조에서 백신의 적용은 거의 없음

12) 메가박테리아병

① **병원체**

- *Macrothabdus ornithogaster*
- 부정형의 효모양 진균

② **전파경로**

- 어미조류가 새끼에게 먹이를 줄 때 수직 감염되는 것으로 추정

③ **주요 증상**

- 대부분의 조류에서는 무증상
- 녹색잉꼬에서는 야윔, 체중감소, 구토, 설사, 침울, 기면 등 중증증세
- 위궤양, 위출혈 증세
- 만성에서는 선위확장증

④ **예방 및 치료**

- 감염조류의 경우 격리
- 항진균약에 의한 치료가 필요
- 철저한 위생관리 필요

13) 칸디다증

① **병원체**

- *Candida albicans*

② **전파경로**

- 상재균
- 어린 조류의 질병에 병발 또는 스트레스에 의해 발병
- 기회감염

③ **주요 증상**

- 소낭 울체, 소낭의 비후, 발육불량, 체중증가부전

④ **예방 및 치료**

- 건강관리에 유의

14) 아스페르길러스증

① **병원체**

- Aspergilus속

② **전파경로**

- 환경 내에 존재하는 포자의 흡인에 의해 감염
- 대부분이 기회감염
- 포자의 형성을 조장하는 열악한 위생환경

③ **주요 증상**

- 만성형은 면역억제와 기회감염에 관여
- 원기소실, 구토, 체중감소, 호흡곤란
- 급성형은 대량에 포자의 노출에 의함
- 치명적
- 다발성 속립성 육아종이 보임

④ **예방 및 치료**

- 위생환경을 개선

Chapter 03

15) 지알디아 편모충증

① **병원체**

- Giardia속

② **전파경로**

- 감염조류의 소화관에서 증식하여 분변 내에 배출
- 오염된 물의 섭취 등 fecal-oral감염에 의해 전파

③ **주요 증상**

- 설사, 장염, 소양증
- 다양한 증상 보고되어 있으며 일정하지 않음

④ **예방 및 치료**

- 오염환경의 세정과 위생관리를 철저히 함

16) 세모편모충증

① **병원체**

- *Trichomonas gallinae*

② **전파경로**

- 소화관이나 생식기에 기생
- 비둘기에 많이 발생하고, 참새목에서는 우발적으로 발생

③ **주요 증상**

- 손모, 구토, 설사, 군내에서 높은 폐사율
- 위장의 괴사와 충체의 존재를 확인
- 습성궤양과 건성건락성괴사의 2형

④ **예방 및 치료**

- 검역과 위생관리를 철저히 함
- 예방을 위해 dimetridazole을 사용

17) 톡소포자충증

① **병원체**

- *Toxoplasma gondii*

② **전파경로**

- 사육조류에서는 소형 참새목과 펭귄이 감염되기 쉬움
- 앵무, 잉꼬류, 오리, 까마귀는 우발적으로 감염
- 전파양식은 불분명하며, 조류의 감염증으로 고양이의 중요성은 의문시 됨

③ **주요 증상**

- 무증상인 채 급사
- 때로 신경증상을 보이며 폐사
- 녹색 수양변
- 부검에서는 비장, 간, 신장, 뇌 및 장관에 병변
- 만성 예는 드물지만 뇌염과 눈 질환

④ **예방 및 치료**

- 적정한 위생관리가 유일한 예방법

18) 증상에 따른 관상조류의 질병

(1) 설사

① **원인**

- 여름에 물이나 썩은 야채 등 부패되었거나 부적합한 모이 급여

② **주요 증상**

- 묽은 설사, 녹색 설사, 끈적끈적한 변

③ **예방 및 치료**

- 부드러운 물수건으로 항문을 닦아주고 새장을 따듯한 곳으로 옮김
- 설파제를 물에 36방울 정도 섞어 공급

Chapter 03

(2) 식체

① 원인

- 새의 식도중간에 부풀은 부분(소낭)이 있는데 소낭에 모이가 걸린 경우
- 모이배합을 갑자기 변경했을 경우

② 주요 증상

- 부풀어 오른 가슴, 모이를 잘 먹지 못함, 거친 호흡, 구토

③ 예방 및 치료

- 경미한 경우 미지근한 물에 포도주 3~4방울을 섞어 스포이드로 먹임
- 소낭을 복부쪽으로 문질러 걸려있는 모이를 이동시킴
- 중증일 경우 소낭을 절개하여 뭉쳐진 모이를 꺼냄

(3) 변비

① 원인

- 지방과다, 물 부족, 갑작스런 모이변경, 부적합한 모이, 운동부족

② 주요 증상

- 굳은 변, 항문을 상하로 흔듬

③ 예방 및 치료

- 스포이드로 올리브유를 1~2방울 먹임
- 중증인 경우 항문에도 두 방울 넣어줌

(4) 장염

① 원인

- 갑작스런 추위, 찬바람, 불결한 모이, 심한 스트레스, 공포

② 주요 증상

- 설사, 항문주위가 더러움, 갈증, 식욕부진, 깃털이 부품

③ 예방 및 치료

- 세균감염이 원인일 때에는 항생제를 투여

• 당분간 야채를 주지 말고 신선한 모이, 물을 공급하여 보온

(5) 감기, 기관지염

① **원인**

• 찬바람, 추운 날씨에 수욕

② **주요 증상**

• 재채기, 콧물, 눈물, 빠른 호흡, 깃털을 부풀린 채 웅크림

③ **예방 및 치료**

• 보온, 콧구멍이 막혀있을 경우 부드러운 물수건으로 닦아줌
• 물에 포도주를 조금 섞어서 스포이드로 먹임
• 설파제를 물에 섞어줌

(6) 알막힘

① **원인**

• 수난관의 혈액장애, 칼슘부족, 연동작용부족, 갑작스런 추위

② **주요 증상**

• 깃털을 부풀린채 웅크리고 있다. 새의 하복부가 막힌 알로 부풀어 있음
• 그냥 방치하면 변도 누지 못하고 폐사

③ **예방 및 치료**

• 보온, 물 포도주 2:1의 용액을 3~4방울 먹인 후, 30분 정도 알 낳기를 기다림
• 그래도 낳지 못하면 스포이드로 올리브유 등을 항문에 넣고 배란을 촉진시키기 위하여 복부 마사지

(7) 개선충(옴)

① **병원체**

• 개선충이 피부에 기생하여 발병. 전염성이 강하므로 격리시키고 새장을 열탕 소독

② **주요 증상**

- 잉꼬에게 흔히 발견
- 부리 주변 또는 눈 주위 등의 피부가 딱지처럼 두터워짐
- 증상이 심해지면 부리의 표면이 거칠어짐
- 눈 주위의 깃털도 빠짐
- 하얀 딱지가 생기며 가려워서 긁음

③ **예방 및 치료**

- 면봉에 유황제 또는 페니실린연고나 오이락스 연고를 발라 환부에 바름
- 하루에 3회 정도 일주일동안 치료

(8) 탈모증

① **원인**

- 유전, 환경, 영양결핍

② **주요 증상**

- 드문드문 털이 빠지다가 완전히 탈모되는 경우도 있음
- 근친번식에 의한 탈모는 깃털의 뿌리가 검게 보임

③ **예방 및 치료**

- 특별한 치료법이 없음
- 근친번식을 피한다.

(9) 식모증

① **원인**

- 스트레스, 영양결핍

② **주요 증상**

- 부리로 털을 뽑는다.

③ **예방 및 치료**

- 목에다 두꺼운 종이로 목 타래를 둥글게 만들어서 씌어주어 털을 뽑지 못하도록 함
- 영양공급을 균형 있게 하고 넓은 새장을 사용하여 스트레스를 방지

(10) 각약증

① 원인

- 비타민 B복합체, 비타민D, 칼슘 부족

② 주요 증상

- 발가락이 꼬부라져 있거나 빳빳이 펴져 있음, 보행불능

③ 예방 및 치료

- 환부를 바른 자세로 만들고 깁스를 한다. 영양제를 물에 타서 먹인다.

(11) 안검염

① 병원체

- 외상, 자격, 세균성, 바이러스성

② 주요 증상

- 붉은 반점과 결막의 염증성 부종 등

③ 예방 및 치료

- 외상이나 자격에 의한 안검염은 안연고와 항생제를 근육 주사
- 세균성이나 바이러스성 안검염은 치료가 어려움

(12) 결막염

① 병원체

- 세균, 바이러스

② 주요 증상

- 눈꺼풀이 두꺼워지고 눈에서 분비물
- 심하면 눈꺼풀이 달라붙음

③ 예방 및 치료

- 안약
- 항생제주사

MEMO

Chapter

04
애완파충류

1. 거북이

1) 눈병(하다씨선염)

① **원인**

- 비타민 A 부족이나 햄이나 소시지(염분도가 높은), 건조 새우나 실지렁이, 물고기의 토막 등 영양가가 낮거나 한쪽으로 치우친 먹이만 먹으면 발생하기 쉽다.
- 자극물이 들어가거나 더러운 물에서 사육하게 되면 세균의 감염으로 결막염이나 각막염 등을 의심할 수 있다.

② **주요 증상**

- 눈꺼풀이 붓는 것이 특징이며 눈물이나 눈곱이 생겨 눈을 뜰 수 없게 되고 심해지면 먹이를 찾지 못해 죽는 경우도 있다.
- 발병하면 치료가 힘들고 방치하면 손 톱 발톱의 바로 밑까지 붓게 된다.

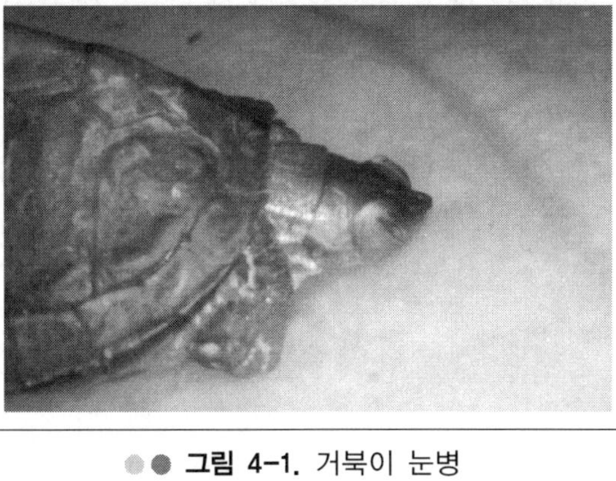

그림 4-1. 거북이 눈병

출처 : http://blog.naver.com/sygar4533?Redirect=Log&logNo=220072364862

③ **예방 및 치료**

- 비타민 A의 부족으로 인한 경우에는 지렁이 등의 생먹이, 닭의 간, 물고기의 내장 등 비타민 A를 다량 포함한 먹이를 준다.
- 그리고 비타민제를 눈이나 입에 늘어 뜨려 주는 것도 효과적이다.
- 눈병은 전염성이 있기 때문에 치료중인 경우에는 매일 물갈이를 해주는 것이 좋다.
- 또한 눈 세척제로 눈을 깨끗이 씻어주고 애완동물 전용 안연고를 발라준다.
- 그리고 간단한 방법으로 식염수와 물을 1:3으로 맞추어 하루에 한 시간 정도 반복해서 넣어두면 효과가 나타난다.

2) 구루병(갑연화증)

① **원인**

- 비타민 D 부족, 칼슘 부족, 일광욕(자외선) 부족 등이 원인이 된다.

② **증상**

- 어린 거북의 경우 등이 부드러워지고 변형되거나 관절이 부어서 사지가 휘어진다.
- 성숙한 거북의 경우 등판 한곳이 움푹 들어가는 갑각 함몰 증세를 보이며 흰반점이 생긴다.

③ **치료법**

- 비타민 D의 부족인 경우에는 비타민D나 칼슘 성분이 풍부한 동물성 먹이를 준다.
- 칼슘이 부족한 경우에는 건조 새우나 작은 물고기 등 칼슘이 많이 포함된 먹이나 칼슘제를 넉넉하게 사료와 함께 준다.
- 일광욕 부족의 경우에는 가능한 한 매일 적어도 1시간은 일광욕을 시켜 준다. 밖에 낼 때는 반드시 그늘을 만들어주고, 햇볕이 따가워 일사병의 위험이 있는 경우에는 UVB(자외선)를 사용한다.

3) 일사병

① **원인**

- 긴 시간 직사광선을 쬐게 되면 체온이 너무 올라가 혈액이나 내장의 기능이 쇠

약해진다.

② **증상**

- 코나 입에 거품이 나오고 발을 허우적거리는 등 흥분된 상태를 보인다.
- 토하거나 머리 점막이 충혈되어 전체에 붉은 기운과 열기가 느껴진다.

③ **치료법**

- 서늘한 장소로 옮겨 놓고 냉수를 끼얹거나 머리를 얼음 주머니 등으로 식혀 체온을 내린 다음 병원을 찾는다.
- 여름철에는 일광욕을 피하고 봄가을에는 2시간 정도쯤 반그늘 상태에서 보낼 수 있도록 해준다.

4) 감기

① **원인**

- 바이러스나 곰팡이, 추운 기후나 심한 온도 변화, 비타민 A의 부족이 원인이 된다.
- 특히 대기온도와 물 온도의 차가 5도 이상이면 영향을 미친다.

② **증상**

- 콧물을 흘리며 입을 벌린 채로 한쪽으로 기울어져 헤엄친다.
- 숨을 헐떡이고 재채기 같은 소리를 내며, 코와 눈 그리고 입 주위에 끈적끈적한 분비물이 형성된다.

③ **치료법**

- 수온을 올리고(30도 가까이) 파충류용 비타민제를 물에 타준다.
- 그리고 먹이를 소량씩 자주 주어 체력을 키운다.

5) 식욕상실

① **원인**

- 새로운 환경이나 익숙하지 않는 먹이, 동면직후나 방이나 물의 온도가 낮을 때 발병한다.

② **증상**

• 먹이를 먹지 않는다.

③ **치료법**

• 수온을 올려주고 안정된 환경을 만들어주고, 먹이를 바꿔줘 보는 것도 식욕을 돋우는데 효과가 있다.

6) 피부병

① **원인**

• 수질의 악화나 낮은 온도, 상처, 일광욕 부족 등으로 진균류가 생겨 원인이 된다.

② **증상**

• 피부에 흰 물질이나 곰팡이가 생기고, 진균류가 코를 막아서 호흡이 곤란해질 수도 있다.

③ **치료법**

• 수조를 청결하게 해주고, 여과 장치를 검토해보고 온도를 28도~30도로 조금 높게 유지해준다.
• 일광욕 부족인 경우에는 하루 2~3시간으로 몸이 완전히 마를 때까지 직사광선에 노출시켜준다.
• 그리고 피부병 치료제를 사육수에 넣어 목욕시킨다.

7) 장염

① **원인**

• 선충, 촌충, 흡충 등의 기생충이 원인이 될 수도 있고, 병에 걸린 먹이나 불량 사료를 주었을 때 발병한다.

② **증상**

• 설사를 해서 변이 흩어진다.

③ **치료법**

• 병원에서 구충을 받으면 좋고, 설사가 나아질 때까지는 먹이는 조금씩 주도록

한다.
- 그리고 배합사료 등의 먹이가 눅눅해지지 않도록 건조하게 보존시킨다.

Chapter 04

8) 그 외 비타민 결핍에 따른 질병증상

① **비타민 E 결핍**
- 혹, 지방종, 지방조직의 농양이 생기며, 치료방법은 농양을 제거하고 비타민을 주사하는 것

② **비타민 B 결핍**
- 중추신경계의 이상, 무기력증이 발병한다.
- 치료방법으로는 비타민 복합제의 주사하는 것이고, 예방법은 일주일에 2회 정도 비타민 보충한다.

③ **철 결핍**
- 체형의 기형유발, 성장률 저하를 일으킨다.
- 치료방법은 철이 풍부한 음식물(예: 돼지 간)을 공급하는 것

④ **인과 칼슘 결핍**
- 인과 칼슘의 평형공급이 이루어지지 않으면, 비타민 D3 결핍증상과 같은 결과를 초래한다.
- 치료방법은 비타민 복합제 공급과 칼슘이 많은 먹이 공급(예: 오징어 뼈)하는 것이다.

2. 도마뱀과 이구아나

1) MBD(Metabolic bone disease) : 대사성 뼈 질환

가장 많이 걸리는 질환 중의 하나이며 특히 초식 도마뱀과 육식 거북에게 자주 나타나는 질병으로 질병의 심각도에 따라 다르지만 치료기간도 길고 100% 완치가 어려우므로 각별히

주의를 해야 한다.

① **원인**

- 칼슘과 인의 부족 및 밸런스 실패(정상기준 : 칼슘과 인의 비율은(1.2:1 ~ 2:1) (너무 많은 인과 너무 부족한 칼슘섭취는 문제가 된다)
- 한 가지만 편식해서 생기는 영양분의 비율 실패
- UV 빛의 부족에 따른 비타민 D3의 부족
- 극히 드물기는 하지만 콩팥, 간, 갑상선의 질병 등

② **증상**

- 이 병이 발생하면 움직이지 못하고 사지를 제외하고 점점 마르게 된다. 때때로 턱뼈가 짧아지고 얼굴이 퉁퉁해지기도 한다. 아래턱의 변이 및 척추뼈가 휘는 게 보이며 식욕부진, 무기력증 그리고 신체의 중량을 다리로 통제하지 못하는 것이 나타난다.

③ **진단 및 치료**

- UV의 꾸준한 일광욕 및 핸들링 절대 금지(가장 필요)
  (계속 강조하는 것이지만 UVB등이 있다면 더 좋겠지만 UVB등이 없다 해도 평소에 꾸준하게 자연 일광욕을 해준다면 어느 정도 예방효과를 볼 수 있다)
- 알파파 케일 청경채, 새싹, 스쿼시(서양계 호박), 양배추 같은 칼슘이 높고 영양이 많은 음식투여
- 파충류 전용 영양제(칼슘 및 비타민)의 꾸준한 투입(단, 너무 과하게 투여해주면 안된다)
- 파충류를 비교적 전문적으로 볼 수 있는 병원에 가서 직접 치료를 받는다.
  (대인병원/한성병원/닥터 펫등-서울)

2) 마우스락(mouse lock) : 잇몸염증

① **원인**

- 개체 차이에 따라 다르지만 일반적으로 극심한 스트레스나 사육환경이 불청결할 때 주로 일어난다.

② **증상**

- 입안에 고름이 생기면서 음식을 씹지 못하거나 아래턱이 심하게 뒤틀린다(아래

턱의 경우 육안으로도 쉽게 구별되며 대사성 질병과 동반해서 나타나기도 하므로 특별한 관심이 요구된다).

③ **진단 및 치료**

- 예방법은 스트레스를 최대한 적게 주셔야 하며 사육환경을 최대한 청결하게 유지 한다.
- 치료 방법은 과산화수소(요오드용액)과 물을 1:1~1:2 비율로 희석시켜 매일매일 주기적으로 마우스락이 나을때까지 면봉에 묻혀 상처에 직접적으로 발라준다.
- 대서성 뼈 질환과 달리 마우스락은 치료 성공사례가 상당히 많이 있으며 꾸준한 정성과 사랑으로 계속 치료를 해준다면 완치율이 상당히 높다.

3) 변비와 설사(Constipation & Diarrhea)

- 정상적인 장운동을 하는지 확인해 보려면 배설물이 대략 갈색인지를 살펴보아야 한다.
- 장이 규칙적으로 운동하지 않는 편이기 때문에 변비에 걸리기 쉽다.
- 이구아나가 살기 적당한 온도는 24~30℃이기 때문에 미지근한 물에서 수영을 하는 것도 변비 예방에 큰 도움이 된다. 변비가 극히 심하면 수의사에 가보이도록 한다.
- 너무 심할 때에는 간혹 수술에 의한 숙변 제거가 필요하기도 한다.
- 설사란 비정상적인 분변을 쏟아내는 것을 말한다. 먹이의 변화, 수분이 많이 함유된 과일, 스트레스, 질병과 기타 이유에 의해 설사를 하게 된다. 섬유소가 많이 포함된 사료를 먹이게 되면 설사는 완화될 수 있다. 이때에도 수의사에게 의뢰하여 치료하도록 한다.
- 이구아나도 다른 동물과 마찬가지로 기생충에 감염되기 때문에 잊지 말고 애완동물 전용 구충제를 정기적으로 투약하여야 한다.

4) 기타질병

① **호흡기 질환**

- 이구아나가 입을 벌리고 숨쉬는 소리가 '피식' 소리가 나는 증세
- 환기를 시키고, 온도를 맞춰주면 된다. 심각하면 수의사를 찾는 게 좋다.
- 상태가 심각하다는 것은 코의 흰 거품이 있다는 것이다.

② 감기

- 파충류에게 감기는 치명적인 병이다. 코에 물이 생기거나
- 입에 거품이 있거나, 숨 쉬는 소리가 커지면 즉시 병원으로 가야한다.
- 일반적으로 사육장의 온도를 높여주고 건강관리를 해준다면 치료가 쉽게 된다.

③ 기생충

- 기생충은 대표적인 것으로 mite와 tick이 있다.
- 이외에도 Worm(벌레), Protozoa(원충류), Amoebiasis(아메바) 등이 있다.
- 하루~3일 정도마다 한번 씩 사육장과 목욕을 해주며 정기적인 일광욕 및 구충제를 투여하면 된다.

알아두기

1. 대사성질병과 마우스락의 차이점은 뭔가요?

이구아나 키우면서 한두 번 겪게 되는 일인데 대상성질병(MBD)은 일광욕부족 혹은 칼슘의 밸런스가 깨지면서 뼈가 휘는 현상을 말합니다. 눈으로도 확인이 되는 것이며 상당히 위험하고 치료기간 역시 장기간이죠. 대사성질병의 경우 걸리고 나서는 대책이 없다고 보는 것이 낫습니다. 병원에 가봐야 엑스레이 찍는 정도이고 뒤늦게 일광욕 시켜주고 칼슘을 처방해도 100% 완치가 힘들므로 꾸준하게 규칙적으로 일광욕을 해주시고 매일 칼슘이나 비타민을 주시는 분이 있는데 오히려 생물에게 안 좋습니다. 2일 혹은 3일에 한번 주시는 것이 낫습니다. 마우스락은 잇몸염증 혹은 턱이 뒤틀리는 것으로 염증의 경우 대사성질병과 달리 꾸준히 치료를 한다면 70%정도는 낫습니다. 단 턱이 기형적으로 변하는 경우 대사성질병과 동반되서 나타나는 경우 빨리 전문 동문병원에서 전문적인 치료 혹은 상담을 받으셔야 합니다. 일반적 염증의 경우 과산화수소(요오드용액)과 물을 1:1~1:2 비율로 희석시켜 매일매일 주기적으로 마우스락이 나을 때까지 면봉에 묻혀 상처에 직접적으로 발라주면 됩니다.

2. 이구아나에게 기생충이 있는데 어떻게 해야 되나요?

이구아나 역시 다른 파충류처럼 기생충에 노출되고 전염될 수 있지만 크게 걱정하실 필요는 없습니다.
일주일 한두 번의 온욕과 주기적인 일광욕 그리고 사육장을 청결하게 해주시면 거의 예방이 되며 일반적인 치료제(마이트오프등)가 있긴 하지만 100% 완치보다는 어느 정도 감소를 시켜주는 기능뿐이며 평소 사육장의 청결함 / 이구아나의 주기적인 일광욕 그리고 목욕만 해주신다면 걱정하실 필요는 없습니다.

3.이구아나를 전문적으로 치료할 수 있는 병원은 있나요?

국내에서 파충류를 전문으로 보는 병원은 없습니다. 파충류자체가 매니아적이고 수요 또한 아직 일반 강아지나 고양이 병원에 비해 작기 때문입니다. 동네 동물병원에 가도 엑스레이나 간단한 골절접합 수술 외에는 특별히 할 수 있는 것도 없습

니다. 그나마 그것도 규모가 큰 병원의 경우입니다.
그러나 국내에 특수동물을 시술 혹은 처방 및 치료경험이 많은 대표적인 병원이 소수 있습니다.

① **대인종합동물병원**
서울 서초구 반포1동 745-6 1층/ 02-546-9539
특수진료(양서류, 파충류, 조류 설치류, 야생동물 등)에서 우리나라에서 가장 많은 방문이 이루어진 곳이며 파충류 매니아들이 자주 찾는 곳

② **한성병원:** http://www.vetopia.co.kr
서울 관악구 신림본동 409-165 /02-872-7609(서울대학교 근처)
국내 최초 페릿 백신을 수입한 병원이며 상당히 친절합니다.
원장님이 63빌딩 파충류 및 수족관 전담의임.
국내 악어사육자들이 방문을 자주 하며 페릿 동호회들이 가장 많이 찾음.

③ **닥터펫:** http://www.dr-pet.co.kr
서울 강남구 삼성동 위치(선릉역에서 압구정방향) 02-3443-8275
수의사 전부 명문대 출신이며 국내최고 최대 시설 보유.
애견 매니아 사이에선 닥터호텔이라고 불릴 정도로 시설이 화려함. 특수진료 가능.

MEMO

Chapter

05 축산자원 동물 질병

1. 소(Cattle)

1) 번식장애

소의 질병 중 가장 문제되고 있는 것은 송아지 설사, 육성우의 호흡기, 성우의 번식장애이다. 설사나 호흡기로 인한 피해는 농가에 직접적으로 보이기 때문에 실제 피해 규모보다 크게 보이는 반면 번식장애로 인한 피해는 간과하는 수가 많다. 성 성숙이 되면 소는 번식활동을 하여 자손을 증식시킨다. 즉 수소와 암소가 교배, 임신이 된 후 일정기간이 지나면 자손을 생산하고 분만 후 일정 기간이 지나면 다시 임신하는 번식활동을 반복한다. 그러나 일부 가축은 일시적으로 또는 영구적으로 번식활동을 중지하는데 이러한 번식활동의 이상을 번식장애라 한다.

암소의 경우 번식장애우란 생후 16~18개월 이상 되어도 발정증상을 보이지 않는 소, 발정주기가 불규칙하거나 3회 이상의 수정에도 수태가 이루어지지 않는 소, 분만 후 90일이 지나도 발정이 오지 않는 소 및 2회 이상의 유산 또는 사산의 경험이 있는 소 등을 일컫는다.

(1) 원인

번식장애의 발생원인은 여러 가지 요인들이 관여하는 복합적인 것이 특성이다. 발정관찰의 잘못, 생식기관의 외상이나 질환, 영양장애 및 호르몬분비 이상, 미생물의 감염, 사양관리의 소홀, 스트레스, 수정방법의 부정확 등 다양하다. 암소의 번식장애는 일반적으로 발정의 이상, 일시적인 불임, 임신 중 태아사망 및 분만 후 자축의 사망 등으로 나누어질 수 있는데 이러한 번식장애의 발생원인은 여러 요인이 관여하여 대단히 복잡 다양하다. 이들 원인으로는 암소자체가 가지고 있는 유전적 요인, 내분비 요인 그리고 신경 요인 등이 있으며 외부적으로는 기상조건과 같은 대기환경, 사양관리 조건과 같은 사육환경 및 영양분 공급상태 등이 있으며 질병에 의한 전염 등 여러 요인들이 있다.

① **환경적요인**

㉮ **영양 :** 전반적 결핍, 에너지 부족, 농후사료 과다급여, 단백질 과다급여. 대부분의 번식장애는 사양관리의 부실에서 비롯된다. 즉 사료의 급여가 적절하지 못하면 맨 먼저 번식기관에 이상이 생겨 번식장애가 발생하게 된다. 또 내분비의 이상이나 기타 번식기관의 위축 등에 의한 번식장애도 그 근본 원인은 영양장애인 경우가 많다. 특히 가소화영양분총량(TDN)의 결핍 시 성호르몬의 분비 이상으로 성성숙의지연, 발정의 이상 배란 및 수태율의 저하, 배나 태아의 조기사망, 사산의 원인이 되는데 특히 단백질, 비타민 A 및 광물질(인과 칼슘)의 부족할 때 더욱 심하게 나타난다. 그러나 영양의 과다 공급으로 인한 비만은 지방축적으로 인한 난소발육의 불량과 기능의 저하 또는 장해까지 오기 때문에 과다급여하지 않도록 주의해야 한다.

㉯ **스트레스 :** 고온, 밀사, 잦은 우군 변동, 거친 취급

㉰ **번식관리 :** 발정 발견 실수, 적기수정 실패

② **유전적 요인 :** 고능력우, 근친교배

③ **내분비 이상 :** 난소 낭종, 무발정, 영구황체(잔류황체), 둔성발정

④ **자궁의 염증 :** 자궁내막염, 자궁축농증

⑤ **질탈**

⑥ **저수태우**

⑦ **후산정체**

⑧ **전염성 원인 :** 전염성 원인에 의한 번식장애는 대부분이 유사산과 관계가 있으며 임신초기부터 임신말기까지 전기간에 걸처 유사산이 발생할 수 있다.

㉮ 세균 : 부루셀라, 캠필로박터, 렙토스피라 등

㉯ 바이러스 : 아까바네, 전염성비기관염, 바이러스성설사-점막병, 츄잔 등

㉰ 기생충 : 트리코모나스, 네오스포라 등

㉱ 곰팡이 : 아스퍼질러스 등

(2) 예방

번식장애의 발생을 최소한으로 줄이기 위해서는 발생 후의 치료보다는 사전 예방이 중요하다. 즉 번식장애의 주요원인이 되는 불합리한 사양관리 개선이 선행되어야 하고, 분만전후의 위생관리를 철저히 해야 한다. 항상 번식기술을 숙지하여 발정의 조기발견 및 적기수정으로 번식률을 향상시켜야 할뿐만 아니라 개체별 기록을 하며 수시 또는 정기적인 점검을 수행해야 한다.

Chapter 05

① **사양관리의 철저**

번식장애 원인 중 대부분은 사료급여 등의 사양관리 부실에 의한 것이기 때문에 번식장애를 방지하기 위해서는 사양관리를 철저히 해야한다. 카로틴이 다량 함유된 청초 및 비타민 제제의 추가 급여 및 사료중 적당량의 조단백 급여(비유시기 및 비유량에 따라 사료배합비율 조정) 등이 필요하다. 양질의 조사료 급여 및 농후사료의 적정급여로 영양부족이나 과비를 방지한다. 충분한 운동으로 비만현상을 막는 것이 번식장애 방지에 필수적이다. 영양의 과잉이나 결핍을 피해야 한다. 영양소가 부족할 때는 생식기관의 발육불량, 기능감퇴 등이 발생하여 번식호르몬의 분비이상 등으로 성성숙이 지연 및 초발정이 늦고 발정과 배란의 이상, 수정이나 착상불량 등으로 수태율이 크게 떨어지게 된다. 또한 필요 이상의 영양과다로 비만현상이 오면 배나 태아의 초기영양물질 격감으로 수태율이 떨어지고 난소주변의 지방축적 등으로 번식장애우가 발생하기 쉽게 된다. 운동과 일광욕은 소의 식욕증진과 소화, 호흡, 순환기능 등의 촉진 및 비타민 D의 합성 등을 향상시키는 효과가 있다.

② **분만전후의 철저한 위생관리**

분만전후의 어미 소는 외음부를 통한 세균감염의 위험성이 크므로 분만실의 청소 및 소독이 필수적이며 분만 후에는 어미 소의 외음부 주변을 잘 닦아주면서 외상치료를 해준다. 후산정체인 경우에는 수의사와 상담 후 자궁세척 등 필요한 조치를 취하여 자궁내막염 등을 예방해야 한다. 산후 분비물의 유출상태를 2~3주간은 잘 관찰하면서 고름이나 악취가 나는 점액이 나올 때는 조기 치료토록 하며 축사안의 깔짚을 자주 갈아 주어 되도록이면 건조한 상태로 유지해 준다.

③ **번식기술의 향상**

번식효율을 높이기 위해 가장 중요한 것은 발정발견이다. 농가실정에 맞는 발정발견 방법을 개발하여 적기에 수정시킬 수 있도록 해야 한다.

④ **번식장애우의 조기치료와 처리**

번식장애의 유형과 그 원인은 다양하므로 조기에 원인을 찾아내어 치료를 하여야 하며 호르몬제의 과다남용은 역효과를 내므로 전문 수의사와 상의한 후 적절히 사용해야한다. 또한 번식장애우의 장기 치료보다는 적기에 도태하는 경우가 유익한 경우도 있으므로 치료와 도태 두 가지 방향을 항상 염두에 두어야 한다. 최근 연구에 의하면 번식장애우 치료 시 간기능 강화제(메티오닌 및 비타민 제제)의 동시

투여가 치료에 도움이 된다.

⑤ **번식기록**

사육하고 있는 모든 개체들은 생년월일(구입 시기), 번식경력(발정일, 수정일, 분만일 등)과 질병발생 내역, 치료시기 및 치료내역 등을 기록해서 수시 또는 계절별로 점검하여 번식장애의 예방과 치료를 조기에 할 수 있게 해야 한다.

⑥ **예방접종 실시**

농장의 질병발생 상황에 따라 문제 질병에 대한 적절한 예방접종을 실시한다.

2) 소 호흡기 질병

소의 호흡기 질병은 밀집사육, 다두 집단 사육에 따른 스트레스와 환절기의 낮과 밤의 큰 일교차와 이런 일교차를 막기 위해 외부공기의 유입차단으로 밀폐된 우사 내에 암모니아가스와 탄산가스, 먼지 등에 의한 호흡기계점막의 손상으로 기본 면역체계가 약화되어 항병력이 떨어지게 되고, 또 여기에 세균 또는 바이러스가 복합감염되어 호흡기 질병이 발생하게 된다.

특히 외부에서 소를 구입할 때에는 먼 거리를 수송하여 생기는 수송스트레스도 매우 중요한 발병인자로 작용하게 된다.

소에서 흔히 나타날 수 있는 호흡기 질병은 원인체에 따라서 세균성과 바이러스성 질병으로 분류할 수 있는데 주요한 세균성 호흡기 질병은 파스튜렐라 폐렴, 헤필루스 폐렴 및 마이코플라즈마 폐렴을 들 수 있고, 바이러스성 호흡기 질병을 일으키는 주요 바이러스는 소의 전염성비기관염바이러스(IBRV), 소바이러스설사증바이러스(BVDV), 소파라인플루엔자바이러스(PI-3), 소합포체성폐렴바이러스(BRSV), 소아데노바이러스, 소레오바이러스 및 라이노바이러스 등이 있으며 이들 질병 중에서 현재 국내에서 문제 시 되고 있는 것은 세균성인 파스튜렐라폐렴과 바이러스는 IBRV, BRSV이다.

3) 송아지 설사병

설사병은 소화관을 통과한 내용물중의 수분 또는 용질이 생체 내에서 상호 이동의 이상에 의해 발생되는 것으로서, 송아지의 체액상실이나 이상은 치명적일 수 있고 폐사의 원인이 되며 회복되어도 성장장애 등을 일으켜 경제적 손실이 큰 질병이다.

(1) 원인

설사병의 원인은 감염성과 비감염성으로 구분할 수 있으며 비감염성은 사양관리가 부적절하거나 인공유의 질과 양의 부적합 또는 인공유를 차디차게 투여할 때 종종 발생된다. 초유의 급여가 부족하거나 장거리 수송 등에 의한 스트레스 및 축사의 불결함에 의해서도 발생된다. 감염성의 원인은 바이러스, 세균 및 기생충 등이다.

표 5-1. 소 설사병에 관여하는 병원미생물

바이러스	세 균	기생충
로타바이러스	대장균	콕시듐
코로나바이러스	살모넬라균	크립토스포리디움
소바이러스성 설사병바이러스	크로스트리디움균	구충
아데노바이러스	요네병균	편충
파보바이러스		장결절충 등
엔테로바이러스		

(2) 증상

설사분변의 색깔은 회백색, 황회색 또는 황갈색을 나타내며 심할 경우에는 혈액성의 설사도 나타낸다. 무리에서 떨어져 혼자 있고 동작이 느리고 활기가 없다. 피부의 탄력이 저하되고 안구 함몰과 구강점막의 건조와 전신적인 탈수 증세를 보인다. 식욕 절폐와 보행이 이상해지며 심하면 기립곤란 또는 기립불능에 빠진다. 차츰 체온하강과 허탈에 빠져 폐사하게 된다. 설사병은 색깔과 설사변의 수분함량정도 송아지의 나이 등으로 세균성인지 바이러스성인지를 구분하고 기생충성인 경우는 분변내에서 기생충란을 검출함으로써 알 수 있다.

(3) 진단

임상증상 및 탈수상태와 설사분변에서 원인체를 검출한다. 바이러스성일 경우에는 폐사우의 장조직에서 형광항체법으로 원인체를 검사하거나 전자현미경 검사를 실시한다. 세균성일 경우 병원균을 분리하고 기생충성의 경우 분변에서 충란을 검출한다.

(4) 치료

설사병이 발생되면 송아지는 신속히 격리하여 치료하고 외부로부터의 찬바람이 우사내로 들이치지 않도록 적절히 막아주어 보온이 잘되도록 해야 한다.

Chapter 05

1. **세균성 설사병** : 분변에서 원인체를 분리한 후 항생제 감수성 시험을 실시하여 가장 효과가 좋은 항생제를 투여한다.
2. **기생충성 설사병** : 분변 내에서 기생충란을 확인하고 그 기생충란을 구제할 수 있는 구충제를 투여한다.
3. **바이러스성 설사병** : 바이러스는 근본적인 치료제가 없으므로 2차적인 세균의 복합 감염을 막기 위하여 광범위 항생제를 투여하고 대증요법을 병행한다.
4. **대증요법** : 설사병이 발생되면 탈수를 막는 것이 급선무 이므로 수액을 공급하여야한다. 아울러 전해질제제를 같이 공급한다.

(5) 예방

송아지에서 설사병을 일으키는 것은 주로 세균, 바이러스 및 기생충이므로 이들에 대한 예방에 노력해야한다. 바이러스에 의한 설사병은 예방약을 접종하고 기생충은 미리 구충제를 투여하면 예방할 수 있다

세균성에 의한 설사병은 주로 대장균증과 살모넬라병이 많으며 이들의 발생은 대부분이 사양관리상의 문제점으로 인하여 발생되므로 위생적인 사양관리와 특히 추운 시기의 송아지 간의 보온유지에 힘써야 한다.

4) 소의 케토시스(Ketosis)

(1) 정의

탄수화물과 지방대사 이상, 제1위 내용물의 이상발효, 일시적인 부신기능부전 및 간기능저하 등에 의한 케톤체의 고다 축적결과 식욕부진, 유량감소, 체중감소 및 신경증상 등을 나타내는 질병이다.

(2) 발생원인

케토시스는 분만 후 비유량이 많은 소에서 발생하기 쉽다. 탄수화물과 지방대사의 이상으로 혈액중 당의 양이 저하되고 케톤의 양이 증가한다. 사료성분이 고르지 못할 경우 당분이 부족하고 지방과다가 되면 지방의 불완전 연소로 케톤체가 많이 생기게 된다.

농후사료의 다량급여나 조사료가 부족하게 되면 제1위내의 미생물의 이상발효나 부신피질호르몬의 기능저하로 지방산의 이용능력이 저하되면 발생한다. 기타 간기능 저하, 소화기 질병, 자궁내막염, 폐렴 등등 여러 요인에 의해서 발생되기도 한다.

(3) 국내 · 외 발생현황

분만 후 10일~6주일에 주로 발생되고 때로는 임신말기에 발생한다. 임신말기부터 비유가 극기에 도달된 젖소의 간장은 지방침착과 글리코겐양의 감소로 간장에서 케톤체 생성이 항진된다.

(4) 증상 및 진단

피하지방이 급속히 소비되기 때문에 피모는 거칠게 되며 체중감소가 있다. 흙과 나무 조각 등을 씹는 이식증을 보이기도 한다. 환축은 식욕이 감소하며 반추기능이 약해지고 오줌과 호흡에서 산성냄새가 나고 변비증상이 있다. 신경성으로 올 때에는 외부로 부터의 자극에 대해 흥분, 근육경련 또는 눈동자를 불규칙하게 움직이기도 한다. 다리를 교차하는 걸음걸이, 머리를 부딪히는 동작, 선회운동, 시력상실 등의 증상이 오기도 한다.

진단은 임상증상을 기초로 하여 혈당량과 케톤혈증을 확인하고 뇨 중의 케톤체의 유무를 확인한다.

(5) 치료 및 예방대책

20~50%의 포도당을 정맥주사 한다. 몇 일간 반복해서 투여하지 않으면 재발할 가능성이 있다. 부신피질호르몬을 주사하면 효과가 있으며, 식욕을 촉진하기 위해 소화제와 위기능 강화제를 투여한다. 기타 간기능 강화제와 비타민제, 광물질제제도 투여하면 효과가 있다.

케토시스의 예방은 무엇보다도 사양관리가 대단히 중요하다. 분만전후에 양질의 조사료를 충분히 급여하고 영양가와 질이 좋은 배합사료를 급여하고 광물질과 비타민 등이 결핍되지 않도록 공급한다. 또한 운동을 자유롭게 할 수 있도록 하여주고 비유기간 중에는 소가 지나치게 살이 찌지 않도록 해야 한다.

5) 후산정체(태반정체)

(1) 정의

- 분만 후 10시간(12~24시간) 이내에 태반이 모체태반에서 분리되지 않는 경우를 말하며 젖소에서 발생이 많다.
- 태아측 태반의 융모가 모체측 태반인 소와로부터 박리되지 않음으로서 발생한다.
- 정상적으로는 태아 분만후 3~8시간에 태반이 배출된다.
- 일반적인 목장에서 7~15% 정도 발생한다.

(2) 태반의 이완 기전

① 분만시작과 함께 자궁이 수축되면 자궁 혈관내 혈액공급이 감소되면 자궁소구가 난원형에서 원형으로 바뀐다.

② 제대가 단절되면 모체측과 태아측 태반의 혈액 소통이 되지 않아 융모의 위축 및 변성에 이어 자가융해가 일어나면 태반이 박리되어 배출된다.

(3) 원인

① **간접적 원인**

- 영양불량 : 비타민 A 및 E의 결핍, 요오드 및 셀레니움 결핍, 칼슘과 인의 비율 부적절
- 장기간 축사 내에서 사육된 소 등 운동부족인 소
- 건유기간이 짧을 때
- 쌍태 임신

② **직접적 원인**

- 자궁근의 무력 : 후진통 미약, 자궁경관 조기폐쇄
- 호르몬 이상
- 태반염 : 만성인 경우(부루셀라, 결핵, 캠필로박터, 곰팡이)
  급성인 경우(분만 시의 자궁감염)
- 조산 : 태반이 미숙하기 때문

(4) 증상

- 태막이 일부 밖으로 노출되어 매달려 있을 수도 있고, 노출되지 않을 수도 있다.
- 점액성 또는 혈액성의 질분비물이 흐른다.
- 후산이 부패되어 악취가 난다.
- 체온상승, 비유감소, 식욕결핍, 체중감소
- 계속 방치될 경우 패혈증

(5) 치료

- 태반 정체된 소를 발견하자마자 제거하려는 사람들이 있는데 이는 효과적인 치료 방법이 아니다. 오히려 자궁에 상처가 생기면 염증 및 이차세균 감염 때문에 증세가 악화될 수 있다.

- 분만 후 5-7일(3일이 아님) 경과 후 후산을 제거하는 것이 좋다.
- 자궁세척 : 후산제거 10일 후 1주일 간격으로 2~3회
- 항생제 투여 : 이차세균 감염에 대한 예방 및 치료를 위한 것임
- 호르몬 투여 : 옥시토신, 에스트로겐, 프로스타그란딘

(6) 예후

태반정체로 인한 성우의 폐사율은 1~2%로 아주 낮으나 실제적인 피해는 자궁 수복 지연, 만성 자궁내막염 등으로 인한 발정이 빨리 오지 않는 등 번식효율의 저하에 있다.

6) 소 발굽질병

(1) 정의

발굽질병(부제병)이란 발굽에 질병이 발생한 상태를 말하는 것으로 딱딱한 발굽각질 및 발꿈치부위가 썩어 들어가거나, 발굽사이 및 발꿈치 사이에 사마귀 같은 이상조직이 자라고, 발굽주위가 붓는 소견을 나타내며, 통증이 심하여 소가 절뚝거리는 특징을 보이는 질병이다.

(2) 발생원인

발굽질병은 주로 여름에서 초가을 사이에 뒷다리 외측발굽에 많이 발생하며, 이 질병은 젖소의 경우 불임 및 공태기간을 연장시키고, 고능력우에서는 현저한 유량감소를 초래하고, 비육우에서는 일일증체율이 감소되며, 한우에서는 불량한 육질형성의 원인이 된다. 또한 종모우의 경우 정자의 양적 · 질적 저하를 가져오며, 승가 운동의 장애를 나타낼 수 있고, 심할 경우 발굽병에 의해 도태되는 지경에 이르기도 한다. 젖소의 발굽병은 번식장애, 유방염과 함께 낙농목장의 3대 질병으로 인식되고 있으며, 발굽병으로 인한 젖소의 도태는 물론 유량감소와 체중감소는 물론 치료비 및 추가노동비 등 여러 가지 경제적 손실의 요인이 된다.

발굽질병의 원인체는 세균으로서 푸소박테리움이나 박테로이데스균 등이 있다.

(3) 국내 · 외 발생현황

소의 발굽질병은 전세계적으로 발생되고 있으며 미국, 영국, 프랑스, 독일 등 축산 선진국에서는 15%내외, 헝가리, 멕시코, 페루 같은 축산개발도상국에서는 30~40%의 발생율을 보이고 있으며 목장에 따라 최고 60%의 발생율을 보이기도 한다. 우리나라는 1995년에 서울우유에서 협동조합에서 조사한 결과 10.8%의 발생율을 보였다.

Chapter 05

(4) 증상 및 진단

발굽질병은 다음과 같은 임상증상으로 진단한다.

지간증생은 발굽의 지간피부에 다소 부드러운 정도의 경도를 지닌 조직이 증식하는 것으로서 발굽 하나에 발생한 경우 지간부란으로 진전되기도 한다. 발굽에 다발할 경우는 유전적 원인으로서 단단한 피부조직이나 지방이 국소부위에 집중 분포하고 있는 것을 원인으로 생각할 수 있다. 궤양성으로 진전된 병변에서는 푸소박테리움 네크로포룸이 발견되며 경미한 파행증을 보이기도 한다.

우상피부염은 발굽 뒷부분의 좌우 양쪽의 둥그런 부위(제구)사이의 피부에 생긴 사마귀 또는 딸기모양의 병변으로 박테로이데스란 세균에 의해 발생하며 습한 환경과 만성적인 피부자극이 그 원인으로 경미한 파행증을 수반한다.

발바닥에 박힌 못, 지간부란은 양쪽 발굽 사이(지간)에 발생한 피하직의 급성염증으로 피하조직이 심하게 붓는 질병이다. 이렇게 피하조직이 심하게 붓는 양상은 대칭성이고 양측성으로 제구부위에서부터 병이 진행됨에 따라 발굽과 털이 있는 피부와 발굽관절 및 그 이상의 주위조직으로 확산되며, 흔히 발굽사이 피부에 2차적인 괴사성 병변이 동반된다. 지간부란은 더럽고 습한 환경과 지간부위의 창상 그리고 주된 감염세균인 푸소박테리움 네크로포룸과 박테로이데스 멜라니노게니쿠스가 원인으로 경증에서부터 중증의 파행증을 보인다.

제구사이의 우상피부염, 제저궤양은 소 발굽의 발바닥 부분에 생기는 병변으로서 발바닥의 딱딱한 각질층이 상처를 받아 염증이 생긴 후 그 부위가 떨어져 나가는 것이 특징이며 주로 젖소에서 많이 발생하며 특히 뒷다리의 발바닥과 발뒷꿈치 연계부위에서 발생한다. 중급 정도의 파행증을 동반하나 병변부가 튀어 나왔을 경우에는 파행증이 더욱 심하게 나타난다.

우사 내에 발바닥에 상처를 줄 수 있는 날카로운 물질 등에 찔려 세균이 감염되거나 유전적으로 불균형적인 자세를 취하는 소, 또는 비정상적인 발굽모양 그리고 많이 자란 발굽에서 체중이 발굽 발바닥의 심한 염증의 뒷부분에 과도하게 실리는 것이 원인이 된다.

(5) 치료 및 예방대책

지간증생의 치료는 지간에 생긴 증식조직의 크기가 발굽사이 공간의 반 이상을 넘을 때나 파행증을 나타낼 경우에는 지간에 존재하는 증식조직을 외과적으로 수술을 실시하여 제거하여야 하므로 수의사에게 의뢰하여 치료 받아야 한다.

사지말단에 리도케인으로 국소마취를 한 후에 발굽사이에 존재하는 과조직을 메스를 사용하여 절제해 낸다. 이때 보조자가 붕대를 양쪽 발굽에 걸어 최대한 양쪽으로 발굽을 벌려 시술자가 쉽게 증식조직을 제거할 수 있도록 한다.

날카로운 큐렛으로 절제면을 매끄럽게 긁어내고 에테르가 섞인 강옥도에 적신 가아제를 지간에 넣어 병변에 압박을 가하면서 좌우로 움직여 미세한 괴사조직을 말끔히 제거한다. 병변부위에 10% 황산동연고를 도포한 후 지간 고무밴드를 이용하여 붕대를 지간 및 발굽을 포함하여 8자형으로 감는다.

우상피부염의 치료는 사지말단에 국소마취를 실시하고 병변부위를 소독한 다음 병변조직을 절제해 낸다. 절제한 부위를 큐렛으로 매끄럽게 만든 다음 병변 부위에 10% 황산동연고를 도포한 후 지간 고무밴드를 이용하여 붕대로 감싼다. 조기 발견시 병변조직을 제거하지 않고 세파로스포린 계열의 항생제를 3일간 근육주사하여도 치료효과를 볼 수 있다.

지간부란의 치료는 세파로스포린 계열의 항생제를 하루 1회 3일간 주사하고 발굽사이에 괴사조직이 형성되었을 경우에는 이 부위에 소독을 실시한 후 괴사성 병변을 긁어낸 다음 에테르가 섞인 강옥도를 적신 가아제를 지간에 넣어 병변에 압박을 가하면서 좌우로 움직인다. 상처부위에 항생제분말(흔히 항생제를 함유한 유방염 연고와 병행)을 뿌린다. 붕대로 병변부위가 잘 감싸지도록 감아주고 보조치료로 비타민 A를 주사한다.

제저궤양의 치료는 우선 괴사된 각질과 너덜너덜하게 헐거워진 각질 등 건강한 조직으로부터 이탈되어 있는 모든 각질을 제거한다. 그리고 나서 완전히 노출된 병변이, 건강한 조직과 층을 이룸이 없이 매끄럽게 연계되도록 메스를 사용하여 다듬는다.

아픈 발굽에 체중이 실리는 것을 막기 위하여 병변이 없는 다른 쪽 발굽의 발바닥에 접착제(테크노비트)를 사용하여 나무블록을 붙인다. 병변부위에 10% 황산동연고를 바르고 소염제를 0.5cm 두께로 발라준다

이 질병이 자주 발생하는 우군에서는 린스마이신용액이 담긴 발굽 소독조를 설치하여 년 4회 매회 마다 30분에서 1시간 동안 발굽침지를 전두수에 실시하거나 5% 포르말린용액이 담긴 발굽소독조를 설치하여 한 달 간격으로 또는 황산동과 소석회를 1:1 비율로 혼합하여 만든 10% 황산동용액이 담긴 발굽 소독조에 매일 발굽을 침지하도록 한다. 발굽침지 후에는 발굽에 묻은 약액이 마를 때까지(30분에서 1시간가량) 소를 운동장이나 건조한 우사에 있도록 한다.

농가에서는 정기적인 발굽삭제를 실시하여 정상적인 발굽을 유지하도록 하고 정기적인 발굽침지 소독을 실시하고 습기찬 우사환경을 피하고 가능한 우사 바닥을 건조하게 유지한다. 우사환경을 청결하게 유지하여 발굽사이나 발바닥 또는 뒷꿈치 부위에 손상을 줄만한 이물질을 제거하도록 한다.

7) 소 바이러스성 질병

소 바이러스성 질병은 크게 증상으로 구분하여 호흡기, 소화기, 생식기와 만성 질병증상군으로 대별할 수 있으며 바이러스감염의 일반경로는 다음과 같이 요약될 수 있다.

(1) 바이러스와 소의 일차적 접촉

바이러스와 소의 접촉은 사육환경 및 이동가축에 의한 경우가 대부분이며 여름철 모기 등에 의한 경우가 주요 요인으로서 요약할 수 있다.

- **바이러스병원체**
  - 소의 접촉(부위별 일차감염)
  - 분변에 의한 경구접촉(소화기 설사)
  - 모기매개 질병(번식 유사산증)
  - 이환소의 기침에 의한 호흡기 감염
  - 미친개에 의한 교상(광견병)

  → 접촉부위에서 증식
- **잠복기간(1-2주)**
  - 바이러스의 특징에 따른 친화 장기로 전이 (소화기, 호흡기, 생식기, 신경조직)
  - 바이러스 질병 증상 발현 및 전파
  - 이차감염에 의한 집단 증상발현

단 만성질병의 경우(백혈병, 광우병)의 경우 잠복기간은 1년 이상 4-5년에 걸친 임상증상이 나타남.

(2) 바이러스 전염병의 종류

질병의 임상증상에 따라 소화기, 호흡기, 유사산으로 인한 번식장해 외에도 급성 수포성 및 만성 질병군으로 요약 할 수 있다.

표 5-2. 질병의 임상증상에 따른 바이러스 전염병의 대략적 구분

증상별 분류	병인증	주요증상
소화기	소설사병(BVD)	설사
	송아지설사병(Rota virus)	〃
	겨울철하리(Winter dysentry)	〃
호흡기	전염성 비기관지염(IBR)	기침, 비루
	소호흡기 합포체 바이러스(BRSV)	〃
	파라이늘루엔자(PI-3)	〃
번식장애	아카바네(Akabane)	유사산, 기형태아, 뇌수증
	추잔(Chuzan)	〃
	아이노(Aino)	〃

증상별 분류	병인증	주요증상
전신대사성	유행열 (Epimeral fever)	고열, 비루
	우역(Rinderpest)	폐사
만성소모성질병	소백혈병(BLV)	종양, 사료효율
	증체율 저하	
수포성 급성 질병	구제역(FMDV)	혀, 유두, 제간
	상피에 수포형성	
신경장해	광견병(Rabies)	신경장해 및 폐사
	광우병(BSE)	〃

(3) 소의 선천적 방어기능

소의 임신기간은 수개월의 상당하며 임신태아의 태반은 표 5-3에서 나타난 바와 같이 5개의 태반으로 이루어져 임신기간 중 모체의 항체에 의한 보호는 기대할 수 없다. 그러나 분만 후 임신우의 초유는 자우에 대한 면역능을 급여하는 과정에서 모체의 항체가 분만 후 자우로 이행되며 이행항체는 대략 2주간의 반감기를 나타낸다.

특히 출산직후 24시간동안 송아지의 장관 내에는 단백질분해 효소가 존재하지 않기 때문에 모체의 초유는 그대로 송아지의 장관에서 체내로 흡수된다.

그러므로 분만 후 모체의 초유는 모체의 각종 면역방어능이 포함된 항체가 주성분으로서 자우의 일차적인 외부 병원체에 대한 저항능을 부여하여 주기 때문에 질병 예방에 매우 중요하다. 신생우의 경우 대리모의 설정 역시 인공적인 포유보다는 바람직하며 겨울철 보온과 함께 필수적인 예방수단이라고 생각된다.

표 5-3. 동물의 임신모체의 태반과 항체의 투과여부

종	태반의 겹수	태반의 항체 통과 유무	초유의 중요성
말	6	–	++++
소/양	5	–	+++
고양이/개	5	+	++
마우스	4	+	++
사람	3	+++	+

+; 임신중 모체항체의 상대적 태아 방어능

특히 분만 후 송아지 자체의 면역형성능력과 이행항체의 소멸에 따른 외부질병에 대한 취약시기가 같이 발생할 수 있는 관계로 이를 사전에 보완할 수 있는 예방접종이 바람직하다고 할 수 있다. 특히 소는 분만과 관련하여 소 설사병 바이러스(BVDV)의 경우 설사, 유사산, 유산, 호흡기증상 등 다양한 임상적 증상이 그림에서와 같이 성우 및 태아에 발생할 수 있다.

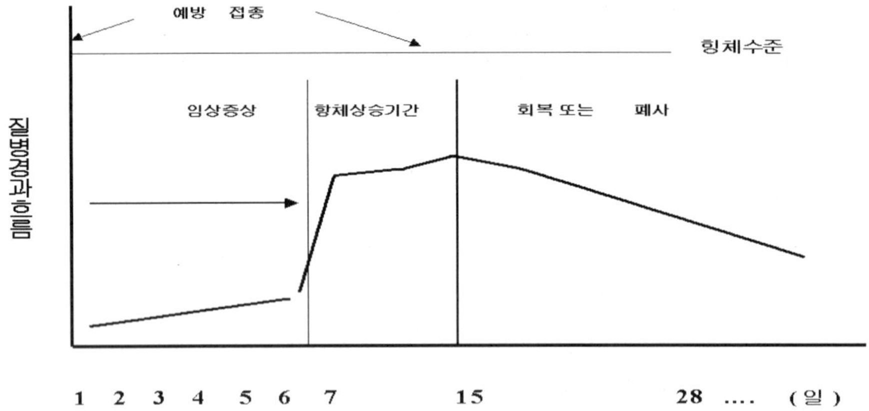

●● **그림 5-1.** 예방접종 후 항체가 변화

8) 전신대사성 질병

(1) 소 유행열(Bovine Ephemeral fever)

소의 유행열 바이러스(bovine ephemeral fever) 감염에 의한 급성, 열성 전염병으로서 발열, 호흡기 및 소화기 등에 장해를 일으킨다. 또한, 관절의 부종과 동통으로 인한 운동장해와 피하기종이 이러한 질병에서 특징적으로 관찰된다. 일명 '소의 유행성 감기'라고도 하며 1960년 이후 주기적인 발생으로 전국적인 피해를 준 전염병이다.

① **병인론**

병인체는 소의 유행열 바이러스(BEFV, bovine ephemeral fever virus)

② **역학**

- **발생** : 한국, 일본, 오스트레일리아 등지에서 발생하며, 국내에서는 주로 가을(8~11월)에 전국적으로 발생하는데, 10~20일 간격으로 대유행을 보임

• **전파** : 절지동물매개(arthropod-borne)→ 등에모기속(culicoides)에 의함
감수성은 소에 국한되어 있으나, 야생동물에 의한 질병전파 증폭가능성이 있음.
전염성(이병률)이 매우 높아 심한 유행성이지만, 동거(접촉)감염은 없는 것으로 나타나 있음

Chapter 05

③ **증상**

잠복기는 2-3일이며, 2일 정도 발열(fever, 41℃)이 지속된 후 하강, 호흡 촉박 및 호흡수 증가(60-70회 /분), 비경 건조, 눈물, 결막 충혈, 타액 증가 및 포말성 침을 흘림, 식욕 감퇴, 비유 정지, 제 2 운동 정지, 변비나 설사, 고창증, 사지관절의 부종과 동통, 피하(아래턱) 부종, 임신우의 경우, 유산 가능함.

●● **그림 5-2.** 유행열에 걸린후 원기소실한 우유

(2) 이바라끼병(Ibaraki Disease)

소의 이바라끼 바이러스(Ibaraki virus) 감염에 의해 인후두 및 식도 마비로 인한 연하장해 및 저작 곤란을 주증으로 하는 전염병이다.

① **병인론**

병인체는 소의 이바라끼 바이러스(Ibaraki virus)며 이 바이러스는 본래 소의 유행열 바이러스(ephemeral fever virus)에 감염된 소의 '연하 장해' 즉, 저작 곤란을 나타내는 소에서 분리되었으며, 초기에는 Bluetonge virus로 추정되었으나 혈

청학적 교차 반응이 인정되지 않았으나 현재는 EHD(Epizootic hemorrhage Disease) virus와 혈청학적 교차 반응이 인정되어 Reoviridae 內 Orbivirus group으로 분류되고 있음.

Chapter 05

② **역학**

- **발생** : 주로 가을철(8~11월)에 일본, 한국, 동남 아시아 지역 내에 발생
- **전파** : 절지동물매개(arthropod-borne) → 등에모기속(culicoides), 집모기속(culex)로 감염 숙주는 소(牛). 자연 상태하 감염 기전은 식혈성(食血性, hematophagous)로 동거 감염은 아니며, 불현성 감염이 많고 사망률은 10% 전후.

③ **증상**

경미한 발열(39~40℃), 눈물, 결막 충혈, 부종, 점조한 포말성 침을 흘림, 수양(농약성의 콧물), 제관부의 발적, 종창, 얕은 궤양과 함께 동통을 수반하여 파행. 비강, 구강, 잇몸 등에 점막 충혈 및 괴사, 비경에 불결한 가피 형성, 일반 증상이 없어질 때에 혀, 인후두, 식도 등의 근육 마비로 인한 연하 장해 초래함.

(3) 우역(牛疫, Rinderpest)

소의 우역 바이러스(Rinderpest virus) 감염에 의해 일어나는 급성 전염병으로서 소화기 계통 점막의 괴사와 난관 현성 그리고 심한 하리가 특징이다. 전염력 및 이병률이 매우 높으며, 한우의 경우 특히 감수성이 높다. 현재 제 1종 법정 가축 전염병으로 지정되어 있다.

① **병인론**

- 병인체는 소의 Rinderpest virus

② **역학**

- **발생** : 과거에는 동북 아프리카, 아시아 지역 등에서 발생하였으나, 현재는 아프리카, 중동 등지에서 발생. 특히, 만주지역은 우역의 상재지였으며, 우리나라의 경우 1930년에 발생했고, 현재는 근절됨.
- **전파** : 경구 감염(바이러스에 감염된 동물(환축)의 혈액, 뇨, feces 등으로 오염된 목초나 짚 등을 감수성 있는 숙주 동물(소, 특히 황우)이 섭취한 경우에도 전파 가능함.

③ **증상**

2~6일 정도의 잠복기를 갖으며, 일반 증상으로서 높은 체열(41~42℃), 식욕 감퇴, 오한, 결막염 등이 나타남. 또한, 비루, 반추 정지, 구강과 점막에 미란과 궤양 형성. 심한 경우, 눈물, 입술, 치근, 혀 등에도 미란(작은 수표) 형성. 심한 하리(설사), 때로는 혈변, 호흡곤란, 탈수

그림 5-3. 우역의 피해

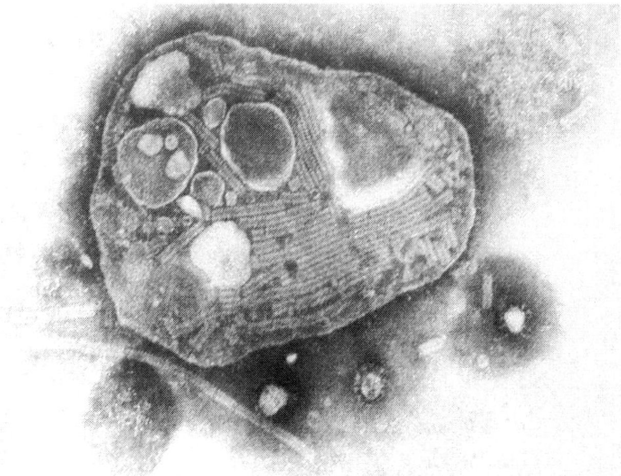

그림 5-4. 우역 바이러스

Chapter 05

9) 소 바이러스성 설사병(Bovine Viral Diarrhea Disease)

소의 급성 또는 만성 전염병으로서 발열, 비루 및 설사를 주증으로 하며, 병리학적으로는 소화기 계통 점막의 충혈, 난반, 궤양 형성을 증상으로 하며, 여러 모로 경증의 우역과 우사한 질병이다.

(1) 발생

1946년 처음으로 보고되었으며, 계절, 연령, 지역 등에 관계없이 발생하며, 사양 환경의 급변이나 스트레스 등을 받았을 때에 많이 발생.

(2) 전파

경구 감염, 기계적 전파, 태반 감염 등으로 인한 전파. 감수성이 있는 숙주로는 소, 면양, 산양 등이 해당됨. 점막병형의 경우 사망률이 높음.

(3) 증상

1주일 정도의 잠복기를 갖으며, 고열 특히 특징적인 이장열(biphasic fever) 증세를 나타내며, 백혈구 감소증(leucopenia), 반추 정지, 제엽염(lamnitis) 등의 증상을 보임.

5. 점막병형 → 발열, 경도의 기침과 콧물, 호흡 촉박, 혈액이나 점액이 섞인 갈색 수양성 또는 진흙 같은 설사, 비점막이나 구강 점막의 미란 궤양 등의 증상을 보임.
6. 발열형 → 많은 경우 이봉열(二峰熱, 39.5~42℃), 호흡 촉박, 점액성 콧물, 침 등을 흘림
7. 하리형 → 발열, 혈변을 포함한 설사
8. 태아 감염형의 경우 → 유산, 이상 송아지(실명, 기립곤란 또는 불능) 분만.

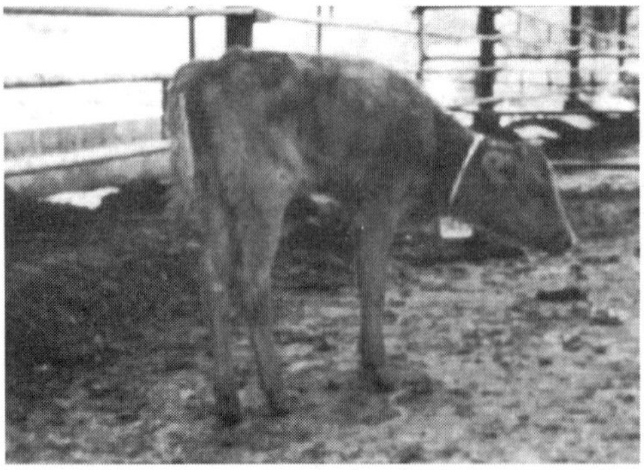

그림 5-5. 설사병에 감염된 어린 송아지의 증상

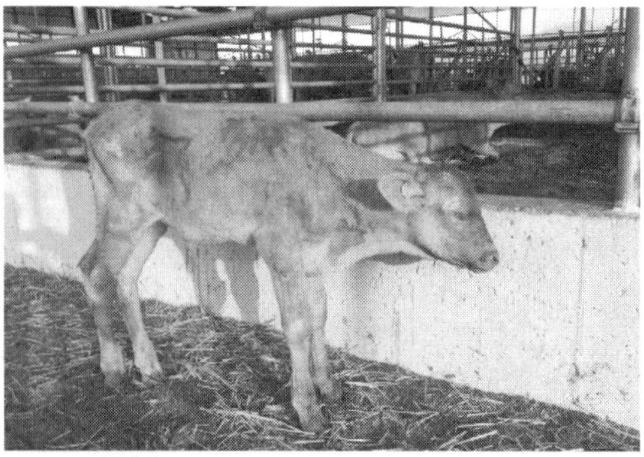

그림 5-6. 설사병에 감염된 어린 송아지의 탈수증상

Chapter 05

10) 소 로타바이러스 감염증(Bovine Rotavirus Disease)

소 로타바이러스 감염증은 Bovine Rotavirus에 의해 일어나는 감염증으로, 주로 30일령 이하의 송아지에 감염되는 바이러스성 질환이다. 이 바이러스는 송아지의 장관에 감염되어 융모 상피세포의 변성과 괴사를 일으켜 lactose 분해 효소의 결핍과 Na^+ 운반 체계에 변화를 일으킴으로서 하리(下痢)를 유발하는 것으로 알려져 있다.

(1) 발생

연중 발생하며, 특히 한냉기에 다발. 신생 송아지(출생 직후~5일령)에 다발. 상재화의 경향이 있으며 설사는 단기간에 회복. 상재지의 경우 발병률이 높음(90~100%).

(2) 증상

갑자기 격심한 수양성 설사, 황색 담황 녹색의 설사변. 때로는 혈변, 발열, 탈수로 안구 함몰, 기립 불능, 탈수 증상으로 폐사.

11) 소 코로나바이러스 감염증(Bovine Coronavirus Disease)

소 코로나바이러스 감염증은 Bovine Coronavirus에 의해 일어나는 감염증으로, 일명 '신생 송아지 설사증(neonatal calf diarrhea)'이라 불린다. 어린 송아지의 소장 및 결장에 주로 병변이 생기는데, 특히 융모의 심한 위축, 융합, 탈락 등이 관찰되며, 이로 인한 흡수 부전으로 노란색 수양성 설사와 심한 탈수 등이 주 증상인 질병이다.

(1) 발생

1972년 미국에서 처음으로 발생. 이후 중국, 일본, 독일 등에서도 발생 보고됨.

(2) 증상

감염된 송아지는 중등도의 완고한 설사와 함께 飮水 는 계속하나 퇴행성의 탈수, 산성증, 과칼륨혈증, 쇠약, 무기력을 보이다가 저혈량증으로 곧 폐사.

그림 5-7. 겨울철 설사병에 감염된 소의 증상. 심한 경우 산유량의 감소, 사료효율의 저하 및 육우의 증체율 감소가 일어남

12) 우(牛)전염성 비기관염(Infectious Bovine Rhinotracheitis)

우전염성 비기관염은 비기관염 바이러스인 IBRV(infectious bovine rhinotracheitis virus) 감염에 의해 일어나는 급성의 호흡기 계통의 질환으로서 전염성이 크다. 이외 농포성 외음질염(膿疱城外陰膣炎, Infectious Pustular Vulvovaginitis : IPV) 역시 이 바이러스의 감염에 의하여 일어나는 질병이다. 우리나라에 있어서는 1970년대 이후 도입우에서 보고된 이후 매년 그 질병의 발생이 보고되고 있으며, 소에 있어서 가장 문제 시 되는 호흡기 질병의 하나라 할 수 있다.

(1) 발생

우리나라의 경우, 1970년대 이후 도입우에서 발생한 이래 연중 발생하며, 사양 환경의 변화, 장거리 수송, 방목 등의 직후에 다발하며, 지역, 계절, 연령에 관계없이 높은 발생률을 보임. 폐사는 어린 소에서 나타나며, 성우는 간혹 있음.

(2) 전파

접촉 감염, 경구 감염에 의한 전파, 자궁 내 감염 또는 면역관용(immune tolerance)에 의한 전파 가능

(3) 증상

발열, 수양성 콧물 흘림, 호흡 촉박, 기침, 포말성 침흘림, 안검의 부종, 결막 충혈, 눈물, 때로 외음부 및 질에 염증, 수소의 경우 귀두 포피염, 자궁내막염, 임신우의 경우 유산(1~2 개월령).

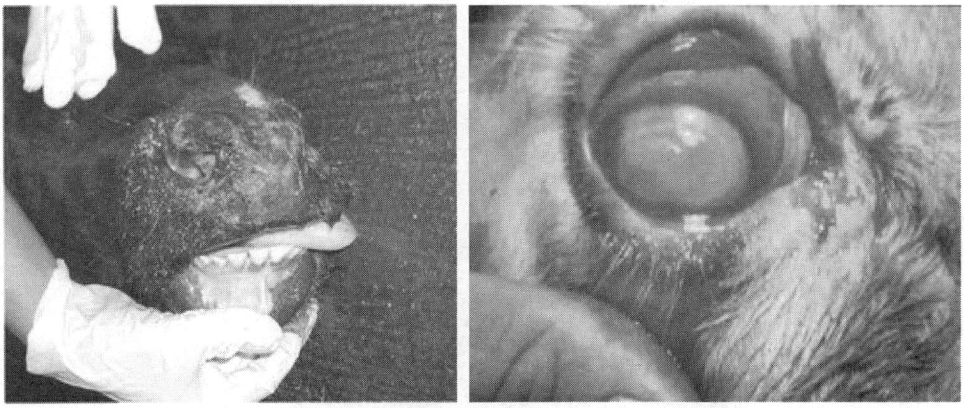

그림 5-8. 우전염성 비기관염은 비기관염 바이러스에 의한 콧물 및 안구 백탁 증상

13) 소 백혈병(Bovine Leukosis)

소의 실질 장기 내 임파계 세포의 이상 증식으로 인한 종양성 질병으로서 만성 바이러스(Sporadic bovine leukosis)와 범발성소백혈병 바이러스(Enzootic bovine leukosis) 등으로 구별될 수 있다. 현재 제 2종 법정 가축 전염병으로 지정되어 있다.

(1) 발생

- 1998년 독일에서 보고됨
- 성우형 → 3세 이상에서 다발하고 항체 양성율이 높으며, 과거에는 같은 축사나 방목지에서 발생이 있었으며, 혈연 관계우에 본병의 발생이 있었음. 또한, 본병의 발생이 있었던 농장으로부터 소를 도입했을 경우도 발병함.
- 산발형 → 송아지형 : 6개월-1세, 흉선형 : 1세~3세, 피부형 : 2~3세에 발생하며, 발병우와 동거우의 BLV 항체는 음성일 때가 많음.

(2) 전파

수직 전파 즉, 태반 내 감염이 다발. 수평 전파 즉, 우유, 뇨, 분변 등에 배설된 병원체와의 접촉에 의함. 기타 정액(semen)을 통해서도 전파됨.

(3) 증상

장기간(4~8주)의 잠복기를 갖으며, 체표 임파절의 종대, 골반강 종유, 안구 돌출, 비유량 감소, 내장 임파절 종대(성우형에 많음) 또는 이런 것의 합병증.

생후 1년 이내의 송아지의 체표 임파절이 좌우 대칭적으로 종대(송아지형), 하경부 흉선의 종대(흉선형), 체표에 담마진양 발진을 나타내고 후기에는 종유를 형성(피부형), 기립 곤란 또는 불능, 연변 또는 설사증세를 보임.

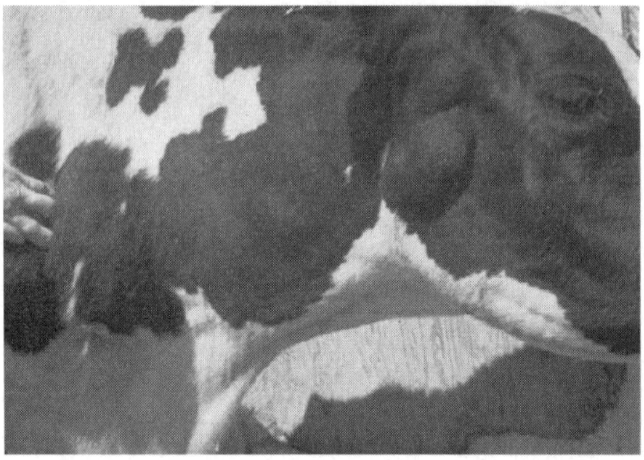

그림 5-9. 소 백혈병 바이러스에 감염된 자우에 나타나는 림프절의 돌출

14) 소 호흡기 합포체바이러스 감염증(Bovine Respiratory Syncytial Viral Disease)

소호흡기 합포체 바이러스 감염증은 Bovine respiratory syncytial virus(BRSV)에 의해 일어나는 소의 호흡기 질병으로, 특징적인 병변이 무기폐(無氣肺) 부위에 나타난다.

(1) 발생

1967년 스위스에서 최초로 동정된 후 영국, 미국, 일본, 스웨덴, 네덜런드 등에서 임상적 감염 보고가 있었음. 발생. 이후 중국, 일본, 독일에서도 발 생 보고. 국내에서는 1980년대 초반의 축산기반 조성을 위한 외국산 소의 대량 유입으로 소의 호흡기 질병에 관계되는 소

전염성 비기관지염(IBR), Parainfluenza-3, 소바이러스성 泄瀉(BVD) 및 adenovirus-7 감염증 등과 함께 BRSV 감염증의 국내 발생에 대한 관심이 고조되어 왔고 또한 이미 상재화되었을 가능성이 매우 큼.

(2) 증상

삼출물과 함께 세기관지의 하지와 기관 내에 합포체성 거대세포 형성 및 괴사성 세기관지염 유발. 이차적인 세포감염 시에는 간질성 수종, 간질성 폐기종 및 카타르성 또는 섬유소성(纖維素性) 장염 유발함.

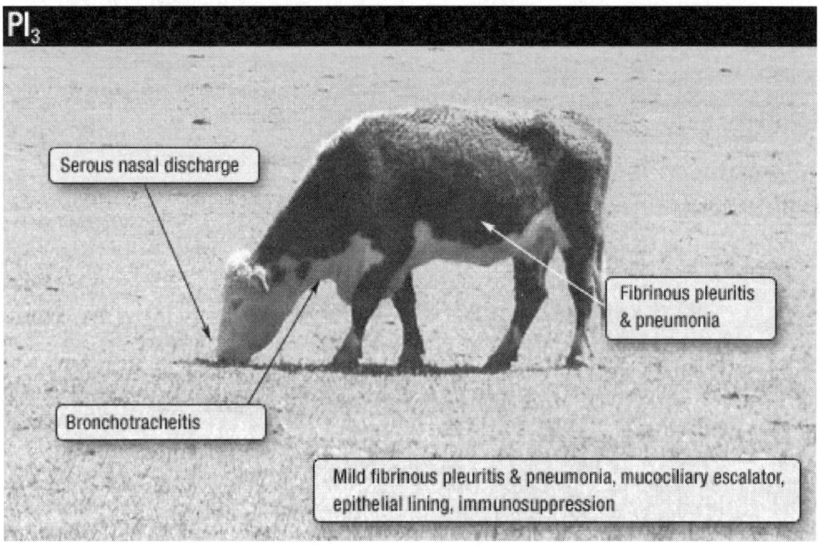

그림 5-10. 소 호흡기 합포체 바이러스 임상증상

●● **표 5-4.** 바이러스성 질병과 예방 및 대증요법

질 병 명	주 요 증 상	원인 및 치료
아까바네병 (Akabane Disease)	· 임신한 소에서 유산, 사산, 조산 발생 · 출생한 송아지의 기형 (관절만곡, 척추만곡, 대뇌 형성 부전 등) · 최근 일본에서 성우에 감염시 신경증상과 기립불능 유발 보고 ◎ 8월부터 다음 해 3월까지 발생이 많다	원인 : 모기매개 아까바네병 바이러스 감염 예방 : 모기 출현 이전에 예방접종
소 유행열 (Bovine ephemeral fever)	· 3~4일의 잠복기 후 진전, 오한 및 발열(40~42℃) 눈물, 콧물, 안검 및 결막의 충혈 및 부종, 반추정지, 젖분비 정지 등 · 사지관절의 통증 및 부종으로 일시적인 기립불능 유발 → 욕창으로 폐사 ◎ 8~11월 사이에 다발, 서리가 내리면 종식	원인 : 모기매개 유행열바이러스감염 예방 : 모기 출현 이전에 예방접종 치료 : 대증요법(해열제, 강심제, 진정제, 수액, 항생제, 아스피린 등)
광견병 (Rabies)	· 마비형 ; 초기 – 후지굴곡, 후지의 동요, 항문마비, 침흘림 후기 – 마비, 기립불능. 수소의 경우 음경마비 또는 노출 · 조광형 ; 공격, 쉰소리로 울부짖음(포효), 광증, 허탈, 마비 ◎ 현재 경기도 및 강원도의 휴전선 인근 지역 및 산악 지대에서 다발하고 있음(개 및 소) 전파 매개체는 야생 너구리로 판명되었음	광견병 보균동물에 의한 교상

15) 소 간질 감염증

(1) 정의

간질(Fasciola spp)이라는 기생충이 양, 산양, 소 등 반추수와 돼지, 토끼, 비버, 코이푸, 코끼리, 말, 개, 고양이, 캥거루 및 사람의 담관에 기생함으로서 발생하는 질병으로 사람이나 말과 같은 비정상 숙주에 있어서는 폐, 피하 또는 그 밖의 부위에서도 발견되기도 한다. 유럽, 미국, 오스트레일리아, 남아프리카, 극동의 일부 지역에 분포한다.

(2) 원인체 및 감염경로

우리나라의 소에서 흔히 발견되는 종은 두 가지 정도를 들 수 있으며, 흡충류 중 가장 크

기가 크다. 모양은 나뭇잎 또는 긴 나뭇잎 모양을 하고 있으며, 간질은 길이가 2-3cm, 거대간질은 3-8cm에 이른다. 또한 간질의 충란은 크기가 평균 140×80㎛이며, 거대간질의 충란은 평균 170×80㎛에 이른다.

감염된 소 등의 분변을 통해서 충란은 배설되며 외부로 나온 충란은 비에 씻겨 물속으로 들어가 미라시디움(miracidium)으로 자란다. 미라시디움은 충란의 난개를 열고 나와 물속을 자유로이 돌아다니다가 제1중간숙주인 물달팽이(Lymnaea sp)의 체내에 들어가 유미유충(cercaria)이 된다. 유미유충은 제2중간숙주 역할을 하는 수생식물이나 수초 등의 표면에 붙어 피낭(encystation)한다. 소와 같은 가축들은 이들 피낭유충(metacercaria)이 붙어있는 식물을 뜯어먹을 때 감염된다. 감염되면 십이지장에서 탈낭(excystation)하고, 유충은 장벽을 뚫고 복강으로 이동한다. 복강에서 장간막, liver capsule을 뚫고 간실질에 침입하며 결국 간담도에 기생한다.

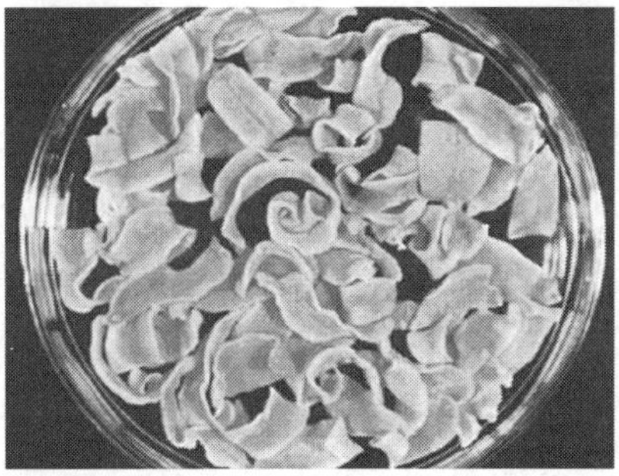

그림 5-11. 소의 간에서 채취한 간질충체를 모아놓은 모습

그림 5-12. 간질 충체를 슬라이드글라스로 압착하여 펼쳐놓은 모습

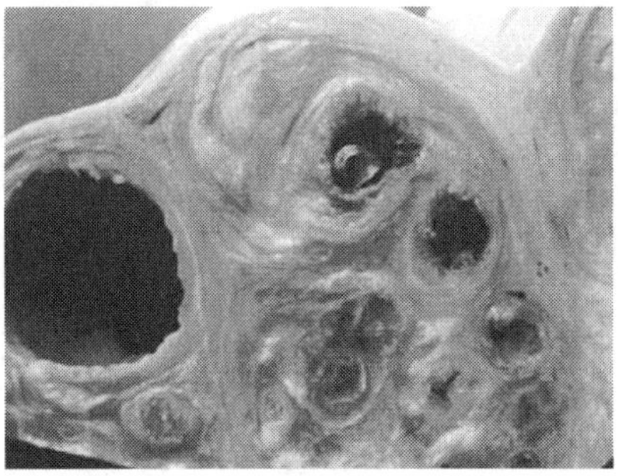

그림 5-13. 간질에 감염된 간을 잘라놓은 단면(수담관이 두껍게 변형되어 있는 모습과 수담관 내에 들어 있는 간질 충체 일부가 관찰된다)

Chapter 05

(3) 국내외 발생 현황

1982년부터 5개년에 걸쳐 전국의 소를 대상으로 간질 감염 실태를 조사한 결과 총 1,346,521두 중 소간질증 피내반응 양성우가 557,740(41.4%)로 밝혀져 국내 소에서 간질 감염율이 매우 높음을 알 수 있었다. 검사 결과로 보아 감염율이 가장 높은 곳은 강원도였고, 가장 낮은 곳은 제주도로 밝혀졌다. 특히 한우는 연령에 따른 차이를 나타내고 있었는데, 연령이 증가함에 따라 감염율도 증가하는 경향이 뚜렸 하게 나타났다. 또한 간질증에 의한 경제적 손실도 심각하여 축산진흥정책의 기반 조성을 저해하는 심각한 요인으로까지 여겨졌었다.

그러나 정부의 지속적인 구충정책과 유효한 약제의 사용, 사육환경의 개선 등으로 최근 간질 감염율은 계속적으로 낮아져 1995년 도축검사를 기준으로 22%의 감염율로 낮아지게 되었으며, 이러한 추세는 계속 이어질 것으로 예측된다.

(4) 증상 및 진단

충체가 매우 크고 비대하므로 감염되면 간내 소담도(bile ductule), 담도(bile duct)는 막히게 되고, 담즙의 배출에 장애를 준다.

임상증상은 급성과 만성으로 나눌 수 있으며 급성의 경우 주로 양에서 발생하며 경우에 따라 소에서 나타나는 경우도 있다. 거의 모든 가축의 감염에서는 만성으로 나타난다. 급성 간질증은 폐사율이 높고, 경제적 손실도 크다. 가축이 다수의 피낭유충이 부착한 푸른 풀이나 볏짚을 한번에 다량 섭식함으로써 급격 하게 식욕 절폐, 쇠약, 빈혈, 유량 격감 등이 10일 사이에 진행되어 폐사하게 된다. 체온은 일반적으로 거의 41℃까지 올라가며, 점액을 함유하는 혈변을 배출하는 예가 많다. 부검을 하면 간실질의 변화는 물론, 간, 복수, 소장에서 유약충이 검출되기도 한다.

만성 간질증의 증상은 담관 내의 충체 수나 간병변의 정도에 따라 다르게 나타난다. 기생충의 수가 적으면 거의 증상이 나타나지 않는다. 일반적으로, 소에서 100마리 이상, 양에서 50마리 이상의 충이 감염되어 있으면 증상이 나타난다. 감염 초기는 유약충에 의한 창상성 간염, 복막염 등에 의하여 유량 감소, 식욕부진, 원기소실, 발열, 때로는 후구 마비 등의 증상이 나타나며, 감염 후 거의 2개월간 지속 된다. 이 시기가 지나면 감염 후기(쇠약기)로 이행하여 영양 저하, 빈혈, bottle jaw라는 하악부종, 간의 압통, 유량 감소, 하리 등의 증상이 수 개월간 지속된 다음에 회복기에 들어간다. 그러나 우리나라의 소에 있어서는 볏짚 등의 급여로 인하여 계속적으로 감염이 성립되므로 각각의 명확한 증상을 관찰할 수 없는 경우가 많다. 우리나라에서 소의 간질 감염으로 인한 경제적인 피해는 크다. 즉, 고기와 우유의 손실은 물론, 번식 장애의 피해도 무시할 수 없다. 더구나, 매년 간질증을 예방, 치료하기 위하여 투입되는 방역비, 영양 장해, 치료비, 번식 장해 치료비, 대증 요법비 등도 필요하다.

소의 분변을 검사하여 간질 충란이 발견되면 진단이 확정되지만, 이는 소의 체내에 기생하고 있는 유약충이 성충으로 발육하여 충란을 배란할 때만 가능한 진단 방법이다. 아직 성충이 되지 않은 유충만 기생하고 있거나, 성충이 충란을 배설하지 않는 시기에는 분변 검사를 통한 진단 방법은 효용성이 없다. 분변 속에 있는 충란을 검사할 때는 다른 흡충의 충란, 특히 쌍구흡충 충란과 같이 크기가 비슷한 대형 충란들과 구별해야한다. 간질 충란은 뚜렷하지 않은 난개가 있는 황색의 난각을 가지고 있으며, 배세포도 불명확한 편이다. 쌍구흡충 충란은 일반적으로 투명한 난각과 명확한 난개를 가지고 있으며, 명확한 배세포와 흔히 후극에 작은 혹을 가지고 있고, 간질의 충란보다 때로는 크다. 또한 도축장에서 도살되는 소의 간을 직접 검사하는 직접적인 진단이 가능한데 이 방법은 도축된 소를 포함하는 우군에 대한 간질 감염의 지표로 사용할 수 있다.

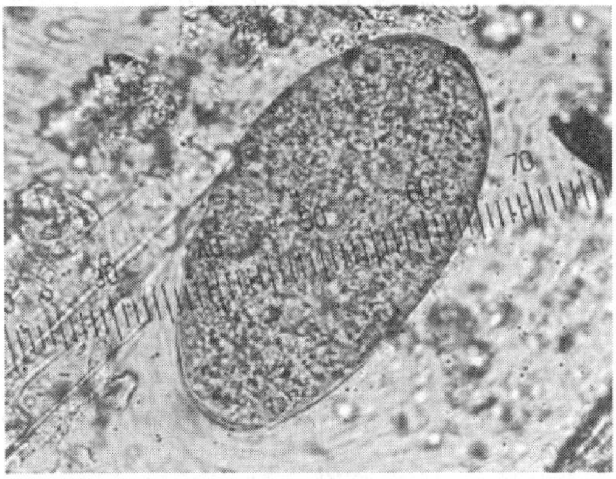

그림 5-14. 간질충의 충란
(충란의 색은 노란색을 띄며 이점이 크기가 비슷하고 모양도 비슷한 쌍구흡충의 충란과 구별하기가 가장 쉬운 특징이다.)

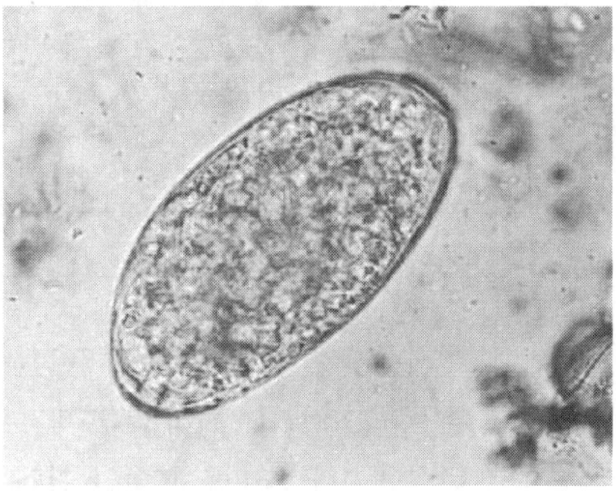

그림 5-15. 쌍구흡충의 충란 모습
(모양과 크기가 간질 충란과 비슷하지만 충란의 색은 노란색을 띄지 않는다.)

면역학적 진단법으로서 보체결합반응이나 한천겔내 침강반응 등이 있지만, 간질 알레르겐에 의한 피내 반응(간질 피내반응 진단액)이 야외에서 손쉽게 이용되고 있으며, 실용 가치도 높다. 급성 간질증의 생전 진단법은 아직까지 확립되어 있지 않지만, 임상 증상, 혈액 검사에 의한 호산구의 이상증가, 발병 시기 등을 종합하여 판단해야 한다. γ-GT의 활성도 측정은 보조 진단의 하나로서 가치가 있다.

(5) 치료 및 예방대책

유미유충의 유출시기, 피낭유충의 저항성 및 생초나 볏짚의 이용 실태 등을 참고로 하여 구충제의 투여 시기와 횟수에 대한 기본적인 연간 계획을 수립해야 한다. 이는 해당 지역의 오염 상황, 사용하고자 하는 약품의 유효 영역, 지역의 특수성 등에 따라 다르겠지만, 약제 성분의 우유나 근육에의 이행과 잔류 등의 관점에서 최소 횟수가 가장 좋다.

간질증에 대한 예방 대책은 중간 숙주인 물달팽이의 관리, 간질 충란 및 볏짚의 처리, 감염동물의 치료 등의 공동예방 대책을 통해서만 이루어 질 수 있다.

16) 소의 네오스포라병

(1) 정의

네오스포라병(Neosporosis)은 최근에 알려진 질병으로 기생성 원생동물인 네오스포라(*Neospora caninum*)의 감염에 의해 발생하며 1988년까지는 형태적인 유사성 때문에 톡소플라즈마(*Toxoplasma gondii*)로 여겨져 왔다. 이 원충의 종숙주는 개로 밝혀졌으며 중간숙주로는 소를 비롯한 염소, 양, 말 등이다. 이병에 감염된 동물에서는 유산 및 신경증상을 일으키는 중요한 원인체로 작용하며, 세계적으로 널리 퍼져있는 기생충성 질병이다.

(2) 원인체 및 감염경로

초기에는 이 기생충이 톡소플라즈마 원충과 거의 유사하여 매우 혼동되었으나, 1988년 미국에서 톡소플라즈마와는 전혀 다른 새로운 원충성 질병임이 밝혀졌고, 개에서 나타난 새로운 원충성 질병이란 의미에서 이 원인체를 "*Neospora caninum*"이라 명명하였다.

네오스포라의 감염에 대한 위험은 두 단계로 나누어 생각해 볼 수 있다. 즉 첫 단계는 소가 원충에 감염되는 감염위험이고, 두 번째 단계는 감염에 의한 유산의 위험이다. 소의 원충에 대한 주 감염 경로는 태반을 통한 감염을 여겨지고 있고 그 가능성은 조사에 따라 다소 차이는 있으나 80%이상은 되리라 추정되고 있다. 감염된 소는 일생 동안 원충을 보유하는 것으로 여겨지며, 상당 부분 다음 세대로 전파가 이루어지게 된다. 네오스포라 감염에 의한 유산위험은 혈청학적으로 양성을 보이는 소가 유산할 확률이 혈청학적으로 음성인 소보다 2~3.5배 높은 것으로 보고되고 있으며, 특히 초산의 경우는 더욱 높아 7.4배에 이른다는 보고도 있다.

네오스포라 감염에 대한 위험요소로는 개를 비롯한 종숙주가 될 수 있는 동물, 후산물의 섭취, 면역저하, 계절, 나이, 산차, 지역 등을 고려해 볼 수 있다. 특히 개의 경우 네오스포라의 종숙주로서 감염된 개의 분변을 통한 충란의 배출은 가장 심각하게 여겨져야 한다. 따라서 농장주변에 개를 사육하며 유산태아나 후산물을 먹게 하는 것은 매우 위험하며 가급적 축사나 사료창고 등에 접근하지 못하도록 하는 것이 바람직하다. 또한 다른 야생조수들의 농장내 출입도 최대한 막아야 한다.

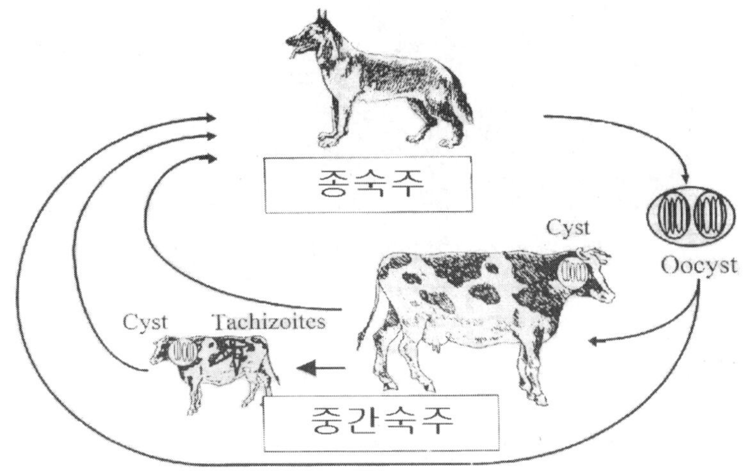

그림 5-16. 네오스포라의 생활환

(3) 국내외 발생 현황

현재까지 네오스포라병은 미국을 비롯하여 영국, 오스트레일리아, 캐나다, 덴마 아크, 아일랜드, 이스라엘, 이탈리아, 멕시코, 네델란드, 뉴질랜드, 남아프라카 등에서 발생 하고 있음이 보고되어 전세계적인 분포를 가질 것으로 생각되며, 동양에서는 일본(1992년)과 한국(1997년)에서 본 질병의 발생이 입증되었다. 특히 미국의 캘리포니아주에서는 젖소의 유산을 일으키는 질병중 본 기생충이 약 12%를 차지하여 가장 중요한 유산 원인체라는 것이 밝혀졌으며, 년간 3천 5백만달러 상당의 경제적 손실을 초래하고 있다.

젖소의 번식장애는 낙농업에서 가장 막대한 경제적 손실을 주는 요인이며 최근 그 발생이 증가하고 있다(평균 10%).국내에서는 1996년부터 1998년 2월까지 유사산이 문제시되고 있는 30개 목장과 유산 경험이 그다지 많지 않은 전국 168개 젖소목장에서 총 1688두의 젖소에 대한 네오스포라병 혈청 검사 결과 목장별로는 53.5%, 개체별로는 35.6%의 양성율을 나타내었다. 또한 유사산이 급증하고 있는 목장과 일반목장의 개체별 항체 양성율은 각각 48.7%와 20.7%에 달하는 것으로 파악되었다.

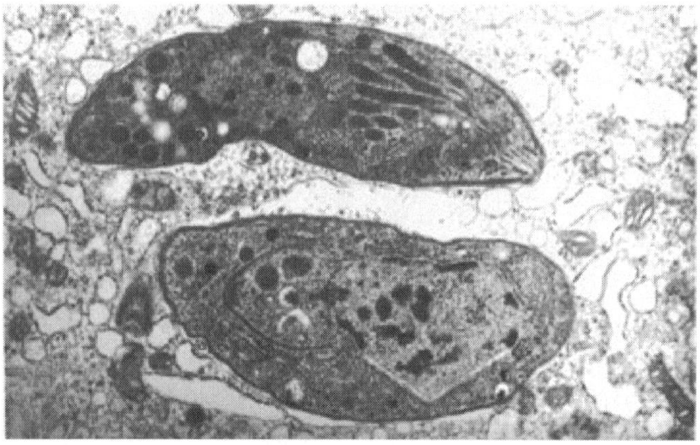

●● **그림 5-17.** 국내에서 분리된 네오스포라원충

(4) 증상 및 진단

네오스포라에 걸린 성우에서 유일하게 관찰되는 임상증상은 유사산으로 태아는 미이라화, 허약자우, 뇌수두증 등이 나타날 수 있다(그림 5-18). 대체로 임신 3개월부터 말기까지 다양한 임신기간에 유산이 발생하고, 태아는 자궁내에서 죽어서 흡수, 미이라화, 부패, 사산되기도 하고 살아서 태어난다 해도 감염되어 있기 때문에 임상적으로는 정상이라 할지라도 만성적인 감염을 나타낸다. 본 질병은 젖소뿐만 아니라 비육우에서도 발생하고 있다. 네오스포라에 의한 유산은 8세까지의 소에서 발생하고 있는데 대체로 4세까지의 소에서 많이 발생한다. 태아의 유산은 임신기 전반에 걸쳐 나타날 수 있으나 대개 임신 3개월 이상에서 발생이 많은 편이다. 또한 네오스포라 감염으로 인해 동일한 어미 소로 부터 반복적인 유산 발생이 여러 나라에서 보고되었다.

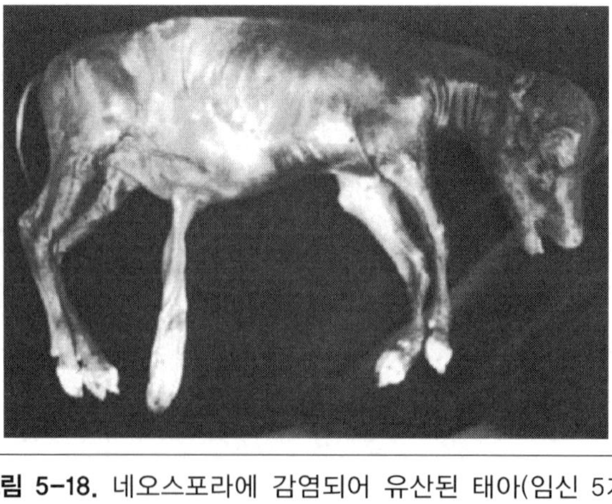

●● **그림 5-18.** 네오스포라에 감염되어 유산된 태아(임신 5개월)

유산의 양상은 산발적이거나, 수 주 이내에 집단적으로 또는 한 집단에서 계속적으로 일어난다. 또한 본 질병에 의한 유산은 연중 일어나지만, 나라에 따라 조금씩 다른 양상을 나타내고 있다. 캘리포니아에서는 여름이나 이른 가을보다 겨울에, 네덜란드에서는 늦여름부터 이른 가을에 많이 발생한다고 보고되었다.

유산된 태아조직의 붕괴 및 염증병변은 주로 중추신경계, 심장, 근육 및 간에서 발견된다. 육안적 병변은 심장과 근육에 유백색 반점 또는 뇌의 백색 또는 담적색의 반점이 있거나, 때로 아무런 병변이 나타나지 않을 때도 있다. 병리조직학적 병변으로는 뇌척수염, 심근염, 근염, 부신염, 신장염, 간염, 태반염, 폐렴 등이 관찰되고, 때로 뇌, 심장, 태반 등에서 원충이 관찰되기도 한다.

네오스포라병에 선천감염된 송아지는 신경증상, 성장부진, 기립불능 등이 나타나거나 또는 임상증상이 전혀 없다. 뒷다리와 앞다리 모두 또는 한쪽만을 구부리거나 또는 심하게 뻗고 있다. 신경검사에 의하여 운동실조, 무릎뼈 반사감소, 지각신경 소실을 알 수 있다. 그러나 준임상형 선천성 네오스포라병이 대부분이고, 임상증상을 나타내는 경우는 많지 않다. 때로 안구돌출, 비대칭적인 눈 모양을 관찰할 수도 있다. 선천적으로 감염된 송아지는 대부분 살아있는 상태로 출산되며, 병변은 중추신경계에 한정된다.

개의 경우 네오스포라에 감염되면 나이가 어릴수록, 선천적으로 감염된 강아지일수록 심한 임상증상을 나타낸다. 주로 후지마비를 시작으로 점차 전신적인 마비로 진행된다. 원충이 감염부위에 따라 신경증상은 다르게 나타나는데 앞다리보다는 뒷다리가 더 많이 영향을 받는다. 기타 증상으로 음식물을 넘기는데 어려움을 호소하고, 턱의 마비, 근육무력증과 위축 및 때로 심장마비가 오는 경우도 있다. 임신한 개에서는 유산이 발생하기도 한다.

본 질병의 진단을 위해서는 태아조직검사, 모체 및 태아에 대한 혈청검사가 필요하다. 즉 유산된 태아조직에서 병리조직학적 병변을 관찰하고, 네오스포라 특이 항체를 이용하여 조직내 원충을 검출하는 것이 필수적이다. 심한 태아의 부패로 인해 검사가 용이하지 않을 때에는 모체의 혈청과 태아혈청 또는 흉수에 대한 형광항체검사 또는 효소면역진단법으로 진단할 수도 있다.

(5) 치료 및 예방대책

전세계적으로 네오스포라의 치료를 위한 연구는 아직까지 세포배양방법과 마우스를 통한 실험결과만 있을 뿐이며, 소나 개에 대한 치료 결과는 미흡한 실정이며 세포배양을 통해 이 원충에 대한 치료약제 선발시험 결과 설파다이아진(Sulfadiazine), 트리메토프림(Trimethoprim), 라살로시드(Lasalocid), 모넨신(Monensin) 등의 약제가 어느 정도 효과가 있는 것으로 알려져 있다.

본 질병은 감염을 방지하기 위한 예방이 매우 중요하다. 먼저 다양한 여러 가지 동물(동거

동물, 야생육식동물 등)의 분변에 의해 사료, 음수 등이 오염되지 않도록 하는 철저한 방역이 중요하다. 즉 농장내에서 유산된 태아, 부산물 및 태반과의 접촉을 차단하고 개, 고양이 및 야생조류가 사료에 접근하지 못하도록 해야 한다. 또한 혈청학적으로 양성이거나, 감염이 확인된 소나 송아지는 도태시키는 것이 수직감염을 차단할 수 있는 첩경이라 하겠다.

네오스포라병은 아직도 해결되지 못한 부분이 많이 있기 때문에 명확한 근절대책이나 방역 조치사항이 부실한 실정이다. 그러나, 국내에서도 본 질병의 발생이 확인되었고 상당한 피해를 주고 있는 실정이기 때문에 농장내에 질병이 유입되지 않도록 하는 철저한 차단방역과 감염 개체의 도태가 피해를 최소화하기 위한 최선의 노력이라 하겠다.

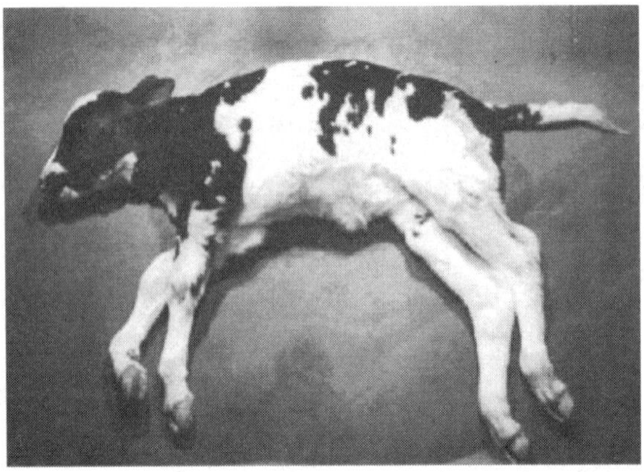

그림 5-19. 네오스포라에 선천감염되어 조산한 송아지.

17) 소 바베시아증

(1) 정의

소 바베시아병은 주혈원충성 질병으로 대형 파이로플라즈마병이라고도 불리며 방목우에서 주로 문제가 되는 진드기 매개 질병으로 국내에서도 발생하고 있다.

(2) 원인체 및 감염경로

바베시아병의 원인체는 *Babesia ovata*로서 동아시아를 중심으로 주로 우리나라와 일본에서 발생이 많으며, 감염된 소를 흡혈한 진드기에서 증식한 감염형 스포로조이트가 다시 흡혈할 때 소에 감염된다. 감염되면 1차적으로 소의 림프조직에서 무성생식을 하여 대량으로 증식되며 증식된 메로조이트가 혈액으로 방출되어 적혈구에 기생하면서 병원성을 나타낸다. 감염우는 보통 평생동안 보균우로 남아 전파체 역할을 한다.

바베시아병을 매개하는 진드기는 국내에 가장 많이 존재하는 3 숙주성 진드기로 헤마피잘리스(*Hemaphisalis longicornis*)이다. 바베시아병은 태반감염이 이루어지므로 신생 송아지에서도 관찰되며, 감염된 진드기의 알로도 전파가 이루어져 난계대전염이 일어난다.

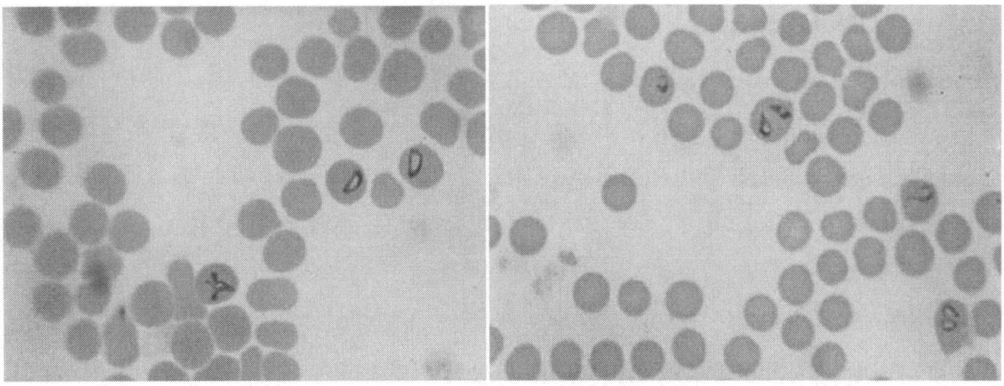

●● **그림 5-20.** 혈구내 바베시아 메로조이트의 여러 가지 형태

(3) 증상 및 진단

증상을 나타내는 연령은 10개월령 이상의 방목하는 소에서 많이 나타난다. 감염된 소는 고열, 빈혈(용혈성), 황달, 혈색소 뇨를 보이며 침울하고 위축되어 있으며, 심하게 감염되어 있으면 기립불능이 되며 다른 질병에 대한 감수성이 크게 증가한다. 심하게 감염된 소를 운동이나 스트레스를 가하면 폐사하기도 한다. 폐사율은 낮은 편이나 방목을 주로 하는 목장에서는 거의 대부분이 감염되어 있으며 특히 외부로부터 도입한 소는 면역이 이루어져 있지 않아 증상이 더욱 심하게 나타난다. 처음으로 방목되는 소에서 증상이 뚜렷이 나타나며, 타일레리아병, 아나플라즈마병과 혼합감염이 많아 증상이 심하게 나타날 수 있다. 타일레리아병이나 아나플라즈마병 치료제를 투약하면 발병하는 경우가 있다. 증체율이 심하게 감소하며 체중의 감량이 일어나며, 혈구용적비(Packed Cell Volume)가 현저히 감소하고 용혈성이다.

이 원충은 빠르게 잠복하므로 직접 혈액 도말 검사로 진단이 어려우며 혈청학적으로 진단하며 다음과 같은 방법을 사용한다.

증상이 나타나고 있는 경우 직접 혈액을 도말하여 김자염색 한 뒤 현미경으로 검사하여 대형 파이로플라즈마를 검출하여 확진 할 수 있다. 바베시아는 타일레리아보다 크며 혈구내에 쌍으로 주로 관찰된다. 형태는 매우 다양하며 서양배모양, 원형, 방추형 및 아메바형이 많이 관찰된다. 타일레리아병과 다른 점은 바베시아병은 혈색소뇨가 배설되고 급성으로 경과되며 타일레리아병은 송아지에 많이 발생하는 반면 바베시아와 아나플라즈마병은 중송아지 이상에서 많이 발생하며 항 타일레리아제제나 항 아나플라즈마제제의 투여에 효과가 없거나 오히려 심해진다.

(4) 치료 및 예방대책

가. 바베시아병의 치료

바베시아병의 증상이 있는 개체는 격리하고 Diminazene diaceturate(베레닐)을 체중 300kg당 1.05g을 투약하고 빈혈증상이 심한 경우 수액이나 수혈을 실시한다. 타일레리아나 아나플라즈마병의 혼합감염이 의심되는 경우 부파바콘(부타렉스)과 지속성 옥시테트라싸이클린을 병행하여 투약한다. 스트레스에 매우 민감하므로 주의 해야한다.

나. 바베시아병의 예방

현재 예방백신은 개발되어 있지 않으므로 약물과 면역의 유도에 의한 예방법이 최선이다. 6개월에서 12개월령 사이의 방목경험이 없는 우군에 베레닐을 방목 전 또는 직후에 예방적으로 투약하고 3~7일간 진드기가 출현하는 초 여름철에 일일방목을 실시하고 4주 이상 계류하면서 증상은 없으면서 면역이 형성되도록 유도한다. 타일레리아 및 아나플라즈마병의 혼합 감염을 막기 위하여 베레닐과 함께 부파바콘과 테트라싸이클린 제제를 교대로 예방적으로 투여하는 것이 효과적이다. 방목전후에는 부신피질호르몬제 등의 면역억압을 일으키는 제제의 사용을 피한다. 방목 후 진드기 제거제를 사용하여 체표의 진드기를 제거한다. 대규모 방목장에서는 우군별 항체검사를 실시하여 항체 음성군에 대한 집중적인 관리를 실시한다. 외부에서 도입된 우군에 대해서는 발병의 위험이 높으므로 집중적으로 관리해야한다.

18) 소 아나플라즈마병

(1) 정의

소의 아나플라즈마병은 아나플라즈마 마지날레(*Anaplasma marginale*), 아나플라즈마 센트랄레(*A. centrale*), 아나플라즈마 코다텀(*A. caudatum*) 3종이 소의 적혈구에 감염되어 빈혈, 황달, 고열을 일으키는 질병을 지칭하는 것이다. 그중 아나플라즈마 마지날레가 임상적인 증상을 가장 심하게 일으키며, 병원성이 강하다. 우리나라에는 아나플라즈마 마지날레의 감염만 확인되고 있다.

(2) 원인체 및 감염경로

아나플라즈마 마지날레(*Anaplasma marginale*)에는 정상적으로 원형과 사상형의 2개의 형태학적 모양이 있다고 한다. 이 두 가지 형은 모두 대부분의 감염 동물에서 발견되나, 어떤 경우에는 원형만 발견된다. 적혈구 속으로 침입한 기본소체는 이분열에 의하여 증식하며, 이에 의하여 산생된 낭소체의 수는 4~8개에 이른다.

아나플라즈마는 절족동물 매개체에 의해 기계적, 생물학적으로 전파된다. 진드기의 말피기관 세포, 장 내용물을 포함한 여러 조직에서 아나플라즈마가 발견된다. 진드기 알을 통하여 아나플라즈마가 전파되기도 한다. 국내에서는 헤마피살리스 롱지코니스(*Haemaphysalis longicornis*) 진드기가 매개체로 알려져 있다. 흡혈성 파리에 의한 기계적 전파도 확인되었으며, 등에, 침파리, 모기 등의 곤충이 주로 전파에 관련된다. 여러 종의 흡혈 곤충에 의한 기계적 전파는 흡혈한 후 5분 이내에 전파되지 않으면 감염이 성립되지 않는다. 아나플라즈마병을 자연적으로 전파하는데 있어서 무는 곤충의 역할은 잘 증명되어 있지만 지역에서 지역으로 전파는 매우 다양한 방법으로 나타난다. 아나플라즈마 마지날레는 예방 주사 시에 사용한 주사바늘에 의해 쉽사리 전파되기도 한다. 소를 기를 때 행하는 단각, 거세, 예방접종, 혈액 채취 등에 의한 전파와 크고 작은 수술시 소독되지 않은 외과적 기구에 의하여 전파될 경우에는 계절에 관계없이 아나플라즈마병을 전파시킬 수 있다. 사슴이 소에 대한 보균자의 역할을 하고, 소가 없는 지역에서는 사슴에서 사슴으로의 전파가 이루어진다고 하지만, 역학에 있어서 소가 보균자로서의 중요한 역할을 한다.

(3) 국내외 발생현황

아나플라즈마 마지날레는 국내에서도 발생되고 있으며, 열대와 아열대의 나라에서 가장 흔하게 발생되고 다른 온도 영역의 지역에서는 약간 발생한다. 아나플라즈마 센트랄레는 남아프리카에서 최초로 발견되었다.

(4) 증상 및 진단

소를 아나플라즈마병 때문에 도태해야 할 경우는 대개 아나플라즈마 마지날레 감염으로 일어난다. 아나플라즈마 센트랄레는 중등도의 빈혈을 야기시킬 수 있지만 야외에서 임상적으로 발병하는 경우는 매우 드믈다. 아나플라즈마 센트랄레에 자연 감염된 소에 대한 보고는 우리나라에서 없지만 이웃 나라인 일본에서는 발생되고 있으며 국내에도 발생될 가능성은 있다고 여겨진다.

아나플라즈마병으로 소에 나타나는 가장 현저한 임상증상은 빈혈과 황달이다. 이 증상들은 아나플라즈마병이 진행되는 말기에 일어난다. 혈색소성빈혈과 혈색소뇨는 나타나지 않는다. 이점이 같은 지역에서 지방적으로 일어나는 바베시아병과 아나플라즈마병을 감별진단하는데 도움이 된다. 그러나 확실한 진단은 아나플라즈마나 바베시아 충체를 동정하는 것을 통해서만 가능하다. 아나플라즈마병은 근본적으로 어미 소의 질병이며, 일반적으로 18개월이 되기까지에는 심한 임상 증세를 일으키지 않는다. 어린 동물은 감염에 대한 감수성은 있지만, 반응을 나타내지 않는다. 그러나, 어린 송아지일지라도 비장을 적출하면 증상이 나타난다. 성숙한 소에 있어서 잠복기는 15～36일(평균 26일)이다. 체온이 상승하는데, 성숙동물에서는 발열기에 치명적일 수 있다. 병원체는 발열하기 수 일 전에 적혈구 내에 출현하는데, 처음에는 소수가 발견되지만, 발열이 시작될 때에는 적혈구의 30～50%가 감염되어 있을 수 있다. 열이 진행됨에 따라 기생 혈구의 수가 증가한다. 병원체의 70-80% 이상이 적혈구의 가장자리에 나타나는 것이 특징이다. 식욕 감퇴가 나타나며, 감염동물은 격심한 빈혈을 나타내는데, 빈혈은 열의 분리기 또는 바로 그후에 현저하다. 폐사율은 특히 도입된 감수성이 높은 소에서 80%까지 달할 때도 있지만, 유행 지역에 있어서 발생 계절의 폐사율은 10% 정도이다. 만성형에 있어서 심한 빈혈이 있으며, 회복이 완만하고, 이때 감염 동물은 다른 질병에 영향을 받기 쉬워 복합감염이 될 수 있다. 예를 들면, 영양부족, 바이러스성 질병 등이 병발함으로 감염된 소의 생명을 앗아갈 수 있다.

(5) 치료 및 예방대책

아나플라즈마병의 특징적인 증상인 황달과 빈혈이 있어도 아나플라즈마의 병원체를 확인해야 만이 이 질병이라는 것을 확정할 수 있다. 한번 감염된 소는 일생동안 보균우가 되며, 이 병에 감염된 것을 확인하는 방법은 혈청학적 진단을 이용한 특이 항체를 감별해 내거나 특이 핵산 프로브를 이용한 기생충 DNA를 찾아내는 진단법이 있다. 진단은 역학적 소견, 임상 소견, 병원체 확인, 혈청학적 검사 등을 종합적으로 실시하여 판정하는 것이 매우 중요하며, 바베시아증, 렙토스피라증, 출혈성 패혈증, 중독 등과도 감별해야한다.

가. 기생충 동정을 통한 진단법

혈액도말표본 또는 장기도말표본을 김사(Giemsa)염색하여 광학현미경으로 아나플라즈마를 찾는 방법이 가장 일반적인 방법이다. 이들 도말표본에서 아나플라즈마 마지날레는 치밀하고, 0.3～1.0정도의 직경이 되는 적혈구내의 원형물질로 나타나며, 주로 적혈구의 가장자리에 위치하고 있다. 아나플라즈마 센트랄레는 그와 비슷하지만 적혈구의 가장자리로부터 떨어져 위치한다. 아나플라즈마 코다텀은 김사염색법에서는 아나플라즈마 마지날레와 구별이 쉽지 않으나 다른 염색법을 이용하면 특징적인 돌기를 관찰할 수 있기 때문에 감별할 수 있다.

도말표본에서 아나플라즈마를 감별하기 위해서는 검사 시료를 잘 준비하는 것과 이물질을 잘 제거하는 것이 중요하다. 아나플라즈마의 형태는 불분명하기 때문에 작은 반점, 알갱이 조각과 같이 진단을 혼란시키는 이물질을 잘 제거하여 도말표본을 만드는 것이 필수적이다. 두꺼운 혈액도말표본은 바베시아병을 진단하는데 사용되지만 아나플라즈마는 적혈구로

부터 분리되어 동정하기가 어려우므로 아나플라즈마병을 진단하는 데는 적당하지 않다. 바베시아 보비스와 대조적으로 아나플라즈마는 모세관에 축척되지 않는다. 그러므로 살아있는 소의 경정맥이나 다른 큰 정맥에서 채혈한 신선한 혈액을 사용한다. 죽은 후에 진단을 하기 위해서는 도말표본용 혈액은 내부 장기(간, 신장, 심장, 폐 등을 포함)에서 채취하거나, 말초혈액에 남아있는 혈액을 채취해야한다. 만약 죽은 후에 부패가 진행되었으면, 나중에 상세한 다른 검사가 필요할 수도 있다. 이러한 상황에서는 형광항체염색법은 유용한 기법이 된다.

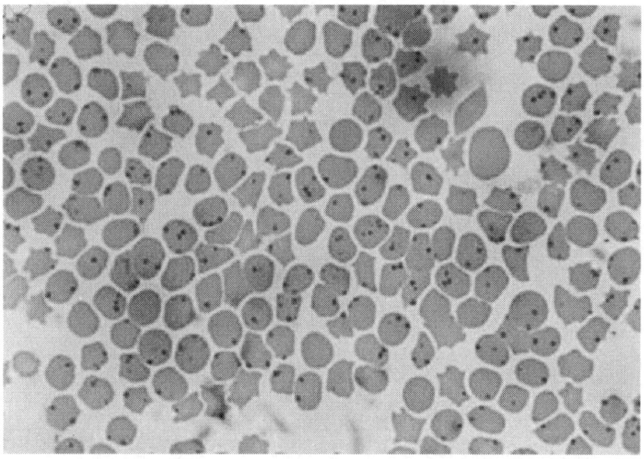

●● **그림 5-21.** 아나플라즈마에 감염된 적혈구들

나. 혈청학적 검사

가장 널리 사용되는 혈청학적 시험은 보체결합반응법과 카드응집 시험법이다. 두 가지 방법 다 만족할 만하며, 제공되는 시약과 조건은 제시되어 있고, 표준화되어있다. ELISA와 중합연쇄반응(PCR)에 의한 진단법도 최근에 개발되었다.

다. 백 신

아나플라즈마 마지날레 감염으로 인한 피해를 예방하기 위하여 여러 나라에서는 생균(Live) 백신이나 사균백신을 사용하고 있다. 살아있는 아나플라즈마 센트랄레로 만든 백신은 독성을 가진 아나플라즈마 마지날레 대항하여 부분적 방어능력을 갖고있고 가장 널리 사용되고 있는 백신 방법이다. 국내에서는 사용되지 않고 있다. 아나플라즈마 센트랄레 백신은 완전히 안전하다고 할 수는 없다. 백신 반응의 위험을 최소한으로 하기 위하여, 또 비특이적인 면역반응이 없게하기 위해 가능하면 소에 사용을 제한하는 것이 더 추천되는 방법이다. 성우에 백신을 접종하였을 때는 철저한 관찰을 하고, 만일 위험한 반응이 일어나면 테트라싸이클린으로 치료하여 위험 증상을 제거한다.

라. 치 료

치료제로서 테트라 사이클린류가 사용된다. 체중 kg당 6~10mg의 비율로 투여한다. 이미도카르브 역시 보균축의 혈액으로부터 병원체를 제거할 수 있다.

바. 방제 대책

소의 아나플라즈마병을 방제하기 위해서는 아나플라즈마를 매개하는 진드기 및 흡혈곤충을 제거 하는 방법이 가장 효과적이지만 실제 완전하게 적용시키기는 매우 어렵다. 그러나 가능한한 매개체를 최대한 박멸하고, 매개체에 소가 물리지 않도록 하는 방법을 적용시키고, 질병 발병시 에는 치료제를 효과적으로 적용한다. 심감염 지역에서는 진드기, 흡혈곤충 등 매개곤충의 활동이 활발하게 활동하는 시기 이전부터 테트라 사이클린을 계속적으로 저농도로 투약하는 방법 등을 활용하기도 한다. 백신을 접종하는 방법도 고려할 필요가 있다.

19) 소 타일레리아증

(1) 정의

타일레리아병은 소 혈액에 기생하는 원충의 하나로 진드기에 의해 매개되며 원기부족, 빈혈, 황달, 유량감소 등을 야기 시키며 심할 경우 폐사하게도 하는 질병으로 우리나라 고유의 한우보다 젖소에서 그 피해가 크다.

(2) 원인체 및 감염경로

타일레리아에 속하는 종으로는 세계적으로 6~7종에 이르며 병원성이 강한 것에서부터 약한 것까지 다양하다. 국내에 있는 타일레리아 종은 비교적 병원성이 약한 것에 속한다. 병원성이 강한 것에는 아프리카 동부지역에서 동안열을 일으키는 타일레리아 파바(*Theileria parva*)나 타일레리아 에뮬라타(*Theileria annulata*)를 들 수 있으며 타일레리아 파바의 경우 치사율이 90% 이상이 된다. 국내에 있는 종은 타일레리아 써전타이(*Theileria sergenti*)로 외부로부터 스트레스가 가해질 경우 빈혈 등의 임상증상을 나타내는 만성소모성 질병으로서의 양상을 나타내며, 심할 경우 폐사하기도 한다.

타일레리아병은 진드기가 매개하는 질병으로 국내에는 헤마피잘리스라는 진드기(*Hemaphysalis longcornis*)에 의해 전염된다. 이 진드기는 3숙주성 진드기로 분류된다. 즉 진드기가 성충이 되기까지는 알에서 부화되어 2번의 탈피과정을 거쳐 약충과 성충으로 되며 각 단계마다 흡혈 후 숙주로부터 탈락하여 탈피를 하며 다시 숙주에 붙는 과정을 되풀이한다. 따라서 유충, 약충 및 성충의 단계에서 각각의 3번에 걸쳐 숙주를 바꾸게 된다.

타이레리아는 각 단계의 진드기에 의해 전파가 가능하나 교미 후 암컷의 알의 경우 감염된 진드기의 것일지라도 이 질병에 대한 감염력은 없다. 이점이 진드기에 의해 매개되며 혈액내에 기생하는 바베시아와 다른 점이다.

진드기의 몸속에 들어간 타이레리아는 장에서 유성생식을 하게 되며 최종적으로 진드기의 침샘으로 들어가 진드기가 숙주에 붙어 흡혈하기를 기다리게 된다.

또한 타이레리아 원충은 숙주의 자궁을 통한 태아에의 선천적인 감염이 가능하다.

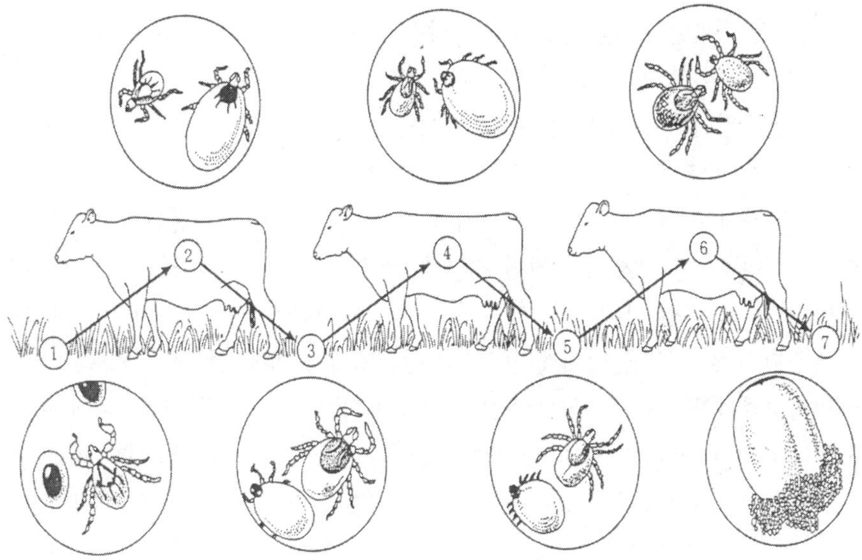

그림 5-22. 숙주성 진드기인 헤마피잘리스의 생활환

(3) 국내외 발생 현황

타이레리아병은 진드기가 매개하는 질병이라 방목우에서 가장 많이 방생하는 질병의 하나이다. 우리나라 소에서 감염율은 70~100% 정도로 심한 편이며 그 중 30~50% 정도가 발병한다. 특히 늦봄부터 초가을까지에 많이 발생하며, 한우보다 젖소, 성우보다 어린 소에 피해가 크다.

(4) 증상 및 진단

타이레리아 원충의 감염에 의한 소의 임상증상은 유행지역에 도입되어 집단적으로 매개

진드기에 폭로 되었을 때에는 급성으로 발병되지만 그렇지 않은 지역에서는 일반적으로 경미하게 내과하는 경우가 많다. 급성의 경우에는 진드기가 기생한 후 약 1주일 차에 41℃ 정도의 이장열과 체표 림프절의 종대를 주증으로 하는 발증을 보이며 이때에는 식욕과 원기에는 별 변화가 없다. 그 후 타이레리아 원충이 유혈중의 적혈구에 출현하게 되며, 감염 적혈구의 수는 점차로 증가하여 발열과 빈혈을 보이게 되며, 원기 및 식욕감퇴를 주증으로 증상이 이행된다. 이 때 대부분의 경우에는 내과되지만 발병 유인이 복잡한 예에서는 쇠약해지고 원충이 점점 증식되는 등 일반증상이 악화되어 폐사하는 경우도 볼 수 있다. 만성으로 이행된 소는 발육정체가 일어나고 악액질로 된 소에서는 황달이 나타나지만 혈뇨 또는 혈색소뇨는 배설되지 않는다. 병리해부학적 소견으로는 빈혈을 동반하는 소견 이외에는 현저한 변화가 없는 것이 보통이다. 폐사된 소에서는 황달이 관찰되는 경우가 많고 방목우에서는 간에서 괴사 소견이 관찰되지만 인공감염 소에서는 반드시 나타나는 소견은 아니다. 급성예에서는 비장과 간의 종대 그리고 폐의 부종이 나타날 수 있다.

타이레리아병을 진단하기 위해서는 우선 임상증상과 진드기의 감염실태조사를 통하여 추측진단이 가능하며, 정확한 원인 규명과 확진을 위해서는 실험적 진단 방법으로 혈액도말표본 검사와 여러 가지 면역학적 진단 및 특이 유전자 조사를 통한 유전학적 진단법이 있다. 과거에 타이레리아병으로 문제시 되었던 지역에 있어서는 진드기의 출현과 임상소견만으로도 추축진단이 가능하지만 바베시아, 타이레리아, 아나플라즈마 등과 혼합감염된 경우에는 확실한 감별진단이 필요하다. 타이레리아병의 진단에서 유의해야할 사항으로는 원충의 출현정도와 임상소견이 반드시 일치하는 것은 아니라는 점이다. 처음 방목되는 소에서는 원충의 출현정도가 높은 것이 일반적이지만, 만성적으로 내과된 소에서는 출현정도가 낮아도 흔히 발병되는 수가 있다. 그러나 처음 감염되는 소에서도 원충의 출현정도가 낮고 빈혈의 정도가 가벼울 수도 있으나 갑자기 단기간 내에 증상이 악화되는 경우가 있으므로 주의를 요하게 된다.

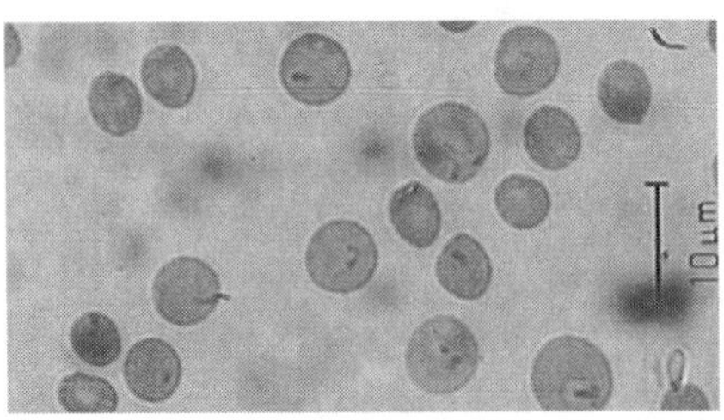

그림 5-23. 감염 적혈구내에 존재하는 타이레리아 원충의 염색사진

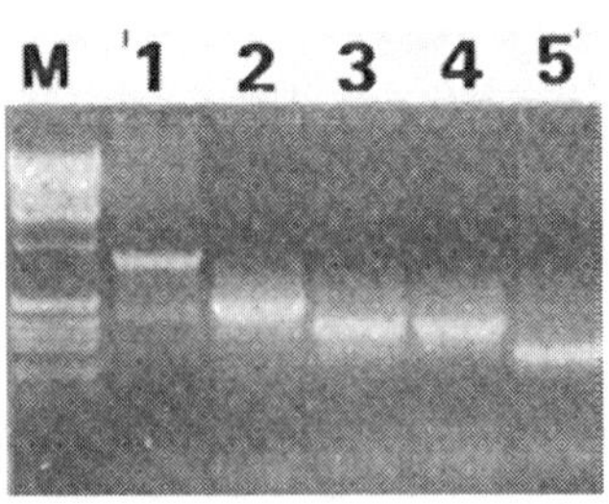

그림 5-24. 타이레리아의 중합연쇄반응(Polymerase Chain Reaction PCR)법에 의한 진단.
M: marker, 1-5 여러 가지 primer set에 의한 증폭산물

(5) 치료 및 예방대책

타이레리아병에 대한 효과적인 방제를 위하여는 발생역학 모형에 따른 적절한 예방 대책을 수립하도록 하여야 된다. 혈액소견에서 원충의 수가 적은 데도 불구하고 여러 가지 증상이 나쁜 환축은 악성으로 진단하고 대중요법을 취해야 한다. 도입소에서는 첫해의 첫 방목 시에는 방목개시 후 약 4-5주째에 적혈구의 원충 기생도가 최고에 달하는 시기이고 이때에 급성예를 치료하지 않은 때에는 폐사하는 경우가 많다. 해당되는 질병에 따라 원인체에 대한 정확한 진단이 요구되며 진단결과에 따라 적합한 조치를 취해야 하는 것이다. 예방법은 크게 나누어 매개 진드기의 박멸과 적내형 원충의 증식억제 및 예방백신의 접종으로 구분될 수 있다.

가. 진드기 구제에 의한 타이레리아 병 구제

진드기 구제에 의한 매개체 박멸은 가장 효과가 좋은 방법으로 진드기가 완전히 박멸될 수 있으면 해당지역에 있어서는 타이레리아병의 발생종식까지 기대할 수 있다. 진드기의 관리를 위해서는 초지 내 서식하고 있는 진드기에 대한 구제와 우체에 부착하고 있는 진드기에 대한 구제 대책으로 구분할 수 있는데, 그 효과의 우열을 가리기는 곤란하며 어느 방법이든 장기 계획 하에 지속적으로 수행하도록 해야 한다는 것이 중요하다.

나. 항원충성 제제에 의한 화학요법

화학요법적 치료약제에 의한 발병억제 방법인데, 베레닐, 파마퀸, 프리마퀸 등의 발병억제 내지는 증상완화를 위한 약제를 임상에 응용하여 왔다. 약제의 처리는 방목초기의 송아지에 주사하는 것이 좋으며 해당 지역의 진드기 서식밀도와 잠복기를 고려하여 주사시기를 결정하는 문제가 중요하다. 동일한 약제를 계속하여 사용할 때에는 이들 치료제에 대한 내성주가 출현할 위험이 있으므로 약제 선택에 주의를 요한다.

다. 예방백신의 접종

타이레리아병에 대한 예방 백신을 만들기 위하여 여러 가지 방법들이 시도되고 있으나 아직 완전한 백신은 없는 실정이다. 아프리카에서 만연되어 있는 *T. parva*의 경우 진드기 침샘으로부터 분리한 스포로조이트를 약독화시킨 후 접종과 동시에 치료를 함으로서 면역성을 부여하는 방법이 현재 사용되고 있으나 사용이 어려운 단점이 있다. 근래에는 유전공학을 이용한 재조합 단백질에 면역원성을 높일 수 있는 면역증강물질과 함께 접종함으로서 타이레리아 병에 대한 방어능을 높이려는 시도들이 이루어지고 있다.

20) 소의 크립토스포리디움증

(1) 정의

사람을 포함한 포유류, 조류, 파충류 및 어류의 주로 소화기관이나 호흡기관의 점막 상피세포에 기생하며, 특히 어린 송아지에서 중증의 설사를 유발한다.

(2) 원인체 및 감염경로

소에 감염되는 크립토스포리디움 종류로는 *Cryptosporidium muris*와 *C. parvum*을 들 수 있다. 중간 숙주를 필요치 않은 단숙주성 기생원충으로 단일 숙주 안에서 무성 생식과 유성 생식 그리고 포자 생식이 일어난다. 포자낭을 형성하지 않고 오직 4개의 스포로조이트만을 함유하고 있는 성숙 오오시스트는 분변을 통해 외계로 배출된다. 숙주의 분변과 함께 체외로 배출된 성숙 오오시스트는 이미 감염성이 있으며, 지름은 5-9㎛로서 작다.

소, 개, 고양이, 마우스, 사람 등이 숙주로서 가능하며, 서로 감염을 전파할 수 있다. 오오시스트가 경구적으로 숙주에 섭취되면, 위나 소장에서 유리된 단핵성 스포로조이트는 융모내로 침입하여 기생충산생포를 형성한 다음 그 속에서 발육하여 영양형으로 된다. 그 후 메로고니 과정에서 핵은 세 번에 걸쳐 분열하여 8개의 메로조이트를 지니고 있는 제 I형 분열체가 되고 숙주 세포로부터 나온 메로조이트는 또 다시 다른 세포에 침입하는 과정을 반복한다. 일부의 메로조이트는 4개의 메로조이트를 지니고 있는 제II형 분열체로 발육한다. 제II형 분열체 유래 메로조이트는 유성 생식을 하기 위하여 자웅 생식 세포를 형성한다. 자성 생식체는 웅성 생식체와 융합하여 접합체로 되어 약간 두터운 오오시스트벽을 형성한 다음 오오시스트로 된다. 기생충산생포 안에서 포자 생식에 의하여 4개의 스포로조이트를 형성한 오오시스트의 대부분은 분변과 같이 외계로 배출되지만, 얇은 오오시스트벽을 형성한 약간의 오오시스트는 기생 부위에서 스포로조이트를 방출하여 다시 발육환을 되풀이함으로써 자가 감염이 성립된다.

(3) 국내외 발생현황

우리나라에서는 *C. muris*와 *C. parvum* 두 종 모두 존재하는 것으로 알려져 있으며, 사람의 경우 *C. parvum*이 존재한다. 최근 전라남도 농촌지역에서는 10% 이상의 주민이 감염되었으며 특히 화순군에서는 주민의 40%의 감염률을 나타내었는데 주요 감염원으로 소가 주목되고 있다.

(4) 증상 및 진단

이 원충의 병원성은 주, 숙주의 종이나 연령, 면역능에 따라 다르다. 작은와포자충(*C. parvum*)에 감염된 사람은 격렬한 수양성 설사와 복통을 일으키며, 1-2주령 송아지도 중증 설사가 나타나지만, 일반적으로 양, 개, 고양이, 래트, 마우스 등에서는 중감염되어도 설사는 거의 일어나지 않는다. 1-3주령 새끼양, 새끼산양, 새끼돼지에서도 경도의 장염 내지 중증 설사의 임상 증상이 나타난다. 설사와 흡수 불량의 전형적인 임상 증상과 관련이 있는 융모의 둔감, 융합, 위축 등의 특징적 병소가 송아지의 작은 와포자충증에서 볼 수 있다. 이러한 송아지를 특히 낮은 기온에 노출시키면 사망률이 매우 높아진다.

반추수의 제 4위 위선에 쥐와포자충(*C. muris*)이 감염되면 위선 종대, 위점막 비대, 충체 부축부위 선상피 세포 융모의 파괴 등을 볼 수 있다. 젖소는 산유량이 감소되고 비육우는 증체율이 저하된다. 그리고 여러 동물의 와포자충에 의한 설사는 rotavirus, coronavirus, 기타 병원성 세균 감염증을 동반하여 사망률을 증가시킨다.

사람에서는 심한 설사를 동반하는 위장관 증상이 특히 면역 부전 환자나 면역 억제 요법을 받고 있는 환자에서 발증률이 높다.

(5) 치료 및 예방대책

지사제를 투여하여 설사를 중지시키고 수분을 공급하는 일이 가장 중요하다. 충체를 죽일 수 있는 치료 약제는 아직 개발되지 않았다.

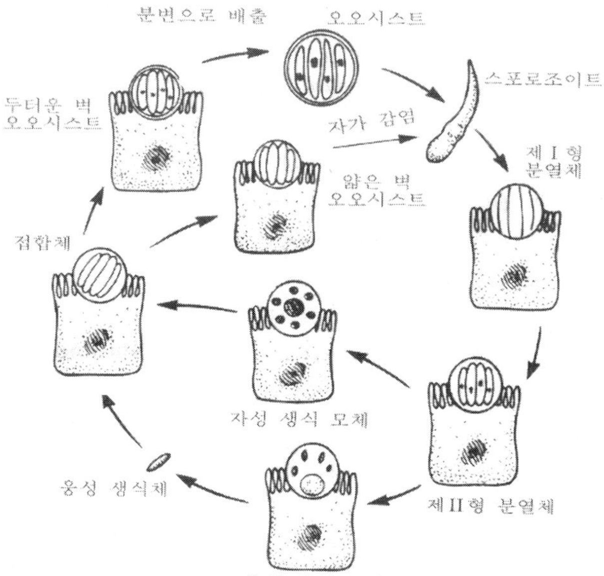

그림 5-25. 와포자충의 생활사 모식도

21) 송아지 콕시듐성 설사병

(1) 정의

주로 3~6개월 된 송아지에 감염되어 설사를 유발하며 심할 경우 출혈성 설사를 일으킨다.

(2) 원인체 및 감염경로

가장 중요한 병원성 종은 *E. zuernii*와 *E. bovis*이다. *E. auburnensis*와 같은 종들도 때로는 일반적인 임상증상을 일으킬 수 있다. 이들은 장상피 세포내 기생하는 원충으로 중간숙주를 취하지 않는 단숙주성이다.

감염경로는 충란에 오염된 감염성 오오시스트를 섭취함으로써 감염이 이루어진다. 숙주의 체내에서 CO_2, 트립신과 담즙의 자극에 의해서 오오시스트가 탈낭되어 스포로조이트가 유리된다. 유리된 스포로조이트의 세포내 침입과정은 빠르게 이루어지며 수초 이내에 마치게 된다. 이후 무성생식 및 유성생식을 거치게 된다. 감염기가 되기 위한 포자형성에 소요되는 시간은 종마다 다르기 때문에 종 동정에 있어서 특징으로 이용된다. 산소와 적당한 습기는 포자 형성에 필요하며, 온도가 계속적으로 올라가면 상대 습도가 감소되기 때문에 오오시스트는 죽게된다. 온도 역시 포자 형성에 중대한 영향을 끼친다. 포자 형성을 위한 최적온도는 30℃ 정도이다. 일반적으로 포자 형성 오오시스트는 한랭과 건조에 저항성이 있으며, -12~-20℃의 온도에서 2주까지 살 수 있다. 포자가 형성되지 않은 것은 이런 온도하에서 96시간 이내에 죽는다. 토양의 종류, 태양 광선이다 그 밖에 환경에 직접 노출, 토양 안의 부식질의 양 및 습기 등과 같은 요인들은 오오시스트의 수명에 중요하다.

(3) 증상 및 진단

일반적으로 3주~6개월 된 송아지에 감염되지만, 특히 많은 수가 감염되었을 때에는 임상증상이 한 살짜리와 어미에서도 나타나는 경우도 있다. 가장 큰 경제적 손실은 많은 수의 송아지를 우리에 사육하고 있는 젖소의 경우에서 볼 수 있다. 그러나 다소의 소실은 방목장의 소에서도 생기며, 심한 경우는 *E. zuernii*에 의한 경우이다. 이를 겨울 구포자충증이라 하는 데, 이는 깔짚이 영하의 온도에서도 오오시스트의 포자형성에 필요한 충분한 온도와 습도를 공급하기 때문이다. 늙은 소는 면역되었다하더라도 구포자충의 보충자이며, 계속적으로 분변 속으로 오오시스트를 배출시킨다. 어린 동물에 있어서 오오시스트의 계속적인 배출은 우리, 축사, 그리고 방목장을 오염시키는 경과가 되므로 새로운 송아지를 안전 지대로 생각된 방목장이나 우리에 사육했을 때 심한 치명적인 구포자충증이 발생할 수도 있다.

진단은 임상증상, 특히 급성인 경우 출혈성 설사와 분변에서 많은 수의 오오시스트를 확인함으로서 이루어진다. 특히 *E. zuernii*에 의한 심급성의 경우 오오시스트는 매우 적을 수 있으며 현저한 병인 작용은 오오시스트가 배출되지 전의 발육형에 의해서도 나타난다. 이 상태와 장탄저와의 감별 진단이 중요하다. 병리 해부 검사가 가능하며, Eimeria spp.의 발육형을 검출하기 위하여 소장과 대장 점막의 조각을 검사해야 한다.

(4) 치료 및 예방대책

송아지나 새끼 양, 새끼 산양에 sulfadimethoxine 또는 sulfamonomethoxine을 50mg/kg 비율로 3-5일간 경구 또는 주사로 투여한다. 암프로륨은 송아지에 10mg/kg 5일간, 또는 65mg/kg 1일간, 새끼양, 새끼산양 50mg/kg 4일간 투여한다. 그리고 sulamethazine 140mg.kg 3일간, sulfaquinoxaline 13mg/kg을 회복될 때까지 경구 투여한다.

예방목적으로 monesin(1mg/kg)을 30일간, lasalocie(0.5~1mg/kg)을 6주까지 경구 투여한다.

콕시듐에 감염된 송아지나 보균 소는 계속해서 분변내로 오오시스트를 배출하기 때문에 감염이 확인되면 격리 수용하여 우리나 방목지를 오염시키지 않도록 해야하고 정기적인 검사를 통한 구충을 해야 한다.

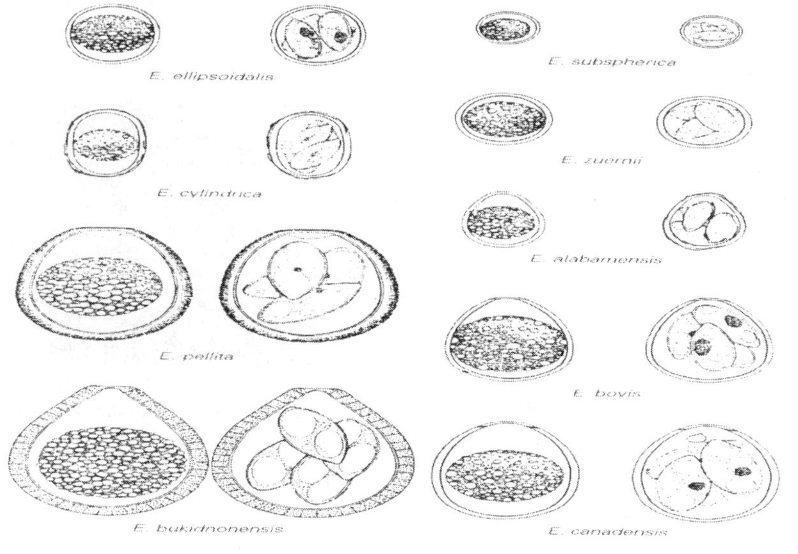

그림 5-26. 소에서 발견되는 콕시듐 충란들

22) 소 트리코모나스 유산증

(1) 정의

이 질병은 세계적으로 널리 분포하는 소의 성병으로 감염된 소에 있어 대부분 유산을 일으킨다. 기생부위는 생식기로 암컷에서는 질, 자궁경부, 자궁부위이며 수컷은 포피, 정소 수정관등에서 증식한다.

(2) 원인체 및 감염경로

이 질병의 원인체는 *Tritrichomonas foetus*로 서양배 모양이다. 길이는 10-25 ㎛, 나비가 3-15 ㎛ 정도이다. 길이가 거의 같은 3개의 전편모가 있으며, 하나의 후 편모는 파동막을 따라 후방으로 뻗쳐 원충의 몸에서 뒤로 처져있다. 종이분열에 의하여 번식하며, 여러 가지의 배지에서 쉽게 배양된다. 지금까지 혈청학적으로 명확히 다른 3개의 주가 발견된 바 있다.

감염경로는 자연 조건하에서는 오직 교미에 의해서만 전파된다. 그러나 인공수정이나 생식기 검사에 의한 감염도 완전히 배제할 수는 없으며 따라서 진단용 기구는 철저한 소독을 해야만 한다.

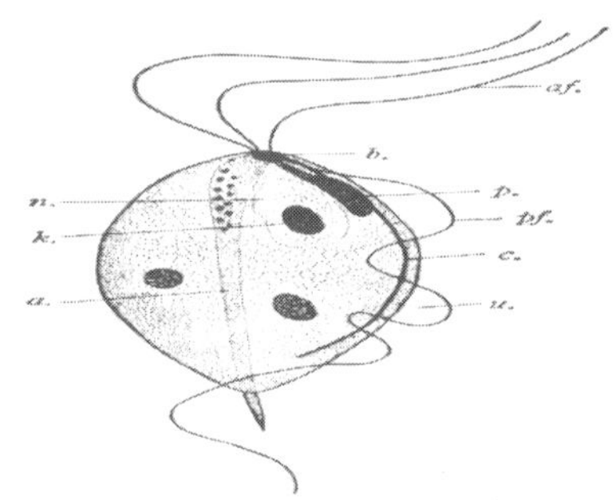

그림 5-27. 트리코모나스 원충의 모식도
a. 축색 af. 전편모 b. 모기체 c. 기조
k. 중심소체 n. 핵 p. 부기체 pf. 후편모
u. 파동막

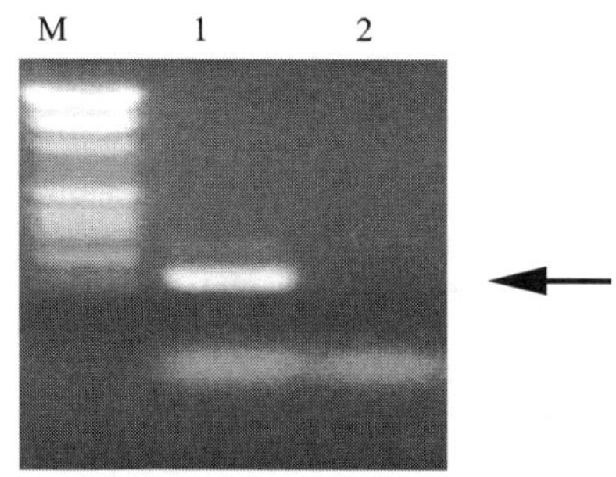

그림 5-28. 중합연쇄반응(PCR)을 이용한 트리코모나스의 진단
M: marker 1: 트리코모나스 양성
2: 트리코모나스 음성

(3) 국내외 발생 현황

이 원충은 세계적으로 널리 분포하며 소의 번식장해에 주요한 원인 중 하나이었으나 요즘에는 인공수정의 보급으로 점차 감소되고 있다. 그러나 점차 가축의 국가간 교역이 활발히

이루어지고 있는 상황이기 때문에 검역검사 시 반드시 확실한 검사가 이루어 져야한다.

(4) 증상 및 진단

수컷에 있어 가장 흔히 감염되는 부위는 포피강으로 음경 표면과 포피막에서 원충이 발견된다. 감염된 수컷은 포피염을 일으키고 국부는 충혈, 종창되며 농양의 점액을 분비한다. 감염 초기에는 방뇨 시 동통과 교미에 대한 싫증이 생긴다. 이 질병의 감염에 의한 수컷의 번식력과 성적 활동에는 아무런 영향이 없다. 이러한 증상은 1-2주안에 없어지지만, 자연적으로 회복되는 예는 없으며, 일생 원충을 보유하여 계속 감염원이 된다.

암컷의 경우 감염되면 먼저 질에서 증식하며, 질염을 일으킨다. 그러나 매우 경미하기 때문에 눈에 띄지 않은 채 경과하거나, 또는 농양의 점액을 관찰할 수 있다. 감염 3일경부터 백색농양, 또는 담황색의 요로를 배출하고, 시간이 경과함에 따라 서회유, 우유양으로 되는 것이 특징이다. 감염 후 14-18일에 원충이 최다수에 달하고 이 후 자궁경부를 거쳐 자궁으로 침입한다. 그 후에는 질에서 완전히 소멸되거나, 경미한 감염만이 남아 있으며, 질점막에는 카타르가 생기고 거칠게 된다.

감염된 소에 있어 특징은 조기의 유산으로 건강한 송아지를 분만하는 경우는 극히 드물며, 대부분 태반염에 의한 태막 이탈과 타아의 폐사를 초래한다. 결국 유산하게 되는데 일반적으로 교미 후 초기인 8-16주 사이에 일어나는 것이 특징이다. 6개월 이후의 후기 유산은 거의 없다. 아주 초기(1-2주)에 유산이 일어나면 대부분 태아와 태막은 배출되는데, 발견하기 힘들며 불규칙적인 성주기를 가져올 수도 있다. 유산 후 자궁 분비물이 나오며, 이것이 계속되는 경우 동물은 계속 불규칙적인 발정을 할 수도 있다. 유산 태자의 위나 다른 장기에서 충체가 검출되며, 유산후 태반 등이 배설되고 나면 숙주는 자연 치유되고, 회복하게 된다. 그러나 후산의 일부가 남게 되면 만성 카타르성, 또는 화농성 자궁 내막염을 일으키게 된다. 이 원인이 오래 계속되면 영원한 불임증에 걸리게 돌 수도 있다. 때로는 유산하지 않고 태자가 죽어서 자궁내에서 융해하여 자궁농종의 원인이 된다. 자궁내에는 회백색의 액이 많으며 여기에 많은 원충이 발견된다.

이 질병에 대한 확실한 진단은 질이나 자궁 분비물, 또는 태아에서 원충의 확인과 혈청학적 검사에 근거를 둔다. 이 원충은 유산 태아의 위, 양수나 요막수 및 유산 후 자궁 분비물에서 가장 쉽게 발견된다. 이러한 재료를 이용할 수 없을 때에는 암소에서 다음 발정이 예상되는 시기의 2~3일 전에 자궁 분비물을 채집한다. 재료는 질을 생리 식염수로 세척하거나, 또는 자궁에 생리식염수를 관주하여 얻을 수 있다.

수컷에서의 포피강 세척은 재료를 얻는 가장 좋은 방법이 된다. 그러나 모든 재료의 채집 절차에서 분변 속에 있는 장내 원충이 재료에 들어가게 되며, 장내 원충은 트리코모나스원충과 쉽게 혼동되기 때문에 분변에의 오염을 피하는 것은 중요하다.

원충은 감염된 재료, 특히 화농성 점액에서 직접 관찰할 수 있기 때문에 재료를 커버글라스로 덮은 슬라이드에서 검사한다. 매우 적게 감염된 예에서는 검사 전에 원심 분리한다. 재료는 항상 따뜻하게 보존해야 하며, 검사 전에 따뜻한 생리식염수를 가한다. 이 원충의 중요한 특징은 운동성이다. 그러나 오래된 재료나 차게 보존된 재료에서는 매우 활발하지 못한 원충을 볼 수 있으며, 이 경우에 있어서도 파동막은 볼 수 있다. 원충의 수가 너무 적어서 정확한 진단을 할 수 없을 때에는 재료를 염색하거나, 또는 더욱 만족스러운 결과를 얻으려면 배양해야 한다.

현재, 가장 민감하고 특이성이 높은 진단 방법으로서 중합 효소 연쇄반응이 시행되고 있다.

(5) 치료 및 예방대책

암소의 트리코모나스병의 치료에 많은 약품이 사용되고 있지만, 건강한 수컷의 감염을 피하기 위하여 자연 교미를 중단시키고 인공 수정을 해야 한다. 트리코모나스를 죽이는 약품이 포피강의 모든 부분에 침투하지 않으면 안되기 때문에 감염된 수컷을 치료한다는 것은 더욱 곤란하다. 치료하기가 귀찮고, 시간이 걸리며, 여러 차례 계속해야 하기 때문에 수컷을 살처분하는 것이 좋다.

1% 베레닐 용액 100-150ml을 포피에 주입하고, 음경과 포피를 15분 동안 충분히 마사지하면서 약을 그 곳에 유지시켜 주어야 한다. 5일간 계속햇 치료하면 일반적으로 치료된다. 1%의 아크리플라빈도 유효하다고 한다. 암컷 및 수컷에 디메트리다졸을 kg당 50mg,의 비율로 5일간 경구 투여하면 효과적이며, kg 당 50mg의 비율로 단 한 번 정맥내 투여하거나, 10mg의 비율로 5일간 정맥 내 투여하면 효과적이다.

23) 소의 부제병

우군에 부제병(foot root)이 발생하기 시작하면 토양 속에 균을 오염시키게 하여 오랜 기간 동안 지속적으로 문제를 일으키기 때문에 부제병은 낙농가를 매우 성가시게 하는 질병이다. 부제병 발병율이 높지 않더라도 한번 발생하면 지속적인 문제를 일으키어 심각한 경제적 손실을 가져오므로 농가에서 부제병 예방에 항상 관심을 가져야 할 것이다.

(1) 원인체

푸소박테리움 네크로포럼(*Fusobacterium necrophorum*)이라는 세균은 부제병을 일으키는 것으로 알려져 있지만 전형적인 부제병 병변을 항상 발생시키는 것은 아니다. 최근 미국의 미조리대학에서의 연구에 의하면 부제병은 푸소박테리움 네크로포럼과 박테로이드 멜라니노제니커스(*Bacteroids melaninogenicus*)와 혼합감염에 의해서 발생하는 것으로 보고하고 있다. 위의 2개의 세균이 발굽의 찢어진 피부를 통하여 침투되거나 또는 발가락 사이의 조직으로 주입되었을 때 부제병의 전형적인 병변을 발생하는 것으로 알려져 있다.

부제병과 관련해서 일반적으로 흔히 분리되는 그 이외의 세균으로는 연쇄상구균, 포도상구균, 코리네박테리움 그리고 곰팡이 등이 포함되어 있으며 이러한 균은 습윤한 환경에서 흔히 존재한다. 발굽이 잘렸을 때, 타박을 당했을 때, 못 등으로 뚫어졌을 때, 심한 찰과상이 있었을 때 이러한 세균은 발굽의 조직에 들어가 감염을 일으키기 시작한다. 부제병은 계절적인 질병으로서 매우 습한 여름철과 겨울철 흙이 갑자기 얼었을 때, 또한 가뭄 시에 많이 발생된다.

(2) 임상증상

부제병의 첫 번째 증상은 파행이며, 이러한 파행은 한 개 또는 두 개 이상의 발굽에서 발병하느냐에 따라서 심각성은 매우 다양하다. 부제병은 한 우군의 한 마리 또는 수많은 비율의 젖소에 감염될 수 있다. 만약 한 마리의 소가 파행 증상을 보이면 농장주는 발굽에 못, 철사, 타박상 또는 그 이외의 다른 손상이 있는지를 확인해 보아야 한다. 급성 부제병에 의해서 발생된 파행은 발굽이 종창되고(swelling), 발굽의 조직이 충혈 되는 현상을 볼 수 있다. 심한 경우에는 발굽 위에 심한 악취가 나는 농을 볼 수 있으며, 식욕감소와 체중감소 그리고 체온상승이 나타날 수 있다. 감염이 멈추지 않으면 발굽의 심부 조직까지 침투하여 하나 또는 그 이상의 관절에 확산되어 만성 관절염을 일으킬 수 있다.

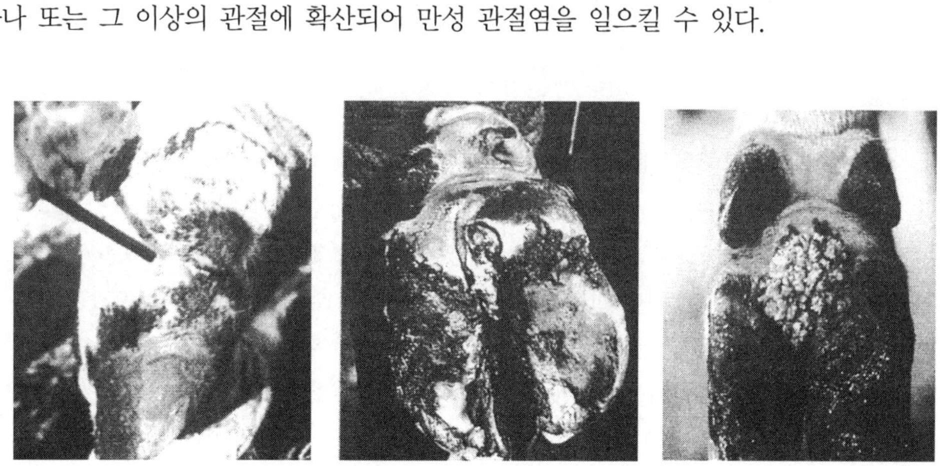

자궤창 자간부란 지간결절

●● **그림 5-29.** 부제병의 여러 증상

(3) 예방

발굽손상과 타박상을 줄이는 사양관리가 부제병의 발생을 감소시킬 수 있다. 발굽 연부조

Chapter 05

직의 스트레스를 줄이기 위하여 체중이 많이 나간 소와 종모우는 특별히 정기적으로 발굽을 관리해야 한다. 우사가 진흙이 되지 않도록 물탱크 주변과 운동장 배수 관리를 하는 것이 부제병 발생을 감소시킬 수 있다. 또한 겨울철 물탱크 주변의 거친 운동장이 얼게 되면 발굽이 타박하게 되어 높은 부제병 발생의 원인이 될 수 있다. 그러므로 이러한 원인에 의한 발굽 손상을 예방하기 위해서는 톱밥과 풀잎을 사용하여 우사를 편평하게 해야 한다. 운동장에 흙을 쌓아 배수를 촉진시키는 것과 소가 누울 곳을 건조하게 유지해 주는 것이 부제병 예방에 도움을 준다.

또한 사료조와 물탱크 주변에 시멘트 바닥을 하는 것이 진흙 상태를 예방하고, 착유실 쪽에 발굽 소독조를 설치하는 것이 부제병 예방에 사용되어진다. 물 4ℓ에 1kg 정도의 황산구리를 녹이거나 40% 포르말린 3.785ℓ를 물 34ℓ에 혼합하여 소가 걸을 수 있는 위치에 설치하면 된다. 이 소독조에 진흙이 없고 약물 농도가 유지되도록 관리하면 부제병 예방에 좀 더 효과적이다. 하지만 이러한 용액이 유방에 접촉되면 유두가 트거나 갈라지는 현상이 발생할 수 있다. 요오드를 순화시킨 ethylene diamine dihydroiodine(EDDI)일 두당 50mg/day를 급여하는 것도 부제병 예방에 효과적인 것으로 알려져 있지만 사료 중에 EDDI를 급여하는 것이 부제병 근절에 효과적이지 못할 수도 있다. 또한 이러한 제제를 과량 섭취하면 호흡기를 자극하여 폐렴, 기침, 식욕저하, 눈물이 많이 나올 수도 있다. 또한 좋은 영양공급이 부제병 예방에 도움을 준다. 따라서 뼈와 조직의 건강을 위해서 적당한 양의 칼슘, 인, 비타민 A가 모든 소들에게 적절히 급여되는지를 확인해야 한다.

(4) 치료

미국의 미주리대학의 연구에 의하면 부제병 발병초기에 치료를 했을 경우 대부분이 3~4일 안에 회복이 되지만 치료시기가 3일 지연되었을 경우에는 7일 뒤에 재치료가 필요하고 회복은 10~12일 정도 지연되었으며 2두는 다양한 치료로 30-45일만에 치료가 된 것으로 조사되었다. 이와 같이 부제병이 만성화되는 것을 예방하기 위해서는 조기치료가 필요하다.

파행하는 젖소는 철사, 못 등과 같은 물질이 발굽에 있는지를 확인하고 가능하면 빠른 시간 안에 치료를 실시해야 한다. 일반적으로 페니실린과 스트렙토마이신 복합제나 또는 옥시테트라사이클린 계통의 항생제가 초기에 적당한 용량으로 치료가 되었을 때 효과가 높아진 것으로 알려져 있다. 설파제를 정맥내 주사하고 동시에 페니실린 또는 옥시테트라사이클린으로 3일 동안 보러스로 치료했을 때 가장 좋은 효과를 나타냈으며, 테트라사이클린이 함유된 사료첨가제 또는 클로르사이클린과 설파제 복합제도 효과가 있는 것으로 알려졌다. 약품치료에 실패를 보인 부제병은 외래물질이 발굽에 들어있는지 철저히 확인해야 한다. 만약 감염이 관절에까지 감염되어 관절염까지 진행되면 도축되기 전 발목절단 수술이 필요할 것이다.

24) 소 겨울철 적리

(1) 정의

겨울철에 한우 및 유유에서 투사형 및 혈액성 설사증을 주증으로 하여 집단적으로 발생되는 질병이며 원인체로서는 코로나바이러스 및 캠필로박터속균으로 알려지고 있다.

(2) 원인체 및 감염경로

이 질병의 원인체로는 코로나바이러스(Coronavirus) 및 캠필로박터 속균(*Campylobacter fetus jejuni*)을 들 수 있으며, 특히 일차적인 원인체인 코로나 바이러스는 3군의 혈청형으로 분류되어있고, 소의 코로나바이러스는 2군에 속한다. 코로나바이러스는 입자표면에 spike를 가지고 있어 전자현미경관찰에 의해 태양의 코로나와 왕관을 닮은 외형을 가져 이러한 이름을 가지게 되었다. 소 코로나바이러스처럼 제2군에 속하는 코로나바이러스는 비교적 짧은 spike를 가지고 있다. 감염경로는 이환되어 임상증상을 보이는 성우 또는 건강하게 보이는 보균우의 분변을 통해서 이루어지며, 오염된 사료 또는 음수 섭취로 우군내에 빠르게 전파된다. 다른 우군으로의 전파는 감염우, 신발, 의복, 수송차량 및 사료포대 등을 통해서 가능하다.

(3) 국내 · 외 발생현황

소겨울철적리(bovine winter dysentery)는 늦은 가을부터 초봄의 동절기간에 발생하는 성우의 전염성 설사병으로 1915년 Steffen이 처음 보고한 이후 한국 및 일본을 포함하여 미국, 오스트레일리아, 영국 및 스웨덴 등 세계 여러 나라에서 발생하고 있다. 주로 겨울철에 각종 스트레스 및 사양관리 부족으로 인해 장내 정상 존재 및 외부로부터 침입한 코로나 바이러스에 의해 우사에서 사육하는 젖소 성우, 특히 착유우에서 다발하는 전염성이 매우 높은 질병이다.

(4) 임상증상 및 진단

3~7일간의 잠복기를 거친 후 돌연 수양성 설사를 보이며 설사는 수일간 지속되면서 전우군에 빠른 속도로 전파된다. 이환우는 설사변을 투사형 수양성 갈색변을 나타내며 심할 경우는 복통 증상 및 장출혈로 인한 암록색, 흑색 및 발병우의 5~10%는 암적색 혈액성 설사변을 보이며 이때 일부는 섬유소와 점액이 혼입된 잠적막탈락변을 배설하기도 한다. 이로 인한 심한 탈수 증상, 기침 콧물, 경미한 식욕감소 빈혈 등을 보이고 맥박. 호흡. 체온은 정상 내지는 약간 높고, 특히 착유젖소에서는 심한 유량감소(20~80%정도)를, 산유량의 회복은

1주~1개월 이상이 소요된다. 부검소견은 결장에서 현저하게 확인되며 장관벽의 부종과 비후 또는 점막면에 울혈이나 구상, 점상출혈을 보인다.

이 질병의 진단은 성우에서만 일어나는 동계적리는 동절기 설사의 특이적인 역학이나 임상증상에 의한 본 질병에 대한 추측이 가능하다. 겨울철에 성우에서 초기 몇 두가 갑작스러운 설사를 보인후 전우군에 급속도로 전파되며, 특히 감염우는 점액 및 섬유소가 혼입된 심한 암적색 혈액성 및 수양성 하리가 투사형으로 분출하는 경우를 본 질병으로 의심할 수 있다. 분변 감사를 통한내부기생충을 감별 하도록 한다. 또한 분변내에서 전자현미경상으로 코로나바이러스 입자 확인 및 분변에 섞여 나온 장점막 탈락편을 슬라이드에 압착도말하여 그람 및 김사염색을 한후 직접현미경상에서 콤마 또는 나선형 모양의 캠필로박터속균(*C. fetusjejuni*)을 확인함으로서 진단할 수 있다. 또한 ELISA나 Latex 응집반응에 의한 항체 검출, HRT-18세포를 이용한 바이러스분리, 면역조직화학법, PCR법 및 *In situ* hybridization에 의한 바이러스 유전자 검출을 한다.

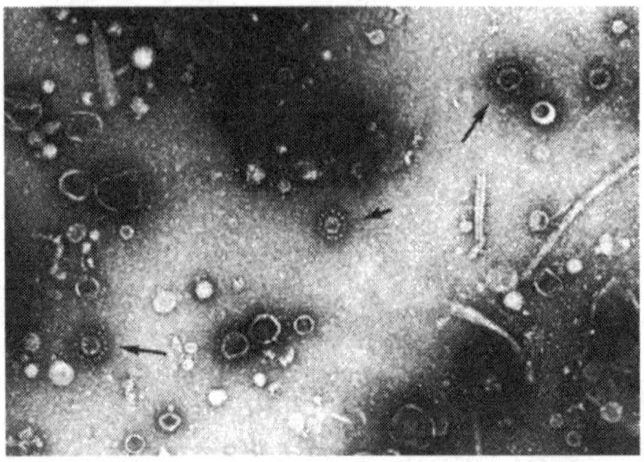

그림 5-30. 일차적인 원인체인 코로나바이러스(Coronavirus)

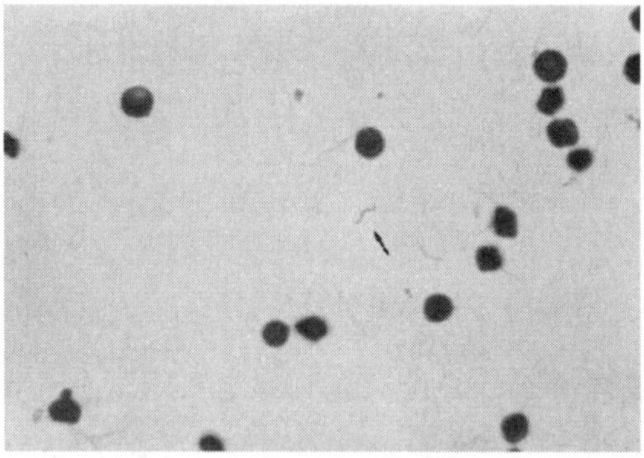

그림 5-31. 이차적인 원인체인 캠필로박터속균(*Campylobacter fetus jejuni*)

그림 5-32. 소 적리에 감염되어 나타나는 심한 수양성 혈변

(5) 치료 및 예방대책

대부분의 이환우는 빠른 속도로 자연 회복되므로 겨울철 설사의 치료효과는 모호하다. 증상이 심할 경우 다음과 같은 대증요법을 이용할 수 있다. 장수렴제의 투여 즉, Terpentinoil과 Kreolin을 물에 동량 섞은 것 30㎖ 또는 1% CuSO4 50-100㎖(2회/일)을 경구투여하고 전해질제제(2~31/일)를 정맥주사 한다. 추가적으로 설파제 또는 푸라졸리돈의 경구투여도 가능하다. 질병이 발생한 후에는 일반적인 방역대책(소독, 청결한 사료 및 음수 유지) 및 보온 유지를 통하여 더 이상 우군내에 전파되는 것을 막도록 한다. 질병 발생 가능 지역에는 이 질병의 전파를 차단하기 위해서 우사 입구에 소독조를 설치하도록 하며 외부에서 구입한 소는 2주간 격리 관찰한 후 우군에 입식시키도록 한다. 예방 대책으로는 분만우에 대한 소 설사증 예방백신 및 이들로부터 생산된 송아지에게 초유공급에 철저를 기함으로서 성우에서 주로 발생하는 동적리 뿐만 아니라 송아지 설사도 예방 할 수 있을 것이다.

25) 소의 캠필로박터 감염증

(1) 정의

캠피로박터 감염증은 *Campylobacter fetus* 및 *C. venerealis*의 감염에 의해 소와 양의 불임, 유산 등의 번식장애를 일어키는 질병으로 오래전부터 중요시되어 왔다. 특히 *C. jejuni*는 사람과 동물에 있어서 세균성 설사증의 주요 원인체라는 것이 밝혀졌고 또한 동물이 사람에 감염원이 된다는 사실이 알려지면서 새로운 인수공통전염병으로서 중요한 위치를 차지하게 되었으며 임신 소에서는 종종 유산을 일으키는 경우도 있다.

(2) 원인체 및 감염경로

캠피로박터균은 그람음성의 만곡된 간균이며 미호기성이고, 양단 또는 일단에 극편모를 가지며, 활발한 선회운동성을 함. *C. fetus* 성상에 따라 *C. fetus* subsp. *fetus*와 *C. fetus* subsp. *venerealis*의 2아종으로 나눈다. 감염경로는 감염부위가 생식기에 한정되어 있어 교배 및 인공수정으로 감염이 이루어지며 감염된 조직이나 오염된 물질을 섭취함으로써 구강으로도 전염된다.

(3) 국내 · 외 발생현황

우리나라를 비롯하여 세계 각국에서 이병이 확인되어 있으며, 우리나라에서의 설사 송아지로 부터 Campylobacter속균의 분리율은 약 30%로 알려져 있고, 유산 예도 1988년에 확인된 바 있다.

(4) 임상증상 및 진단

이 균은 수소의 포피 또는 음경에 기생하고 있다가 병변을 형성하지는 않지만 암소에 이행된 균은 질, 자궁경관, 자궁에서 증식하고 난관까지 침입하여 수주에서 수개월간 존재하면서 자궁경관염, 자궁내막염을 일으켜 이 시기에는 착상이 되지 않아 초기에 유산되므로 불수태가 된다. 또한 태반, 태막에서 이 균이 증식하고 혈액순환 장애에 의해 유산이 일어나며 *C. fetus* subsp *fetus* 유산은 태령 5-7개월의 임신 중기에 다발한다. 이 균이 감염된 우군에서는 유행적인 번식장애가 있다. 이 균이 감염된 목장에서 소규모의 유행적인 번식장애가 있으나 감염된 소는 짧은 시일 내에 자연치유 되어 임신하게 된다. 불임, 유산 이외의 임상증상은 보이지 않고, 불임 소에서 자궁내막염이 있다. 균분리는 유산한 태자의 위, 맹장 내용물 등을 직접 혈액한천배지에 접종하여 혼합가스(O_2 5%, CO_2 10%, N_2 85%)하에서 37℃, 3~5일간 배양하여 균을 분리 할 수 있으며, 항체검사는 질점액을 이용한 시험관응집반응을 실시할 수 있으나 이 반응은 민감도에 문제점이 있어서 개체의 진단보다도 목장단위의 이병의 감염유무를 알기위하여 이용되고 있다.

(5) 치료 및 예방대책

이 균은 B-latamase을 산생하므로 penicillin이나 ampicillin에 저항하며 Chloramphenicol, tetracyclin, erythromycin를 치료 약제로 사용할 수 있다. 아울러 이등 치료용액으로 포피강을 세정하고, 연고를 이용 포피에 도포한다. 암소는 자궁내막염 치료에 준하여 치료한다.

예방목적으로 외국의 경우 수정시기에 적당한 방어항체를 가지고 있어 수소에서 자연감염을 방어해 주도록 균체백신을 실시하고 있으며 백신은 혈청형에 특이적이다. IgA 항체는 균의 침입, 이동 정착하지 못하게 하므로 일정수준의 항체가를 유지시켜 주는 것도 중요하다.

예방대책으로 이병은 교배에 의하여 전파되므로, 자연교배에 이용되는 보균 수소의 검색이 필요하다. 인공수정용 수소의 포피강 및 정액에 대하여도 엄격한 검사가 필요하다.

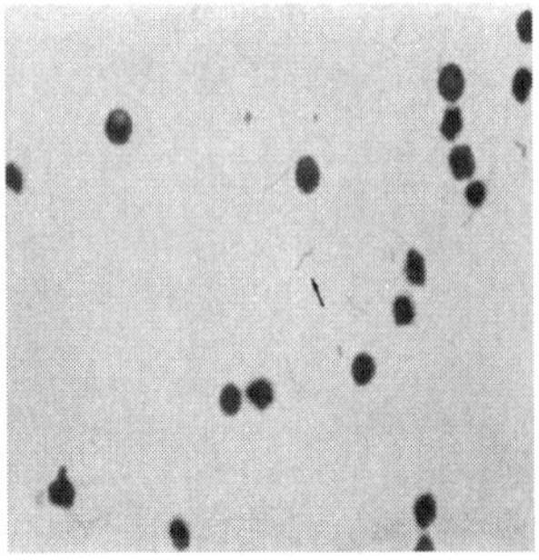

그림 5-33. 캠필로박터 감염증 원인균

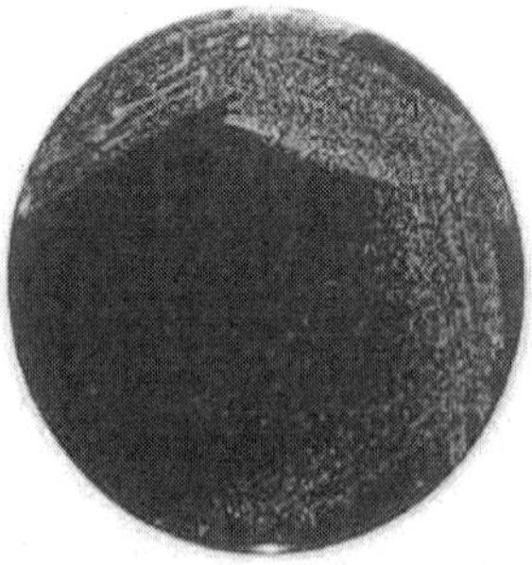

그림 5-34. 혈액배지에서 *C. fetus*의 집락(*Campylobacter fetus*)

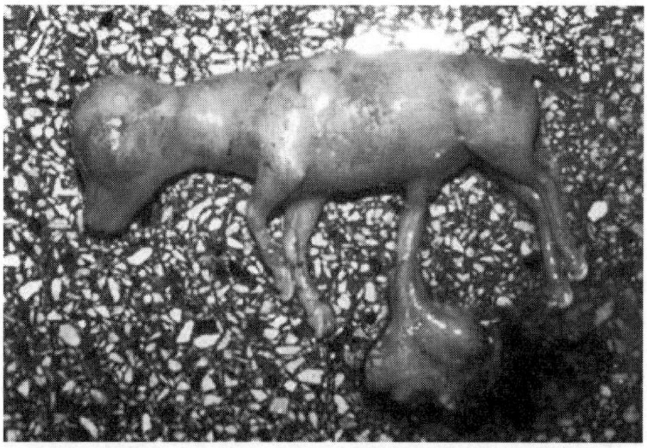

●● **그림 5-35.** 캠필로박터 감염증에 의한 임신중기의 유산태아

26) 소의 살모넬라 감염증

(1) 정의

살모넬라균의 감염에 의한 소의 급성 또는 만성의 소화기 전염병으로 주로 송아지에 다발하며 발열, 장염 및 패혈증상을 주증으로하고 폐염, 뇌염, 관절염, 유산 및 유방염도 일으킬 수 있다. 특히 이 질병의 일부 원인균은 식육을 통하여 사람의 식중독을 유발할 수 있기 때문에 공중보건학적으로 중요한 질병이다.

(2) 원인체 및 감염경로

많은 종류의 살모넬라가 원인균이 될 수 있으며, 그 중에서도 소에서만 질병을 일으키는 살모넬라 듀브린(*Salmonella dublin*)과 숙주특이성이 없이 질병을 일으키는 살모넬라 타이피뮤리움(*Salmonella typhimurium*), 살모넬라 엔테라이티디스(*Salmonella enteritidis*)가 주된 원인균이다.

(3) 국내 · 외 발생현황

전 세계적으로 발생되며 계절적으로는 주로 여름에 가장 흔하며 오염된 사료나 물 또는 별 증상 없이 균을 보균하고 있는 보균우가 중요한 전염원이 될 수 있다. 균은 분변, 유즙, 질분비물 중에 포함되어 있고, 외계에 배설된 균은 1-6개월간 생존한다. 1개월 이내의 자우의 경우 *S. dublin*에 감염되면 치사율이 50-100%에 달하며 *S. enteritidis* 및 *S. typhimurium*은 치사율은 낮으나 축종에 관계없이 감염되고 특히 사람의 식중독을 일으킬 수 있기 때문에 중요시 된다.

(4) 임상증상 및 진단

일반적인 증상으로 식욕부진, 발열, 악취가 있는 황색 설사변 또는 점혈변이 특징이며, 그밖에도 유연, 유루, 기침, 관절의 종창, 신경증상을 보인다. 자우의 급성감염 시 수일 내에 폐사되며 생존한 것은 귀, 꼬리 및 발 끝에 허혈성괴사가 관찰되기도 한다. 임신 중에 *S. dublin*에 감염되면 혈류를 타고 태자에 감염되어 패혈증으로 폐사되어 임신 200일경에 조유산이 발생될 수 있다.

이 질병의 진단을 위해서는 악취 있는 황색설사변 또는 점혈변 등의 임상소견과 장점막의 비막화와 충혈, 장관의 악취내용물 등의 부검소견으로 본병을 추정할 수 있으나 확진을 위해서는 전문실험실에 의뢰하여 원인균의 분리동정이 필요하다.

그림 5-36. Rambach agar에서의 빨간색의 살모넬라균 집락을 형성한다.

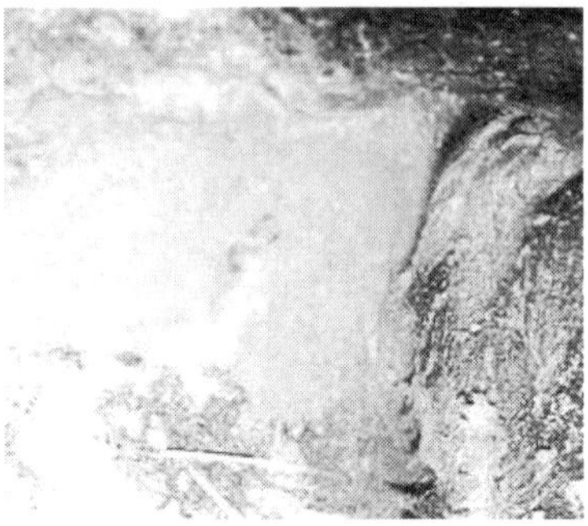

그림 5-37. 살모넬라균에 감염되어 나타나는 황색의 설사분변

(5) 치료 및 예방대책

이 병을 예방하기 위해서는 보균우와 오염된 사료가 중요한 전염원이기 때문에 사료위생이 중요하며 스트레스, 영양결핍, 합병증 등이 발병원인이 됨으로 철저한 위생적 사양관리가 무엇보다 중요하다. 정기적인 축사소독, 이환축의 신속한 격리 등을 통해서 본병을 효과적으로 예방할 수 있다. 또한 본 병이 의심되면 우선적으로 감염우를 격리시키고 연구소 등 전문실험실에 의뢰하여 원인균을 분리동정하여 확진을 받는다. 또한 원인균에 대한 효과적인 약제 산발을 실시하여 감염우 및 보균우의 신속한 치료를 실시하여 임상증상의 호전 및 균배출에 의한 오염을 최소화 시킬 수 있다.

살모넬라균에 대한 면역형성은 사균백신보다 생균백신이 효과적인 것으로 알려져 있으나 아직까지 효과적인 예방약은 개발되어 있지 않다. 약물투약에 의한 예방목적으로 효과 있는 항균제를 사료나 인공유에 첨가하여 사용할 수 있으며, 치료 시에는 분리된 원인균에 대한 약제감수성 시험을 통하여 효과적인 약제를 선발 투약하고 대증요법을 병행 실시한다. 그러나 살모넬라의 특성이 치료약제로는 완치가 어렵다는 것이 일반적이다. 왜냐하면 약물이 못 미치는 숙주의 세포내로 기생하는 특성이 있기 때문이다. 따라서 치료보다는 감염되지 않도록 예방하는 노력이 중요하다.

27) 송아지의 장독혈증

(1) 정의

*Clostridium perfringens*에 의해 발병되며, 가축의 장관에 상재하면서 과식 등에 의한 소화장애의 원인으로 본 균에 대한 저항성이 약화될 때 다른 혐기성 균과 연루하여 장내에 이상 증식되어 송아지에 장독혈증을 유발시킨다.

(2) 원인체 및 감염경로

원인균은 *Clostridium perfringens* 균은 여러 형을 가지며, 그 중에서 송아지에 가장 많이 영향을 미치는 형은 A형이나 이 밖에도 B, C, D형도 관련되는 것으로 보고되어 있다.

이 질병의 발생은 과식으로 인한 위장내 사료가 가득차이고 회장에 혐기성상태가 발생하게 되면 균이 증식하여 독소를 형성하게 되고 이들 독소를 흡수하게 되어 발병하게 된다.

(3) 국내외 발생현황

세계적으로 발생되며 특히 송아지에서 보다도 영국 등에서 같은 반추류인 양에서 흔히 발생되는 것으로 알려져 있는 질병이다.

국내발생에 대한 95년 자료에 따르면 송아지의 설사증 발생율 17.6% 중 *Cl. perfringens*의 분리율은 31.7%인 것으로 조사된 바 있다.

(4) 임상증상 및 진단

송아지에서 흔히 발생되는 *Cl. perfringens* A형 균은 알파톡신만을 분비하며, 생성된 독신은 송아지의 장모세혈관을 손상시키므로써 나타나는 출혈성 장염, 심한 수양성 하리, 쇠약, 빈혈, 황달, 혈색소뇨증 등의 증상을 발현시키며, 발병 후 12시간 이내 폐사되는 것으로 알려져 있다. *Cl. perfringens* B형 균은 알파, 베타, 엡시론톡신을 생성하는 균으로서 본 균이 분비하는 톡신중 에서 베타톡신이 주로 질병 발생에 관여 하는 것으로 보고되어 있으며, 그 임상증상은 출혈성 장염, 소장의 궤양, 호흡곤란에 의한 고통 등을 나타내며, 폐사는 발병 후 수시간에 이루어진다. *Cl. perfringens* C형 균은 알파, 베타톡신을 분비하며, 베타톡신에 의해서 생후 1주일령 이내의 송아지에 괴사성 및 출혈성 장염을 일으킨다. 또한 Cl.

perfringens D형 균의 경우에는 알파, 엡시론톡신을 생성하는 균으로 장관에 손상을 일으키는 것은 주로 에피시론톡신의 독력으로 일어나며, 이러한 원인은 에피시론톡신이 트립신 또는 키모트립신의 작용을 촉진시키고 장점막에 흡수되어, 혈관주위의 수종, 출혈성 장염, 심내막 점상출혈, 승모판 주위 심내막 하의 출혈 등을 일으키는 것으로 알려져 있다.

이병의 진단은 곡식의 과식 및 갑작스런 폐사발생 등 임상증상과 원인균의 분리 및 독소 검출 등으로 확진할 수 있다

(5) 치료 및 예방대책

치료약제로는 세파로틴, 페니실린 및 크로람페니콜이 감수성이 있는 것으로 알려져 있으며 예방대책으로는 사료의 급격한 변경을 피하고 본병과 유사질병이 발생하게 되면 사료중의 곡식의 양을 줄이도록 한다.

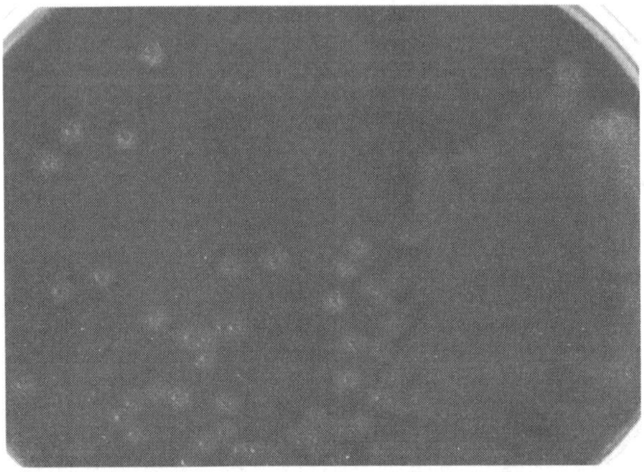

그림 5-38. 출혈성 장내용물로부터 분리된 *Clostridium perfringens*의 특징적인 용혈상

28) 젖소 유방염

(1) 유방염의 정의

자연계에 널리 분포되어 있는 세균이나 곰팡이가 젖소 유방내에 침입하여 염증을 일으키는 질병으로서 젖소 질병 중 가장 많이 발생되며, 우유 중에 체세포수가 증가하여 유질이 저하되고 유량감소, 치료비 지출 등 경제적 손실이 매우 큰 질병이다.

(2) 유방염의 종류

가. 임상형 유방염

임상형 유방염은 원유내에 침전물 등이 눈에 보이는, 즉 육안으로 식별할 수 있는 유방염으로서 약 5.5%의 젖소가 감염되어 있다. 유방이 붓고 열이 나며 통증 및 유방기능 장애를 일으키고, 유즙 변화가 육안적으로 쉽게 구별되는 상태로서 화농되면 우유와 함께 고름이 섞여 나오기도 한다.

나. 준임상형 유방염

유방염에 감염되어 있으나 축주의 눈에 육안적으로는 확인 될 수 없는 상태를 말하며, 유즙을 캘리포니아 유방염진단법(CMT) 등의 야외진단 방법이나 유즙의 세균 배양 등 실험실 진단에 의해서만 판정할 수 있다. 임상형 유방염보다 발생율이 15-40배나 높으며 대부분 임상형으로 진행된다. 이러한 준임상형 유방염을 치료하지 않은 채 방치하면 임상형으로 돌변할 가능성이 높으며, 평소에도 산유량 감소와 유질 저하 등의 커다란 경제적 손실을 가져온다. 유방염 방제를 위해서는 이러한 준 임상형 유방염을 집중적으로 검색, 치료 및 예방관리를 해야 한다.

(3) 유방염 원인체

유방염 원인균의 주요 원인균으로는 *Staphylococcus aureus, Streptococcus agalactiae*, coliform, non-agalactiae Streptococcus, Enterococci 등이 있다. 개별적 또는 산발적 유방염 발생은 Pseudomonas spp. *Actinomyces pyogenes* 또는 기타 흔치 않은 병원체에 기인될 수 있다. 전염성 유방염 원인균인 황색포도상구균과 무유성연쇄상구균의 주된 보균자는 감염된 유방이며 착유과정 중 다른 소들 사이에 감염이 전파되는 전염성 유방염 병원체이다. 감염은 주기적인 임상형 상태가 일어나기는 하지만 만성이나 준임상형인 경향이 있다.

환경성 유방염 병원체에는 장내세균류와 환경성 연쇄상구균 등이 있다. 장내세균류는 *E. coli*, Klebsiella spp., Enterobacter spp., Citrobacter spp. 등이 있고 환경성연쇄상구균에는 *Streptococcus dysgalactiae, Streptococcus uberis, Streptococcus bovis*가 있고, Enterococcus에는 *Enterococcus faecium, Enterococcus faecalis*가 있다. 환경성 병원체의 원천은 용어에서 시사하는 것처럼 젖소의 주변(침낭, 분변, 토양) 환경이다. 비록 환경성 병원체에 의한 새로운 감염이 착유 시에 발생할 수 있을지라도 주된 노출은 착유와 착유사이이다. 장내세균류 감염의 약 70~80%가 임상형(비정상우유, 유방부종, 또는 전신증상)으로 되며 환경성 연쇄상구균 감염의 약 50%가 임상증상을 나타낸다. 환경성 병원체 감염의 60~70%가 30일 이하의 짧은 감염기간을 나타낸다〈표 5-5〉.

●● **표 5-5.** 전염성 및 환경성 유래의 유방염 원인균 비교

구 분	전염성 원인균	환경성 원인균
균 종	• *Staphylococcus aureus* • *Streptococcus agalactiae* • *Corynebacterium bovis* • Mycoplasma spp	• coliforms • *Streptococcus dysgalactiae, Streptococcus bovis* • coagulase negative Staphylococci
보 균 자	감염된 분방	젖소, 젖소의 주변
감염매개체	착유과정, 착유자 손, 착유기, 유두세척 수건	침낭, 분변, 토양
감염시기	착유과정(비유기)	비유기 또는 분만전후
계 절	계절에 상관없음	여름철 다발
감염기간	30일 이상(만성)	30일 이하(60~70%)
발병형태	준임상형 〉 임상형	임상형 〉 준임상형
발생목장	냉각기 체세포수가 높고 비위생적인 착유시설 목장	냉각기내 체세포수 낮은 목장
방제대책	• 개체별 수건사용 • 임상형 유방염의 조기치료 • 철저한 착유기 관리 • 착유후 유두침지 • 건유기 항생제 주입 • 도태	• 목장주변의 환경정리 및 소독철저 • 분만전후 위생적인 사양관리

(5) 유방염 발병요인

가. 비정상적인 해부구조

- 유두괄약근의 미약으로 우유가 새는 것, 비정상적인 형태의 유두

나. 사육환경과 사료

- 비위생적인 사육환경(우사불결, 정기소독 미실시, 깔짚 교체 미비 등),
- 불균형한 사료 급여 및 비타민, 광물질의 부족

다. 대사생리적 이상

- 에스트로젠(Estrogen) 과분비 및 프로게스테론(Progesterone) 분비 감소

라. 분만 및 건유기의 비위생적인 사양관리

- 건유기 항생제 미치료, 건유직전과 분만전후 침지소독 미실시,
- 분만위생관리 불결

마. 비위생적인 착유기 사용 및 사용오류

- 높은 진공압 착유나 불안정한 진공압 착유, 빠른 속도의 착유(65회/분 이상)
- 고무라이너의 정기적인 교체 미흡, 비위생적인 착유기 사용

바. 착유 위생관리 불량

- 착유자 위생상태 불량 및 유방 세척 시 개체별 수건 사용하지 않음
- 착유 후 유두 침지 및 분무소독 미실시

사. 유전적인 요인

- 유전적으로 유방염 감수성 높은 착유우

아. 기타 사양관리 및 착유관리 미흡으로 인한 스트레스 등

이와 같이 유방염 발병경로 및 발생요인이 매우 복잡하기 때문에 유방염 관리를 위해서는 어느 특정한 요인만을 관리하기보다는 전반적인 종합관리가 필요하다.

(6) 유방염의 진단

가. 관능검사

유방 및 유두의 크기, 형상, 색깔, 분방의 균형 상태를 잘 살핀다. 유방 및 유두의 발열, 냉감, 통증, 경결, 탄력성과 손상, 유두공의 상태, 유루, 유관 등의 경결, 유방 임파절의 종창, 착유자극에 의한 배출 능력을 잘 살핀다.

나. 캘리포니아 검사법(CMT)

분방 위치대로 백색반응판에 유즙을 짜 넣은 후 CMT 시약을 가하고 전후좌우로 돌리면서 응집형태나 색깔을 보고 판정하는 것으로 이 검사법은 준임상형 유방염도 진단이 가능하다.

(7) 유방염의 예방 및 치료 대책

가. 유방염의 예방 대책

① 정기적인 착유기 점검(최소 년 1회 이상)

㉮ 적절한 착유압 유지

㉯ 정상적인 맥동기 관리

㉰ 정기적인 라이너 교환

② 위생적인 착유 실시

㉮ 소독된 착유기구의 사용

㉯ 위생적인 유두세척 및 건조 : 개체별 수건사용 및 마른 수건 사용

㉰ 옥시토신호르몬의 분비시간을 고려하여 유두세척 후 1분 이내 착유기 부착 및 5분 이내 착유를 완료하여 과착유 예방

㉱ 유두침지 또는 분무소독 실시 : 전염병 유방염 균 전파 예방

③ 적극적인 유방염 예방관리

㉮ 정기적인 체세포 검사 : CMT 검사(준임상형 유방염 확인)

㉯ 전염성 유방염 원인균 관리

- 무유성연쇄상구균(*Streptococcus agalactiae*) : 근절,
- 황색포도상구균(*Staphylococcus aureus*) : 0.5% 이내
- 외부 구입우 유방염 검사 실시
- 적극적인 건유기 항생제 치료
- 만성 재발형 유방염 감염우 도태 유도

㉰ 임상형 유방염 감염우 : 약제감수성 검사후 적극적인 비유기 치료

④ 위생적인 환경관리

㉮ 위생적인 운동장 관리 및 소독 실시

㉯ 정기적인 발굽삭제 및 위생적인 소 개체관리

㉰ 오염된 사료급여 중지

나. 유방염의 치료

임상형의 경우에는 즉시 적절한 치료를 필요로 하지만 환축에 따라 개개의 젖소에 주의를 기울여야 한다. 비유기 치료는 세균에 대한 낮은 치료율과 경제성, 그리고 뚜렷한 착유량의

증가가 보이지 않으므로 소요경비에 비해 매우 낮은 효과를 나타낸다. 하지만 비유기간 중에 임상형 유방염을 치료하지 않으면 만성화, 비유능력의 저하와 함께 유방염 원인균이 우사내 환경을 오염시켜 건강한 젖소에 감염할 수 있으므로 감염우를 신속히 발견하고 격리하여야 하며, 원인균 배양에 따른 항생제 감수성검사를 통한 적절한 치료방법을 실시해야 한다. 유방염 발생우는 먼저 우유 샘플을 멸균용기에 각 분방별로 채취한 후 실험실 검사를 실시하여 유효한 약제를 선택한 다음 치료대책을 수립해야 한다. 이것은 유방염 원인균에 따라서 항생제의 감수성 결과가 매우 다양하게 나타나기 때문이다.

한편, 치료를 실시한 소는 정확하게 식별해서 개체별로 완전한 기록을 남기는 일이 유방염 관리를 진척시키고, 약물잔류를 방지하는데 매우 중요하다. 또한 원인균 분포에 대한 지식은 불량한 사양관리를 정확하게 지적하고 효과적인 치료법 선택에 매우 효과적이다. 급성 독성형 유방염의 경우는 주로 대장균속 세균이 산생하는 내독소에 의해서 일어나므로 감염된 분방은 2~3시간마다 젖을 짜내어 독소나 유즙 찌꺼기를 제거하고 유방을 비우기 위하여 옥시토신을 주사하는 것도 좋다. 또한 대량의 전해질 수액을 정맥주사하여 체액을 원상태로 되돌리고 독소를 희석하며, 산증에 대한 치료를 하는 것도 바람직하다. 치료율은 감염기간, 소의 연령, 감염미생물의 종류 및 병원성 요인에 의해서 좌우되며, 치료의 실패는 치료의 지연, 약제선택의 실수, 치료기간이 너무 짧든지, 또는 미생물의 약물저항성 등이 원인이다. 효과적인 유방내 치료를 위해서는 항생제가 감염부위까지 확산 침투되어 미생물을 박멸하고, 세균번식을 방해하는데 필요한 시간과 약제 용량이 적절히 유지되어야 한다. 따라서 가장 효과적인 치료법은 유방내 치료와 함께 전신치료를 병행하는 것이다. 임상형 유방염에서 회복을 빠르게 하기 위해서는 무엇보다도 영양적으로 필요한 제제나 효과적인 사양관리 등 보조적인 요법들이 병행되어져야 한다. 일반적으로 비유기간 중 임상형 유방염에 대한 치료방법으로는 치료기간 중에는 배합사료 및 기타 사료의 급여량을 2/3이하로 줄여 유방의 부담을 적게 하고, 착유 후 후착유를 실시한 후 항생제가 함유된 증류수로 유방을 세척한 후, 20분 정도 찜질 및 마사지를 해 준 다음 알코올을 묻힌 솜으로 유두를 잘 소독하고, 약제감수성 검사 결과에 따라 효과 있는 유방염 연고를 유두에 넣어준 다음 유두침지, 또는 분무소독을 실시해야 한다.

29) 소의 주요 질병 임상감별 요령

(1) 원기

행동이 활발하지 못하고 침울하고 움직이기를 싫어하는 소, 같은 무리와 어울리지 않고 홀로 있는 소, 누운 채 고개를 한쪽으로 기울이고 있거나 기립이 곤란한 소 등은 일단 체내에 이상이 생긴 것으로 볼 수 있다.

(2) 눈모양의 변화

눈 점막이 창백하면 영양불량상태를 의미하며 빈혈, 백혈병, 내부기생충, 중독증일 때도 창백해진다.

황색으로 되었을 때는 황달을 의심하며 충혈은 열성전염병, 심장질환, 폐질환 등의 감염 시 나타난다. 각막이 혼탁하면 핑크아이, 전염성소기관염, 악성카탈열 등이 의심되고 안구함몰은 탈수, 허탈 시에 나타난다.

(3) 식욕부진

급속한 식욕부진은 제1위 식체, 급성열성질병에서 볼 수 있으며 만성위장병의 경우 식욕에는 큰 변화가 없다.

식욕이 있으면서 먹지 못하는 것은 구강내의 동통, 식도내의 이물체류, 사료급변, 나쁜 사료, 환경급변, 인후두부의 염증 등의 경우에 나타난다.

사료를 정상적으로 먹으면서 이물을 먹으면 무기물 결핍을 뜻하므로 이런 경우에는 미네랄 블록을 달아 주도록 한다.

(4) 되새김질

되새김질이 약하거나 하지 않으면 식체, 고창증 등의 위장질환, 40℃이상의 열성질병, 중독, 신경성 장애로 볼 수 있다.

(5) 체온

소의 정상체온은 38.5~39.5℃인데 개체마다 약간씩 차이가 있다. 소의 체온이 사람의 체온보다 높기 때문에 소의 귀를 만져보면 따뜻한 감을 느낄 수가 있다.

체온이 평균이하(36~38.5℃)로 떨어지는 질병은 유열, 중독, 심한 설사, 식체, 만성장염에서 볼 수 있으며 41℃이상의 고열이 지속되는 병은 탄저, 유행성 감기, 폐렴 등에서 볼 수 있다.

(6) 호흡

건강한 소는 흉식호흡과 복식호흡을 같이하고 횟수는 1분간에 18~30회이다. 흉식호흡만 하는 소는 소화기계에 장애가 있을 때이며

호흡기계 질병에 걸린 소는 흉식호흡은 하지 못하게 되어 복식호흡만 하게 되며 호흡수가 증가하고 헐떡거린다.

(7) 코흘림

건강한 소의 콧등은 항상 젖어 있으며 콧등이 말라 있다는 것은 몸에 열이 있는 등의 이상이 있음을 나타낸다.

혈액이 섞인 콧물은 각혈, 탄저, 비염, 고사리중독, 기관지 궤양이 있을 때 나오며 누런 콧물은 파스튜렐라 폐렴, 축농증, 이물성 폐렴일 때 나온다.

(8) 구강

가축이 질병에 걸리면 타액분비감소, 유연, 악취, 점막의 물리적 변화(미란, 궤양 등), 출혈반, 염증 등이 나타난다.

① 침을 많이 흘릴 경우 : 구내염, 구제역, 우역, 중독, 제1위질환, 식도경색
② 침을 적게 흘릴 경우 : 열성질환, 산통, 중독 등
③ 연하곤란 : 인두염, 식도질환, 유행열, 이바라기 등
④ 구강점막의 출혈 : 패혈증, 외상 등
⑤ 구내염 : 수포성은 구제역, 디프테리성은 우역·수포성 구내염, 농성은 방선균증 등
⑥ 악취 : 향취는 젖소의 케토시스, 암모니아취는 제1위 alkalosis 등

(9) 결막

결막은 임상 검사상 질병유무 판정에 중요하다. 증세별 우려 대상 질병은 다음과 같다.

① 창백할 경우 : 출혈성 질환, 빈혈성 질환(주혈원충증 등)
② 충혈 되었을 경우 : 열성전염병, 패혈증, 호흡기장해, 중증의 위장염, 고사리 중독증 등
③ 누런색일 경우 : 황달, 주혈흡충증, 주혈원충성질병, 급성빈혈성 열성질환, 간질환 등
④ 청색증일 경우 : 초산염중독
⑤ 출혈반이 있을 경우 : 패혈증, 중독증 등이 의심된다.

(10) 걸음걸이와 자세

① 절룩걸음은 다리상처나 관절염 또는 고열, 극도의 영양실조 등을 나타낸다.
② 자궁염, 요석증 등이 있을 때는 등을 구부리고 배만자세를 취한다.
③ 유열은 가슴을 땅에 대고 목을 구부려 머리를 옆가슴에 기대 S자형의 자세를 취한다.
④ 리스테리아는 신경증상으로 한쪽 방향으로만 선회한다.
⑤ 그라스테타니중독증, 대뇌피질괴사증에 걸렸을 때는 비틀거린다.
⑥ 골연증은 내측발굽의 통증으로 다리를 교차하거나 일어나기를 싫어한다.

(11) 오줌

① 배뇨의 횟수, 태도, 오줌색 등을 주의해서 관찰해야 한다.
② 혈뇨는 요도염, 방광염, 렙토스파이라병, 파이로플라즈마병, 중독증, 물중독에서 나온다.
③ 뇨결석은 오줌을 찔끔찔끔 싼다. 뇨결석의 초기에 생식기주위 털에 하얀색의 가루가 붙어 있고 배뇨 시 등을 구부리거나 안절부절 못하는 등 불안감을 보이기도 한다.

(12) 분변

변비는 열성 질병 시 나타나며 전염성 질병에 걸렸을 경우 원인체에 따라 분변의 상태가 다르지만 일반적으로 바이러스성 설사일 때는 회색 또는 흑갈색의 심한 수양성 설사를 하며 세균성일 때는 묽은 황색 또는 황갈색의 연변을 본다.

이상의 12가지 주요 관점을 참조하여 소의 거동을 살피면 질병 초기에 병증을 관찰할 수가 있을 것으로 보이며 소에서 근래에 많이 발생되고 있는 질병을 간추려 소개한다.

송아지에서 소바이러스성 설사병(BVD), 소코로나바이러스감염증, 소로타바이러스감염증 등 바이러스 감염에 의한 설사증이 가장 많았다. 세균성으로는 세균성 폐렴과 대장균증이 많이 검색되었고, 기생충성인 네오스포라병이 있었다.

소의 모기매개성 질병은 모기가 흡혈할 때 바이러스가 전염되어 병을 일으키는 질병으로 모기 발생철인 여름철에 감염돼 피해가 큰 질병이다.

이러한 질병에는 이상분만을 일으키는 아까바네병, 츄잔병 그리고 호흡기 증상이 주증상인 소 유행열, 연하곤란을 보이는 이바라기병이 있으며 이 중에서도 아까바네병과 소 유행열이 가장 문제시 되고 있다.

이들 모기매개성 질병을 방지하기 위한 예방대책은 백신접종이 최선이며, 축사내에 저독성 살충제 살포 및 작은 웅덩이 제거 등 모기구제에 최선을 다하여야 할 것이다. 이러한 질병 이외에도 탄저, 기종저, 결핵 및 부루셀라 등도 발생의 빈도 차이는 있을지라도 지속적으로 발생하고 있으므로, 축산농가에서는 유사질병이 발생하였을 경우 시·군 또는 각 도의 가축방역기관(가축위생시험소, 축산위생연구소)에 신고하여 정확한 진단 후 적절한 방역조치를 취할 수 있도록 해야 한다. 자가치료 보다는 인근 방역기관이나 수의사의 도움을 받는 것이 좋다.

2. 돼지(swine, pig, porcine, hog)

1) 돼지 열사병 및 일사병

열사병 및 일사병은 열의 과다 생산, 주위 환경 온도의 과다 흡수 또는 물리적 열발산의 장애로 인한 고체온증을 말한다. 특히 돼지는 두꺼운 지방과 피부에 혈관의 분포가 적고 땀샘이 퇴화되어 체열의 발산이 잘 되지 않는 생리적인 특성 때문에 여름철 고온에 약하다. 따라서 여러 가지 원인으로 체온생산이 항진되어 체열이 축적되면 체온조절중추가 마비되어 체온이 발산되지 않고 급격히 축적되어 열사병이 일어난다. 종래에는 연수에 직접적으로 직사광선의 조사에 기인한 고체온증을 일사병이라고 구분했었으나, 지금은 그러한 경우에도 모두 열사병으로 분류한다.

(1) 원 인

① 습기가 많고 무더운 여름철에 환기가 불량한 환경에서 많이 발생한다.
② 특히 돈사의 단위면적당 사육두수가 과다한 밀집사육돈사에서 다발한다.
③ 혹서기 수송 중에 발생하는 경우도 흔하며, 음수 및 염분의 섭취가 충분하지 않을 때도 발생한다.
④ 방목 혹은 직사광선을 받을 수 있는 돈사 구조나 불량한 사양관리 등으로도 발생할 수 있다.

(2) 증 상

① 초기에는 돼지의 활기가 없어지며, 갈증을 보이고 사료 섭취량이 현격히 줄어든다.
② 병세가 진행되면, 41~43℃의 발열이 있고 불안해하며, 호흡이 촉박해져서 구강으로 호흡한다.
③ 탈수증상으로 인해 안구가 함몰되거나 초점이 흐려진다.
④ 심한 경우에는 광조, 전간, 마비 등의 신경증상을 보인다.
⑤ 순환장애에 의한 청색증, 호흡부전 등으로 혼수상태가 되었다가 폐사에 이르게 된다.
⑥ 모돈의 경우 이상 발정이나 발정 지연현상이 나타나고, 비유량이 감소한다.
⑦ 웅돈의 경우 정소기능의 저하로 수태율 감소가 우려된다.

Chapter 05

(3) 진 단

① 병력을 청취하고 임상증상과 사육환경여건을 위주로 진단할 수 있다.

② 폐사돈에 대한 부검소견으로 불분명하나. 말초혈관 확장, 폐의 충혈과 부종, 모든 장 의 울혈 등을 관찰할 수 있다.

③ 혈액의 응고가 불량 또는 지연되며, 사후강직 및 부패가 빨리 일어난다.

④ 단, 병리조직학적인 특이한 소견은 없다.

⑤ 열사병과 패혈증은 임상적으로 구별하기가 매우 어렵지만, 패혈증 시에는 점막이나 피부에 점상출혈이 나타날 수 있고, 세균감염에 기인한 패혈증에서는 세균분리가 가능한 반면, 열사병 시에는 흔히 환경검사를 통한 그 원인을 찾는다.

⑥ 음수를 충분히 공급하고, 식염이 부족하지 않도록 공급한다.

⑦ 돼지를 이동할 때에는 무더운 낮 시간을 피하고, 아침, 저녁을 통해 수송한다.

2) 돼지의 호흡기 질병

사계절이 뚜렷하게 나뉘는 우리나라의 날씨는 사람이 살기에는 비교적 좋은 환경을 허용하여 주지만 돼지를 사육하기에는 매우 어려운 요인으로 작용하고 있다. 여름은 무덥고 습기조차 많은데 비하여 겨울은 너무 춥고 또한 건조하며 비교적 온도가 적당한 봄·가을은 밤과 낮의 일교차가 커서 어느 계절 하나 돼지사육에 만만하지 않은 것이 우리에게 주워진 자연환경이다. 게다가 갑작스럽게 양돈산업이 발전하고 사육두수가 늘어나는 관계로 대다수 양돈농가의 돈사시설은 전근대적이고 노후 되어 외부환경의 변화에 매우 취약한 실정에 있다. 이렇게 우리가 처한 상황은 돼지의 호흡기 질병이 발생하기에 매우 용이한 조건을 제공하고 있다. 돼지 호흡기질병의 종류와 그 예방대책에 대하여 알아보자.

(1) 국내에서 다발하는 호흡기질병의 종류와 원인체

국내에서 호흡기질병을 일으키는 원인으로는 돼지 생식기 호흡기 증후군(Porcine reproductive and respiratory syndrome ; PRRS virus 감염증), 오제스키병(Aujeszky's disease ; AD virus 감염증), 돼지콜레라(Hog cholera ; HC virus 감염증), 돼지 인플루엔자(Swine influenza ; SI virus 감염증) 및 돼지 호흡기형 코로나바이러스 감염증(Porcine respiratory coronavirus infection ; PRCV 감염증) 등 바이러스성 호흡기질병을 위시하여 위축성비염(Atrophic rhinitis ; AR ; *Bordetella bronchiseptica*와 *Pasteurella multocida* type D 복합감염증), 유행성 폐렴(Swine enzootic pneumonia ; SEP ; *Mycoplasma hyopneumoniae* 감염증), 파스튜렐라 폐렴(Pneumonic pasteurellosis ; *Pasteurella multocida* type A 감염증), 흉막폐렴(Pleuropneumonia ; *Actinobacillus*

●● **표 5-6.** 돼지 호흡기질병의 종류별 질병 다발시기 및 예방대책

원인체	질병명	감수성 일령				발생시기	발생양상	예방법
		포유자돈	이유자돈	육성돈	비육돈			
바이러스	돼지생식기 호흡증후군 (PRRS)	강	중	약	미약	년중	지속적	백신접종, 모돈 청정화, 질병유입 차단, 환기, 온/습도 조절, 스트레스 요인 제거
	오제스키병 (AD)	강	중	약	미약	년중	지속적	백신접종, 모돈 청정화, 양성돈 도태, 질병유입차단
	돼지콜레라 (HC)	강	강	강	강	년중	지속적, 폭발적	백신접종, 질병유입차단
	돼지 인플루엔자	강	중	중	중	겨울	산발적	질병유입차단, 밀사 등 스트레스 요인 제거
	돼지호흡기 코로나 바이러스	약	약	약	약	년중	산발적	질병유입차단, 밀사 등 스트레스 요인 제거
세균	위축성비염 (AR)	강	약	미약		년중	지속적	백신접종, 모돈 청정화, 환기, 온도 및 습도 조절
	유행성폐렴 (SEP)	약	강	강	중	년중	지속적	백신접종, 환기, 온습도 조절, 청결, 소독
	파스튜렐라 폐렴	중	강	강	중	년중	지속적	백신접종, 환기, 온습도 조절, 청결, 소독
	흉막폐렴		약	강	강	년중	지속적/ 산발적	백신접종, 환기, 온습도 조절, 청결, 소독
	글래서씨병	약	강	강		년중	산발적	환기, 온도 조절, 밀사 등 스트레스 요인 제거
	살모넬라병	미약	중	강	중	년중	산발적	환기, 온도 조절, 청결, 소독
기생충	돼지회충증	약	중	약	약	년중	지속적	청결, 소독, 정기적인 구충, All-in/ All-out
	돼지폐충증	강	중	중	중	년중	산발적	청결, 소독, 정기적인 구충, All-in/ All-out

pleureopneumoniae 감염증), 글래써병(Glasser's disease ; *Haemophilus parasuis* 감염증), 살모넬라균증(Salmonellosis ; Salmonella spp. 감염증) 및 이외에도 연쇄상구균감염증(Streptococcosis ; Streptococcus spp. 감염증), 포도상구균감염증(Staphylococcosis ; Staphylococcus spp. 감염증), 대장균증(Colibacillosis ; *Escherichia coli* 감염증) 등의 세균성 호흡기질병이 있으며, 기생충성으로는 돈 폐충증(Lungworm infection ; *Metastrongylus elongatus* 감염증) 및 돈회충증(Ascariasis ; *Ascaris suum* 감염증) 등이 있다

(2) 돼지 유행성 폐렴

유행성 폐렴의 원인균은 1차 침입균으로 직접 특이적인 병소를 형성시켜 발병하게 되며 그 외 대부분의 병원체는 1차균이 침입하여 형성된 병소에 2차적으로 침입 혼합감염되어 병소나 증세를 더욱 악화시키게 된다. 만성적인 건성기침이 특징인 유행성 폐렴은 체중저하 및 사료효율저하로 심한 경제적 손실을 야기시키며, 대부분 임상적으로 경미한 정도를 나타내나 파스튜렐라균이 2차 감염되면 병세를 더욱 악화시킨다. 이 병에 감염된 돼지는 오랫동안 기침을 통하여 병원균을 배설하며, 감염돈과의 접촉이나 코거품에 의하여 전염되나 간접 접촉감염은 잘 이루어지지 않으며, 대부분의 전염은 감염 모돈으로부터의 수직감염을 이루어진다.

이 질병은 거의 전 세계적으로 발생하고 있는 국내 양돈장에서도 단지 몇 곳만을 제외하고 거의 전 농장에 상재해 있다고 할 수 있다. 감염의 정도는 천차만별이지만 각 농장마다 또는 한 농장에서도 각 돈군별로 큰 차이가 있어서 감염율이 낮은 곳은 10~30%에 불과하지만 높은 곳은 80~90%에 이를 정도로 다양하다. 감염률이 이렇게 높은 이유는 이 병이 전염성은 매우 높은 반면 폐사율은 비교적 낮은 만성질병이기 때문으로 알려져 있다.

유행성 폐렴을 예방하기 위해서는 린코마이신, 타이로신, 티아물린 등의 항생제를 사료에 첨가하여 중장기적으로 투여하면 효과가 있다. 현재 외국에서 수입된 예방약 및 국내 생산 예방약이 비교적 효과가 있는 것으로 알려져 있으므로 예방접종을 철저히 하여 피해를 최소화시키고, 이차적인 세균의 간염도 미연에 방지할 수 있다.

(3) 위축성 비염

위축성 비염은 일부 농가에서는 '코삐뚤이병' 이라고 알고 있다. 이 질병은 보데텔라라는 세균이 돼지의 코에 감염되어 독소를 생산하여 발생하는 질병이다. 원래 사람이나 동물의 코는 외부로부터 폐로 들어오는 이물질을 제거하고, 유입되는 공기의 온도와 습도를 조절하는 역할을 하는 기관이다. 그런데 이 코에 보데텔라균이 감염되어 점막을 손상시켜 염증을

초래하고 심한 경우 코 내부에 있는 골조직까지 파괴하여 외부에서 침입하는 각종 병원체에 대한 제거기능을 상실하게 된다. 따라서 본병에 걸린 돼지는 코피를 흘리고, 골조직의 손상으로 인해 코가 한쪽방향으로 휘거나, 뭉뚝하게 짧아져 얼굴에 변형이 생긴다. 폐사는 거의 없으나 식욕감소와 성장율의 저하 및 폐렴까지 유발하게 된다.

전 세계적으로 발생하고 있고, 우리나라에서도 대부분의 양돈농가에서 발생하고 있는데 질병의 전파 매게체는 대부분 본병에 감염된 모돈이다. 따라서 위축성 비염에 걸린 모돈이나 자돈을 검색하여 과감히 도태하는 것이 만성적인 손실을 줄이는 지름길이라고 생각된다. 적절한 예방법으로는 AR 단독백신 이나 기타 다른 호흡기 질병 원인체와 합제된 예방약을 접종해야 하는데, 각 제품마다 접종시기가 다르기 때문에 반드시 접종방법을 따르셔야 하고, 기타 예방법으로 설파제, 트리메도프림, 옥시테트라싸이클린 등의 항생제를 사료에 첨가하여 주시면 다소 효과를 볼 수 있다.

(4) 파스튜렐라 폐렴

파스튜렐라폐렴은 파스튜렐라 멀토시다(*Pasteurella multocida*)에 의해 발생되는 폐렴으로 단독감염에 의하기보다는 마이코플라즈마성 폐렴, 인플루엔자 감염, 흉막폐렴 등에 이은 이차감염으로 발병하거나, 평상시 상부호흡기도에 잠복하여 있다가 장거리 수송, 심한 온도변화 등의 스트레스에 또는 비위생적인 관리 등에 의해 저항성이 감소되었을 시에 폭발적으로 증식하여 병원성을 나타내 병변을 보이는 경우가 대부분이다.

이 질병의 주요증상은 심한 기침과 콧물이 나오고 높은 체온과 식욕부진 등을 나타낸다. 감염된 돼지는 5~6일 이내에 죽거나 회복되는 경우도 있지만 성장률이 떨어지고 재발되는 경향이 있다.

예방을 위해서는 철저한 환기를 통하여 폐 점막을 자극하는 먼지와 독성 가스를 제거하고 백신 접종을 해주도록 한다. 아울러 치료를 위해 감염된 장기에서 원인균을 분리한 후 항생제 감수성 검사를 통하여 항생제를 선발하여 치료하는 것이 효과적이다.

(5) 흉막 폐렴

흉막폐렴이 있는데 이는 악티노바실러스균에 의해 일어나는 질병으로 원인균체가 분비하는 독소에 의해 심한 혈관 손상과 섬유소가 침착하여 섬유소성 폐렴과 더불어 폐의 표면과 흉벽이 서로 유착되어 나타나기 때문에 흔히들 '흉막폐렴'이라고 통칭하고 있다. 급성의 경과를 취할 때에는 잘 자라던 건강한 2~6 개월 령의 돼지가 외부증상은 거의 없는 상태로 심한 호흡곤란증세와 입과 코에서 혈액이 섞인 거품을 흘리며 죽게 되고, 만성 경과 시에는 식욕이 저하되어 사료 섭취량이 현격하게 떨어지고 심한 성장지연이 나타난다.

본 질병을 예방하기 위해서는 예방약의 접종과 철저한 위생관리에 힘써야 한다. 물론 백신접종이 질병을 100% 차단하지는 못하는데, 백신을 접종 할 경우는 접종하지 않을 경우에 비해 발병율이 현저하게 감소하고, 병소의 크기와 정도를 약화시키고, 항생제 치료 시 효율도 증진시키며 성장지연의 예방뿐만 아니라 폐사율도 낮출 수 있기 때문에 반드시 실시해야 한다. 임신말기의 어미돼지에 백신접종을 하여 젖을 먹는 새끼 돼지에 이행항체가 생기도록 함으로써 감염을 예방토록 한다. 육성돈에도 추가로 접종하여 발병을 억제토록 하는 것이 바람직하다. 치료를 위해서는 몇 가지 항생제 바이트릴, 겐타마이신, 설파제 등을 선택하여 치료하면 되지만, 가장 확실한 방법은 믿을만한 검사기관에 의뢰하여 환돈으로 부터 직접 분리한 원인균에 대해 항생제 감수성 검사를 실시한 후 가장 우수한 항생제를 선발하여 치료하는 것이라 하겠습니다. 또한 정기적으로 돈사 소독을 실시하여 세균 수를 줄이는 것도 필요하다. 과밀사육을 피하고 환기를 충분히 시켜주며 사료를 서서히 교체하여 주도록 한다.

(6) 돼지감기(Swine influenza virus infection)

주로 가을과 겨울에 다발하는 질병으로 폭발적으로 발생하여 약 1주 후면 급격히 회복하는 질병이다. 원인은 오르소믹소바이러스에 속하는 돼지 인플루엔자A(H1N1)바이러스 이며 요즘은(H3N2)형도 돼지에서 분리가 자주 된다. 감염경로는 돼지의 이동이 가장 큰 이유로 작용하며 기온의 변화가 심한 경우, 기상조건에 의한 스트레스, 폐충에 의한 감염, 사람, 조류 등에 의한 전파에 의해 발생한다.

주요 임상증상은 1-3일의 잠복기를 거친 후 동시 폭발적으로 식욕저하, 활동성 저하, 쇠약, 기복자세, 환각증상, 사람이 지나가도 움직이지 않는 증상이 나타난다. 강제로 이동시키면 입을 열고 있고, 복식호흡, 힘든 기색, 경련 및 개가 짖는 듯한 발작성 기침을 하며, 40℃이상의 고열, 안결막염, 비염, 콧물, 콧소리 등으로 나타나며 100% 감염이 되나 4%정도의 치사율을 가지며 5~7일 후 갑자기 회복된다. 이러한 증상은 면역성이 떨어졌거나 다른 원인체와 복합 감염될 경우 더 심하게 나타난다. 특별한 치료 대책이 없음으로 예방차원에서 다루어야한다. 즉 이병이 유행할 때에는 이동을 피하며, 외부인과 접촉을 금하며, 구서 및 구충을 해야 하며 환경적 스트레스를 줄이고, 신선한 음수를 공급한다.

(7) 돼지 생식기 호흡기 증후군(PRRS)

이 질병은 번식장애와 호흡기 질환이 복합적으로 나타난다. 호흡기 질환은 전 일령에서 나타날 수 있으며 특히 포유자돈과 이유자돈에 집중된다. 이 경우 빠른 복식호흡이 관찰되고 안검부종, 결막염, 재채기, 설사 등이 관찰되며 짧은 기간 동안의 체온상승이 있는 경우도 있고 드물게 신경증상을 보일 수도 있다. 그밖에 귀, 복부, 외음부 등에 청색 반점이 생기는 경우도 있다. 이상의 임상증상들은 급성으로 심하게 진행되는 경우에 뚜렷하게 관찰할 수 있는 것들이며 준임상형으로 감염되었거나 만성적으로 진행될 경우에는 임상증상을 거의 관찰할 수 없다. 만성적 감염은 이유자돈과 육성비육 단계에서 주로 이루어지며, PRRS 바이러스의 공격을 받은 호흡기계에 세균 및 바이러스가 감염되어 비염과 폐렴을 관찰할 수 있다. 결과적으로 평균 증체량이 저하되고, 사료 요구율은 더 증가하게 되며 이유 후 폐사율이 PRRS 감염전의 평균 폐사율보다 2배 가량 높아진다. PRRS에 대한 항체 보유 여부를 혈청학적으로 검사했을 경우 양성으로 판정된 농장에 대한 임상증상의 발현여부를 조사하면 일부의 농장에서만 임상증상이 나타난 것을 알 수 있었다. 혈청학적 양성 돈군 비율과 임상증상 발현 돈군 비율을 비교해보면 이 바이러스가 무수한 준 임상형 감염과 관련되어 있음

이 추측되나 PRRS바이러스에 감염된 돈군에서 왜 임상증상이 나타나지 않는가에 대해서는 아직 정확히 밝혀지지 않았다.

폐포큰포식세포는 외부로 열려져 있는 호흡기내에서 생체방어를 담당하고 있는 중요한 성분 중 하나 인데, 이 세포에서 증식하는 PRRS바이러스에 감염되면 세포의 수가 감소되고, 그 기능이 제대로 발휘되지 못하여, 2차 적인 바이러스 및 세균감염에 감수성이 매우 높아진다.

PRRS는 병을 일으키는 정도가 매우 다양하나, 그 요인들이 아직도 정확히 밝혀지지 않은 상태에서 어느 양돈장도 안심할 수 없는 질병이다. PRRS에 감염되지 않은 농장에서는 무엇보다도 PRRS 바이러스가 농장 내에 침입하지 않도록 유의해야한다.

외부로부터 돼지구입을 최대한 억제한다. 부득이하게 외부로부터 돼지를 구입할 경우 PRRS에 감염된 적이 없는 양돈장에서 구입하고 최소한 30일 동안은 격리 사육하는 것이 좋다. 감염된 돼지와의 접촉이 주된 전파방법이므로 사람, 차량을 통하여 감염농장으로부터 전파되지 않도록 주의한다. 바이러스 외막에 효과가 있는 소독제를 사용하여 철저한 소독을 실시하는 등 일반적인 전염병 방역대책에 따라 PRRS바이러스의 침입을 막는다. 바이러스 질병에 대한 최선의 예방대책은 백신의 접종이다. 현재 국내에서는 생독백신이 시판되고 있다.

이미 PRRS에 감염되어 있는 농장에서는 실험실 진단법을 통해 농장내 감염상태를 정확히 파악하고 그에 따른 대책을 세워야 한다. PRRS바이러스는 준임상형 감염이나 만성감염의 경우 2차적 감염이 문제가 되어 경제적 손실을 일으키므로 감염돈사 및 감염돈군을 찾아 바이러스 지속 감염고리를 차단하고 바이러스성, 세균성 2차 감염을 예방한다.

3) 자돈 설사병

포유 자돈의 폐사 및 성장지연에 가장 많은 영향을 미치는 것이 바로 설사병이다. 일례로

생후 10일 이하의 포유자돈에서 전염성위장염(TGE) 또는 유행성설사병(PED)이 발병하였을 경우 최소가 20~30%의 폐사를 초래하고 심한 경우는 80~90%의 폐사를 초래하므로 이러한 질병이 양돈장에서 발병하게 되면 이로 인한 경제적인 손실은 실로 막대하다고 하겠다. 여기에서는 국내에서 중요한 자돈 설사병의 종류와 그 원인체를 알아보고 예방 및 치료대책에 관하여 개괄적으로 알아보고자 한다.

(1) 국내에서 다발하는 자돈설사병의 종류와 원인체

국내 자돈에 설사병을 일으키는 원인으로는 전염성위장염(Transmissible gastroenteritis; TGE virus 감염증), 돼지유행성설사병(Porcine epidemic diarrhea; PED virus 감염증) 및 로타바이러스감염증(Rotavirus infection) 등 바이러스성 설사병을 위시하여, 대장균증(Colibacillosis; *Escherchia coli* 감염증), 괴사성장염(Necrotic enteritis; *Clostridium perfringens* type C 감염증), 살모넬라감염증(Salmonellosis ; Salmonella spp. 감염증), 돼지 적리(Swine dysentery; *Brachyspira hyodysenteriae* 감염증) 및 돼지증식성장염(Porcine proliferative enteritis; *Lawsonia intracellularis* 감염증) 등의 세균성 설사병이 있으며, 이외에도 콕시디움증(Coccidiosis; Isospora suis 감염증), 돈편충증(Trichuriasis; *Trichuris suis* 감염증), 회충증(Ascariasis; *Ascaris suum* 감염증), 크립토스포리디움증(Cryptospordiasis; *Cryptosporidium parvum* 감염증) 및 장결절충증(Oesophagostomiasis; Oesophagostomum spp. 감염증) 등 기생충성 설사병 등이 있다.

표 5-7. 자돈설사병의 종류별 질병 다발시기 및 예방대책

구분	질병명	감수성 일령						발생시기	발생양상	예방법
		포유기			이유기					
		전기	중기	후기	전기	중기	후기			
바이러스성	전염성위장염	강	약	미약	미약	미약	미약	겨울~봄	폭발적 산발적	백신접종, 인공감염, 질병유입 차단
	유행성설사병	강	약	미약	미약	미약	미약	년중	폭발적 산발적	백신접종, 인공감염, 질병유입 차단
	로타바이러스 감염증	약	중	중	중	약	미약	년중	산발적	백신접종, 질병유입 차단
세균성	대장균증	강	약	약	강	중	약	년중	지속적	백신접종, 소독, 청결, all-in/all-out
	부종병				중	강	약	년중	산발적	청결, 소독, all-in/all-out, 이유 후 산화아연 급여

구분	질병명	감수성 일령 포유기 전기	포유기 중기	포유기 후기	이유기 전기	이유기 중기	이유기 후기	발생시기	발생양상	예방법
	괴사성장염	강						년중	산발적	청결, 소독, all–in/all–out
	살모넬라병	미약	미약	미약	약	중	강	년중	산발적	청결, 소독, all–in/all–out,
	돼지적리	미약	미약	미약	약	중	중	년중	지속적	청결, 소독, 밀사방지 등
	증식성회장염				중	중	중	년중	산발적	청결, 소독, 밀사방지 등
기생충성	콕시듐증	강	강	약	약	미약	미약	년중	산발적	청결, 소독, all–in/all–out
	크립토스포리디움증	미약	중	미약	미약	약	약	년중	산발적	청결, 소독, all–in/all–out
	돈회충증	약	약	약	약	약	중	년중	지속적	청결, 소독, 정기적 구충, all–in/all–out
	돈편충증				미약	약	중	년중	지속적	청결, 소독, 정기적 구충, all–in/all–out
	장결절충증				미약	약	중	년중	산발적	청결, 소독, 정기적 구충, all–in/all–out

그림 5–39. 바이러스성 설사병의 대표적인 소견으로 녹황색의 수양성 분변을 배출한다. 분변 내에는 소화되지 않은 응유의 파편들이 섞여 있다. 돼지 전염성 위장염(TGE)에 감염된 4일령 포유 자돈

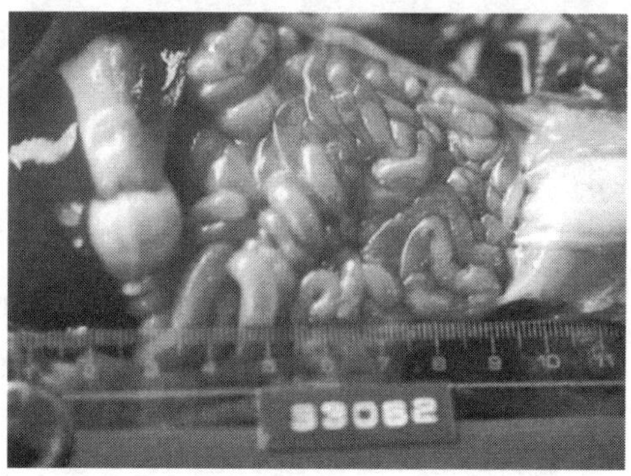

그림 5–40. 바이러스성 설사병에 감염된 포유 자돈의 대표적인 부검소견으로 소장벽은 매우 얇아져서 속이 훤히 들여다보이며 소장 내강에는 수양성 액체 또는 가스가 차있다. 돼지 유행성 설사병(PED)에 감염된 3일령 포유 자돈

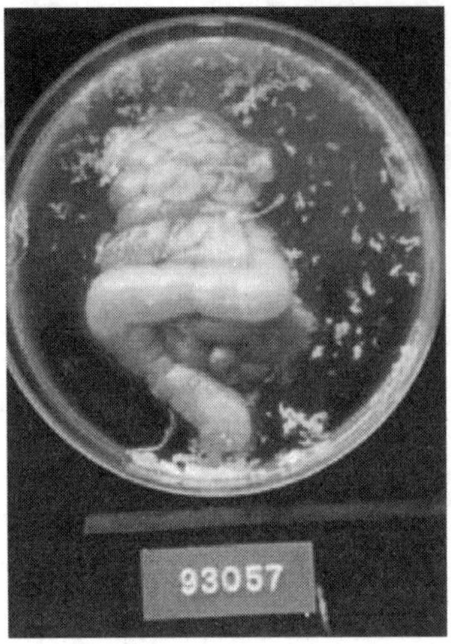

그림 5-41. 맹장을 비롯한 대장벽도 얇아져 있고 장관 속에는 수양성 내용물로 충만되어 있으며 장내용물에는 실끈과 같은 소화되지 않은 응유의 파편들이 함유되어 있다. 돼지 유행성 설사병(PED)에 감염된 3일령 포유 자돈

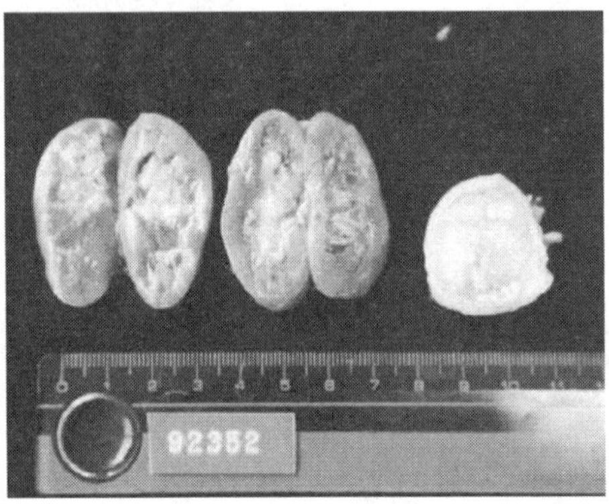

그림 5-42. 바이러스성 설사병에 감염 시 신장 및 방광에서 볼 수 있는 소견으로서 탈수로 인하여 배설이 안 된 요산(Uric acid) 과립이 신장의 유두부위 및 방광 내에 침착되어 있다. 돼지 전염성위장염(TGE)에 감염된 3일령 포유 자돈

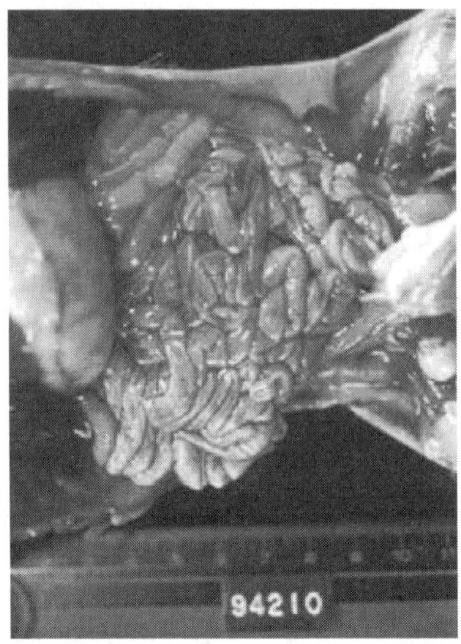

그림 5-43. 소장벽의 변화는 거의 보이지 않고 극히 일부분만 발적되어 있으며 대장 내에는 수양성 장내용물이 충만되어 있다. 대장균증(Colibacillosis)에 감염된 15일령 포유 자돈

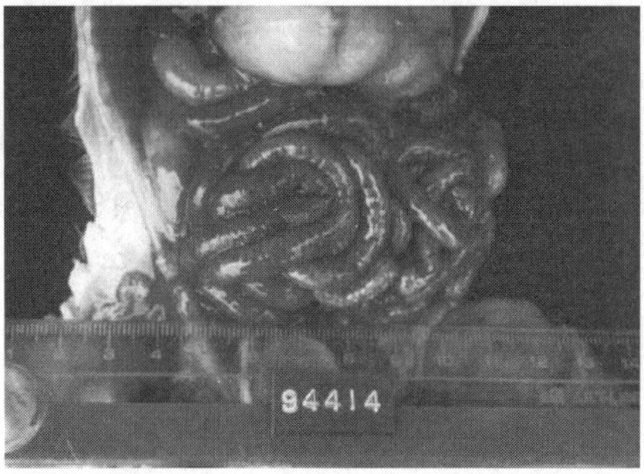

그림 5-44. 회장을 비롯한 소장의 출혈로 인하여 심하게 발적된 것이 특징이다. 클로스트리디움균(Clostridium perfringens type C)의 감염에 의해 발병하는 괴사성(출혈성) 장염의 대표적 소견임. 생후 7일령의 포유 자돈

(2) 자돈 설사병의 예방 및 치료대책

가. 포유자돈 설사병의 예방 및 치료대책

출생후 1~2일내 바로 감염되는 경우가 많으므로 발병이 없는 농장에서는 모돈에 백신접종을 실시하고 이미 발병이 된 농장에서는 임신 중인 모돈에 인공감염을 시켜 모돈이 분만한 후 분비하는 초유를 통하여 모체이행항체(maternal antibody)를 전달받도록 하거나 모돈의 젖을 통하여 유즙면역(lactogenic immunity)이 형성되도록 한다. 이러기 위해서는 백신이나 인공감염 모두 후보돈(초임돈)에 대하여는 분만 5~6주전 및 분만 2~3주전 각 1회씩 2회 실시하여야 하며 경산돈의 경우에는 분만 2~3주전 1회만 실시하면 된다. 백신은 경구접종이 가능한 백신을 이용하여 경구 접종하는 방법이 근육접종에 비하여 효과가 좋으며 인공감염 방법은 농장내 설사병을 상재화 시키고 인근 주위농장으로 질병을 전파시킬 위험이 있다는 점을 유의해야한다.

발생이 안 된 농장에서는 외부로부터 유입되는 전파경로를 철저히 차단하면 된다. 이렇게 하기 위하여 첫째, 격리돈사를 만들어서 외부에서 구입하는 모든 돼지는 일정기간(최소 약 2~4주)은 반드시 격리 수용하여 질병의 존재유무를 파악한 후 돈군에 입식하도록 한다. 둘째, 농장내에 들어오는 모든 출입차량(출하차, 사료 운반차, 약품 및 백신수송차, 직원차량, 외부방문차량)은 가급적 농장내로 들어오지 못하도록 하고 부득이한 경우에는 소독을 실시 후 출입시켜야 한다. 셋째, 농장입구에 탈의실을 설치하여 직원들도 작업복으로 갈아입은 후 작업에 임하도록 한다. 외부 사람은 반드시 농장에서 준비한 옷으로 바꿔 입고 장화를 신고 농장내로 들어가야만 한다. 넷째, 농장 내 차량이나 사람이 다니는 곳에는 생석회를 정기적으로 뿌려주고 돈사입구에는 반드시 소독조를 만들어 출입 시 장화소독을 실시한다. 다섯째, 농장간 또는 돈사간 질병전파의 원인이 되는 쥐를 농장에서 없애고 야생 조류도 오지 않게끔 돈사주위에 버려지는 사료가 없도록 하며 하절기에는 파리의 구제에도 힘써야 한다.

Chapter 05

분만돈사는 분획화(compartment)하여 가능하면 주간단위로 all-in/all-out이 가능하도록 해야 하며 이유 후에는 반드시 돈분 제거 → 가성소다(양잿물) → 수세 → 소독약 → 건조(화염) → 생석회 순으로 철저히 소독한 후 분만 예정돈을 입식시켜야 한다. 임신모돈은 분만돈사 입식 1~2주전에 미리 구충제를 투여하여 포유 자돈으로의 기생충 감염 전파를 미연에 방지하고 체표는 잘 씻고 소독하여 모돈의 신체를 통한 질병전파를 방지해야 한다.

분만돈사 바닥에 모돈이나 설사 자돈의 분변이 제때 치워지지 않고 그대로 남아 있으면 다른 동복자돈이 이에 오염된 입붙이기 사료나 음수를 먹고 쉽게 설사병에 감염되므로 변이 쉽게 빠지게 분만돈사 바닥을 시공해 놓거나 아니면 바로 바로 치워줘야 한다. 모돈이 먹다 흘린 물이나 오줌으로 인하여 돈사바닥이 습하거나 젖어 있는 경우 설사병이 발생하기 쉬우므로 수시로 시설점검을 실시하여 바닥을 항시 건조한 상태로 유지해야한다.

분만돈사의 온도가 너무 낮거나 샛바람이 들어오는 경우도 설사의 원인이 되므로 보온등 및 보온바닥 시설(온수파이프, 전기매트)을 적절히 설치하여 포유자돈에게 적합한 환경온도를 제공해야한다. 최소한 생후1주령까지는 보일러 또는 보온매트 등을 이용하여 돈방바닥이 차지 않고 따뜻하게 해주어야 한다.

모돈이 무유증(MMA)에 걸렸을 경우 모체이행항체 및 유즙면역의 결여로 인하여 설사병이 발생하기 쉽다. 이때에는 속히 포유자돈들을 다른 모돈에 양자를 보내야 한다.

분만돈사는 매일 또는 최소한 격일로 분무소독을 실시해야한다. 자돈설사병 예방의 기본이 보온, 청결, 소독, 돈방바닥을 항시 축축하지 않고 건조하게 유지하는 것임을 명심 하자.

설사 자돈을 치료할 경우 탈수를 막기 위해 1차적으로 포도당이나 전해질 용액을 투여한다. 세균성의 경우 감수성이 있는 항균물질을 투약하고 바이러스성의 경우에도 2차적으로 세균감염을 막기 위해 항생제를 투여하게 된다. 전문적인 치료를 위해서는 가까운 동물병원의 양돈전문 수의사에게 의뢰하도록 한다.

나. 이유자돈 설사병의 예방대책

이유와 동시에 사료교체 및 자돈의 이동은 스트레스로 인한 설사 또는 부종병 발생의 우려가 있으므로 사료의 교체도 단계적으로 서서히 실시하고 이유 시에도 모돈을 먼저 빼 낸 다음 3~7일후 이유자돈사로 자돈을 이동시키는 것이 바람직하다.

이유자돈방 역시 분만돈사의 소독방법에 준하여 소독을 실시한 후에 이유자돈이 입식 되어야 한다.

이유 후 세균성 설사병 및 부종병 등을 예방하기 위한 방편으로 산화아연(zinc oxide)을 3,000 ppm(사료 1톤당 약 3kg) 수준으로 첨가하여 급여하는 것이 좋다.

이유자돈사가 너무 춥지 않아야 한다. 적어도 이유 후 1~2주간은 돈사내 실내온도가 25℃로 유지되어야 한다. 적어도 이유 후 1~2주간은 돈방바닥 역시 전기보온매트, 보온등 또는 고무깔판 등을 이용하여 따뜻하게 해주어야 한다. 30~40일령에는 구충제를 투여하여 기생충감염을 막아준다. 기타 일반적인 사항은 포유자돈 설사병의 예방 및 치료대책에 준하여 시행한다.

4) 삼출성 표피염(Exudative epidermitis)

(1) 정 의

포도상구균(*Staphylococcus hyicus*)에 의한 어린돼지의 질병으로 급성 전신성 지루성 피부염을 특징으로 하며, 그리스 돼지병(Greasy pig disease)이라고도 불린다.

(2) 원 인

3~35열령의 포유자돈의 제대, 발, 다리 등의 찰과상 또는 피부 열상을 통해 포도상구균(*Staphylococcus hyicus*)이 감염되어 발생한다. 감염된 돼지의 피부표면에 끈끈한 점액양 삼출물이 분비되어 마치 구리스와 같은 기름을 발라 놓은 것처럼 보여 일명 "그리스 돼지병(Greasy pig disease)"라고도 부른다. 발병율은 10~90% 정도이고, 폐사율은 20~90%로 돈방단위 또는 복단위로 발병하며 심한 탈수로 인해 폐사하게 되는데 주로 어린 연령의 돼지일수록 폐사율이 높고 회복율도 낮다.

(3) 증상 및 진단

심급성형은 2~3일령의 매우 어린 돼지에 발생한다. 초기에는 빨간 발진이 코와 얼굴 주위에 발생하고 전신으로 퍼져나간다. 그 후 피지선의 분비물과 혈장, 땀 등이 분비되어 습윤하고 끈끈한 삼출물이 피부 전체를 덮는다. 눈주위, 주둥이 및 귀 등이 비교적 심하고, 때로는 피부 병변부가 벗겨져 붉은 살이 노출되기도 한다. 소양증과 함께 피부를 만지면 매우 아파하고 식욕부진, 탈수, 원기소실로 24~48시간 경과 후 죽게 된다.

급성형의 경우 3~10주령의 돼지에서 발병하고 끈끈한 삼출물이 두껍게 부착되고 주름이 잡히고 가피를 벗기면 붉은 살이 노출된다. 때로 심한 탈수로 인하여 신장에 황갈색의 요산염(Urate Crystal : 탈수과립)의 침착이 관찰되기도 한다. 만성형은 피부가 두꺼워지고 주름이 형성되어 기타 피부 질환으로 개선충증과 감별이 어렵다. 심급성형의 경우 폐사율이 높으나, 기타 다른 병형은 조기 치료로 회복이 가능하다.

Chapter 05

5) 돼지의 철분결핍증

철분은 혈액의 혈색소(헤모글로빈)를 구성하는 성분으로 산소의 운반과 조직호흡에 관한 기능과 대사과정에 직접적으로 관여한다. 철분이 부족할 때에는 철분 결핍성 빈혈을 일으키게 된다.

새끼 돼지는 발육속도가 매우 빨라서 출생시 체중은 1.0~1.5kg에 불과하지만 1주령 시에는 약 2배, 3주령 시에는 약 4배가 되며, 따라서 각 장기 및 신체 조직도 급속도로 발육하게 된다. 이 때 외부로부터 공급되는 철분의 함량이 부족하게 되면, 적혈구의 구성성분인 혈색소(헤모글로빈) 생산량이 감소되고, 자돈의 체중증가율을 따라잡지 못하므로 생후 3주령 이내에 생리적 빈혈이 오게 된다.

자돈의 혈액 중 혈색소량이 감소하게 되면 설사발생빈도가 높아지고 항병력이 저하되어 질병에 대한 감수성과 발생이 높아지는 외에도 성장이 늦어지고 허약돈이 되기 쉽다.

(1) 원 인

철 결핍은 보통 원발성인데 모유가 유일한 철공급원인 신생자축에서 많이 발생된다. 왜냐하면 모유도 철공급원으로서는 빈약하기 때문이다. 신생자축의 간에 저장된 철은 정상적인 혈구형성을 2~3주 이상 유지하는데 불충분한 양이며 자돈에서는 현저하게 부족하다.

(2) 증 상

본증은 약 3주령에서 가장 발생율이 높으며 10주령까지도 발생된다.

철 결핍증은 나타내는 돼지라도 발육이나 일반적인 상태가 양호하지만 빈혈이 있는 돼지는 정상적인 것보다 성장속도가 현저하게 느리며 사료섭취량도 저하된다. 설사가 다발하지만 분변의 색깔은 보통 정상이고 설사가 심해지면 성장률이 저하된다. 운동을 하면 심한 호흡곤란, 혼수상태 및 심첨부 박동의 증가가 나타난다. 피부와 점막은 창백해지며 백돈이 종종 진한 황색으로 변색되며 두부와 전구에 부종이 생기는데 살이 찐 것처럼 부풀어 있다. 피모가 빈약하고 희게 되는 경우도 매우 흔하고 결핍증을 보이는 돼지는 보통 갑자기 죽거나 혹은 쇠약하고 쓸모없는 상태로 소생되기도 한다. 흔히 발생하는 전염병 중 특히 대장균에 의한 장내감염은 빈혈과 관계가 있으며 연쇄상구균성 심낭염이 합병증으로 나타난다. 실험적으로도 이와 비슷한 증상이 송아지에서 나타나며 더욱이 설유두의 위축이 확실하다. 철결핍성 빈혈에 걸린 모돈에서 사산의 발생이 많다.

6) 돼지 다발성 장막염

스트레스에 의한 육성돈의 질병 중 *Haemophilus parasuis*에 의해 유발되는 다발성장막염과 관절염(글래서씨병; Glasser's disease)은 전세계에 걸쳐 돼지의 중요한 질병 중 하나로 대두되고 있다. 그러나, *H. parasuis*로 인한 생산성 감소를 해결하기 위해 항생제, 백신 접종 등과 같은 방법이 항상 성공적인 것은 아니다. 또한, 감염 시 돈군의 면역상태가 병원성에 결정적인 영향을 미친다는 것은 오래 전부터 알려진 사실인데, *H. parasuis* 균주들 사이에서 상당한 면역학적 차이를 보이며, 이러한 표현형적, 유전학적 차이와 독력과 방어 면역사이의 연관성을 이해하고자 하는 연구가 현재 진행되고 있다.

(1) 질병의 특성

Glasser가 1910년에 처음으로 이 그람음성 간균에 의한 섬유소성 장막염과 다발성 관절염을 보고하였다. Pasteurellaceae에 속하는 *H. parasuis*는 다른 Haemophilus 속균들과 핵산의 유사성이 낮기 때문에 그 계통학적 위치는 아직도 불명확하며, 이러한 유전학적 차이는 *H. parasuis* 균주들 사이에서도 나타난다. 이러한 이유로 *H. parasuis*를 하나 이상의 종으로 나누어야 한다는 주장도 있다. 배양 시 Nicotinamide adenine dinucleotide(NAD 혹은 V factor)가 요구된다. 현재 *H. parasuis*는 열에 안정한 다당질(캡슐 또는 지질다당류)의 특이성에 따라 15개의 혈청형이 존재하며, 일본, 독일, 미국, 캐나다, 호주에서 분리되는 혈청형은 5번, 4번, 13번이 가장 우세한 것으로 나타났다.

많은 균주들이 정확한 혈청형으로 분류할 수 없는데, 이는 혈청형 특이항원을 충분히 가지고 있지 않은 경우이거나, 기존 혈청형 이외의 추가적인 혈청형이 존재하는 경우이다.

*H. parasuis*는 돼지에만 감염되며, 일반적으로 건강한 돼지의 비강분비물과 폐렴증상을 보이는 돼지의 폐에서 분리되나, 정상 폐에서는 분리되지 않는다. 일반돈군의 경우, 1주령 돼지의 비강으로부터 가장 우세하게 분리되는 균중 하나이다. *H. parasuis*는 어느 시기에나 감수성이 있으며, *H. parasuis*가 돈군에 감염되면, 높은 이환율과 폐사율을 보이는 전신성 질병을 일으킨다. 현재, *H. parasuis*는 다른 돈군의 돼지를 새로이 입식시킬 때 심각한 문제를 일으키는 질병중 하나이다.

돼지 호흡기 질병에 있어 *H. parasuis*의 역할은 정확히 밝혀지지 않은 부분이 아직도 많다. 화농성 비염과 관련있는 것을 보면, 다른 바이러스 혹은 세균 감염 전에 균괴를 형성하여 질병유발 요인으로 작용한다는 것을 뒷받침한다. 폐렴에 있어서는 다른 바이러스나 세균이 관련되어야만 질병을 유발하는 2차 기회감염 세균으로 여겨져 왔다. 그러나, 최근 보고에서 *H. parasuis*는 섬유소성 화농성 기관지폐렴의 1차 원인체로 밝혀졌다. 실제적으로 최근 몇 년동안 폐렴에서 *H. parasuis*의 분리율이 증가하고 있으며, 돼지 생식기호흡기증후균(PRRS) 바이러스, 돼지 인플루엔자 바이러스, 돼지 호흡기 코로나 바이러스 등의 바이러스성 호흡기 원인체 뿐만 아니라 마이코플라즈마성 폐렴의 발병 증가와 연관이 있는 것으로 여겨지고 있다. 상부호흡기계에서 일반적으로 분리되는 혈청형은 종종 전신성 질병에서는 분리되지 않는 혈청형일 수도 있으며, 혈청형에 따라 독력의 차이가 있다.

●● **표 5-8.** *H. parasuis* 혈청형의 독력

H. parasuis 혈청형	균주수	독력a
1, 5, 10, 12, 13, 14	10	96시간 내에 폐사
2, 4, 15	10	심한 다발성장막염과 관절염
8	1	약한 임상증상과 병변
3, 6, 7, 9, 11	8	임상증상이나 병변 없음

세균의 전체 단백질과 외막 단백질에 대한 Sodium dodecyl sulfate-polyacrylamide 겔 전기영동(SDS-PAGE)은 균주들간의 표현형 차이를 보여준다. 이러한 차이는 독력과 특이 단백질 양상과 관련될 수도 있음을 시사하지만, 단백질 양상, 혈청형, 독력사이의 정확한 상관관계는 아직 밝혀지지 않았다. 또한, LPS, 섬모 등과 병원성과의 관련성도 밝혀져야 할 부분이다.

(2) 발생 기전

제왕절개한 후 초유를 먹이지 않은(cesarean-derived, colostrum-deprived; CDCD) 돼지에 *H. parasuis*를 비강 감염시킨 결과, 12시간 이내에는 비강과 기도에서, 36시간 이내에는 혈액 배양에서, 36~108시간에는 전신 조직에서 균이 분리되었다. 이 세균은 섬모나 상피세포에 밀접하게 관련되지는 않으며, 균괴형성이나 세포파괴에 대한 기전은 정확히 밝혀지지 않았으나, 점막손상이 균 침입을 용이하게 한다. 전신 감염에 관련 있는 발병기전은 아직 알려진 바가 없으나, 몇몇 강독균주는 100개미만의 균을 CDCD 돼지의 기도 내로 감염시켰을 때, 전신성 질병을 일으키며, 수일 내에 폐사된다. 감염 초기에 균혈증을 일으키며, 여러 점막표면에서의 증식으로 인하여 전형적인 다발성 장막염, 다발성 관절염, 뇌막염을 일으킨다. 폐에서 *H. parasuis*가 분리되는 경우라도, 폐렴은 뚜렷하지 않을 수 있으며, 혈청형 1번, 4번, 5번을 접종하여도 폐렴이 뚜렷하지 않았다는 보고도 있다.

7) 돼지 살모넬라병

(1) 정의

살모넬라 감염에 의한 돼지의 급성 또는 만성의 소화기전염병으로 일명 돼지 파라타이포이드(paratyphoid)라 불리며 위장염 및 패혈증을 특징으로 하고 주로 비유기에 많이 발생한다. 특히 이 질병의 일부 원인균은 식육을 통하여 사람의 식중독을 유발할 수 있기 때문에 공중보건학적으로도 중요한 질병이다.

(2) 원인체

많은 종류의 살모넬라가 원인균이 될 수 있으며, 그 중에서도 살모넬라 콜레라수이스(*Salmonella choleraesuis*) 및 살모넬라 타이피수이스(*Salmonella typhisuis*)는 살모넬라에 의한 급성패혈증의 주된 원인균이고, 살모넬라 타이피뮤리움(Salmonella typhimurium), 살모넬라 엔테라이티디스(*Salmonella enteritidis*) 및 살모넬라 더비(*Salmonella derby*) 등은 주로 만성장염을 일으키는 원인균이다.

(3) 감염경로

오염된 원료사료나 물 또는 별 증상 없이 균을 보균하고 있는 성돈이 중요한 전염원이 될 수 있다. 즉 보균축이 여러 가지 스트레스 등이 원인이 되어 발병하게 되고 발병축의 분변을 통하여 경구감염 된다. 균의 배설은 질병에서 회복된 후에도 약 3개월 동안 일어난다. 그러나 소수의 돼지는 영구적으로 균을 보균하며, 배설한다. 균은 거름 속에서 오래 생존하며, 분변 중에서는 20주까지 생존함이 보고되었다. 그래서 축사의 오염은 이러한 혈청형에 의해서 유발되는 질병의 역학에 있어서 중요하다. 사료는 *S. choleraesuis*의 일반적인 오염원은 아니며, *S. typhimurium* 등 다른 혈청형의 중요한 오염원으로 작용한다.

8) 돼지 유 · 사산 질병

양돈장마다 도대체 우리 농장은 아무리 노력해도 생산성이 오르지 않고 제자리에 있거나 오히려 떨어진다고 야단이다. 여기에는 물론 많은 요인들이 함께 관여하고 있을 것이나 유 · 사산 질병으로 인한 피해도 상당히 많은 실정이다. 유 · 사산 질병은 애써 종부시켜서 어미의 자궁내에서 30-114일간 자란 태아를 제대로 키워보지도 못하고 없앨 뿐만 아니라 모돈의 차기 수태에도 영향을 미치기 쉬우므로 유 · 사산 질병이 양돈장에서 발병하지 않게끔 각별 유의해야한다. 여기서는 유 · 사산 질병을 일으키는 질병의 종류와 그 병원체를 알아보고 질병에 대한 예방대책에 관하여 알아보자.

(1) 돼지 유. 사산 질병의 종류와 병원체

국내에서 유사산 질병을 일으키는 원인으로는 파보바이러스 감염증(Porcine parvovirus infection), 뇌심근염(Encephalomyocarditis; EMC virus 감염증), 일본뇌염(Japanese encephalitis; JE virus 감염증), 돼지 생식기 호흡기 증후군(Porcine reproductive and respiratory syndrome; PRRS virus 감염증), 오제스키병(Aujeszky's disease; AD virus 감염증) 및 돼지콜레라(Hog cholera; HC virus 감염증) 등의 바이러스성 유사산질병을 위시하여, 돈단독(Swine erysipelas; *Erysipelothrix rhusiopathiae* 감염증), 살모넬라균증(Salmonellosis ; Salmonella spp. 감염증), 연쇄상구균증(Streptococcosis ; Strepto-coccus spp. 감염증), 대장균증(Colibacillosis; *Escherchia coli* 감염증), 랩토스피라증(Leptospirosis; *Leptospira interrogans* 감염증), 브루셀라병(Brucellosis; *Brucella suis* 감염증) 등의 세균성 유사산증이 있으며 기생충성으로는 톡소플라즈마병(Toxoplasmosis; *Toxoplasma gondii* 감염증) 등이 있다.

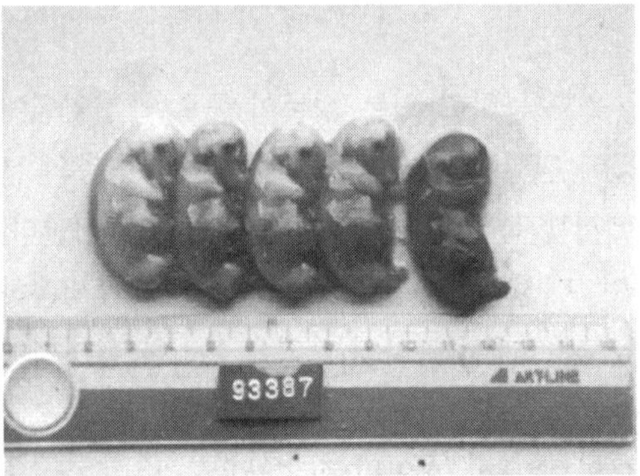

그림 5-45. 약 4cm 정도의 임신 35일령의 유산태아. 전신이 충혈된 1두를 제외한 나머지 4두는 비교적 정상이다. 유산원인은 미상

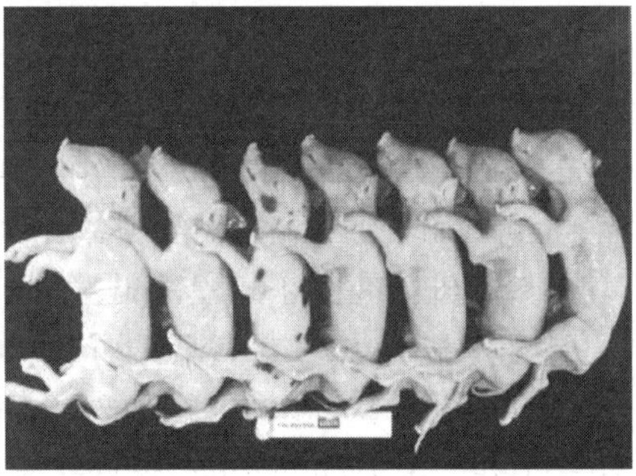

그림 5-46. 임신 77일령의 유산태아로 두부와 사지 및 발굽의 발육이 뚜렷하다. 태아피부의 발적, 수종 및 손상정도로 볼 때 자궁 내에서 폐사된 후 2-3일이 경과한 후 체외로 나온 것으로 추정된다. 원인은 파보바이러스 감염증으로 판명됨.

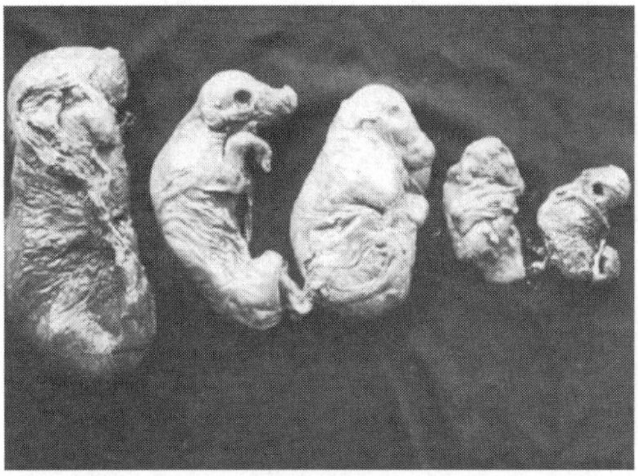

●● **그림 5-47.** 미이라 태아, 미이라의 크기로 미이라가 된 시기를 알 수 있다. 미이라의 크기가 매우 다양하여 자궁내 감염이 매우 서서히 진행되었음을 알 수 있다. 원인은 파보바이러스 감염증으로 판명됨.

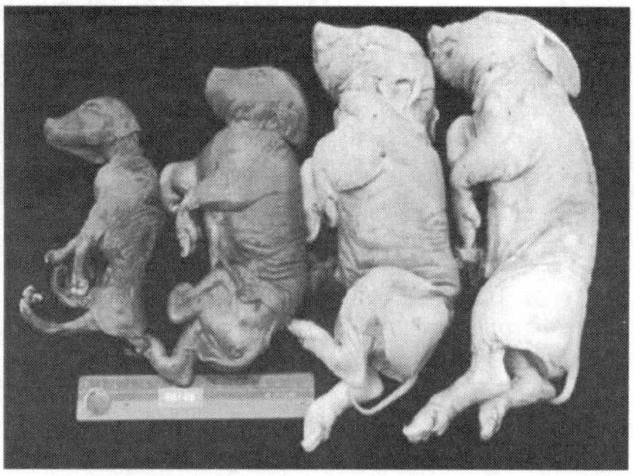

●● **그림 5-48.** 한배에서 미이라 태아, 흑자 및 백자까지 다양하게 나왔다. 이 역시 감염시기가 모두 다름을 알 수 있고 미아라 태아의 크기가 12cm인 점으로 볼때 임신중기 이후에 감염된 것으로 추정됨. 원인은 뇌심근염(EMC) 감염증임

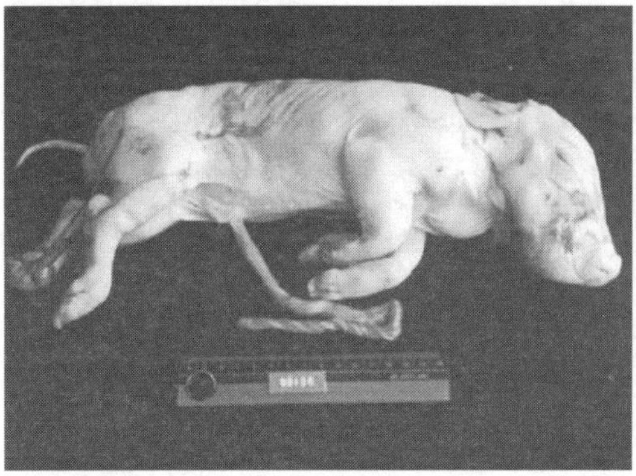

●● **그림 5-49.** 거의 정상적으로 다 자란 사산태아이다. 정상분만일을 전후하여 이처럼 성숙한 태아를 유산 또는 폐사한하는 것이 뇌심근염(EMC) 감염증의 특징이다.

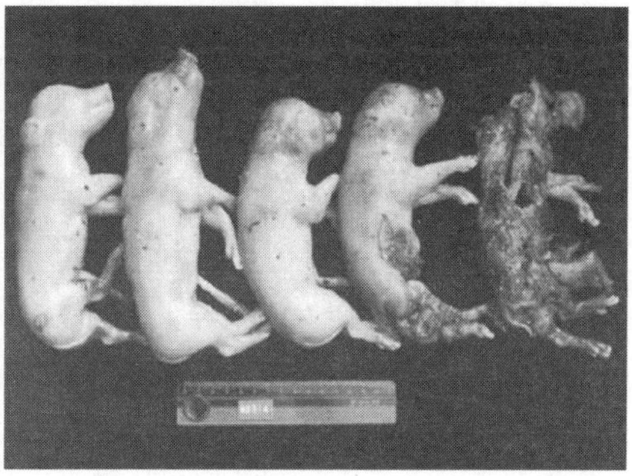

●● **그림 5-50.** 임신 후반부인 100일령된 유산태아. 오른편에 있는 태아들은 다소 여윈 반면 왼쪽 끝에 있는 태아는 전신이 부어있다. 원인은 대장균증으로 판명됨.

●● **표 5-9. 돼지 유사산증의 종류별 질병 다발시기 및 예방대책**

구분	질병명	감수성 일령				발생 시기	발생 양상	예방법
		포유 자돈	이유 자돈	육성. 비육돈	성돈 모돈			
바이러스	파보바이러스				강	년중	산발적	백신접종, 질병 유입 차단
	뇌심근염				강	년중	산발적	백신접종, 질병 유입차단, 쥐 구제
	일본뇌염				강	여름 가을	산발적	백신접종
	돼지생식기 호흡기 증후군	강	중	약	중	년중	산발적	백신접종, 모돈 청정화, 질병 유입 차단
	오제스키병	강	중	약	중	년중	지속적	양성축 도태, 질병 유입차단
	돼지콜레라	강	강	강	강	년중	산발적	백신접종, 질병 유입차단
	돼지 인플루엔자	강	중	중	중	겨울	산발적	질병 유입차단, 밀사 등 스트레스요인 제거
세균	돈단독			강	강	여름	산발적	백신접종, 질병유입차단
	살모넬라			강	강	여름	산발적	질병유입차단, 쥐 구제, 청결 소독
	연쇄상 구균증	강			강	여름	산발적	질병유입차단, 청결, 소독
	대장균	강	강	약	중	년중	산발적	청결, 소독,
	렙토스피라				강	여름	산발적	질병유입차단, 쥐 구제, 청결, 소독
	브루셀라				강	여름	산발적	질병유입차단, 청결, 소독
기생충	톡소플라스마	강	약	약	약	년중	산발적	질병유입차단, 쥐 구제, 고양이 배제, 청결, 소독

(2) 바이러스

가. 파보바이러스 감염증(PARVO)

후보돈(초산돈)의 경우에는 종부 4~6주전 및 2~3주전 각 1회씩 모두 2회 백신접종을 하여야 하며 경산돈의 경우에는 매종부 2~3주전에 1회만 백신 접종하면 된다. 대다수의 양돈장에서 파보예방 백신을 후보돈(초임돈)을 대상으로는 비교적 잘 실시하고 있으나 경산돈의 경우에는 제대로 실시하고 있지 않는데 파보바이러스 감염으로 인한 유사산증이 경산돈에도 흔하게 나타나므로 최소한 3산차까지 만이라도 반드시 접종해야만 한다. 웅돈(♂) 또한 파보바이러스에 감염되므로 2살 미만의 웅돈에 대하여는 백신접종을 년간 1-2회 접종해야만 한다.

나. 뇌심근염(EMC)

후보돈(초산돈)의 경우에는 종부 4~5주전 및 2~3주전 각 1회씩 모두 2회 백신접종을 하여야 하며 경산돈의 경우에는 매 종부 2~3주전에 1회만 백신접종하면 된다. 유사산 질병 중 파보바이러스 감염증 다음으로 발생율이 높고 또한 임신말기에 유사산을 야기 시키기 때문에 피해가 매우 큼에도 불구하고 아직 대부분의 양돈장에서는 이 백신을 접종하고 있지 않은 실정이기 때문에 특히 이 질병으로 인한 유사산증이 발생한 적이 있는 농장은 백신접종을 반드시 하여야 하겠고 이 질병을 쥐가 옮기므로 양돈장에는 정기적인 구서대책을 세워야 한다.

다. 일본뇌염(JE)

모든 모돈은 모기가 극성을 부리기 시작하기 전에 백신접종을 끝내야만 한다. 즉 후보돈(초산돈)의 경우에는 5월 및 6월에 각 1회씩 모두 2회 백신접종을 하여야 하며 경산돈의 경우에는 6월중 1회만 접종하면 된다. 단 웅돈도 일본뇌염에 걸리면 고환염에 걸리므로 모돈 백신접종과 같은 시기에 웅돈에게도 백신접종을 해주어야 한다.

라. 돼지 생식기 호흡기 증후군

후보돈(초산돈)은 종부 4~6주전 및 2~3주전 각 1회씩 모두 2회 백신접종을 하여야 하며 경산돈의 경우에는 매종부 2~3주전에 1회만 백신접종을 실시한다. 특히 종돈장의 경우는 이 질병의 청정화가 필수적이므로 임상검사, 혈청검사 및 가검물 병리조직 검사 등을 통하여 모돈 및 자돈의 청정화가 조속히 이루어져야 하며 이 질병이 아직 없는 농장에서는 외부로 부터 유입되는 것을 철저히 차단하도록 힘써야 한다. 여기에는 농장에 출입하는 모든 사람과 차량의 관리 등 기본적인 방역관리 사항들이 반드시 준수되어야만 한다.

(3) 세균성

국내에서 발생하는 세균성 유사산증에서 특히 문제시되는 것으로 대장균증, 살모넬라균증, 연쇄상구균증 및 돈단독을 들 수 있다. 이중 백신접종만으로 예방이 가능한 것은 돈단독이므로 모돈 특히 후보돈(초임돈)에 대하여는 종부 전에 2~4주 간격으로 2회 백신접종을 해주면 안전하다. 대장균과 연쇄상구균증에 대하여는 축사 내 청결 및 소독을 강화하여 예방하고 살모넬라균증에 대하여는 쥐의 구제에도 주력해야한다. 과거부터 돼지에서 유사산을 잘 일으키는 것으로 알려진 브루셀라병과 렙토스피라병에 대하여는 그간의 조사에서는 한 건도 확인이 안되어서 이제는 유사산 질병 발생의 패턴이 상당히 바뀐 결과로 여겨졌다.

(4) 기생충성

백신은 아직 개발되어 있지 않으므로 축사의 청결 및 소독을 철저히 하고 고양이가 이 원충을 보유하고 있으므로 양돈장에서는 고양이를 함께 기르지 말아야 하며 도둑고양이가 돈사내로 들어오는 것도 막아야 한다. 쥐 또한 이 병의 전파역할을 하므로 쥐의 구제에도 힘써야 한다.

9) 돼지 적리

(1) 정의

돼지의 장관 전염병으로서 대장의 염증과 혈액성 하리가 특징이며 vibrionic dysentery, bloody scours, bloody dysentery, black scours 또는 ucohemorrhagic diarrhea로 불려지기도하는 질병으로서 한번 감염되면 상재화되는 경향이 있으며 발육지연, 사료효율저하 등 생산성저하 질병으로 중요하다.

(2) 원인체

원인체는 3~4회 꼬인 나선형의 스피로헤타 세균인 *Serpulina hyodysenteriae*이고, 이 균은 그람음성인 혐기성균이며, 길이가 6~8.5m, 직경이 320~380㎚이고 운동성이 있고, 혈액한천 배지상에서 강한 용혈성을 볼 수가 있다. 항원성으로 보아 9가지 혈청형이 보고되고 있으며, 우리나라에서는 A 및 E 혈청형이 유행되고 있는 것으로 알려지고 있다.

(3) 감염경로

돼지에 전염하는 주요 경로는 이병에 감염한 돼지의 설사 분변이나, 보균하고 있는 돼지의 분변에 오염된 사료나 물 등을 섭취하였을 경우이며 농장간에는 보균돼지의 입식이나 사육자의 이동, 감염 돈사의 하수구나 돈사에 출입하는 개 또는 쥐가 이 균을 매개한다고 추정하고 있고, 또한 파리도 균을 운반하는 역할을 할 수가 있다. 한편 수도물에 10배 희석한 설사분변 중의 적리균은 5℃에서 61일간 생존되고 또한 25℃에서는 7일간 생존이 가능하며, *S. hyodysenteriae*는 혐기성 세균인데도 불구하고 다양한 환경조건에서 생존할 수 있는 능력을 가지고 있다.

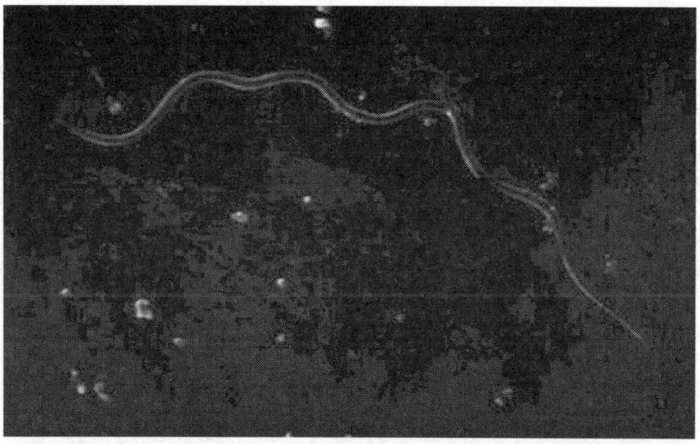

●● 그림 5-51. 주사전자현미경 사진
(*Serpulina hyodysenteriae* 3~4회 꼬인 나선형 스피로헤타균)

10) 돼지 증식성 장염

(1) 정의

돼지 증식성 장염(porcine proliferative enteropathy)은 로소니아 인트라셀룰라리스(*Lawsonia intracellurаris*)에 의해 발생되는 질병으로 임상증상과 병변이 다양하게 나타나는 까닭에 '급성 출혈성 회장염', '괴사증식성 질병', '증식성 회장염'등으로도 불린다. 주로 6-20주령의 비육돈의 출하 시기에 소장 점막의 비후는 물론 대장 점막까지 비후되는 것을 특징으로 하는 질병으로 사료효율 저하, 증체량 감소, 시장출하 시기 지연, 폐사등으로 인한 경제적 피해는 심각하다.

(2) 원인체

이 질병이 처음 알려진 초창기에는 캠필로박터균(*Campylobacter*(*Vibrio*) *sputorum* subspecies *mucosalis* 및 *C. hyointestinalis*)으로 믿어 왔으나 유전자 분석을 통해 DNA의 염기서열이 다른 것으로 밝혀졌으며 그 후 유전학적으로 유사한 Desulfovibrio로 분류해오

다가 유전자 분석을 통해 1995년 로소니아 인트라셀룰라리스(*Lawsonia intracellurari*s)로 밝혀졌다. 그람 음성의 곡선 모양의 끝이 가늘거나 둥근 모양이며 길이가 1.25-1.75㎛, 직경이 0.25-0.43㎛이며 실제로 로소니아균을 증식시킨 순수 배양액을 돼지에 접종시 이 질병이 발현되었다. 이 세균은 일반 인공배지에서는 자라지 않으며 배양된 장세포내에서 성장이 되고 이분열에 의해 복제된다. 그 중 IEC-18이라는 렛트의 장세포주에서 가장 잘 자라며 계태아에 이 세균을 접종하면 증식은 하지만 증식된 이 세균을 돼지에 접종할 경우 병원성을 나타내지 않는다.

(3) 감염경로

돼지에 전파되는 경로는 감염된 돼지의 설사 분변이나 오염된 사료나 물 등을 섭취할 경우 발생하며 흔히 새로운 돼지를 입식하거나 수송차량, 사람의 이동에 의해 양돈장내에 들어와 밀사, 갑작스런 사료나 항생제의 변경, 수송스트레스가 가해졌을 경우 발생하기 쉽다. 1개월 이하나 1세 이상된 돼지는 질병 발생이 낮은 편으로 연령에 따라 이 질병에 대한 감수성이 다르다. 1개월 이하 돼지의 경우 초유 면역으로 방어할 수 있으며 1세 이상의 돼지는 이전에 이미 질병에 노출되어 면역형성이 되어 있는 경우가 많다. 이 병원체를 돼지가 먹게 되면 회장점막의 끝 쪽 상피세포의 세포질에서 증식이 이루어지며 감염된 상피세포는 창백, 부종상으로 되며 또 다른 인접세포로 이동하면서 감염이 이루어지며 분변으로 배출되어 다른 동물에 전파된다. 무균돼지에 이 병원체를 순수하게 배양하여 접종할 경우 질병이 잘 발현되지 않지만 무균돼지에 대장균이나 다른 세균을 먼저 투여한 다음 이 질병의 병원체를 접종하면 질병의 재현이 잘 일어남. 이것은 장내 세균총이 로소니아 인트라셀룰라리스의 집락화 및 질병 발현에 중요한 역할을 하는 것으로 알 수 있다.

11) 돼지 낭미충증

(1) 정의

사람이 종숙주이고 돼지가 중간숙주로서 역할을 하는 갈고리촌충(유구조충, *Taenia solium Linnaeus*) 유충의 감염을 말하며 사람의 경우 성충이 소장에 기생하나 돼지는 유충인 유구낭미충(*Cysticercus cellulosae*)이 교근, 심장, 혀 및 어깨 등 전신에 기생한다. 사람이 충란을 먹게 되어 감염 될 경우는 유구낭미충증이 유발되기 때문에 공중보건학상으로 중요하게 여겨진다.

(2) 원인체 및 감염경로

원인체는 갈고리촌충(유구조충, *Taenia solium Linnaeus*)의 유충인 돼지 낭미충

(*Cysticercus cellulosae*)으로 감염된 사람의 소장으로부터 나온 충란에 의해 감염된다. 성충 충체의 길이는 일반적으로 3-5m이지만, 어떤 것은 8m에 이르는 것도 있다. 25년간 살 수 있으며 감염면역이 형성되기 때문에 1마리만 기생한다. 감염된 돼지에서는 낭미충이라는 유충의 상태로 존재한다. 낭미충은 난원형 유백색이며, 주로 골격근과 심장근에서 발육한다. 두절에 22-36개의 크고 작은 두 종류의 구가 존재한다. 완전히 발육한 낭충의 크기는 20×10mm까지 이르며, 9-10주 후에 감염 능력이 생긴다.

사람은 감염된 돼지고기를 생것으로 또는 익히지 않은 채 섭취함으로써 감염된다. 그러나 사람이 대변과 함께 배출된 유구조충의 충란을 먹게 되면 유구낭미충증으로 발병된다. 사람의 체내에 들어온 충란은 소장 내에서 육구유충이 소화액의 작용으로 탈각한 다음 혈액내로 들어간다. 유충은 혈행성으로 인체의 어느 부위라도 침입할 수 있다. 대부분 피하조직에서 검출되지만 간, 심장, 뇌 등의 주요 장기에도 감염된다. 이 유충은 조직에서 약 2개월 동안 성장한 후 완전한 낭미충이 된다. 완전히 자란 낭미충은 타원형으로 장경이 1cm 정도 된다. 보통 인체 조직에서는 약 5~10년 정도 생존하고 죽은 다음에는 석회화된다.

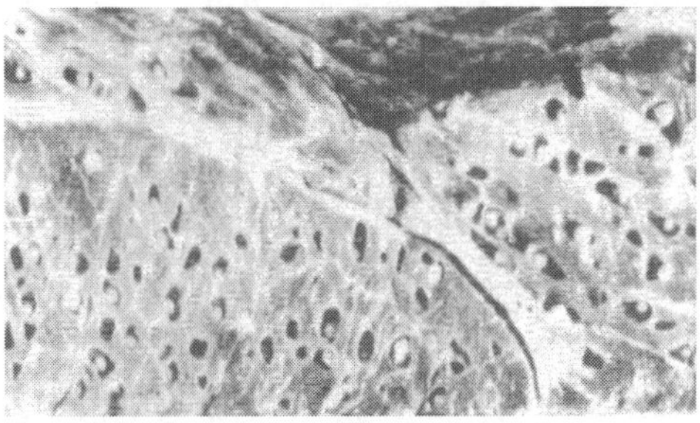

그림 5-52. 돼지 근육 속에 있는 유구낭미충

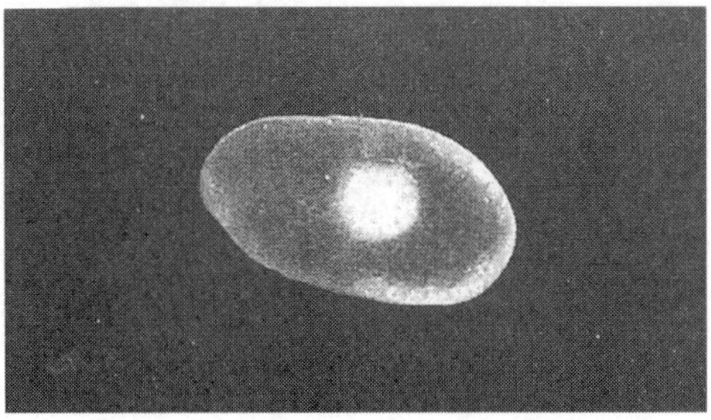

그림 5-53. 돼지 근육에서 회수한 유구낭미충

12) 돼지 옴

(1) 정의

돼지 옴(돼지 개선충증)은 천공개선충(穿孔疥癬蟲, *Sarcoptes scarbiei*, 이하 개선충으로 지칭함)이 돼지의 피부 속에 기생함으로 발생되는 증상을 지칭하는 말이다. 세계의 양돈산업 현장에서 개선충이 발견되며 특히 대규모의 양돈생산 단지에서 큰 문제로 대두되고 있는 질병이다.

(2) 원인체 및 감염경로

옴진드기과에 속하는 좀진드기(mite)로 사람이나 동물의 피부에 감염되어 피부병의 원인이 된다. 이 속에 속하는 응애류는 수많은 각종 포유동물의 가축과 야생 포유류의 피부에 굴을 뚫고 들어가 기생하면서 천공개선충증을 일으킨다.

개선충은 눈으로 관찰하기에 매우 작은 기생충으로서, 0.5mm 이하의 크기가 대부분이며, 체포에는 줄무늬가 있고, 그 모양은 거의 원형에 가깝다.

둥그스러운 모양이고, 비교적 짧은 4쌍의 다리와 소수의 털도 관찰할 수 있다.

개선충은 일생동안 돼지 피부의 표피 내에서 살면서 번식한다. 암컷은 돼지의 피부 속으로 뚫고 들어가 굴속에 알을 낳는다. 알은 한 번에 1~2개씩 1일에 약 3~5개를 낳는다. 약 1개월간 계속 산란하는데 총 40~50개의 알을 낳는다. 알은 3~5일내에 부화되어 6개의 다리를 지닌 유충으로 되는데, 이들은 표피 내에서 부화하여 자충 및 약충기를 거쳐 감염 후 10~15일 후에는 성충으로 발육한다. 유충은 번식 굴에서 나와 피부를 배회하지만, 약간은 어미의 굴에 남아 있으며, 혹은 그 옆에 작은 굴을 만들어 그 곳에서 약충이 되기까지 계속 발육한다.

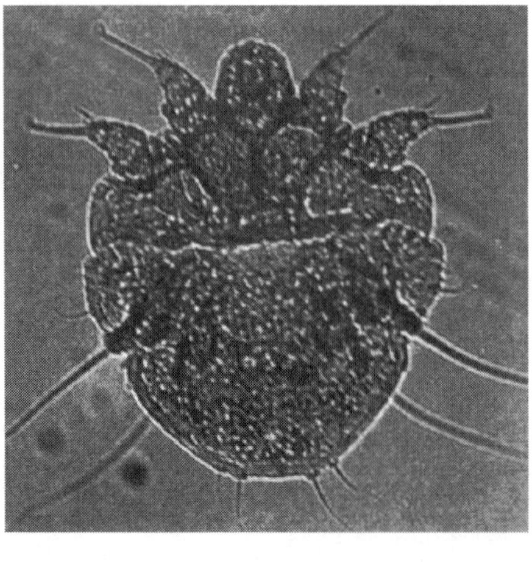

그림 5-54. 개선충 암컷의 모습

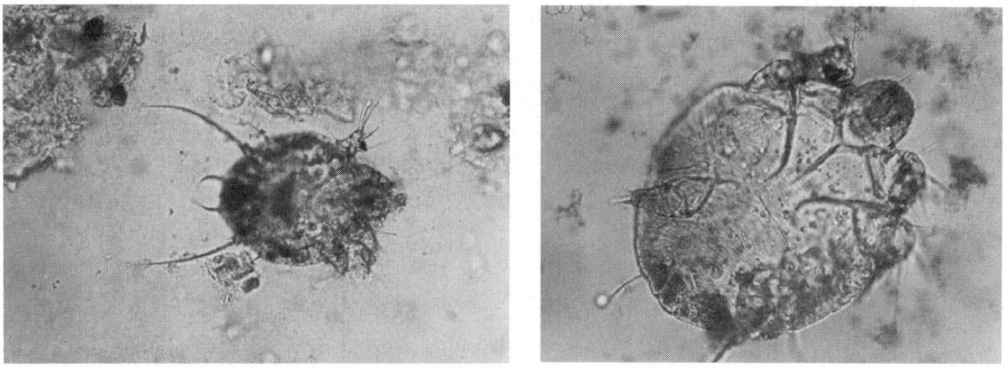

●● **그림 5-55.** 개선충 수컷(좌) 및 유충(우)의 모습

표면으로 나온 많은 약충은 죽게 되고, 다른 것들은 각질층으로, 뚫고 들어가 거의 보이지 않는 탈피낭을 형성하여 그 속에서 먹이를 섭식한다. 또한 유충은 유충낭에 그대로 머무르거나 배회하다가 새로 만든 낭에서 두 번의 약충기(전약충, 후약충)를 지낸다. 약충은 4쌍의 다리를 가진다. 산란된 모든 충란의 약 10% 정도가 살아남게 되는데, 결국, 암컷과 수컷으로 나누어지고, 산란된 후부터 완전히 발육을 마치기까지는 약 17일이 걸린다. 성숙한 암컷은 수컷에 의해 수정될 때까지 탈피낭에 남아 있는다. 이때부터 암컷이 낭을 크게 확대시키거나 또는 새로운 낭을 만들기도 하는데, 낭을 만들기 위한 터널은 하루에 약 5mm정도 넓혀나가며, 이 터널이 확장됨과 더불어 피부 표면에 구멍이 생기게 되고, 이러한 구멍에는 세균 및 곰팡이들과 같은 피부 병원체들이 침입하기 쉽게 된다. 수정 4-5일 후부터는 하루에 3-5개의 알을 낳는다. 이 개선충은 건조에 매우 민감하므로, 숙주로부터 떨어져서는 수일밖에 살지 못한다. 그러나, 적당한 실험실 조건에서는 3주간 생존할 수 있다.

이 기생충은 돼지뿐만 아니라 여러 종의 가축 및 사람에도 기생하는데, 돼지의 표피 내의 약충이나 성충은 피부의 표면으로 기어 나올 수가 있어서 다른 돼지와 접촉될 때 쉽게 전염된다. 피부에서 외계로 떨어진 자충, 약충 및 성충은 환경 온도 및 습도에 따라 1-4일 이내에 쉽게 죽게 되지만, 이 사이에도 다른 돼지에 감염될 수 있다. 모돈에서 자돈에게 감염되기도 하며 교배 중에 웅돈으로도 감염되고 수태기간 중에 모돈 사이에서도 전파된다. 외관상 증상을 나타내지 않는 건강한 돼지들도 상당한 수가 귀의 속에 개선충을 가지고 있으며, 이것이 새로운 감염원이 될 수 있다. 일반적으로, 가려움 증상은 개선충에 감염된 후 2-3주까지는 없으며, 감염된 후 21일 을 전후하여 증상이 나타나기 때문에 잠복기는 21일 전후이다. 그 후에 담마진 반응과 관련된 가려움의 증세가 나타난다. 이 가려움의 증세를 나타내는 기간은 다채로우며, 이 증세가 중증인 경우에는 경증인 경우보다 오히려 쉽게 회복된다.

피부가 붉어져 있으며 복부 측면과 아래쪽에 구진이 관찰된다. 뒷다리에서 엉덩이 쪽으로는 일부 털이 벗겨진 곳도 관찰된다.

돼지에 있어서 가벼운 경감염은 눈에 띄지 않고 경과하지만, 급성증상은 어린 돼지에서부터 성돈에 이르기까지 모든 돼지에서 심한 가려움증을 나타낸다. 피부에는 적색의 작은 홍반 및 구진이 생기며 심한 마찰 때문에 피부가 두꺼워지고 탈모가 일어나기도 한다. 또한 그 곳에서 세균의 2차 감염이 일어난다. 특히, 철분 결핍이 병발하였을 때에는 개선충증이 더욱 악화되며, 돼지 새끼의 성장률과 사료 효율에 나쁜 영향을 끼친다.

만성 개선충 감염은 특히 머리, 목 및 사지부위에 석면과 같은 두터운 가피를 형성하는 것이 특징이며, 번식돈군의 15~30%의 개선충은 만성적으로 진행된다. 만성적으로 경과하는 돼지가 감염원으로서 보균자 역할을 하게 된다.

만성의 경우는 특히 오래된 종돈장에서 주로 발생하며 귀의 안쪽에 석면 모양의 딱지를 가지고 그 속에 개선충을 지니고 있는 돼지가 있으면, 이 돼지가 보균자로서 새로운 감염원이 된다.

급성과 만성의 혼합 증상은 기생부위에 심한 가려움을 느끼는 증세를 나타내며, 염증이나 종장이 일어나고 발적, 구진, 수포도 볼 수 있다. 세균의 2차감염이 일어나면 농포가 생기며, 혈액, 체액의 삼출, 탈모, 가피, 소결절이 형성된다. 진행되면 피부가 각화되고 코끼리 피부 모양이 된다. 가려움 증상은 최초 감염후 11주 후에 최고에 달하게 된다. 개선충은 전신피부에서도 관찰되나 특히 안면부 및 두부에서 많은 양이 검출된다. 조사에 의하면 암컷 개선충의 86%가 안면부 및 귀에서 관찰되었다고 한다. 개선충이 돼지의 생산성 감소에 미치는 영향은 분만 시부터 출하될 때까지 끊임없이 이어진다.

귀 안쪽에 석면 모양의 딱지가 보인다.

한 연구 보고에 의하면 모돈의 26.4%가 개선충에 감염되었던 조사군에서 개선충에 대한 치료를 실시하였을 때 이유자돈의 체중이 4.1Kg 증가하였으며, 비유기간 중 사료 소비량은

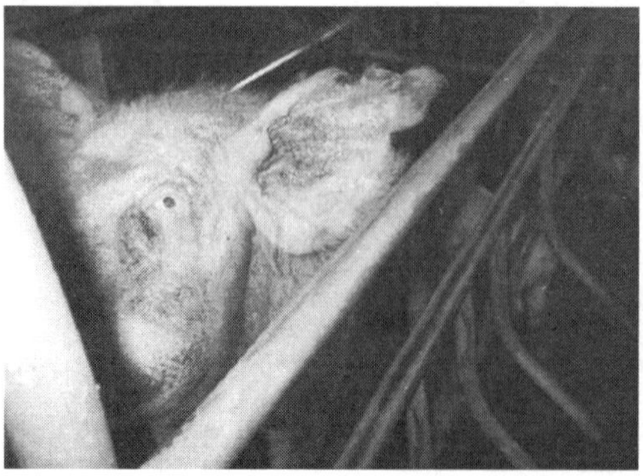

그림 5-56. 개선충에 걸린 돼지의 귀

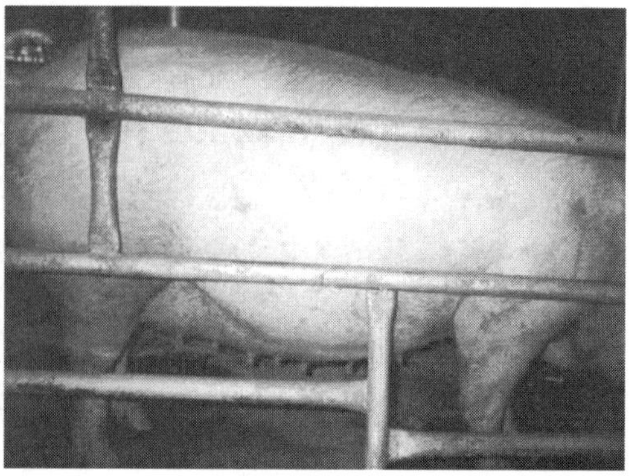

그림 5-57. 개선충에 감염된 임신 모돈

1.9kg이 절감되었다고 한다. 개선충을 치료한 모돈에서 분만된 자돈은, 치료를 실시하지 않은 모돈에서 분만된 자돈보다 출하시 체중이 평균 5.8kg 이상 높았다. 또한 개선충에 감염되면 출하 시까지의 사육기간이 8.6일 이상 연장되는 것으로 조사되었다. 또한 사육가가 쉽게 느끼지 못하는 경제적 손실로는 개선충에 감염된 돼지가 긁거나 비벼댐으로 건물 및 장비의 손실을 가속화 시키는 점도 있다.

13) 돼지 콕시듐증

(1) 정의

일반적으로 이유 후의 어린 새끼 돼지에 구포자충이 감염되어 설사, 쇠약 및 식욕감퇴를 유발하며 성돈은 감염되더라도 발증하지 않는다.

(2) 원인체 및 감염경로

돼지에서의 콕시듐증을 유발하는 원인체로는 Eimeria spp와 Isospora spp를 들 수 있다. 그러나 이들 중 병원성을 나타내는 것은 *E. deblicecki*, *E. scabra*와 *Isospora suis*로 알려져 있다.

- ***E. deblicecki*** : 세계적으로 분포하며 가장 흔한 종이다. 기생부위는 소장으로 때로는 대장에도 존재한다. 오오시스트벽은 평활하며, 소공은 볼 수 없다. 포자형성기간은 5~9일이며 공장과 회장에서 분열 생식형이 관찰된다. 제 2세대 분열체와 생식 모체가 공장과 회장에서도 발견된다. 이종의 감염에 의한 임상증상은 어린 돼지에 국한되며, 늙은 동물은 감염되더라도 임상적인 증상을 나타내는 경우는 극히 드물다. 1만개 또는 그 이상의 오오시스트 감염은 어린 돼지에서 설사와 쇠약이 일어나고 2천만-3천만 개의 오오시스트의 혼합 감염은 감염 후 7일에 설사와 식욕 감퇴를 일으킨다. 병리학적 변화는 다수의 오오시스트와 곤련된 소장과 대장의 카타르성 염증이다. 대장벽은 매우 비후되기도 하며, 점액성 섬유소성 삼출물이 장벽에 부착될 수도 있다. 고도의 괴사성 장염이 유발되기도 한다.
- ***E. scabra*** : 세계적으로 분포하고 기생부위는 공장과 회장이며 대장에도 기생가능하다. 오오시스트벽은 대황갈색이고 거칠며, 소공은 좁아진 말단에 존재한다. 포자형성기간은 9~12일이다. 소장의 융모 상피 세포에서 분열 생식 세대가 발생한다. 제 1세대 분열체는 3일 후 공장에서 발견된다. 제 2세대 및 제 3세대 분열체는 감염 후 5일 및 7일째에 회장에서 발견된다. 감염 후 8일에는 생식 모체가 형성된다. 웅성 생식체는 9일 후에 성숙하게 된다. 실험적으로 2천만~3천만 개의 혼합 오오시스트(*E. deblicecki*

와 *E. scabra*)를 돼지에 감염시키면 2~15일간 지속적인 심한 설사가 일어나고, 체중 50~60Kg의 돼지의 폐사체의 장점막으로 부터 다수의 *E. scabra*가 발견되었다는 보고가 있다. 한편, 220개의 오오시스트가 소장 후부의 출혈성 장염과 설사의 원인이라는 보고도 있다. 분열체가 기생하는 부위의 상피 세포의 융모는 탈락되고, 점막에는 백혈구와 호산구의 침윤이 있다.

- ***Isospora suis*** : 오오시스트는 거의 구형이고, 오오시스트벽은 선명한 황색이며 소공이 없다. 포자형성기간은 4일이다. 2개의 타원형 포자낭을 형성하며 포자낭마다 4개의 스포로조이트를 함유한다. 발육형은 소장, 특히 공장과 회장에서 발견된다. 기생 상피세포는 상피 아래로 이행한다고 한다. 감염에 의하여 카타르성 장염이 생기며, 3~4일간 지속하는 설사를 동반한다.

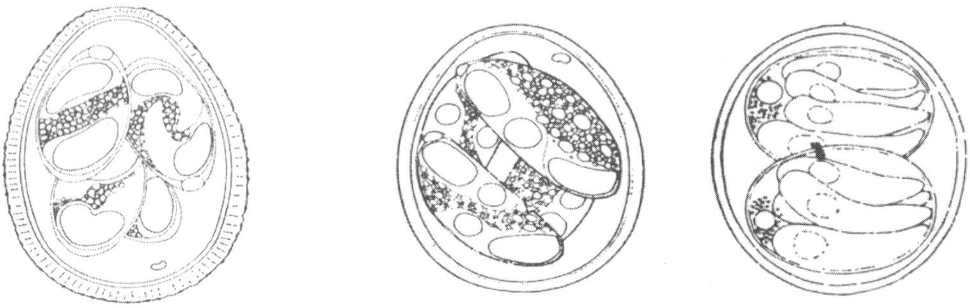

●● **그림 5-58.** 순서대로 돼지에 기생하는
F. deblicecki, E. scabra, Isospora suis 오오시스트

14) 돼지단독(돈단독)

돼지단독은 *Erysipelothrix rhusiopathiae*의 감염으로 발생하는 급성 패혈증을 일으키는 질병으로 다이아몬드형의 피부병변, 그리고 관절염, 심내막에 염증 등을 나타내는 폐사율이 높은 돼지의 제2종 법정전염병이며, 전 세계적으로 발생되고 있다. 우리나라에서도 1912년 처음 발생보고가 있었으며, 1947년도에 최초로 균 분리가 되었고, 1963년부터 이 질병의 예방을 위해서 생균백신이 개발되어 접종되고 있다. 이 질병은 1993년에 382두, 1994년에 118두, 1995년도에는 37두가 발생한 바 있고 1996년 이후에도 계속해서 산발적으로 발생하여 경제적 피해를 주고 있는 실정이다.

(1) 병원체

*E. rhusiopathiae*는 그람 양성 단간균으로서〈그림 5-59〉, 22개의 혈청형과 N형이 있다. 돼지단독균은 자연계에 널리 분포되어 있고, 많은 포유류나 조류 이외에 냉혈동물에서도 분리되고 있다. 외관상 정상인 돼지에서도 편도나 장관의 림프계 조직 등에 돼지 단독균이 존재하고, 분변 등에 수시로 배출되고 있다.

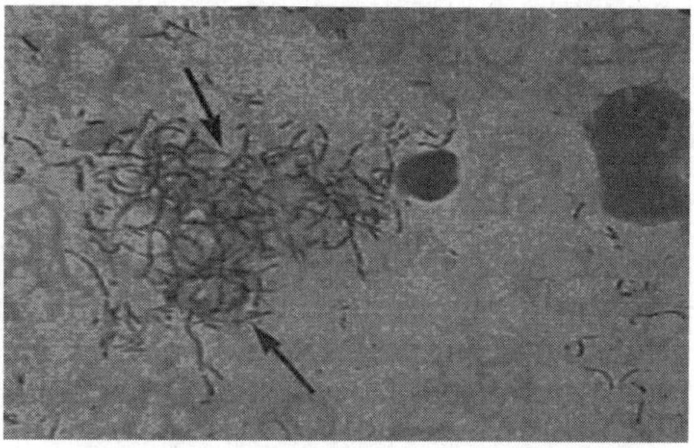

그림 5-59. 현미경으로 관찰한 돼지 단독균

(2) 전염경로

돼지단독은 건강한 돼지의 편도선에 잠재하고 있다가 돈군의 영양상태 불량 및 면역저하시에 균이 쉽게 체내로 침입하여 병을 일으킨다.

연령에 관계없이 발생하지만 주로 3~6개월 령의 육성돈에 감수성이 높고, 연중 발생하지만 특히 여름철에 발병이 많은 것은 외부 온도가 높기 때문에 미생물의 증식과 생존이 활발하며 더위에 의한 스트레스로 돼지에 감염될 수 있는 기회가 많아지기 때문이다.

돼지단독의 감염원은 보균 돈의 분변이나 오줌, 타액 및 비강분비물에 의해 쉽게 전파될 수 있고, 이러한 분비물들은 물과 사료 및 환경을 오염시켜 항체가가 낮은 돼지에게 병을 전파시킬 가능성이 높아 확실한 대책을 세우지 않는 한 계속적으로 돼지단독 발생이 많아질 수 있다.

15) 돼지 선모충증

(1) 정의

돼지선모충증은 선모충(*Trichinella spiralis*)에 감염된 고기를 날것으로 먹거나 덜 익혀 먹어서 감염되는 인수공통 기생충성 질병으로, 선모충(*Trichinella spiralis*)은 사람, 돼지,

쥐 등 많은 포유동물의 근육에 기생하며 구토, 하리, 열을 동반하고 감염된 근육의 강직과 동통, 호흡곤란 때로는 안면부종과 결막염을 일으키는 인수공통 기생충이다.

(2) 원인체 및 감염경로

선모충증을 일으키는 원인체는 선충류에 속하는 선모충(*Trichinella spiralis*)으로 형태는 긴 원통 모양이며, 양 끝은 가늘다. 충란은 40×30㎛의 크기로 자궁 안에 있을 때에 이미 완전히 발육된 자충상태로 존재하여 자충 상태로 나오게 된다. 유충의 크기는 0.1×0.06mm로 유충이 조직에 침입하여 나선형으로 말려 1mm크기로 자라게 된다.

선모충에 감염된 고기를 먹게 되면 근육내 있는 피낭 자충(제1기 자충) 섭취되어 소화과정에 의해 위에서 낭으로 유리되며 숙주의 소장 안에서 탈피를 거쳐 소장하부 대장상부의 점막에서 5~7일만에 성충으로 된다. 수컷은 교접한 후 곧 죽으며, 암컷은 감염 후 5일에 전자충을 낳는다. 전자충은 횡문근 섬유로 들어가 근육 섬유로 형성된 피막으로 싸이게 되며 낭속에 있는 자충은 더 이상 발육할 수 없으므로, 다른 숙주가 감염된 고기를 섭취할 때까지 기다려야 한다.

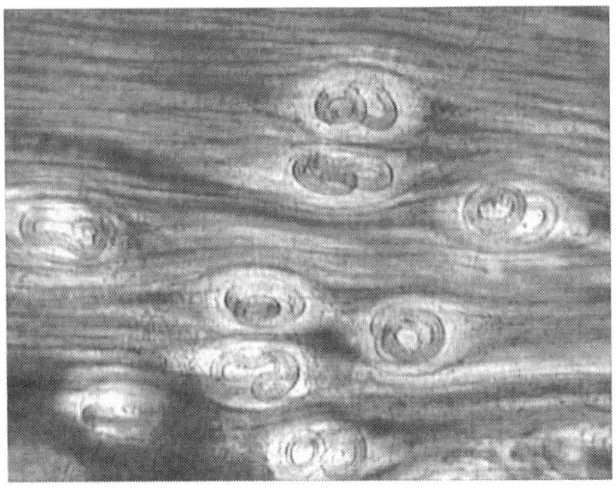

그림 5-60. 근육속에 낭에 싸여있는 선모충 유충의 모습

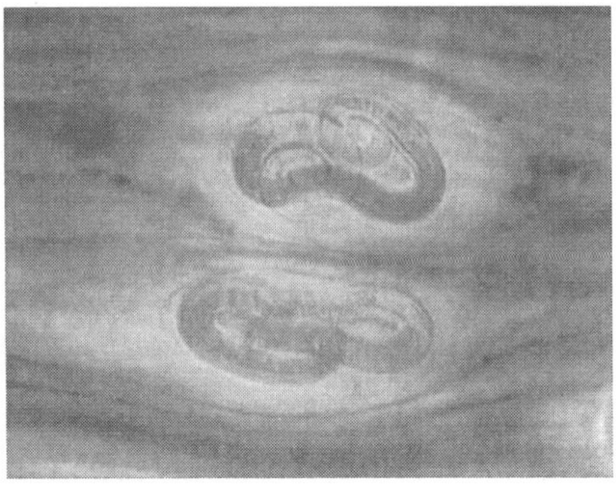

그림 5-61. 근육소화법으로 분리된자충의 모습

(3) 국내외 발생 현황

국내에서의 선모충에 대해 도축 돈을 대상으로 한 검사결과 전 두수 음성으로 나와 국내에서는 선모충을 확인 할 수 없었으나 1997년 12월 경남 고창에서 35세 남자와 39세 남자가 야생 오소리 생식으로 선모충에 감염된 것을 첫 발견으로 해서 2001년 2월 강원도 인제군에서 멧돼지 생식으로 또 발생함으로서 국내에서도 선모충의 안전지대는 아님이 확실해졌다.

국외의 경우 1835년 처음발견이래 사람의 경우 전세계적으로 천백만 명 정도가 감염된 것을 추정되며 프랑스나 이탈리아의 경우 말고기에 의해 지난 25년 동안 3,000명 정도가 감염된 것으로 파악되고 있다. 돼지고기와 관련해서 선모충증이 문제가 되는 국가들로는 아르헨티나, 크로아티아. 유고슬라비아, 러시아, 루마니아, 라트비아, 리투아니아 등을 들 수 있다. 중국의 경우 혈청검사 결과 양성율이 증가되는 추세를 보이고 있다. 그린랜드, 캐나다, 미국, 일본, 동유럽, 중국의 경우는 곰에 의해, 캐나다와 알레스카는 해마, 이탈리아는 여우에 의해 감염이 이루어지고 있다. 그밖에 양은 중국, 흑 멧돼지는 아프리카 개는 중국과 슬로바키아를 들 수 있다.

16) 돼지의 장독혈증

(1) 정의

이 병은 *Clostridium perfringens* A, C 및 D의 각 형균이 소장 내에서 이상 증식하고, 그 산생독소에 의하여 출혈성, 괴사성의 병변을 일으키며, 독혈증 때문에 급성사하는 질병이다.

(2) 원인체 및 감염경로

돼지에 이병을 일으키는 병원균은 *C. perfringens*의 A, C, D의 균형이다. 건강돈은 소장 내에 있어서는 소수의 이 균 A형균이 존재하지만, 병든 동물에서는 소장병변부의 내용물 1g중 107~108개/g의 균이 검출된다. 장관내에서의 이상증식의 기전 등에 관하여는 불명이지만 무엇인가의 원인에 의하여 돌연적으로 이상증식함으로써 괴사성장염을 일으키며, 이 균이 산생하는 균체 외독소가 혈류에 들어가고, 독혈증 때문에 수 시간내에 폐사하는 것이라 생각된다.

감염경로는 보균돼지가 양돈자간에 전파의 역할을 할 수 있으며 이균의 특징이 토양에서 아포로서 존재하는 세균으로 국내 양돈장에 지역적 및 산발적으로 발생되며 주로 어린 돼지에 발생되기 쉽다.

17) 돼지 흉막폐렴

돼지 흉막폐렴은 *Actinobacillus pleuropneumoniae*라는 세균에 의해 일어나며, 급성으로 진행되면 식욕불량, 호흡곤란, 구토, 청색증, 고열, 코와 입의 출혈 등을 일으키며 24시간 내에 폐사되는 질병이다. 이 질병은 중요한 돼지 세균성 호흡기질병중 하나이며, 양돈산업을 하는 나라에서는 대부분 발생한다. 이 질병의 발생은 폐사, 생산성 감소 및 치료비 또는 백신비용의 증가 등으로 이어지기 때문에 양돈산업에 있어 많은 주의를 기울여야할 질병이다. 이 질병의 어려운 문제 중 하나는 효과적인 항균물질로 치료될 수 있는 경우도 있지만, 초기 병변이 심하게 진행되기 때문에 치료가 힘든 경우가 많이 있다는 점이다. 또한, 이 질병에 대한 연구가 많이 이루어져 새로운 백신과 진단방법들이 사용되어오고 있지만, 이 질병을 극복하기 위한 가장 경제적인 최선의 방법이 무엇인가는 아직도 숙제로 남아있다. 그러면, 이 질병의 특성과 발생기전, 발생 현황 과 양상 및 대책에 대해서 알아보기로 하자.

(1) 질병의 특성

*Actinobacillus pleuropneumoniae*는 인공배양시 NAD(nicotinamide adenine dinucleotide)를 요구하느냐 그렇지 않느냐에 따라 2개의 biovar로 나뉘어진다. NAD를 요구하는 것이 biovar 1인데, 이것은 또 세균의 성분들(capsular polysaccharides, lipopolysaccharides(LPS)) 차이로 인한 혈청학적 특이성 때문에 12개의 혈청형으로 나뉜다. 그러나, 어떤 혈청형들은 유사한 구조 또는 LPS 유사성으로 교차반응이 나타난다. 1번에서 9번, 11번; 3번, 6번, 8번; 4번, 7번 혈청형들이 서로 교차반응을 나타내는 것으로 알려져 있다.

돼지의 흉막폐렴은 전세계적으로 널리 발생하고 있으며, 양돈산업이 성장하면 할 수록 이 질병에 대한 중요성이 더해지고 있다. 이 질병의 발생은 우리나라를 포함하여 유럽연합, 미국, 캐나다, 멕시코, 남미, 일본, 대만, 호주 등에서 보고되고 있다. 한 나라에서 한 개 또는 두 개의 혈청형이 우세하게 발생할 수 있으나(예를 들면, 스위스, 덴마크, 스웨덴은 2번, 미국과 캐나다는 1번과 5번), 같은 나라에서 몇 개의 혈청형이 질병을 일으킬 수도 있으며, 같은 농장 내에서도 다른 혈청형이 존재할 수 있다. 우리나라의 경우, 1998년 국립수의과학검역원의 보고에 의하면, 분리된 *A. pleuropneumoniae* 92주 중 38주(41%)가 2번, 54주(59%)가 5번 혈청형으로 나타났다.

이 질병은 급성으로 발생하면 폐사, 생산성 저하, 치료비용 증가 등의 문제를 야기하기 때문에 경제적으로 상당히 중요하다. *A. pleuropneumoniae*는 돼지에 숙주특이성이 매우 높으며, 호흡기관에 기생하는 세균이다. 이 질병이 급성으로 진행되면, 폐병변이나 패혈증의 혈액뿐 아니라, 코 분비물에서도 원인균이 존재한다. 급성으로 진행되었다가 살아난 돼지는 원인균을 전파시킬 수 있으며, 이 경우 폐병변 또는 편도, 비강에 원인균이 존재한다.

모든 연령의 돼지가 감수성이 있으나, *A. pleuropneumoniae*가 생산하는 독소를 중화하는 항체를 가지고 있느냐에 따라서 감수성이 달라질 수 있다. 또한, 초유항체가 유지되었느냐에 따라서 6주에서 8주령 돼지에서 이 질병의 진행에 영향을 미칠 수 있다. 균주의 병원성과 사육환경에 따라서 폐사율은 달라질 수 있으나, 일반적으로 높은 편이다. 폐사율과 이환율은 오제스키병과 돼지 생식기호흡기 증후군(PRRS)이 있는 농장에서는 상당히 악화된다.

질병 전파의 주요 경로는 공기전염이며, 대부분 직접 접촉에 의해 전파된다. *A.*

*pleuropneumoniae*는 분비물이나 분변 등의 유기물에 존재할 때는 수일동안 생존할 수 있으며, 깨끗한 물에서는 4℃에서 30일 동안 생존할 수 있다.

이전에 발병이 안 된 농장의 경우, 새로 입식하는 돼지 중 잠복감염된 개체가 있다면, 이 개체를 통하여 전파된다. 또한, 돼지를 많이 싣고 수송하는 것이 이 질병발생의 위험을 증가시키는 요인이 된다. 밀집사육과 불량한 외기조건, 가령, 돈사의 온도를 급격하게 변화시킨다거나 상대습도가 높다거나 환기가 불충분하다면 질병의 진행과 전파를 가속화시켜서 결국에는 폐사율과 이환율을 높게 한다. 따라서, 가장 높은 발생을 보이는 시기가 비육기이며, 주로 기후조건이 좋지 않은 계절에 다발하는 것은 이러한 이유에서이다.

(2) 발생 기전

돼지 흉막폐렴은 대개 미세한 물방울 또는 접촉에 의해 감염되며, 편도와 폐 상피세포에 부착하여 집락을 형성한다. 폐에 있는 *A. pleuropneumoniae*는 폐포의 대식세포에 의해 탐식되며, ApxI, ApxII, ApxIII 등의 독소를 생산하여 폐포 대식세포, 내피세포, 폐포 상피세포, 폐포벽 모세혈관의 내피세포 등 조직세포에 독성을 발휘한다. 한편, 균의 세포벽을 싸고 있는 캡슐은 탐식작용과 보체의 기능에 대해 저항한다. 돼지가 감염되면 인터루킨-1베타와 인터루킨-8 등의 싸이토카인이 폐포액에 많이 존재하게 되며, 종양괴사인자(tumor necrosis factor)도 초기 병변부위에 존재한다. 이렇게 감염에 수반되는 독소와 싸이토카인으로 유발되는 조직손상은 질병을 가속화시킨다. 혈청형들 사이의 병원성차이도 종종 발견되며, 심지어 같은 혈청형내에서도 병원성 차이가 발견될 때도 있다. 그러한 차이는 캡슐구조, LPS 구성, 용혈독소형의 차이에 기인한다. 그럼에도 불구하고 일반적으로 1번, 5번, 9번, 10번, 11번이 다른 혈청형보다 더 병원성이 높은 것으로 밝혀졌다.

돼지에 실험적으로 감염을 시키면 *A. pleuropneumoniae*의 독성작용에 의한 폐병변은 3시간이 지나면 발견할 수 있다. 병변의 말단부위는 죽거나 손상 받은 대식세포 또는 조직으로 채워지며, 감염 후 4일까지 쉽게 정상폐와 구별될 수 있게 된다. 이후 병변이 진행되면서 병변의 중심부가 괴사되며, 치유과정으로 진행되면 섬유화 된다.

실험 감염이나 자연 감염이나 면역반응을 유도하며, 순환혈액 중 항체는 감염 후 약 10~14일 후에 감지할 수 있다. 이러한 항체는 감염 후 4~6주 내에 최고수준에 도달하며, 여러 달 동안 낮은 수준을 유지하거나 질병이 치유되면 완전히 사라지는 경우도 있다. 면역시킨 암퇘지는 초유를 통하여 새끼돼지에게 면역능을 전달할 수 있다. 그러한 초유항체는 약 5~9주 동안 지속되나, 방어력은 3주밖에 지속되지 않을 수도 있다.

18) 곰팡이 중독

자연적 생태계 내에는 수많은 종류의 곰팡이가 있고, 이들이 온갖 식물, 곡식, 사료원료, 또는 이미 만들어진 배합사료 등에 기생하면서 여러 가지 종류의 독소를 만들어낸다.

가축에 중독증을 일으키는 것은 곰팡이 자체가 아니고 바로 이 곰팡이가 산생시킨 독소(toxin) 때문이며, 이 독소를 산생하는 곰팡이가 오염된 사료를 먹은 가축은 반드시 어떤 형태로든 중독증상을 나타내게 되어있다.

이러한 중독증상이 급성으로 나타나 특별한 임상증상을 보일 때에는 진단이 가능하나, 만성적으로 와서 발육장애를 보이거나 점점 쇠약해지고 빈혈을 보이는 등 증상이 미약할 때는 그 원인을 찾기가 매우 어렵다.

가축사료에서 기생하여 중독을 일으키는 독소를 산생하는 주요 곰팡이들은 아스퍼질루스(Aspergillus), 페니실륨(Penicillium), 푸사리움(Fusarium)속의 여러 곰팡이들로서 곰팡이의 종류에 따라 특이한 독소를 산생하고, 이 독소의 종류에 따라 각기 다른 임상증상과 병리소견을 나타낸다. 돼지에서 문제가 되는 주요 곰팡이 독소에 대해서 간략하게 설명하겠다.

(1) 아플라톡신(Aflatoxin) 중독증

가. 원인곰팡이

아스퍼질루스후래비스(*Aspergillus flavis*)가 원인 곰팡이로 옥수수가 주원료인 배합사료 내에 가장 많이 분포하는 곰팡이 독소이다.

나. 임상증상

간 손상으로 성장이 저하되며, 체중감소, 식욕부진, 원기소실 등을 보이는 만성형이 주로 발생한다. 말기에는 운동실조, 경련, 황달 등의 증상을 보인다.

다. 진 단

임상증상 및 부검소견을 보아 이 중독증이 의심될 때에는 사료 중 곰팡이 독소의 존재와 함량을 검사하여 확진한다.

라. 예방 및 치료

유효한 치료법이 없으며, 오염되지 않은 신선한 사료를 먹이지 않는 것이 유일한 대책이다.

(2) 오크라톡신(Ochratoxin) 중독증

가. 원인 곰팡이

아스퍼질루스 오크라슈스(*Aspergillus ochraceus*)가 원인 곰팡이로 북미와 유럽의 옥수수, 보리 , 밀, 귀리 등에 주로 오염되어 있다. 이 독소는 중독된 동물의 콩팥,간, 지방조직이나 근육으로부터 검출되므로 축산식품 중에 잔류할 가능성이 높다.

나. 임상증상

콩팥에 주로 문제가 되며, 신장염을 일으키는 것이 이 독소의 특징이다. 일반적으로 증체량이 저하되며, 독소의 양이 많을 때는 원기소실, 식욕부진, 음수량 및 배뇨량의 증가, 설사 및 탈수를 보인다.

다. 진 단

임상증상 및 부검소견을 보아 이 중독증이 의심될 때에는 사료 중 곰팡이 독소의 존재와 함량을 검사하여 확진한다.

라. 예방 및 치료

유효한 치료법이 없으며, 신장에 섬유소성 변화가 일어나기 전인초기에 나쁜 사료를 신선한 사료로 대체하면 많은 환돈이 회복된다.

(3) 페니실륨 곰팡이 독소

페니실륨곰팡이가 산생하는 독소는 시트리닌(Citrinin)과 루브라톡신(Rubratoxin) 2가지가 돼지에서 중독을 일으키며, 주로 돼지의 심장과 간장에 손상을 일으킨다.

(4) 푸사리움 곰팡이 독소

푸사리움 곰팡이는 보리, 밀, 호밀, 귀리 등 맥류에서 주로 볼 수 있으며, 쌀이나 옥수수, 콩 등에도 기생한다. 년 중 장마철에 많이 증식하여 속칭 붉은 곰팡이병을 일으킨다. 트리코센계 곰팡이 독소인 티-투독소(T-2 toxin)와 제라레논(Zearalenone)이라 불리는 에프-투독소(F-2toxin)가 대표적인 독소이다.

가. 티-투 독소(T-2 toxin)

돼지는 오염된 사료를 기피하여 사료 섭취량이 감소하고, 발육이 떨어진다. 과량 섭취 시에는 폐사한다. 이 독소는 장기와 조직에 장애를 유발하며, 증식성 세포에 친화성이 있어

주로 뼈, 소장, 흉선, 비장 등에 작용하여 세포장애를 일으킨다. 또한 피부염, 위염, 식도염, 구토, 장염, 장출혈 등의 소화관의 자극을 일으킨다. 이 독소에 오염된 사료를 번식 모돈에 급여하면 불임, 산자수 감소, 허약자돈 분만 등으로 큰 경제적 손실이 발생한다.

나. 제라레논(Zearalenone, F-2 toxin)

붉은 곰팡이에 오염된 맥류와 옥수수를 급여한 암퇘지의 외음부가 붉게 부풀어 오르고 발정이 온 것처럼 보이는 증상 즉 외음부 질염을 일으키는 것이 특징이다. 임신돈은 유산, 사산율 증가, 허약자돈 분만 등을 보아며, 배란 억제 등의 부작용을 나타낸다.

(5) 곰팡이독소중독의 예방

① 모든 곰팡이 독소 중독증은 일단 발병 시는 유효한 치료방법이 없으므로 예방이 최대의 방책이다.

② 곰팡이에 오염된 사료는 급여하지 말아야 하고, 사료를 서늘하고 통풍이 잘되는 곳에 잘 보관하여 곰팡이의 발생을 사전에 막아야 한다.

③ 수시로 의심스러운 사료에 대해서 검사를 실시하고, 발생 시는 즉각 신선한 사료로 교체시켜 환돈의 회복과 더 이상의 발생을 막아야 한다.

3. 닭(Chicken)

1) 닭 전염성 빈혈

(1) 원인체

닭 전염성 빈혈 바이러스(Chicken infectious anemia virus)가 원인체로서 과거에는 전염성 빈혈인자(chicken anemia agent; CAA)라고 하기도 하였다. 이 바이러스는 단쇄 환상 DNA 구조를 가지는 Circovirus에 속하는 바이러스로서 동물에 감염되는 바이러스로는 흔하지 않는 독특한 핵산구조를 가지고 있다. 이 질병의 원인체는 18-22nm 크기로서 매우 작으며 열이나 외부 소독제에 저항성이 매우 높아 한번 오염된 계사에서는 쉽게 제거되지 않는 특징이 있다.

Chapter 05

(2) 발생

이 질병은 1979년 일본에서 최초로 발생이 확인된바 있고 독일, 영국, 스웨덴 미국 등 세계 각지에서 발생이 보고되고 있으며 국내에서는 1989년 괴저성 피부염을 앓고 있는 계군으로부터 이 질병의 발생이 최초로 확인된 바 있다. 지금까지는 닭에서만 발생되고 있는 것으로 알려져 있다.

닭은 모든 일령에서 감염에 대한 감수성은 있으나 성계에서는 특별한 임상증상이 나타나지 않으며 2주령 이내의 어린 병아리에 감염될 경우에만 임상증상이 나타난다. 다만 세망내피증, 마렉병, 전염성 F낭병 등 면역억제성 질병에 조기 감염된 닭에서는 2주령 이상의 닭에 감염될 경우에도 임상증상이 나타나기도 한다.

(3) 전파

감염계로부터의 수평감염이나 오염된 계사시설로 부터의 감염이 주로 나타나지만 난계대 전염도 가능한 것으로 알려져 있다. 난계대 전염은 감염 모계의 약 7% 정도에서만 나타나 난계대 전염의 빈도는 낮지만 난계대 전염된 개체들은 부화 후 대부분 2주 이내에 폐사하게 된다.

국내 종계군은 이 질병에 대한 항체가 대부분 양성이고 이들 후대 병아리의 모체 이행항체는 3주령까지 질병감염을 막을 수가 있는 것으로 알려져 있어 국내의 야외계군은 대부분 3주령 이상의 육성계에서 자연감염이 일어나고 있는 것으로 알려져 있다.

(4) 임상증상 및 병변

감염된 병아리는 감염 10일 후부터 빈혈증상이 심하게 나타난다. 즉, 안점막, 머리벼슬, 다리부위 등에서 창백한 소견이 나타나며 쇠약해지고 활동성이 약해진다. 어린 일령때 감염되었을 경우에는 폐사는 감염후 2주부터 3주 사이에 나타나는데 최고 50%까지도 나타나기도 한다. 생존계는 그 후 빠른 속도로 회복되며 임상증상 발현시에는 호흡기증상이나 신경증상 등은 나타나지 않는다.

폐사된 개체의 부검 소견으로는 간장이 심하게 부어 있으며 간혹 백색의 반점들이 나타나기도 한다. 심낭에는 수액이 심하게 차있고 심첨이 둔해지며 출혈소견이 동반되기도 한다. 피하 및 근육에 출혈이 심하게 나타나며 흉선이 심하게 위축되어 있고 F낭도 위축되어 있으며 골수는 황백색의 색조를 띈다.

닭 전염성 빈혈에 조기 감염되어 회복된 닭들은 면역기능이 저하되는데 주로 세포성 면역이 크게 저하된다. 이 질병에 감염된 닭들은 이러한 면역능력의 저하로 말미암아 포도상 구균이나 클로스트리디움 균의 감염이 쉽게 일어나 괴저성 피부염이 자주 발생되기도 한다.

Chapter 05

2) 대장균감염증

(1) 원인균

대장균감염증은 직접 및 간접적으로 병원성의 *Escherichia coli*(대장균)이 관련되어 나타나는 가금의 호흡기질병으로 닭에서 대장균증을 유발하는 혈청형은 많은 종류가 있는 것으로 알려져 있으며, 또한 이들 병원성 대장균들은 닭의 장에는 물론이지만 비인강 내에도 정상적으로 존재하며 거의 모든 동물의 장내에도 정상적으로 서식하고 있어서, 대장균의 분포범위는 대단히 광범위하다.

(2) 병인체의 특성 및 역학적인 질병특성

*Escherichia coli*은 그람음성의 간균으로서, 절반이상의 균이 운동성이 있고, lactose를 분해하는 대표적인 장내세균이라 할 수 있다. 대장균은 현재 항원구조에 따라서 154가지의 O(균체표면)항원과 89가지의 K(캡슐)항원 그리고 49가지의 H(편모)항원으로 분류되고 있다.

지금까지의 조사결과, 대장균증 감염계에서 분리된 병원성 대장균의 혈청형을 분석한 결과 O1, O2, O35, O78에 해당하는 혈청형들이 가장 많이 분리된 것으로 나타났다. 그러나 이들 혈청형들 외의 다른 혈청형들의 대장균들도 마찬가지로 중요한 것으로 알려지고 있다.

(3) 임상증상

일반적인 경우로서 병원성 대장균은 전염성기관지염 바이러스(IBV)와 뉴캣슬병 바이러스(NDV) 및 이들의 생독백신 바이러스들과 마이코플라스마균과 복합작용으로 호흡기증상을 유발하게 된다.

특히 각종의 환경요인에 의해 손상을 받은 호흡기계는 호흡기도를 통해서 유입되는 병원성 대장균의 침입을 방어해내지 못하게 되며 그 결과 감염된 질병을 흔히 기낭병(air-sac disease) 또는 복합만성호흡기병(CCRD)이라고도 부르기도 하는데, 심낭염과 간포막염이 흔히 나타나며, 빈도는 적지만 전안구염, 수란관염 및 뼈와 관절의 감염도 패혈증에 이어서 질병이 만성화된 경우에 나타날 수 있다.

3) 닭 백혈병

(1) 정의

닭 백혈병에는 임파구성 백혈병(lymphoid leukosis), 적아세포종(erythroblastosis), 골수아세포종(myeloblastosis), 골수세포종(myelocytoma), 혈관종(hemangioma) 등 다양한

유형으로 발생되지만 임파구성 백혈병이 가장 발생빈도가 높은 것으로 알려져 있다.

임파구성 백혈병은 간장, 비장, 신장 등 각종 실질장기에 종양이 나타나며 F낭에도 비교적 높은 빈도로 종양이 발생된다.

(2) 원인체

레트로바이러스(retrovirus)에 속하는 일군의 avian leukosis/sarcoma virus에 의해 발생되며 임파구성 백혈병은 백혈병 바이러스 아군 A, B, C, D 및 E바이러스에 의해 발생되나 야외 계군에서는 A와 B아군 바이러스에 의해 발생되는 경우가 대부분인 것으로 알려져 있다.

(3) 발생

원인체 바이러스 중 종양 유전자를 갖고 있는 바이러스에 감염될 경우에는 급성으로 종양이 나타날 수도 있으나 야외 계군에서는 거의 발생되지 않으며 대부분은 만성형태로 종양이 발생된다. 만성종양은 18주 이상의 성계에서 주로 발생되며 닭의 품종에 따라 감수성 차이가 많은 것으로 알려져 있다.

(4) 전파

감염된 동거계로부터의 수평감염과 감염된 모계로부터의 수직감염 모두 쉽게 일어난다. 그러나 질병으로 인한 피해 즉, 종양은 수평감염되었을 경우에는 나타나지 않으며 주로 바이러스를 보유한 감염 모계로부터 후대병아리에게로 난계대 전염될 경우에만 발생된다.

난계대 감염된 병아리는 항체형성 없이 일생동안 바이러스를 체내에 보유하게 됨으로 주요한 전염원 구실을 하게 된다. 수평감염된 병아리는 항체가 생성됨과 동시에 혈중에서 바이러스가 대부분 소실되나 간혹 체내에서 바이러스 유전자가 잔존하게 되어 바이러스를 배설하게 되는 경우도 일어날 수 있다.

(5) 임상증상 및 병변

닭 백혈병 바이러스에 감염된 닭은 병의 경과가 만성으로 진행되며 폐사도 산발적으로 나타나지만 대부분 18주 이상의 성계에서만 발생된다.

감염계중 종양이 발생되는 닭은 체중이 현저히 감소하게 되며 빈혈증상이 나타나 벼슬이 창백하기도 하고 장관에 종양이 생겼을 경우에는 심한 설사를 하기도 한다.

부검소견으로는 간장, 비장, 신장, 심장 등 각종 실질장기에 회백색의 종양결절들이 나타나며 이러한 종양은 F낭, 난소, 골수 등에서도 나타나기도 한다.

4) 세망내피증

(1) 정의

면역능력이 심하게 저하되고 발육부진과 급, 만성 종양이 발생되는 바이러스성 질병으로 닭, 칠면조, 오리 등에 주로 발병됨.

(2) 인체

레트로바이러스(retrovirus)에 속하는 세망내피증 바이러스(reticuloendotheliosis virus; REV)가 원인체이다.

(3) 발생

호주, 일본, 미국, 영국 등 많은 나라에서 발생이 보고되고 있으며 특히 호주와 일본에서는 REV가 오염된 마렉병 백신을 사용함으로써 대대적으로 발생한 사례도 있었다.

국내에서는 1991년 이 질병으로 인한 피해사례가 최초로 확인되었으며 국내에서 분리된 REV는 심한 면역억제능과 증체율저하 및 만성종양을 일으키는 것으로 확인되어 병원성이 높은 것으로 알려져 있다.

(4) 전파

감염된 동거계로부터의 수평감염과 감염된 모계로부터의 수직감염 모두 쉽게 일어난다. 그러나 수평 감염되었을 경우에는 질병으로 인한 피해가 대부분 나타나지 않으며 주로 바이러스를 보유한 감염 모계로부터 후대병아리에게로 난계대 전염될 경우와 1주 이내의 어린 일령 때 조기 감염될 경우에만 피해가 나타난다.

난계대로 감염될 경우에는 면역학적 불응답으로 인해 항체는 형성되지 않으면서 혈중에 바이러스를 지속적으로 가지게 되는 경우도 생기며 이러한 닭들은 대개 일생동안 바이러스를 보균하게 되어 이 질병의 주요한 전염원 구실을 하게 된다.

(5) 임상증상 및 병변

닭에서의 세망내피증은 급성으로 종양이 발생되는 급성세망세포 종양과 흉선 및 Fabricius낭이 손상되어 면역능력 및 증체저하가 나타나는 왜소병 증후군(runting disease syndrome) 및 만성으로 종양이 발생되는 만성종양형으로 대별하여 구별할 수 있다.

첫째의 병증인 급성세망세포 종양은 칠면조에서 분리된 REV-T의 감염으로 발생되며, 닭의 경우 야외계군에서는 실제로 발생되고 있는 지의 여부는 아직까지 확인되고 있지 않지만 실험적으로 1일령 때 감염시킬 경우에는 감염 3주 이내에 100%가 간장, 신장, 비장 등 각종 실질장기에 급성종양이 발생되어 폐사하게 된다.

두 번째의 병증인 왜소병 증후군은 심한 증체율 저하와 면역능력의 저하를 특징으로 하는 병증으로서 선위염, 장염 및 빈혈이 나타날 수 있으며 깃털의 중간부위가 날개 축에 말려져서 날개를 펼쳐보면 마치 날개 중간부위가 구멍이 난 것처럼 관찰되는 나카누께(Nakanuke)의 증상이 나타난다.

왜소병 증후군을 앓는 개체들은 흉선 및 Fabricius낭 등의 1차면역기관이 파괴되기 때문에 면역능력이 크게 저하되어 특히 곰팡이성 질병이나 콕시듐증과 같은 기생충성 질병 및 계두나 전염성후두기관염과 같은 질병에 대한 저항성이 크게 약해진다.

세 번째의 병증인 만성종양형은 마렉병종양이나 백혈병과 같은 다른 종양성 질병과 임상증상 및 종양형성 장기 등이 거의 유사하게 나타나며 F낭에서의 종양형성 유무와 종양형성의 잠복기에 따라 F낭성 임파종과 비F낭성 임파종으로 구분된다.

F낭성 임파종은 종양형성의 잠복기가 17주 이상으로 백혈병과 유사하며 종양형성 장기는 간장, 비장 등에서 자주 나타나지만 F낭에서도 대부분 종양이 형성된다. 반면 비F낭성 임파종은 종양형성의 잠복기가 6주정도로 마렉병 종양과 유사하며 종양은 흉선이나 간장, 비장 등에서 자주 나타나지만 F낭에서는 종양이 형성되지 않는 특징이 있다.

5) 마렉병

(1) 발병요인 및 특성

마렉병은 허피스바이러스(Herpes virus)의 일종인 마렉바이러스에 의해 발생되며, 닭에서는 오직 한가지 혈청형만이 존재한다고 알려져 있다.

그러나 병원성은 다음과 같이 크게 3가지로 구분된다. 즉 마렉병을 일으키는 강독 바이러스인 1형, 같은 마렉병 바이러스지만 전혀 병원성이 없는 2형, 칠면조에 비병원성으로 존재하는 허피스바이러스(HVT)인 3형으로 나누어진다.

요즈음 일부 양계장에서 백신으로 사용되는 SB1은 2형에 속하며, 이제까지 마렉병 백신으로 사용되어온 HVT는 3형에 속한다.

(2) 전파

마렉병에 감염된 닭은 모낭을 통해서만 전염력이 있는 완전한 바이러스를 배출하는데 닭털의 모낭부위나 닭 비듬에는 많은 양의 마렉병 바이러스가 들어 있고, 이런 닭 비듬들이 먼지와 함께 떠다니면서 전염원의 구실을 한다.

바이러스가 묻은 미세한 닭 비듬이나 먼지 등을 흡입했을 때 폐에서 감염이 제일 먼저 일어나 전신으로 종양이 퍼지게 된다.

먼지에 묻은 마렉병과 바이러스는 계사의 천정이나 벽등에서 보통 4-6개월간 생존한다고 밝혀져 있다.

올인 올아웃과 청소와 소독이 제대로 안된 농장의 경우에는 부화후 2주일 이내에 대부분 바이러스에 감염되며 임상증상은 8-9주령 이후부터 16주령 사이의 닭에서 많이 발생하며 품종에 따라 감수성의 차이가 있다. 암탉에서의 발생율이 높다.

(3) 임상증상

정형 마렉은 주로 말초신경에 종양성 변화가 나타나서 신경증상을 초래한다.

두 다리를 앞뒤로 뻗는 특징적인 비대칭성 마비증상, 날개의 늘어뜨림, 모이주머니의 이완과 팽창은 안구의 혼탁 및 돌출, 시력상실 등이 나타날 수 있으며 대개의 경우 다리 마비증상이 많다.

6) 전염성 후두 기관지염

(1) 정의

닭의 호흡기 전염병(呼吸器傳染病).

관(氣管)ㆍ후두(喉頭)ㆍ기관지(氣管支)의 염증에 인한 호흡기증상이 특징이다.

(2) 병인체

전염성 후두기관염 바이러스(Infectious laryngotracheitis virus)가 병원체이다.

바이러스는 호흡기계통에만 존재한다.

기관점막세포(氣管粘膜細胞)에 핵내봉입체(核內封入體 Intranuclear inclusion body)를 형성한다.

(3) 임상증상

가. 유행형성(Epizootic form)

9. 전염이 빠르며 며칠 내에 거의 모든 닭이 감염된다.
10. 잠복기는 2～4일이며, 호흡기증상이 주요 증상으로 기침을 하고 헐떡거리며 목에서 꼬르륵 소리가 나고, 흡기 시(吸氣時) 목을 길게 빼며 주둥이를 벌린다.
11. 호흡할 때 휘파람 같은 소리를 내는 경우가 있으며, 기침을 자주하며 피가 섞인 점액이 튀어나오는 경우가 있다.

12. 기관 내에 염증성 삼출물(炎症性滲出物)이나 혈액이 많이 나올 경우에는 질식(窒息)으로 죽는다.
13. 산란계에 있어서는 산란율이 떨어진다.

나. 지방형성(Enzootic form)

14. CRD에 흡사한 증상을 나타낸다.
15. 가벼운 기침을 하며 목에서 꼬르륵 소리가 난다.
16. 폐사(斃死)하는 예는 극히 드물다.

7) 뉴캐슬병

(1) 병인체

뉴캣슬의 병인체는 파라믹소 바이러스의 일종인 뉴캣슬병 바이러스로 닭은 물론 여러 동물의 적혈구를 응집하는 성질이 있어 이러한 성질을 이용하여 실험실 진단법으로 혈구 응집 억제 시험이 널리 행해지고 있다.

이들 바이러스는 닭에 대한 독력(평균 치사 시간)에 따라 약독주(Lentogenic strains), 중간독주(Mesogenic strains), 강독주(Velogenic strains)로 나뉘고 닭에 대한 친화 부위 혹은 병변 발현율의 빈도에 따라 폐친화성, 내장 친화성, 신경 친화성 등으로 분류되고 있다.

우리나라에서 일반적으로 발생되는 뉴캣슬병의 병인체는 내장친화성 강독 뉴캣슬병(VVND)이며 환절기 특히 겨울철에는 호흡기 친화성의 약독 뉴캣슬병도 자주 발생되고 있는 것으로 알려지고 있다.

(2) 발생

① 모든 일령의 닭에 감염이 일어나며 일령이 낮을수록 증상이 심하게 나타나는 경향이 있다.
② 주로 늦은 가을 부터 이른 봄까지 다발하나 현재는 계절이 관계없이 연중 발생하고 있다.

(3) 감염경로

① 비말에 의한 호흡기 감염(상부기도, 눈, 구강)이 주된 전파 방법이다.
② 바람, 닭의 이동, 사료나 음수의 오염, 사육자, 기계기구, 외부 방문자, 야생 조류 등에 의해 계군간, 농장간에 전파가 이루어진다.

Chapter 05

(4) 임상증상

연령, 면역 상태, 바이러스 독력, 감염경로, 복합감염 여부, 환경적 요인 등에 따라 증상의 정도가 다르고 다양하게 나타날 수 있으나 크게 4가지 형태로 나눌 수 있다. 보통 잠복기는 2~15일(평균 5~6일)이다.

가. 도일형

17. 내장 친화성 강독 뉴캣슬(VVND)이다.
18. 갑작스런 발병으로 경우에 따라 뚜렷한 임상증상이 나타나지 않고 폐사에 이른다.
19. 대부분의 닭은 식욕 절폐, 원기소실, 체온 상승을 보이고 녹색 설사를 한다.
20. 눈주위 조직의 부종과 벼슬, 육수의 청색증(cyanosis)을 보인다.
21. 폐사전 근육진전, 사경(목이 비틀려 돌아가는 증상), 다리와 날개의 마비 등이 나타나기도 한다.
22. 폐사는 발병후 1~3일에 나타나며, 폐사율이 거의 100%에 이른다.

나. 비치형

23. 신경 친화성 강독 뉴캣슬(NVND)이다.
24. 원기 소실, 식욕감퇴, 체온상승 등이 보인다.
25. 호흡곤란, 기침 등의 호흡기 증상이 가장 뚜렷이 나타나며 뒤이어 다리와 날개의 마비, 사경 등의 신경 증상이 나타난다.
26. 산란계의 경우 산란율이 감소 및 일시적인 산란중지가 일어난다.
27. 폐사는 발병 후 5~7일에 나타나며 폐사율은 성계의 경우 낮으나 병아리에서는 50~90%로 높게 나타난다.

다. 보우데트형

28. 중간독주(Mesogenic strains)에 의한다.
29. 호흡기 증상을 보이고 산란계의 경우 산란율의 저하가 수주일 계속된다.
30. 신경 증상을 보일 수 있으나 흔하지는 않다.
31. 폐사율은 낮다.

라. 히치너형

32. 약독주(Lentogenic strains)에 의한다.
33. 성계에서는 증상을 야기시키지 않으나 병아리에서는 호흡기 증상을 일으킬 수

도 있다.

(5) 병변

① 선위 및 소장의 출혈 및 궤양 : 선위, 십이지장, 맹장편도 등에 잘 나타난다.
② 근위 및 심장의 지방조직, 눈결막, 총배설강 등에 점상 또는 반상출혈
③ 비장에 미세한 백색 점상 병변
④ 호흡기 증상 존재 시 호흡기 점막의 비후, 충혈 및 출혈
⑤ 산란계에선 연난포, 혈종난포, 파열난포가 존재한다.

8) 전염성 기관지염

(1) 원인체

원인체는 코로나 바이러스로서 현재 30종 이상의 혈청형이 존재하고 이들 각각이 다른 병형을 나타내며, 서로간의 교차면역성도 거의 없다.

(2) 임상증상 및 병변

IB 감염 시의 증상은 감염 시기에 따라 다양하게 나타난다.

가. 초생추

2주령 이하의 어린 병아리가 감염되면 심한 호흡기 증상을 유발함과 동시에 난소(Ovary)나 수란관(A : 손상된 수란관, B : 정상 수란관) 이 손상을 입거나, 때로는 수란관 낭종이 생기거나 수란관이 막혀 결국 알을 못 낳는 무산란계가 되기 쉽다.

또한 대장균이나 마이코플라즈마 같은 세균과 복합감염되면 그 피해는 더욱 심해진다.

해부 시 병변은 상부기도 내에 출혈반과 삼출물이 흔히 관찰되며, 때로는 세기관지 내에 치즈양 물질(caseous plug)이 차있고, 신장이 비대 되거나 요산이 침착되는 경우도 있다.

나. 중추

6주령 이상의 중추가 감염되면 가벼운 호흡기 증상 이외에는 별다른 증상을 보이지 않는다.

다. 성계

산란개시 직전이나 산란기간 중에 감염되면 심한 산란저하와 함께 기형란, 물란 등을 생산하게 된다.

해부 시 병변은 산란감소가 없을 때에는 눈에 띄는 병변을 발견하기 어려우나 산란감소가 심한 경우에는 수란관의 위축, 난추로 인한 복막염, 난소의 혈반 등을 종종 관찰할 수 있다.

9) 조류 인플루엔자

조류 인플루엔자는 전파가 빠르고 병원성이 다양하며, 닭, 칠면조, 야생조류 등 여러 종류의 조류에 감염된다.

주로 닭과 칠면조에 피해를 주는 급성 바이러스성 전염병으로 오리는 감염되더라도 임상증상이 잘 나타나지 않음.

(1) 원인체

원인체는 바이러스이며 병원성에 따라 고병원성 조류 인플루엔자, 약병원성 조류 인플루엔자, 비병원성 조류 인플루엔자로 구분되며 고병원성 조류 인플루엔자(HPAI: Highly Pathogenic Avian Influenza)는 국내에서는 제1종 가축 전염병으로 분류하고 있음.

(2) 임상증상

임상증상은 바이러스의 병원성에 따라 다양하며 호흡기증상, 설사, 산란율의 급격한 감소, 벼슬 등 머리부위에 청색증을 보인다. 바이러스의 병원성에 따라 폐사율은 0~100%로 다양하며 산란율도 40%~50% 저하 또는 산란중지로 다양하다.

혈청형이 다양한 것이 특징으로 135종류로 분류(H1~H15, N1~N9). 혈청형은 두 종류의 단백질(HA,NA)에 의하여 분류되며 현재까지 HA는 15종류, NA는 9종류가 보고되었다.

고병원성 조류 인플루엔자가 발생 한 경우에는 우리나라를 포함하여 전세계의 대부분 국가들이 살처분 하고 있으며 발생국가에서는 양계산물을 수출 할 수 없다.

임상증상은 감염된 바이러스의 병원성에 따라 매우 다양하며, 주요 임상증상은 호흡기증상, 산란율저하와 폐사이다.

국내에서 발생되는 조류 인플루엔자는 약병원성이며 주로 산란율 감소가 특징적인 임상증상이다. 산란율 감소 때는 무각 또는 연각란이 관찰되며 이외에 활력 저하, 사료섭취 감소와 쇠약, 육수나 벼슬에 청색증, 머리와 안면부에 부종, 그리고 깃털을 세우고 한곳에 모이는 행동이 관찰된다.

감염 후 회복된 닭은 신경증상을 보이기도 하지만 특이적인 임상증상은 아니다.

뉴캐슬병, 전염성 기관지염, 전염성 후두기관염, 마이코플라즈마 감염증 등과의 감별이 중요하다.

산란율 감소는 1~2주 사이에 40%~50%정도까지 감소할 수 있으며, 심한경우는 산란정지를 보이기도 하며, 산란율 회복의 특이한 점은 보통 산란율 감소가 시작된 이후 2주일 후부터 나타나며 한 달이 지나면 거의 회복된다.

폐사율은 매우 다양하여, 질병이 있는지 모를 정도로 폐사가 없는 경우부터 5~10% 폐사율을 보이는 계군까지 있으며, 산란 전에 감염된 닭에서는 임상증상이 관찰되지 않는 예가 많다.

백색산란계나 육용종계는 갈색산란계보다 평균폐사율이 더 높다.

10) 전염성 F낭병

(1) 정의

일명 감보로병(Gumboro disease)이라 불리는 이 질병은 3주령 이전의 병아리에 감염되어 준임상형으로 질병이 발생될 경우는 폐사는 거의 없지만 심한 면역능력의 저하가 나타나게 되고 3~8주령의 육성계에 감염되는 임상형의 경우는 병의 경과가 매우 빠르며 20% 전후의 폐사가 나타나는 급성 바이러스성 질병이다.

(2) 병인체

비르나바이러스(Birnavirus)에 속하는 전염성 F낭병 바이러스가 원인체로서 혈청형이 I, II 두가지로 구분되나 닭에서는 혈청형 I에 의해서만 병원성이 나타난다. 이 바이러스는 외부환경에 대한 저항성이 매우 높아 오염된 계사내에서 수년간 생존할 수가 있다.

(3) 발생 및 전파

감염계의 분변으로 배설된 바이러스가 오염된 사료나 물 등을 섭취함으로 감염이 나타난다. 이 질병의 원인체는 일반 소독제나 외부환경에서의 생존력이 매우 높기 때문에 한번 오염된 계사에서는 수년간 생존하게 되므로 오염된 계사내에 건강계가 입식하여 사육되면 대부분의 경우 질병 감염이 나타나게 된다.

(4) 임상증상 및 병변

3~8주령의 산란계에 병원성이 있는 바이러스가 감염될 경우에는 감염 2~3일 이내에 임상증상이 출현하는데 병에 걸린 병아리는 특징적으로 깃털이 헝클어지고 사료와 물을 섭취하지 않으며, 몸을 웅크린다. 항문 깃털에 수양성 또는 백색 설사가 묻어있다. 병이 진행되면 심한 체중감소와 함께, 운동실조, 심한 허탈 등이 나타나고 마침내 폐사한다. 감수성이 있는 계군에서의 이병율은 100%에 이르나 폐사율은 평균 20~30%를 나타내며 발병 2~3일

째 최고치에 이르며 생존계는 곧바로 회복된다.

3주령 이내의 어린 병아리에 감염될 경우에는 폐사나 외부임상증상이 나타나지 않는 준임상형으로 질병이 경과하는데 이 경우에는 F낭이 심하게 파괴되어 면역능이 저하되기 때문에 다른 질병, 즉, 콕시듐증, 대장균증, 마렉병, 각종 살모넬라 감염증, 봉입체성 간염 등의 질병감염에 대한 저항성이 떨어지고 백신접종에 대한 항체생성도 불량하게 나타난다.

11) 조류 레오바이러스 감염증

(1) 발생

① 레오바이러스의 감염에 의해 발생한다.

② 레오 바이러스가 직접 관절에 영향을 미칠 경우에는 바이러스성 관절염(건초염)으로 진행되고 장이나 간에 손상을 입히는 경우에는 영양분의 소화흡수와 이용율을 떨어뜨려 다양한 증상을 일으키며 흡수불량 증후군으로 진행된다.

③ 육계와 산란계 모두에서 감수성이 있으며, 어린 일령에 감염될수록 증상이 심하게 나타난다.

(2) 감염경로

① 직접 또는 간접 접촉에 의한 수평 전파

② 난계대 전염에 의한 수직 전파

(3) 증상 및 병변

가. 바이러스성 관절염(건초염)

감염계는 파행을 보이며 무릎관절이 붓고, 심한 경우 관절뒤의 비복건(힘줄)이 파열되기도 한다.

양쪽 다리가 모두 감염된 닭은 보행이 곤란해져 결국 기아, 탈수로 폐사된다.

부검해 보면 지굴건(digital flexor tendon)과 부전골신건(metatarsal extensor tendon)의 종창이 보인다. 또 볏짚색 또는 혈액 빛을 띤 삼출물이 저류되어 있고 관절활막에 점상출혈이 보인다.

나. 흡수불량 증후군

3주령 이하의 육계에서 다발하며 어떤 영양분이 흡수되지 않는가에 따라 증상이 다양하게 나타난다.

① **발육불량 증후군**

- 전체적인 영양소 부족으로 나타나며 특히 1주령 이전에 감염 시 심하게 나타난다.
- 층아리가 심하게 진다.

② **헬리콥터병**

- 메치오닌과 비타민 A의 소화 흡수불량으로 나타난다.
- 깃털의 발육불량으로 날개나 꼬리 깃의 방향이 일정치 못하고 헬리콥터 날개처럼 삐져나온다.

③ **창백증**

- 비타민 A와 비타민 E의 소화흡수가 안되어 황색의 카로틴 색소가 피부에 침착되지 못해 나타난다.

④ **각약증**

- 골격형성에 필요한 칼슘, 인, 비타민 D, 기타 무기염류의 흡수 부족으로 발생한다.
- 뼈가 쉽게 부러지거나 각약증으로 기립 불능이 나타난다.

⑤ **부검소견**

- 선위의 종대 및 출혈 또는 괴사가 보이고 카타르성 장염이 나타난다.
- F낭의 위축, 췌장염 등도 볼 수 있다.

12) 오니도박테리움성 비기관 감염증

(1) 정의

- 근래에 알려진 질병으로 호흡기 증상을 일으키는 전염병이다.

(2) 병인체

- *Ornithobacterium rhinotracheale*가 병원체이며, 그람음성간균이고 다형성의 모양을 하고 있다.
- 배양성은 혈액한천에서 잘 자라며 37℃에서 7.5% CO2하에 24시간이면 아주 작은 집락을 형성한다.
- 용혈은 없고 메콩키 아가에서는 자라지 않는다.

Chapter 05

(3) 발생

- 1981년 독일에서 처음 분리되었고 미국에서 1989년에 분리되었다.
- 1994년 Vandamme에 의하여 이 질병명으로 명명되었다.
- 브로일러와 칠면조에서 발생한다.

(4) 전파

- 이 병원체가 브로일러, 산란계, 칠면조, 애완조류 등에서 분리되며
- 분리되는 장기는 기관, 부비강, 폐에서 병원체가 분리된다.
- 대부분의 질병인 경우 호흡기 증상의 병원체가 먼저 감염되었을 것으로 보고 있다.

가. 감수성 동물

- 닭, 칠면조, 비둘기, 꿩, 자고, 경기용 조류 등에서 이 병원체가 분리된다.

(5) 임상증상

가. 임상증상

- 경미한 호흡기 증상이 흔하게 관찰된다.
- 노계에서 더 심한 호흡기 증상이 있고 헐떡이고 호흡을 힘들게 한다. 따라서 폐사율이 증가한다.

나. 병리해부병변

- 경한 부기강염, 기관염, 폐유착이 관찰되고 칠면조는 구강점액이 혈액으로 염색된다.
- 장액섬유소성 기관지 폐렴과 섬유소성 염증에 기낭에서 병리조직학적으로 경검된다.

13) 전염성 코라이자

(1) 정의

결막염, 눈과 코에서 분비물 배출, 안와하동의 종대로 인한 안면부종, 재채기 등을 특징으로 하는 닭의 급성 혹은 아급성 질병으로 10~40%의 산란감소로 인하여 경제적 손실을 유발하는 질병이다.

(2) 원인균

병인체는 헤모필루스 파라갈리나룸(*Haemophilus paragallinarum*)으로 그람음성의 단간균이다.

체외로 배출된 균은 쉽게 불활화되지만 회복된 닭을 보균계로 남는다. 이 균은 저항성이 매우 약하기 때문에 소독제, 항생제로 인하여 쉽사리 사멸되며 외부 환경 하에서도 오래 견디지는 못한다.

(3) 발생 및 역학

호흡기를 통한 직접 접촉에 의해 병원체의 전파도 이루어지나 중요한 전파경로는 음수를 통해서 이다. 즉, 콧구멍으로 침입한 병원균이 비강이나 안와하동의 점막에서 증식하고 콧물이나 눈물에 포함되어 배출되게 된다.

발병초기의 콧물 1ml중에는 100만-1억 개라는 대량의 병원균이 배출되어 먹는 물을 오염시켜 다른 닭에게 전파시킨다.

병의 진행속도는 빠르고 처음 감염되는 계군에서는 폭발적인 발생을 일으키는 경우가 많다. 또 병원균은 사료, 양계기구, 관리인의 의복 등을 통해서 전파되고 먼지 등에 부착한 균이 바람을 타고 전파되기도 한다.

이 병은 연중 발생하나 여름철에는 적고 5-7월과 11-1월의 환절기에 다발한다. 닭은 일령에 관계없이 발생하나 특히 산란계의 경우 4개월령 부터 1년 미만의 암탉 이 가장 감수성이 높다. 2년계가 되면 점차 저항성이 높아진다.

이 병은 일단 발생하면 농장내의 닭이 완전히 없어질 때까지 계속 발생하지만 초기 발생시에는 급성경과를 취하지만 차차 만성화되는 양상을 보인다. 이때 마이코플라즈마 갈리셉티쿰(*M. gallisepticum*)의 복합감염시 질병의 장기화가 초래된다.

(4) 임상증상

주된 증상은 콧물과 안면부종 그리고 결막염이다. 또한 분비물을 제거하기 위하여 날개와 몸통 부위에 비벼대기 때문에 그 부위에 먼지나 사료가 묻어서 지저분하게 된다.

병원균에 감염되면 1-4일의 잠복기를 지나 발병하는데 발병의 경우 발열과 식욕감퇴를 볼 수 있고 동시에 다량의 수양성 비즙을 유발한다. 발병 3일경부터 비즙은 점조성이나 고름같이 되어 기관점막에까지 영향을 미치므로 골골하는 호흡음을 내며, 입을 벌리고 목을 길게 뽑아내는 개구호흡을 하면서 소리를 지르는 닭도 있다. 또한 이 시기에는 설사나 녹색변을 배출한다.

발병 후 4~5일부터 아래턱 또는 목속에 부종성의 종창을 나타내는 것을 볼 수 있다. 산란계의 경우 산란의 정지와 산란율의 저하가 나타난다. 병의 경과는 닭의 일령, 사육환경 및 기후 등에 영향을 받지만 보통 10일을 전후하여 일반증상이 회복되며 폐사하는 경우는 드물다.

세균성 질병으로는 전염속도가 비교적 빠르고 높은 이병율을 보이지만 폐사율은 20%이하로 낮다. 사료 및 물의 섭취량이 감소하고 산란율이 10-40%까지 감소되며, 육계에서는 증체율이 떨어진다.

14) 마이코플라즈마 감염증

(1) 정의

닭의 마이코플라스마 감염증(Mycoplasmosis)은 만성적인 호흡기 증상을 주증으로 하는 만성호흡기 질병(Chronic respiratory disease: CRD)과 관절염을 주증으로하는 마이코플라스마성 관절활막염(Infectious synovitis)을 총칭한 질병이다.

바이러스나 다른 세균과 복합감염될 경우에는 흔히 복합만성 호흡기병(Complicated chronic respiratory disease: CCRD)이라고도 하며 칠면조에서는 흔히 안화하동이 붓기 때문에 전염성동염(Infectious sinusitis)이라고도 한다.

(2) 원인체

조류에 감염되는 마이코플라스마균은 약20여 종이 있으며 그 중에서 닭에 병원성이 높은 것은 *Mycoplasma gallisepticum*(MG)와 *M. synoviae*(MS)이며, 칠면조의 경우는 *M. mclcagridis*(MM)가 감염되는 것으로 알려져 있다.

MG는 만성호흡기병의 원인체이며 MS는 호흡기증상과 관절염을 특징으로 하는 관절활막염의 원인균이다. 그러나 호흡기질환계으로 부터 MS를, 반대로 관절막염증 부위에서 MG가 분리되고 있어 뚜렷하게 구분할 수 없는 경우도 있다.

이들 원인균은 일반세균과는 달리 아주 작기 때문에 광학현미경으로는 관찰하기 어렵고 집락(colony)크기도 작아서 현미경으로 관찰해야 만이 마이코플라스마 특유의 유두집락상을 볼 수 있다.

배양할 경우에는 돼지 또는 말혈청이 함유 되어 있는 인공배지에서 증식되며 특히 MS의 경우에는 혈청이외에 Nicotinamide adenine dinucleotide(NAD)를 필요로 하며 그 이외도 여러 가지 영양분이 함유된 배지에서 잘 증식되고 부화 계란에서도 균이 배양된다.

마이코플라스마균은 숙주를 떠나서는 저항성이 약하며 몸 밖으로 배출된 균은 실온 에서 1~3일 이상 생존하지 못하지만 저온에서는 저항성이 강하여 비교적 장기간 생존한다. 또한 이 균의 특성이 세포벽을 가지고 있지 않기 때문에 세균의 세포벽에 작용하여 효과를 발휘하는 페니실린 계통의 항생제에는 전혀 형향을 받지 않는다.

(3) 발생

대부분의 조류가 마이코플라스마균에 감염되지만 주로 닭과 칠면조에서 경제적인 피해를 주며 국내의 경우 대부분의 종계 및 산란계에 감염되어 있다.

MG의 경우 주로 육계에서 많이 발생하고, MS 감염증은 산란계군에서 다발하는 경향이 있다. 발생 일령으로는 4~12주령에 다발하는 경향이 있으나 산란개시기에 생리적 변화가 스트레스로 작용하여 병을 악화 시킬 수 있다.

(4) 전파

전염경로는 닭에서 닭으로 전파되는 수평감염과 종계의 종란을 통하여 병아리에 직접 전파되는 수직전염(난계대전염)에 의해 감염된다. 수평감염은 감염계의 호흡기로부터 배출된 비말에 직접 노출되거나 균에 오염된 먼지, 사료 및 음수 등을 통하여 계군 내에서 쉽게 전파되고 계군간의 전파는 오염된 신발, 양계기구 등을 통한 간접적인 전염이 이루어진다.

또한 멀리 떨어져 있는 계사나 농장간의 전파는 야생 조류나, 야생동물, 차량이나 사람을 통해 이루어질 수 있으나 마이코플라스마 균이 외부환경에 대한 저항성이 약하기 때문에 흔하지 않다.

수직감염인 난계대 전염은 MG, MS의 전파에 중요한 역할을 한다. 난소나 수란관의 상피세포에 감염되었거나 균에 오염된 정액이 난관을 통해 난황에 감염됨으로써 난계대 전염이 이루어진다.

특히 칠면조의 경우는 교미에 의해서 전파되는 성병으로써 근절이 매우 어려운 질병이다. 그밖에도 마이코플라스마균에 오염된 종란으로 타 생독백신을 제조할 시 백신에 의해서도 전파가 이루어질 수 있다.

(5) 주요증상

일반적인 증상으로 콧물, 이상 호흡음 및 기침 등의 호흡기증상이 나타나며 육수와 육관이 창백하며 야위고 성장이 지연되며 우모가 거칠고 원기가 없어 보인다.

관절이 종창되거나 발바닥이 붓고 파행증세를 나타내면서 걷기를 싫어하며 급성으로 감염된 닭은 녹색변을 관찰할 수 있다.

균을 보유하고 있으면서 임상증상이 없는 경우가 많으며 이병률은 5~75%로 다양하나 높은 편이고 폐사율은 10%이내로 낮은 편이다. 그러나 대장균이나 전염성 기관지염등과 혼합감염 시 그 증상은 심하게 나타날 수 있다.

4. 산양

산양은 체질이 강건하여 질병에 잘 걸리지 않으나 그렇다고 해서 질병이 없는 것은 아니다. 따라서 외모나 몸 각 기관의 동작상태, 식욕, 배설물 등을 잘 관찰하여 건강상태를 진단하고 건강진단에 따라 적절한 조치를 취한다. 건강진단법은 다음 표에서 예시된 바와 같이 평상시 세밀한 관찰을 하여 건강상태를 파악 각종 질병을 예방토록 한다.

표 5-10. 건강진단

구분	몸의 움직임	눈초리	식욕	점막 상태	털	똥	영양 상태	체온	맥박
정상	경쾌, 민첩	맑고 부드러움	남기지 않고 되새김	연분홍	윤기 탈력	콩알같이 낱알	외모 미끈	38-39℃	암 60-70 숫 70-80
이상	걸음걸이 불안 머리를 숙임	붉은빛 맥풀린 눈초리	되색임 불량	거칠음	털 빈약	소똥 같은 상태	여윔	상기이하 위험	

(1) 질병예방

질병의 예방비법은 영양을 좋게 하는 것이므로 영양가가 높은 먹이를 충분히 주고 더럽거나 독성이 있는 먹이를 머이지 않는다. 산양우리는 습기사 차지 않도록 한다. 내일 외부 운동을 하게하고 기생충에 걸리지 않도록 구충약을 먹이고 축사 내외를 소독한다.

(2) 주요 질병과 치료법

산양의 질병으로는 ① 내과병, ②기생충, ③전염병으로 크게 나눌 수 있다. 이들은 발병원인과 발병부위에 따라 병명이 있으므로 각 병에 대한 발병원인, 감염경로 및 발병시기, 증세, 치료방법 및 예방에 관한 내용을 간추려 표로 작성하였다.

이 표에 제시된 내용 중 치료약제는 제시한 외에도 새로 개발되는 약제가 있을 것으로 본다.

그리고 이와 같이 많은 병을 나열하여 산양도 키우기가 어렵다고 생각할지 모르나 그렇게 걱정할 것은 없다고 본다. 왜냐하면 이러한 병들의 발병비율은 극히 낮으니까 겁먹을 일은 아니고 다만 세심한 주의만 하면 산양 관리는 별 지장이 없다.

특히 영양관리와 축사환경에 주의만하면 사육에는 지장이 없음을 확신하고 자신과 소신을 갖고 사육하면 되리라고 본다.

표 5-11. 주요 질병과 치료법

병명	원인	감염경로 및 발병시기	증세	치 료	예방
내과병 제1위 식체	과다한 사료급여사료 변경쇠약	겨울철에 많이 발생	식욕과 되새김이 없고 등을 굽힘	1홉의 물레 황산소다 30g과 토주석 15g을 녹여 1일 3회 나누어 먹임 경증 : 입에 새끼를 물려 가스를 토하게 함	사료의 변경을 서서히 하고 과식을 시키지 말 것
급성 고창증	뜨기 시작한 청소, 비맞은 풀 급여	여름철 많이 발생	왼쪽 복부팽배, 되새김이 없음	중증: 왼쪽 견부를 주사침으로 가스를 뺀다.	뜬사료라든가 청소를 일시에 많이 급여하지 말것
위장 카타르	상한 사료 급여, 일정하지 못한 사료 급여, 유독 식물	년중 발생	원기가 없고 설사점액의 똥을 쌈	황산소다, 황산마그네슘 등 20~30g을 물 반되 쯤에 타서 먹이고 비수무스탄닌산 제재들을 먹임.	원인을 제기할 것
어린 양의 급성위장 카타르	위장병, 전염병에 걸린 어미 양의 젖 급여, 사양관리 부주의	년중 발생	원기가 없고 설사점액의 똥을 쌈	황산소다, 황산마그네슘 등 20~30g을 물 반되쯤에 타서 먹이고 비수무스탄닌산 제재들을 먹임	원인을 제거할 것
기관지 카타르 기관지염	기후의 급변, 감기 자극성 가스흡입	겨울철 발생	기침, 호흡곤란, 콧물	기침에는 인산코데인 염산 몰핀 사용 해열제는 아스피린 A.P.C 사용, 폐염실린, 스트렙토마이신, 설파다이아졸 등을 사용	양사내 적당한 습도, 온도유지
폐염	급성기관지 카타르 파스튜렐라균 감염, 불결한 사양	겨울철 발생	고열 호흡곤란 기침	페니실린 30~40만 단위와 스트렙토마이신 1~2g을 하루 두 번쯤 근육주사	원인을 제거
신모증	사료 중 알칼리 염류가 부족하기 때문에 일어남	-	면양의 탈	소금 및 중탄소다를 사료에 배합급여	원인을 제거
양의 임신병 케토시스	당분의 결핍	-	분만전후 식욕격감유량감 소기립불능몸에 경련호흡곤란	꿀을 큰 양에 700cc 보통 양 300~500cc, 적은 양 300cc급여 포도당 50% 200cc 정맥주사와 레틴 1g 피하주사	적당한 운동과, 양질의 건초를 충분히 급여
요바비	사상충의 새끼벌레	소→모기→양 8-9월 발생	목이 한쪽으로 돌아감, 양다리가 마비됨	안티몬 코로이트의 정맥에 주사를 매일 또는 하루 걸려 4-5회 행함	모기를 없앨 것
기생충병 폐충병	폐충 감염	달팽이→풀→양	기침	클로로풀르 3cc를 1.5cc식 양쪽 콧구멍에 떨어뜨리고 손가락으로 막는다. 숨이 차 날뛸 때에 손을 땐다.	습한 곳에서 방목을 하지 말 것 영양을 충분히 공급할 것
위충증	염전 위충	늦가을이나 가을철에 많이 나타남	야위고 빈혈	황산통60g 황산니코틴 60cc+물800cc 흡여량, 성양 90cc 1년 60cc, 6개월 40cc, 3개월 20cc 주기적으로 구충함	습한 방목지나 오염 지역을 피할 것 음료수는 우물이나 흐르는 물을 사용할 것
촌충증	촌충	소형진드기가 중간숙주임	야위고 빈혈	위충증과 같음	〃

병명	원인	감염경로 및 발병시기	증세	치 료	예방
장결절충	콜롬비아 장결절충 산양 장결절충의 자충	청소→양	야위고 빈혈	24시간 전에 절식, 훼노다이아진 25g급여(체중당 0.5g)	〃
간디스토마증	간질, 거흡충 창형흡충의 기생	다슬기→풀→양	야위고 빈혈, 설사 혈변	사염화탄소 1cc를 3~4주일 간격으로 3회 급여	〃
전염병 옴,개선	면양은 흡윤개선충	피부접촉에 의해서 감염	탈모, 가려움	2-2.5% 크레오틴크레졸 또는 0.5%아비산 2-3% 담배즙으로 약욕	축사를 깨끗이 하고 개체손질을 잘해줄 것
이	축사불결	접촉감염	식욕부진 피부 탈락벽, 기둥에 몸을 비빔	네구본(1%)액을 피부에 바름	축사청결, 자주 피부손질
진드기병	산간지대 방목에 의함	여름철	야위고 빈혈	석유 테레빈유 포스크로랄석유 유황 합제등을 분무기로 품어줌	-
전염병 파스튜렐라균 (양폐역 출혈성패혈증)	파스튜렐라균		호흡곤란, 기침, 콧물	페니실린, 스트립토마이신, 설파다이어졸, 설파메라진 등이 효과가 있음	사양관리 철저
파상풍	파상풍균침입	여름철	드러눕고 근육 90~100%가 3일 이내 폐사	페니실린 또는 방부약으로 깨끗이 씻기고 면역 혈청을 200~300 단위주사	상처를 깨끗하게 소독할 것
브루셀라병 (전염성유산)	브루셀라병	-	유산	적당한 치료법은 없고 발견 되는 즉시 땅속깊이 묻거나 태워버린다.	-
양두	바이러스 병원체	공기 감염	피부에 부스럼	피부를 치료해주는 이외에 특별한 방법이 없음.	면역혈청 주사법이 있음
장독혈청	악성수종균, 상처	-	고열, 식욕이 없고, 되새김을 중지, 피하수종, 쇠약	조기에 페니실린 면역혈청으로 치료하면 효과 있음.	-
전염성 괴사성 감염	간질이 기생하고 있는 동물에서만 발생	생후 2~4년 면양에서 흔히 발생	급사간질 감염	급성으로 죽기 때문에 효과 있는 치료법이 없음.	발생지역에서 양사육을 금지
리스테리아병	리스테리아균, 쥐 기타 야생동물이 보균		결막염, 선회운동	발병하면 폐사율이 높음	환축의 격리시체의 매장, 축사의 소독, 기타 설치류 구제
전염성 유방염	포도상구균, 연쇄상구균, 대장균, 코라이네박테리움, 비위생적 착유작업 유방의 상처	년중 발생	식욕부진, 유방이 붓고, 열이 있음 양유	페니실린마이신 종류의 항생제 응 사용	유방위생 철저

병명	원인	감염경로 및 발병시기	증세	치 료	예방
부제병	화농균, 괴정균, 괴저성 방선균,불결한 곳, 관리부족	겨울에 발생	식욕감퇴, 체온상승, 파행악취	감흔 10%로 주석연고 황산 등 포화액으로 소독, 페니실린설파 제의 분말을 환부에 살포	원인제거
산전기립불능	노형, 영양불량, 운동부족 상태	년중 발생	분만 1개월 전후에 일어나면 마비증상 기립불능	칼슘주사	원인제거

5. 말

1) 말의 전염병에 대한 혈청학적 조사연구

말의 전염병에 대한 혈청학적 조사사업은 국내보유 말에서의 전염성질병 감염여부를 확인하고 이차적으로 법정전염병의 검색 및 도태를 통하여 '86 아시안게임 및 '88 서울올림픽대회에 참가하는 경기용 말의 위생상 안전을 도모키 위한 기초적 역학자료로 활용하고자 '85년 농촌진흥청 가축위생연구소에서 처음으로 아프리카마역 등 18종에 대한 혈청학적, 세균학적 및 임상관찰을 통한 조사를 실시하였으며 그 후 '86년과 '87년도에도 계속적으로 추진된 바 있다. 최근에 들어서는 조에 의해 '93~'94년에 마비강폐렴에 대한 항체가를 조사한 바 있으며 한국마사회에서는 '93년부터 마인플루엔자, 말 전염성 빈혈(마전염성빈혈), 말바이러스성 동맥염, 일본뇌염, 마비강 폐렴에 대한 전염병 검진사업을 실시하고 있다.

한편 WTO체제 하에 국제간의 교역증가로 인해 해외악성가축전염병의 유입가능성이 한층 증대되고 있어 국내 보유말에 대한 혈청학적 역학조사와 더불어 검역기능을 강화하기 위하여 말바이러스성 동맥염 등 7종에 대한 검사를 실시하여 양성의 경우 국내 반입을 금지하고 있다.

여기서는 '85년부터 '87년까지 농촌진흥청 수의과학연구소에서 실시하였던 역학조사 결과를 중심으로 살펴보기로 하겠다.

(1) 주요 조사 대상 질병 및 검사방법

●● **표 5-12.** 국내 말의 주요 조사 대상 질병 및 검사방법

질 병 명	검 사 방 법	양성기준	진단액 구입(분양)처
마전염성빈혈	한천겔침강반응	동정	
마전염성유산	응집반응	≥1:320	Pitman-Moore, USA
전염성자궁내막염	원인체분리	분리	CVL, UK
수포성구내염	혈청중화시험	≥1:10	ERS, UK
말바이러스성동맥염	〃	≥1:8	NVSL, USA
마파이로푸라즈마병	보체결합반응	≥1:5	ERS, UK
마구역	〃	≥1:5	CVL, UK
마비강폐렴	혈청중화시험	≥1:4	NVSL, USA
마인플루엔자	혈구응집억제반응	≥1:16	Duphar, Holland
일본뇌염	〃	≥1:10	Duphar, Holland/AHT, UK
게타바이러염증	〃	≥1:10	NIH, Korea
아프리카마역	한천겔침강반응/임상관찰	동정	Nisseiken, Japan
베네쥬엘라마뇌척수염	혈구응집억제반응/임상관찰	≥1:10	AVRI, UK
마비저	보체결합반응/임상관찰	≥1:5	FADDL, USA
전염성임파선염	임상관찰	임상증상	FADDL, USA
탄저	〃	임상증상	
링웜	〃	임상증상	
마옴	〃	임상증상	

(2) 조사 대상 마필

'85년에는 2월부터 4월 사이에 가검물을 채취하였으며 총 575두 중 암말이 331두, 수말이 244두였으며 한국마사회 소속 말이 126두, 대한승마협회 소속 말이 288두였다. '86년에는 3월부터 11월 사이에 채취한 총 1,415두 중 암말이 720두, 수말이 693두로 한국마사회 소속 말이 1,098두, 대한승마협회 소속 말이 317두 이었다. '87년도에는 3월부터 10월 사이에 채취하였으며 암말 675두, 수말 668두 중 한국마사회 소속 말이 935두, 대한승마협회의 말이 406두로 총 1,341두에 대해 가검물을 채취하여 임상관찰 및 혈청학적조사를 실시하였다.

(3) 말 전염성 빈혈(마전염성빈혈), 일본뇌염 및 게타바이러스

'85년 조사에 의하면 대한승마협회 소속 1두가 말 전염성 빈혈(마전염성빈혈) 양성으로 판정되어 살처분 소각하였으며 이 질병은 1945년 제2차 세계대전이 끝나기까지만 하여도 상재질병으로 정기적인 검색을 실시한바 있었으나 지난 40여년간 검색을 실시하지 않았던 질병으로 이 조사사업으로 국내발생을 확인하였다.

일본뇌염은 동남아시아에 상재하는 질병으로 말에 대한 연구는 별로 실시된 바 없었으나

표 5-13. 조사 대상 마필의 특성

년 도	성 별	구 분			총 계
		한국마사회	대한승마협회	제주조랑말	
1985	암말 수말	81 45	123 165	127 34	331 244
1986	암말 수말	200/605* 164/493	40/117 67/200	–	240/722 231/693
1987	암말 수말	186/487 176/448	65/188 94/218	–	251/675 270/668

*: 표본조사두수/전두

이 조사에 의해 '85년에 국내 마필 항체보유율이 모기의 비활동기인 2~4월에도 50%에 이르고 있음을 확인할 수 있었으며 '86년 26%, '87년 46.6%로 나타났다.

게타바이러스에 있어서는 '85년에 모기가 활동하지 않는 계절인데도 제주마 42%, 육지마 35%로 국내발생을 확인할 수 있었으며 '86년에 39%, '87년에 33.5%인 것으로 조사되었다.

표 5-14. 마전염성빈혈, 일본뇌염 및 게타바이러스의 연령별 항체 분포(1985)

연령별	제주마				개량마			
	검사 두수	마전염성 빈혈	일본 뇌염	게타 바이러스	검사 두수	마전염성 빈혈	일본 뇌염	게타 바이러스
3세미만	38	–	9*	4	1	–	–	1
3~6세	21	–	16	13	134**	–	51	47
7~10세	76	–	36	34	170	–	82	65
10세이상	26	–	17	16	109	1	55	32
계	161	–	78	67	414	1	188	145

*: 항체양성두수 **: 이중 3두는 일본뇌염에 대한 검사 미실시

(4) 마비강폐렴 및 마인플루엔자

'85년에 마비강폐렴의 호흡기형 및 유산형 바이러스에 대한 제주재래마의 항체보유율은 모두 22%인데 비해 개량마의 경우 각각 4%, 3%로서 제주도가 마비강폐렴의 상재지로 확인되었다. '86년에는 항체양성율이 78%로 성별차이는 없었으나 연령별 항체분포에 있어서는 통계학적으로 유의성이 인정되었다. 한편 '87년의 조사에서는 43.1%의 양성율을 나타내었다.

마인플루엔자에 대한 항체는 '85년 제주마에서는 전혀 검출되지 않았으나 오직 개량마에서만 17.6~32.8% 검출이 가능하였다. 이는 1973년 경주마에 마인플루엔자가 발생한 바 있

어 그후 경주마에만 정기적으로 예방접종을 하고 있고 1973년이루 마인플루엔자의 임상적인 증상이 전혀 관찰되지 않은 것으로 미루어 국내에서의 발생은 없는 것으로 생각된다. 또한 '86년에는 22~32%, '87년에는 65.6~69.6%의 항체양성율을 나타내었다.

●● **표 5-15.** 마비강폐렴 및 마인플루엔자 바이러스에 대한 연령별 항체양성 분포(1985)

연령별	제주마			개량마		
	검사 두수	마비강폐렴 호흡기형 유산형	마인플루엔자 Miami Prague	검사 두수	마비강폐렴 호흡기형 유산형	마인플루엔자 Miami Prague
3세미만	38	- -	- -	1	- -	- -
3~6세	21	4 4	- -	134	8 7	5 37
7~10세	76	20 20	- -	170	7 1	38 62
10세이상	26	12 12	- -	109	3 5	30 37
계	161	36 36	- -	414	18 13	73 136

(5) 마전염성유산증

'85년 574두를 검사한 결과 약 2%의 양성율을 보였으며 '86년과 '87년 조사에서는 항체양성율이 각각 7%와 15.5%인 것으로 나타났다. 이와 같이 항체양성율이 점점 높아가고 있으므로 번식마에 대한 정기적인 검진과 양성축의 격리치료와 함께 이를 번식용으로 공하지 못하게 하고 위생관리 등 방역조치에도 철저해야 할 것으로 생각된다.

(6) 기타

그밖에 대상마필에 대하여 실험실검사와 임상검사를 실시한 결과 아프리카마역, 베네쥬엘라 뇌척수염, 수포성구내염, 마파이로플라즈마병, 말바이러스성동맥염, 마비저, 마구역 등의 질병에 있어서는 특징적인 임상증상이나 항체양성축이 검출되지 않아 국내 부재질병으로 확인된바 있으나 이들 8종의 질병은 해외악성전염병으로 국내에 침입할 경우 마필산업에 심각한 영향을 끼칠 수 있으므로 수입마필에 대한 철저한 검역 및 질병관리가 요망되며 이에 대한 연구도 강화되어야 할 것으로 생각된다.

한편 임상관찰 및 세균학적 검사 결과 전염성자궁내막염에 대한 병인체는 검출되지 않아 국내부재질병으로 확인되었으며 전염성임파선염, 링웜, 마옴, 탄저 등에 대하여도 임상관찰 결과 국내 발생을 확인할 수 없었으나 국내발생이 예상되는 질병이므로 계속적인 추시가 있어야 하리라 생각된다.

2) 아프리카 마역

(1) 정의

아프리카 마역(African horse sickness; AHS)은 말과 노새는 마과에 속하는 동물에 있어서 겨모기 또는 모기의 매개로 발생되는 바이러스성 질병이다. 아프리카 마역은 본래 아프리카와 아라비아 지방에서 14세기경에 알려진 질병이며, 남아프리카에서 발생이 흔했으며 때때로 북 아프리카에도 전파되곤 하였다.

아프리카 마역은 종종 말과 노새에 치명적이며 폐사율은 95% 정도에 달하는 것이 특징이며, 손상된 호흡기 및 순환계 기능과 관련된 임상증상과 병변이 특징적이다.

(2) 병인체

병인체는 레오바이러스과(Reoviridae)의 오르비바이러스(orvivirus)에 속하는 아프리카 마역바이러스(African horse sickness virus)이며, 현재까지 9개의 혈청형이 알려져 있는데, 그 마지막 혈청형은 1960년에 분리된 것이다. 아프리카 마역 바이러스는 다른 기지의 오르비 바이러스와 혈청학적으로 관계가 없는 것으로 알려져 있다.

(3) 전파와 역학

아프리카 마역은 비접촉성 전염성 질병이다. 그러나 감염성 혈액이나 기관 유제액의 비경구적 투여에 의해 쉽게 전파될 수 있다.

자연 상태에서 바이러스는 생물학적으로 겨모기속의 작은 곤충에 의해 전파된다. 이 점에서 볼 때 이 질병은 더 따뜻한 지역에서 계절적인 발생을 보이고 그 유행은 곤충의 생장에 유리한 기후 조건에 의해 직접적으로 영향을 받는다. 생물학적 또는 기계적 매개체 같은 다른 흡혈 곤충의 역할은 명확히 밝혀지지 않았다. 마과에 속하는 동물이 주요 숙주이며, 그 중에서도 말이 가장 감수성이 있다. 말에서의 폐사율은 95% 만큼 높을 수 있으며, 노새에서는 50에서 70%로 다양하다. 아프리카의 유행지역에서 당나귀들은 매우 저항성이 있으며 준임상 감염을 겪는다. 그러나 유럽 및 아시아의 당나귀들은 중등도의 감수성을 가지며, 약 10%의 폐사율을 관찰 할 수 있다. 얼룩말은 꽤 저항성이 있으며 약간의 발열 이외에는 특이적인 임상증상을 심하게 나타내지는 않는다.

1907년 이후 아프리카 마역에 개가 감수성이 있다고 알려졌으나 개에서 이 질병 유행에 대한 역할은 아마도 극히 작다. 아프리카 마역의 자연적 발생(폐사율 30% 이상)은 바이러스에 감염된 말고기를 섭취한 개에서 알려졌으며 또한 무는 곤충을 통해 개에 전파된 증거도 있다. 아프리카 마역 바이러스의 실제의 자연적인 보균 숙주는 아직 알려지지 않았으며 모든 가능성에서 열대 아프리카에 제한된다고 가정할 수 있다.

아프리카 마역은 아프리카 이외에도, 이란(1959년), 파키스탄 및 중동지역(1959~1963)과 인도, 터키, 사이프러스까지 유행하기도 하였다. 1965년에는 알제리와 모로코, 1966년에는 튀니지와 스페인에서도 발생된 바 있으며(1996년), 특히 스페인에서는 이후에(1987~1989) 또 다시 문제시 된 바 있다.

최근에 국제수역사무국 보고자료(1997년도)에 따르면, 남아프리카 공화국(South Africa)에서는 1995년도에 비하여 1996년도에 발생이 증가하였던 것으로 보고된 바 있으며, 이집트는 1996년도 현재 아프리카 마역의 비발생을 선언한 바 있다.

(4) 임상증상

일반적으로, 바이러스가 체내의 혈액 중에 퍼지게 되는 독혈증은, 말과 노새에서 흔히 볼 수 있으며, 체온이 증가 또는 떨어지는 것을 나타내는 체온 곡선과 유사하다. 실제로 아프리카 마역에 감염되면, 체온이 우선 상승하는 고열증상을 볼 수 있게 되는 것이며, 이러한 체온의 상승은 실제로는 바이러스가 감염되어 체내에서 증식하기 때문에 일어나는 반응으로 보면 된다. 바이러스가 혈액 내에 지속적 또는 증가적으로 퍼져 있는 독혈증의 평균 지속기간은 약 4~8일로 알려져 있으나, 매우 드물게는 18일이나 된다. 당나귀 및 얼룩말에서의 독혈증 기간은 4주까지도 지속 될 수 있다.

바이러스 복제는 주로 폐와 비장 및 림프절에서 일어난다. 바이러스 복제로 몸통의 특정 기관이나 부위에서 혈관의 선택적인 삼투압 증가를 가져왔다. 임상적으로 이 질병은 말과 노새들에 있어서 심급성에서 아급성까지 그리고 아프리카 당나귀 및 얼룩말에서 준임상형으로 다양하다.

심급성형은 폐의 폐포, 흉막하 및 간질성 부종 그리고 때때로 심한 흉수증이 특징적이다. 아급성형에서는 수심낭증 뿐만 아니라 두부(특히 안와상부 및 안검), 경부 및 견부의 부종이 흔히 관찰된다.

(5) 진단

가. 병인체 동정

아프리카 마역의 임상 증상과 육안적 병소가 꽤 특징적이라는 사실에도 불구하고 그 상황이 종종 잘못 진단되고 실험실 확진이 필요하게 된다. 유행지역 외에서 질병이 발생할 경우 원인 바이러스의 분리 및 뒤이은 혈청형 동정은 필수적이다. 핵산 탐색자들이 개발과정 중에 있으나 현재까지 이것의 민감도는 말 혈액과 기관에서 아프리카 마역 바이러스의 확실한 증명을 위해서는 불충분하다.

아프리카 마역 바이러스는 초기 발열기 동안 채혈된 혈액으로 부터 꽤 쉽게 분리될 수 있다. 혈청이나 마쇄된 응고혈액으로 부터 바이러스를 분리하는 것은 사실상 불가능하므로 항응고제(되도록이면 해파린, 10 IU/ml)를 첨가하여 혈액을 채취하는 것이 필수적이다. 작은 조각(2~5 gram)의 비장, 폐 및 임파절은 부검시 채취되어야 하며 4℃에서 유지되거나 글리세롤-식염수 내에 채취되어야 한다. 바이러스 분리를 위해 숙주 계통에 접종하기 전에 10% 조직 부유액이 적절한 항생제를 포함하는 완충용액(PBS)이나 세포배양배지 내에 준비된다. 다양한 숙주계통은 아프리카 마역 바이러스에 대한 그들의 감수성에서 매우 유사함에도 불구하고 특히 중요한 시료를 처리할 때에는 이들 계통 중 하나 이상을 이용하는 것이 바람직하다. 바이러스 분리주는 포착 효소면역법, 보체결합반응(CF)이나 형광항체법 같은 군 특이 혈청학적 검사에 의해 동정될 수 있다. 혈청형 동정은 고도 면역 기니픽 항혈청을 이용하여 VERO 또는 MS 세포 배양 상에서 프라그 환원이나 프라그 억제 시험에 의해 실시된다.

약 6~12의 BHK21이나 VERO세포의 초기 단층 회전용 시험관 배양세포에 각 시료가 접종되어야 한다. 헤파린을 첨가하여 채취된 혈액 시료들은 희석되지 않고 사용될 수 있는 반면에 착화합물로 채취된 시료들은 세포의 분리를 막기 위해 5~10배 희석되어야 한다. 배양세포는 10~30분 흡착시킨 후에 세척되고 유지용 배지로 갈아 주어야 한다.

세포변성 효과는 접종 후 3~7일에 나타나며 때때로 두 번째 계대배양에서나 분명하게 된다. 3대 계대한 후 진행된 세포변성효과는 2~4일 이내에 일어날 것이다.

각 시료는 2복의 1~3일령의 마우스에 뇌내 접종된다. 약 4~10일 후에 하나 또는 그 이상의 마우스에서 신경증상을 나타낼 수 있다. 이환 마우스로부터 뇌를 채취하고 유제하여 신생마우스에 계대 접종 하여야 한다. 두 번째 계대에서는 잠복기는 3~5일로 단축되고 100% 감염율에 도달되어야 한다.

각 검사 시료는 적어도 6개의 10~12일령의 수정된 계란에 정맥내로 접종된다. 접종 뒤 계란들은 33℃에서 부란되고 매일 불로 비쳐 확인하여야 한다. 감염 후 3~7일에 특이적인 폐사율이 나타나며 바이러스 감염된 배들은 보통 생생한 적색으로 나타난다.

현재 실험실에 적응된 바이러스에서 뿐만 아니라 원래의 야외 시료들에서 아프리카 마역 바이러스 항원들을 검출할 수 있는 군 특이 간접 샌드위치 효소 면역법이 개발되어 왔다. 이러한 검정법은 민감하고 특이적인 것으로 보이며 4시간 이내에 아프리카 마역 바이러스를 확인할 수 있다.

0.05 M의 carbonate/bicarbonate 완충액(pH 9.6)에 적절한 희석배수의 이리 역가가 측정된 아프리카 마역 바이러스 특이 고도 면역 토끼 항혈청을 well당 50ul 씩 ELISA 평판 상에 동 수동 결합시킨다. 평판은 습한 챔버내에서 4℃ 밤새 보관한다. 항원이 결합된 ELISA 평판은 pH 7.6의 PBS로 5회 세척하고 평판에 남아 있는 완충액은 티슈를 이용하여

제거한다. 10개 이상의 시료가 0.05%의 Tween-20을 포함하는 PBS(PBST)에 2배 계단희석하는 방식으로 ELISA 평판을 따라 well당 100ul씩 하나의 세로줄에 희석된다. 11과 12의 두 개 세로줄의 well은 양성대조군으로 기지의 아프리카 마역 바이러스의 2배 계단희석이 된다.

평판은 회전형 진탕기상에서 37℃에서 1시간 동안 반응 시킨다. 세척 후 5% 탈지유 분말(PBST-M)을 포함하는 PBST에 희석된 적절한 희석배수의 아프리카 마역 바이러스 특이 면역 기니픽 항혈청을 well당 50ul씩 첨가하여 회전형 진탕기상에서 37℃ 1시간 반응 시킨다. 평판은 앞에서와 마찬가지로 세척되고 에 희석된 HRP가 결합된 적절한 희석배수의 이미 역가가 측정된 토끼 항기니픽 면역 글로부린을 PBST-M로 희석하여 well당 50 ul씩 첨가한다. 평판은 다시 회전형 진탕기상에서 37℃에서 1시간 동안 반응된다. 세척 후 발색제/기질(75 ml의 증류수에 한개의 30mg의 orthophenylene-diamine dihydrochloride 정제를 녹이고 0.05%의 H_2O_2 첨가) 50ul를 각 well에 첨가한다. 발색 반응은 15분 후 각 well에 1.0M의 H2SO4를 50ul씩 첨가하여 정지시킨다.

비록 결과의 더 정확한 판독은 492nm에서 분광기에 의한 분석에 의해 얻어 질 수 있지만 양성반응이 명확한 경우는 눈으로도 구별할 수 있다. Optical Density(OD)치가 0.1보다 작은 시료들은 음성으로 간주되고 OD치가 0.1에서 0.15 사이인 시료들은 바이러스 분리에 의해서 확인되어야만 하며 OD치가 0.15보다 높은 시료들은 양성으로 간주된다.

나. 혈청학적 진단기법

보체결합반응은 아프리카 마역 바이러스에 대한 군 특이 항체의 증명을 위해 빈번히 이용된다. Sucrose-acetone 마우스 뇌 추출물이 항원으로 흔히 이용된다. 국제 표준 혈청이 없는 경우의 항원은 국내에서 만든 양성 대조 혈청에 대한 역가가 측정되어야 한다. 정상 항원, 또는 대조 항원은 똑같이 추출되고 희석된 정상 마우스의 뇌이다. 말 혈청은 56℃에서, 얼룩말 혈청은 60℃ 그리고 당나귀 혈청은 62℃에서 비동화 되어야만 한다. 혈청을 1:10으로 희석하고 비동화한다. 양성혈청의 역가 검정은 추가의 2배 희석을 실시하여 수행될 수 있다. CF항원과 대조 항원(정상마우스 뇌)은 1% 젤라틴을 함유하는 베로날 완충용액(VBSG)에 4-8 항원단위의 CF와 똑같이 희석된다. 기니픽 보체는 4 50% 보체 용혈단위(CH50)로 VBSG에 희석된다. 혈청, 보체 및 항원은 96well의 바닥이 둥근 마이크로 타이터 플레이트나 마크로 기술을 이용할 경우 시험관에서 18시간 동안 4℃에서 반응시킨다. 헤모라이신은 2 용혈단위로 희석되고 세척된 양 적혈구(SRBCs)를 감작하기 위해 사용된다. 양 적혈구는 3% 농도로 표준화되고 마이크로 타이터 플레이트의 모든 well에 첨가된다. 그 검사는 37℃에서 30분 동안 반응된다. 그리고 플레이트는 원심분리(200g)되고 well들은 용혈 유무를 검사한다. 다음의 대조들이 사용된다: 1) 혈청 및 보체; 2) 혈청 및 SRBCs; 3) CF 항원과 보체의 4 CH50, 2 CH50 및 1 CH50를 갖는 각각의 대조 항원; 4) CF 항원과

SRBCs; 5) 대조 항원과 SRBCs; 6) 4 CH50, 2 CH50 및 1 CH50의 보체 희석액; 그리고 7) SRBCs. CF 항원과 보체를 특이적으로 결합시키는 가장 높은 혈청 희석배수의 역수가 그 역가이다. 역가가 1 : 10이면 양성이고 1 : 10보다 적으면 음성이다. 항 보체능을 막기위해 혈청, 특히 당나귀로 부터의 혈청은 가능한 한 바로 혈액으로 부터 분리 되어야 한다. 양성 및 음성 대조혈청도 검사에 사용되어야 한다.

아프리카 마역 바이러스의 항체 검출을 위한 군 특이 경쟁적 효소면역법이 블루텅 바이러스에 대한 항체의 검출시 사용된 것과 유사한 방법을 이용하여 개발되었다. 이 검정법은 바이러스 중화 시험과 좋은 일치율을 보였으나 한천면역 확산법과 보체결합 반응보다는 더 민감하고 특이적이며, 이 검사는 많은 수의 혈청을 검사하기 위해서 더 쉽게 자동화될 수 있다. 결과는 3 시간 이내에 얻어질 수 있다. pH 9.6의 0.05M carbonate / bicarbonate 완충액에 희석된 이미 결정된 양의 농축된 AHSV 항원은 ELISA 플레이트 상에 흡착된다. 플레이트는 4℃의 습한 챔버 내에서 하루 동안 반응된다. 항원 흡착된 ELISA 플레이트는 pH 7.6의 PBS로 5회 세척되고 남아 있는 세척액은 티슈로 흡수 제거한다. 0.05% Tween-20, 1% 정상 성우 혈청 및 5% 건조된 탈지유 분말을 함유하는 PBS(PBST-BM)에 5배 희석된 각 검사 혈청은 U형 마이크로 플레이트(트랜스퍼 플레이트)의 세로 행 1부터 10(플레이트당 40 혈청)까지에 두개의 well에 well당 50ul씩 첨가된다. 각 플레이트의 11번째 행은 양성 및 음성 혈청 대조를 포함한다. 11번째 행의 두 well은 강한 양성, 약한 양성 및 높은 음성으로 반응하기 위해 기지의 AHSV 양성 항혈청 및 5배 희석된 기지의 음성 말 혈청을 well당 50ul씩 희석하여 넣는다. 12번째 행의 각 well은 PBST-BM을 50ul씩 넣고 아무 검사 혈청도 넣지 않는다. PBST-BM으로 희석된 적절한 희석배수의 AHSV 특이 기니픽 면역 항혈청 50ul를 트랜스퍼 플레이트의 각 well에 동시에 첨가한다. 혼합물은 세척된 ELISA 플레이트의 동일한 well들에 옮겨지고 37℃ 회전형 진탕기상에서 1 시간동안 반응시킨다. 플레이트는 전과 동일하게 세척되고 PBST-BM으로 희석한 HRP가 결합되어 있는 이미 역가가 정해진 토끼 항기니픽 면역글로부린을 well당 50ul씩 첨가하고 37℃ 회전형 진탕기상에서 1시간 동안 반응시킨다. 세척 후 50ul의 발색제/기질(75ml의 증류수에 30mg의 orthophenylene-diamine dihydrochloride 1정을 녹여 0.05%의 H_2O_2를 첨가)을 각 well에 첨가한다. 10분 후 각 well에 1.0 M의 H_2SO_4를 첨가하여 반응을 정지 시킨다.

아무 경쟁이 없는 수치(maximum colour)는 12번째 행에서 얻어진 OD492 치의 평균으로 부터 얻어지고 기니픽 항혈청 및 AHS 바이러스(AHS 항원 대조) 간의 상호 반응을 측정한다. 검사 시료들이 12번째 행에서 기록된 평균 OD치와 비교하여 50% 이상의 발색억제를 기록할 경우 ELISA 양성으로 기록한다.

기타, 한천 겔 면역 확산법은 대체검사법으로, 특히 항보체 혈청 시료들을 취급할 때 유용하다. 농축된 세포배양물질이 항원으로 흔히 사용된다. 침강선의 특이성은 양성대조 혈청을 사용하여 확인하여야 한다. 프라그 환원 중화시험은 형 특이 AHS 항체의 검출을 위해 선택되는 검사이다. 비록 항원 준비가 더욱더 복잡할지라도 혈구응집억제 반응은 또한 이러한 목적을 위해 적용될 수 있다.

(6) 예방대책

가. 아프리카 마역의 방역대책

아프리카 마역의 방역을 위하여는, 철저한 검역을 시행하는 것이며, 매개곤충에 대한 박멸을 하는 것이 효과적일 것이다. 아프리카 마역의 양성마가 확인되는 경우에는 말 및 마과동물의 이동을 제한하고, 양성마를 색출하여 살처분 하여야 한다. 예방백신을 접종하여 완충지역을 형성하는 것도 본 병의 확산을 방지할 수 있는 방법으로 고려되고 있다.

현재 바이러스, 항혈청 및 다른 진단 시약에 대한 어떤 국제 표준은 없으며 AHSV 및 항체 검출의 표준화된 방법도 없다. 어미 마우스에서 뇌내에 연속적으로 계대하여 만들어진 약독화된 생독 백신이 1935년 이후 상업적으로 이용되어 왔으며 아직 몇몇 개국에서 생산된다. 이러한 바이러스들은 MS(monkey stable) 세포주에 배양하여 더 계대하여 왔고, 다가나 단가의 조직배양 백신의 생산을 위한 종독 바이러스로 사용되어 왔다. 그러나, 이러한 뇌친화성 백신들은 적은 수의 예방접종된 당나귀와 또한 때로 말에서도 뇌염을 일으키는 것으로 나타났다. 예방접종 후의 반응들을 제거하기 위해 VERO세포 배양에서 비병원성의 유전적으로 안정된 마크로프라그의 선발에 근거하는 새로운 다가 생독 백신이 최근 남아프리카 Onderstepoort의 가축위생연구소의 Eresmus에 의하여 개발되었다.

나. 아프리카 마역의 예방백신

새로운 VERO세포 배양백신에 대한 필수요건들은 아래와 같이 요약될 수 있다. 종독 바이러스는 낮은 계대수준의 AHSV로 부터 유전적으로 안정된 큰 프라그들을 VERO세포에서 선발하여 준비한다. 그런 다음 그러한 변이 프라그들은 VERO세포에서 3대 계대하여 더 증식된다. 많은 양의 이러한 항원들은 동결되어 종독 바이러스로 -20℃에 보관된다.

종독 바이러스는 VERO세포의 회전 배양으로 증식시킨다. 종독 바이러스는 적절한 기술에 의해 바이러스, 세균 및 마이코플라즈마에 오염되어 있지 않음을 증명하여야 한다. 종독 바이러스의 혈청형 동정은 프라그 억제 중화시험을 통해 확인된다.

예방백신의 생산가동을 시작할 때 실제항원들은 BHK21이나 VERO세포 배양에서 종독으로 저장된 항원으로 부터 생산된다. 실제로 쓰이는 항원들은 살균성, 순도 및 동질성을 검사하고 감염 바이러스를 적어도 1×10^6 PFU/ml함유하여야 한다.

VERO나 BHK21세포들을 회전 배양할 경우 증식용 배지에 감마 조사된 소 혈청을 사용하여 배양한다. 일단 배양세포가 단층형성을 하면 배지를 따라 버리고 그 세포들은 실제 사용될 항원을 접종한다. 한시간 후 유지용 배지를 배양세포에 첨가한다. 배양은 2내지 3일간 37℃에서 계속된다. 일단 세포변성변화가 두 세포에서 진행되면 상층액은 수확되며 같은 혈청형으로 부터 수확된 것은 모아지고 4℃에 보관된다. 각 혈청형의 모아진 수확물은 살균성을 검사하고 VERO세포 배양에서 프라그 역가측정에 의해 감염력을 분석한다. 최소 허용역가는 1×10^6 PFU/ml이다. 최종적으로 2개의 4가 백신이 동량의 혈청형 1, 3, 4, 5와 2, 6, 7, 8을 각각 혼합하여 만들어 진다. 적절한 안정제를 첨가한 후 백신은 유리바이알에 1.0ml씩 분주하여 동결건조 하면된다(1회 접종량 구성).

예방백신에 대한 안전시험을 위하여는, 동결건조한 후 5병의 백신을 무작위로 선발하여 국제적으로 공인된 방법에 의해 살균성을 검사한다. 백신의 무해성은 환원된 백신을 마우스(0.25ml i.p.), 기니픽(1.0ml i.p.) 및 말(5.0 ml s.c.)에 접종하여 결정된다. 모든 동물들은 14일 동안 매일 관찰된다. 말의 직장온도는 14일 동안 하루 2회씩 검사하며 39℃를 초과하지 말아야 한다.

효능시험은 주로 백신내의 바이러스 농도에 근거한다. 각 혈청형에 대한 최소 면역량은 약 1×10^3/dose이다. 최종제품의 감염력 역가는 VERO세포 배양에서 프라그 역가검정에 의해 분석되며 적어도 1×10^5 PFU/dose를 함유하여야 한다. 안전성 검사를 위해 사용된 말은 또한 백신의 면역원성을 결정하기 위하여 사용된다. 혈청 시료들은 예방접종일과 21일 후에 채취되며 각 혈청형에 대한 중화 항체를 검사하기 위해 두 배 희석된 혈청과 약 100 PFU의 바이러스를 사용하여 프라그 환원시험을 실시한다. 말은 4가 백신에서 4개 중 적어도 3개 혈청형에 대해 적어도 20의 중화항체가를 생성해야 한다.

면역의 지속은 모든 생산단위의 백신마다 측정하지는 않으나, 적어도 4년 동안 지속하는 것으로 알려져 있다. 그러나 각 4가 백신에서 각 혈청형간의 가능한 간섭현상에 비추어 유행지역에서 매년 재예방접종할 것을 권장한다. 단가 백신의 예방접종은 사실상 평생면역을 자극한다.

동결건조된 상태에서 백신은 4-8℃에서 보존 될 때 여러 해 동안 그 효력을 갖는 것으로 알려졌다. 그러나 실질적인 이유 때문에 정상적으로 2년의 유효기간이 명기된다.

최종제품의 안정성은 강화된 안정성 검사에 의해 결정된다. 백신은 37℃에서 7일간 보관하여 환원되고 VERO세포 배양으로 역가를 검정한다. 합격하기 위해 백신은 적어도 3x104 PFU /dose의 감염력 역가가 남아 있어야 한다.

(7) 치료

아프리카 마역에 대한 치료법은 개발되어 있지 아니하다. 다만, 임상증상에 따라 대증료법이 시행되고는 있으나 효과를 기대하기 곤란하다.

3) 말 전염성 빈혈(Equine Infectious Anemia)

(1) 정의

말 전염성 빈혈은 레트로바이러스과(retroviridae)에 속하는 렌티바이러스(lentivirus)에 의해 발병하는 질병으로 주요 매개체인 흡혈곤충인 말파리(horse fly), 침파리(stable fly) 그리고 대모등에붙이(deer fly)에 의해 전파되며 빈혈, 간헐적인 발열과 체중저하를 특징으로 하는 말의 전염성 질병이다. 말 전염성 빈혈 바이러스는 적혈구를 파괴하고 골수에서 혈구 생산을 감소시켜 빈혈을 유발하며 감염된 말은 폐사하거나 만성화되어 무증상으로 경과하기도 한다. 이 질병에 감수성이 있는 동물은 말을 포함하여 말과에 속하는 당나귀, 노새 그리고 조랑말이다. 말 전염성 빈혈은 swamp fever, mountain fever, slow fever 또는 Coggins disease로 불리고 있으며 가축전염병예방법에 제1종가축전염병으로 규정된 질병이다.

(2) 증상

초기 증상은 간헐적이고 지속적인 발열로 체온이 37.8도에서 40도 이상으로 급작스럽게 증가하며 침울(depression)하게 된다. 그리고 숨을 가쁘게 쉬며(rapid breathing) 땀을 많이 흘리고(profuse sweating), 사료는 지속적으로 섭취하지만 체중은 감소한다. 이러한 증상들은 말 전염성 빈혈에서만 관찰되는 것은 아니므로 다른 질병과의 감별이 필요하다. 기타 비특이적인 증상으로는 거친 피모, 산통, 신경장애 그리고 유산 등이 있다. 말 전염성 빈혈 바이러스는 많은 조직에 손상을 입히므로 초기에 관찰되는 증상은 가장 많이 손상을 받은 장기와 관련이 있다. 말 전염성 빈혈의 초기 증상은 다음과 같이 급성, 아급성 또는 만성형으로 진행된다.

가. 급성형

증상이 매우 심각한 상태로 드물게 회복하기도 하지만 대부분 감염 후 3~10일 이내에 감염동물은 죽게 된다. 급성기때 관찰되는 증상은 갑자기 체온이 40도 이상으로 상승하며 감염 7~30일 후에는 출혈과 급격한 체중감소 등이 나타난다. 감염초기에는 항체검사에서 음성을 보이며 빈혈은 대부분 이 시기에는 관찰되지 않는다.

나. 아급성형

아급성기는 급성형의 증상을 보인 후 만성으로 이행되는 질병상태다. 이러한 동물들은 감염 후 오랫동안 증상을 나타내지 않으며 이후 점진적으로 체중감소가 나타나고 피모가 거칠어지며 빈혈을 보이다가 일반적으로 중증으로 재발하는 것이 보통이다.

다. 만성형

피모가 거칠고 체중손실, 빈혈 그리고 복부와 다리 아래부위가 부어오르는 등 전형적인 증상이 나타난다. 이러한 증상은 시간이 경과하면 없어지지만 결코 회복되는 것은 아니다. 만성기 증상들은 노역을 심하게 한 이후나 수술 후, 무더운 날씨, 임신, 스테로이드 호르몬 주사 또는 다른 질병으로 인한 저항성 감소 등의 스트레스를 받고 난 후에 보통 재발하게 된다.

(3) 보균동물

보균동물은 건강하게 보이지만 바이러스를 가지고 있는 상태이다. 한번 감염되어 회복된 동물은 평생 동안 바이러스를 가지고 있는 보균동물이 된다. 이것은 병증은 나타내지 않으나 다른 감수성이 있는 말에 질병을 전파하는 질병전파자임을 의미한다. 보균자가 된 말은 노역, 심한 스트레스 또는 다른 질병으로 생체 저항성이 떨어진 후에는 급성이나 만성으로 병증이 나타나기도 한다.

감염된 말은 바이러스에 노출된 7~45일 후에 임상증상을 보인다. 실험적으로 감염된 말은 접종 16~42일 후에 검출 가능한 항체를 생성한다. 따라서 바이러스에 감염된 말은 장기간 동안 항체 음성의 상태를 보일 수 있다.

바이러스에 감염된 암말에서 태어난 망아지는 말 전염성 빈혈 바이러스에 감염될 수도 있고 건강하게 태어날 수도 있다. 망아지로 바이러스 전파는 태아가 자궁에 있을 때 일어나거나 모유를 통해서 전파된다. 임신기간 중 태아로 바이러스의 전파는 모체 혈중에 많은 바이러스가 존재할 때 일어나기 쉽다. 대략적으로 감염된 암말에서 태어난 망아지는 10% 정도가 임신기간 중 감염되어 평생 동안 바이러스를 보유하게 된다.

(4) 발병기전

말 전염성 빈혈 바이러스에 감염된 동물은 병증정도에 관계없이 어떻게 평생 동안 바이러스에 감염된 상태로 지내게 될까? 이러한 발병기전을 자세히 살펴보면 다음과 같다. 바이러스가 감염되어 동물 체내로 들어가면 혈중에 있는 질병방어에 중요한 역할을 하는 백혈구의 한 종류인 임파구에 침입하게 된다. 침입한 바이러스는 임파구에서 증식하여 숫자가 증가하면 임파구를 파괴시키고 혈액 내로 나오게 된다. 이렇게 임파구 속에서 증식하여 혈중으로 나온 바이러스는 다른 임파구에 침입하여 다시 증식하는 과정을 반복하게 된다.

바이러스나 세균 등의 병원체가 동물 체내로 침입하면 이들 병원체에 대항하여 동물은

Chapter 05

항체를 생산하며 항체생산에는 임파구가 중요한 역할을 한다. 마찬가지로 말 전염성 빈혈 바이러스가 말에 침입하면 말은 바이러스를 제거하기 위하여 항체를 지속적으로 생성하지만 동물체내에서 증식하는 바이러스를 제거하기에는 충분하지 못하다. 그리고 말 전염성 빈혈 바이러스는 항체를 생성하는 세포인 임파구에서 증식하며 동시에 감염된 임파구를 파괴시키므로 시간이 지나면서 많은 임파구가 파괴되며 면역반응은 점진적으로 감소하게 된다. 감염동물이 이 정도까지 진행되면 대부분의 동물은 질병에 대한 저항성이 현저히 저하되어 다른 바이러스나 세균에 쉽게 감염될 수 있다. 말 전염성 빈혈에 의한 폐사율은 30-70%로 다양하지만 발생이 없었던 지역에 처음 발생하면 폐사율은 매우 높다.

주증상 중 하나인 빈혈이 나타나는 기전은 명확하게 밝혀져 있지 않으나 골수에서 적혈구를 생성하는 세포를 동물의 면역세포가 공격하여 적혈구를 파괴시켜 빈혈이 나타나는 것으로 현재까지 알려져 있다.

(5) 전파경로

말 전염성 빈혈은 감염동물의 체액 특히 혈액이 건강한 동물로 들어가 전파가 이루어진다. 자연적인 전파수단중 하나는 혈액을 먹고 사는 흡혈곤충인 말파리(horse fly), 침파리(stable fly), 그리고 대모등에붙이(deer fly)로 이들 흡혈곤충이 말 전염성 빈혈 바이러스에 감염된 말의 피를 흡혈한 후 건강한 말의 피를 먹을 때 바이러스의 전파를 전파시킨다. 흡혈파리는 대부분 흡혈한 후에는 주둥이 주위에 피가 붙어 있으며 재흡혈할 때 생긴 상처를 통하여 감염된 동물의 피가 건강한 동물로 들어가 바이러스가 전파된다. 이들 곤충의 흡혈은 매우 고통스럽기 때문에 말들은 움직이면서 곤충의 흡혈을 방해하기도 한다.

모기나 진드기도 흡혈하지만 말 전염성 빈혈 바이러스는 전파시키지 못한다. 모기는 말 전염성 빈혈 바이러스를 죽이는 억제물질(inhibitor)을 가지고 있는 것으로 알려져 있다.

바이러스를 전파시키는 또 다른 방법은 감염된 말의 피가 오염된 기구의 재사용에 의해서 전파된다. 즉 감염동물의 혈액으로 오염되어 있는 기구, 주사기 그리고 바늘 등 동물사육에 사용된 기구를 소독하지 않고 재사용함으로써 전파될 수 있고 수혈에 의해서도 전파된다.

바이러스는 감염된 종부의 정액 내에도 존재하며 감염된 종부에 의하여 감염된 것으로 보이는 암말의 발생보고가 있다.

(6) 진단

공인된 말 전염성 빈혈 진단은 말 혈액을 이용하는 한천 겔 침강반응(AGID)인 Coggins test이다. 질병에 감염된 암말에서 태어난 망아지는 초유에 포함된 항체를 흡수함으로 양성반응을 보인다. 이러한 망아지는 모체이행항체가 소실되고 망아지 자신의 항체로 대체되는 시기인 생후 6-9개월에 재검사하여야 한다. 초유에 함유된 모체이행항체를 흡수한 망아지를 제외하고 감염되어 AGID에서 양성반응을 나타낸 말은 평생 동안 항체 양성을 보이게 된다. 질병의 급성기 초기에는 감염동물은 AGID에서 음성으로 나타날 수 있다.

(7) 말 전염성 빈혈 바이러스를 전파하는 흡혈파리의 특징

말파리(horse fly, Tabanus spp)는 큰 눈과 체구를 가진 흡혈파리로 암컷이 흡혈하며 수컷보다 강하고 빠르다. 흡혈대상 동물을 반복적으로 흡혈하는 경향이 있으며 3시간 이상 경과한 후에 재흡혈한다. 말 전염성 빈혈 바이러스는 장시간 동안 말파리에서 생존할 수 없고 대략 15분 정도 생존 가능한 것으로 밝혀져 있다.

침파리(stable fly, Stomoxys calcitrans)는 말파리와 비슷하며 머리 앞쪽에 돌출된 총구모양의 주둥이(proboscis)와 머리 뒤에는 연한 색깔의 반점이 있으며 상복부는 둥글고 어두운 점이 많이 있다. 침파리는 크기나 모양에 있어 말파리와 유사하다. 말파리와는 두 가지 중요한 차이점은 흡혈습관과 머리 앞에 총구모양의 돌출된 주둥이이다. 침파리는 지상에서 30~45cm 높이의 동물부위에 부착하여 흡혈하며 흡혈은 동물에게 심한 고통을 주므로 흡혈시 동물은 다리를 차면서 급작스럽게 움직인다. 암수 모두 흡혈하는 특징이 있다, 말파리와 침파리의 생활사는 잘 알려져 있지 않다. 알은 수초의 줄기나 잎에 낳으며 유충물 근처의 진흙에 있다가 1~2년후에 탈피한다. 성충은 무더운 날씨에 대부분 활동한다.

대모등에붙이(deer fly, Chysops spp)는 green-headed fly 또는 yellow fly로 불리며 많은 종들이 밝은 갈색 또는 노란 색채를 띈다. 대모등에붙이는 말파리와 유사한 생활사를 가지고 있으며 암컷만이 흡혈하는 특징을 가지고 있다. 흡혈은 낮에 이루어지며 흡혈하는 동안에 항응고제를 상처에 분비하여 혈액응고를 막아 효과적으로 흡혈이 이루어진다. 흡혈된 부위는 2차 세균감염이 일어나기 쉽다. 알은 물위에 떠 있는 물체나 유충이 성장하기 용이한 습기가 많은 장소에 낳으며 5~7일 후에 부화한다. 부화 후에는 수면이나 습지에 떨어져 유기물을 흡수하며 2~3주후에 탈피를 한다.

(8) 치료

현재까지 세계적으로 말 전염성 빈혈 예방약은 개발되어 있지 않으며 효과적인 치료법도 없다.

(9) 예방

말 진염성 빈혈을 예방할 백신은 없지만 아래와 같은 기준을 이용함으로서 질병에 노출되는 위험성을 낮출 수 있다.

① 축사, 마구간 및 목초지에 서식하는 흡혈파리를 구제한다.
② 건강한 동물은 병든 동물과의 접촉을 차단한다.
③ 동물마다 소독된 주사기를 사용한다.
④ 기구는 사용 후 철저히 소독한다. 바이러스는 일반적인 소독제에 쉽게 죽는다.
⑤ 안장, 굴레, 그리고 염증이나 상처를 치료시 사용한 기구 등은 다른 동물에 재사용하지 말 것
⑥ 감염이 의심되거나 감염된 수말과는 종부시키지 말 것
⑦ 매일 동물을 관찰한다. 초기증상 즉, 발열, 침울, 식욕부진 등의 증상이 발견되면 동물은 격리하고 수의사에게 문의한다.
⑧ 동물을 구입할 때는 질병을 검사하여 건강한 동물임이 입증된 말을 구입한다.
⑨ 정기검진을 통하여 질병전파를 조기에 차단한다.

4) 말의 비저(Glanders)

비저는 말, 당나귀, 노새 등의 단제류에 치사율이 높은 전염성 질병이며, *Pseudomonas mallei*라는 세균감염에 의해 발생한다. 보통 만성경과를 취하고 상부 호흡기와 폐에 결절과 궤양이 생긴다. 'Farcy'라는 피부형도 있다. 비저를 근절하기 위해서는 의심되는 사례를 조사하고, 겉으로 정상인 말을 조사하고 양성동물은 제거한다. 사람에게도 쉽게 전염되며 95%의 높은 치사율을 보인다. 그러므로 모든 감염이 의심되는 가검물은 생물학적 차폐연구시설 조건하에서 다루어져야 한다.

비저는 인수공통 전염병이고 단제동물에서 발생하는 세균성 질병이며, 고대로부터 알려져 왔다. 육식동물은 감염된 고기를 먹음으로써 감염될 수 있으나 소, 양, 돼지, 닭은 저항력이 있다. 급성형의 비저는 당나귀와 노새에서 흔히 발생하여 고열과 호흡기 증상을 보이며 수일 내에 죽는다. 말의 경우 비저는 일반적으로 만성적으로 진행되며, 수년 동안 생존한다. 만성과 불현성 감염은 감염의 위험한 요인이다.

(1) 증세

병소의 형성부위에 따라서 폐비저, 비저, 피저의 3형으로 나눈다. 감염말의 대부분은 편측 또는 양측의 코에 염증성 결절과 궤양이 생기며, 끈끈한 황색의 유출물이 나오며, 하악 임파절이 딱딱하게 굳는 증상을 수반한다. 방사형의 상처는 궤양이 치유될 때 수반된다. 폐에 농양결절이 형성되면 현저하게 쇠약해지고 발열, 기침, 호흡곤란을 보인다. 설사나 다뇨도 일어날 수 있다. 피부형에서는 임파관이 종대되고 진무르고 누런 고름을 내는 0.5~2.5cm의 농양 결절이 생긴다. 호흡기와 피부에서의 유출물은 동물간에 감염력이 있는데 이는 직접

접촉, 감염된 사료와 물통 등의 오염된 물질의 흡입이나 섭취 또는 접종 등을 통해 이루어진다. 잠복기는 수일에서 수개월에 달한다.

비저는 발병동물에 직접 접촉하거나 감염된 물질에 의해 사람에게 전염될 수 있다. 치료 없이 급성으로 진행된 경우에는 3주 내에 95%의 치사율을 보인다. 농양을 동반한 만성형이 나타날 수도 있다. 감염된 동물이나 전염 매개물을 다룰 때는 자가 감염이나 다른 말에 감염을 막기 위해 엄중한 주의가 필요하다. 실험실에서 심하게 감염된 물질을 다룰 때에는 차폐 연구시설에서 수행해야 한다. 비저는 많은 나라에서 법적인 시험, 감염동물의 제거, 수입규제 등으로 근절시켜왔다. 본 병은 일부 동남아시아, 아프리카 지역에 남아있다.

(2) 실험실진단

비저를 진단하기 위해 병인체를 동정하는 방법과 말레인검사법, 혈청학적 진단법등이 사용되고 있다.

가. 병인체동정

비저의 특징적인 증례는 임상적으로 비강 점막염이나 부비강염, 선역과 구별되어야한다. 비저는 유행성 임파관염과도 임상증상이 매우 유사하다. 특히 사람의 경우는 melioidosis(*Pseudomonas pseudomallei*감염)과 구분해야한다.

① ***Pseudomonas mallei*의 성상**

신선한 병변부위의 도말포본에는 병인체가 많지만 오래된 병변부위에는 없다. 이 병인체는 methylene blue나 Gram염색을 해야 한다. 주로 세포밖에 존재하며 2.5um×0.5um의 끝이 둥근 Gram음성의 간상체이며 종종 불규칙하게 염색되고 캡슐을 가지고 있지 않으며 아포를 형성한다. *P. mallei*는 편모가 없고 비운동성인 Pseudomonas균의 유일한 병인체이다. 조직절편에서 병인체는 구슬모양을 보이고 증명하기 어렵다. 배양배지에서는 배양시간과 배지의 종류에 따라 다른 모양을 나타낸다. 오래 배양했을 때는 다형태를 보인다. 액상배지의 표면에 균사의 가지를 형성한다.

② **배양특성**

병인체의 분리는 오염되지 않고 노출된 부위에서 시도하는 것이 좋다. 호기성, 통성혐기성이며 37℃에서 최적으로 자란다. 잘 자라지만 일반적인 배양배지에서는 느리게 자라며 glycerol을 첨가해주는 것이 좋다. Glycerol agar에서는 수일 후에 부드럽고 습기가 있는 끈끈한 크림색의 덩어리가 관찰된다. 계속 배양 시 덩어리가 두터워지고 거칠고 짙은 갈색이 된다 Glycerol potato agar와 glycerol broth에서도 잘 자라며 얇은 막을 형성한다. Nutrient agar와 gelatin에서는 잘 자라지 않는다. *In vitro*에서 병원성의 변화가 일어날 수 있으므로 신선한 분리주를 동정에 사용해야 한다. Litmus milk가 약간 산성화되며 오랜 배양 시 응고가 일어날 수 있다. 질산염은 감소된다. 어떤이들은 glucose가 발효시킬 수 있는 유일한 탄수화물이라고 주장하지만 다른 사람들은 적당한 배지와 척도를 사용하면 glucose뿐만 아니라 arabinose, fructose, galactose, mannose와 같은 다른 탄수화물도 *P. mallei*에 의해 발효될 수 있다고 한다. Indole이 생성되지 않으며, 말혈액을 용혈시키지 않으며 배양시 확산되는 색소를 만들지 않는다. API test kit가 Pseudomonas군에 속하는 병인체를 간단히 확인하는데 사용된다.

오염된 재료에서는 crystal violet, proflavine 등의 Gram-positive군의 성장을 억제하는 첨가제를 넣어주는 것이 좋고, penicillin 1,000units/ml를 37℃에서 3시간동안 미리 처리하는 것도 마찬가지다.

체외에서 병인체는 저항성이 거의 없어 열, 빛, 화학물질에 의해 죽게 되며, 2주이상 생존하지 못한다. 하지만 적당한 조건에서는 몇 달간 생존할 수 있다. 수돗물에서 최소한 1달을 살아남을 수 있다. 살균제로는 benzalkonium chloride 또는 roccal(1:2,000), sodium hypochlorite, iodine, 알콜에 희석된 mercuric chloride, potassium permanganate등이 *P. mallei*에 매우 효과적이다. Phenol은 별로 효과적이지 못하며 lysol은 효과가 없다.

③ 실험동물 접종

기니픽, 햄스터, 고양이가 진단하기에 좋으나 기니픽 수컷은 흔히 사용된다. 의심되는 물질을 복강내로 접종하면 심한 국소성 복막염과 고환염을 유발한다. 감염된 병인체의 양과 병독성에 의해서 병변부위의 심한 정도가 결정된다. Strauss reaction은 비저에 특이적인 증상이 아니며 다른 병인체에 의해서도 유발된다.

나. 말레인과 혈청학적 진단기법

① 말레인 검사

정제된 단백질 유도체인 mallein은 열처리한 *P. mallei*의 수용성 단백질 분액이다. 시험은 감염된 말이 mallein에 과민반응하는 정도에 따른다. 이미 증상이 진행 중인 말과 급성으로 경과하는 당나귀와 노새의 경우는 부가적인 진단이 필요한 확실하지 않은 결과를 보인다.

감염된 단제류를 확인하는데 가장 민감하고 특이적인 방법은 안검하 피내반응이다. 0.1ml의 농축된 mallein PDD를 안검아래 피내에 주사하고 24-48시간에 결과를 해석한다. 양성반응은 안검이 현저하게 붓고 내자나 결막에서 농의 유출이 보인다. 이것은 체온의 상승도 수반한다. 음성반응 시에는 아무 반응이 없거나 아래쪽 눈꺼풀이 약간 붓는다.

그 밖의 말레인 검사법으로는 안반응과 피하시험이 있지만 안검하 피내반응보다 신뢰성이 떨어지거나 부가적인 혈청학적 진단에 방해가 된다.

② **혈청학적 진단**

보체결합반응은 Mallein 검사처럼 민감하지는 않으나, 비저 진단시 사용되는 가장 정확한 혈청학적 진단법이다. 이것은 90-95%의 정확성이 있음이 보고되었고 감염 1주내의 동물에서도 양성을 보이며, 만성적으로 진행시 오랫동안 양성으로 남아있다.

(3) 치료 및 예방

비저의 예방에 필요한 확실한 면역법은 없다. 이 질병에 회복된 말이라도 면역성은 없고 보균상태로 남는다. 그래서 일단 발병마가 생기면 전체 마필을 검역하고 양성 마는 도태시켜야한다. 그리고 음성마도 매 3주 마다 재검사 해봐야 하며 철저한 소독 역시 중요하다. 치료제로는 설파제를 20일간 투여하면 보통 효과가 있다.

5) 선역(Strangles)

C군의 β용혈을 일으키는 *Streptococcus equi*에 의한 접촉성 전염병이며 집단 사육하는 새끼 말에서 많이 발생하나 노령 말에서도 감수성이 인정된다. 주로 상부호흡기의 림프절과 볼의 점막에 전염성 화농성 농양(Contagious pus – forming abscess)을 형성하는 것이 특징이다.

(1) 원인 및 역학

선역의 감수성 동물은 말이고 *Streptococcus equi*에 의해 발병한다. 이 병은 오래전부터 보고되어진 질병이지만 근년에는 발생이 거의 없는 것으로 알려져 있다. 원인체는 점막에서 림프관을 통하여 인두의 인근 림프절로 빠르게 이동한다. 이 세균은 림프절에서 증식을 하여 농을 만들다. 영향을 받은 림프절은 종창되고 림프관을 통한 배출이 원활하지 않게 되어 딱딱하게 된다. 드물지만 심한 경우에는 신장, 간, 뇌, 비장, 건초(tendon sheath), 관절 등 신체의 다른 부위로 확산되어 농을 만든다.

종창된 림프절은 중심부에 액화괴사가 동반된 화농으로 발전한다. 이 림프절은 터져 피부 밖으로 농이 배출된다. 이 과정은 증상 발현 후 2주가량 걸린다. 세균은 림프관을 통해 다른 림프조직 또는 흉강 및 복강장기로 전파된다. 또한 혈행성을 통한 전파도 가능하다.

*S. equi*는 hyaluronic acid capsule, antiphagocytic M-protein, leukocidal toxin 등을 통해 호중구로부터 탐식을 피할 수 있다. M-protein은 보체와 결합하여 보체계의 활성을 저지하여 보체매개성 탐식작용을 줄인다. 또한 fibronogen과 세균을 결합시켜 호중구에 의한 파괴작용을 억제한다.

발병은 비루에 오염된 사료를 먹거나 코로 흡입했을 경우 일어나며, 물탱크, 방목지, 사료 통 등이 오염되면 이것이 전파의 요인이 될 수 있다. 일단 어떤 말이 선역에 감염되면 그 후 최소한 6주간은 다른 말에게 전파시킬 수 있다.

이환율(morbidity rate)은 나이, 관리상태, 균에 대한 노출상태 등에 따라 다양하고 보통 20~50%이나 경우에 따라서 80%까지 이르는 수도 있다. 치사율(mortality rate)은 약 3% 정도로 낮으나 어리고 관리상태가 안좋은 경우는 10% 이상된다.

원인체의 생존기간은 주워진 환경에 따라 매우 다양하다. 농이나 비루에 존재하는 경우는 수주에서 수개월동안 생존이 가능하다. 유효한 소독제는 phenolic, iodor, chlorhexidine, glutaraldehyde 등의 계통이다.

질병의 발생은 감염된 말의 비루를 통해 *S. equi*를 전파하는 경우와 드물지만 보균말을 통해 일어나는 경우이다.

(2) 증상

3~14일간의 잠복기(incubation period)를 가지며 유입된 세균이 상부호흡기에서 증식하면서 임상증상을 나타낸다. 초기 증세로서 사료나 음수 섭취를 꺼려하게 된다. 초기에 확실한 진단을 하면 선역의 전파를 효과적으로 예방할 수 있지만 그렇지 않으면 심각한 사태로 번질 수 있다. 체온은 40~41℃까지 오르며 인후두부에 심한 염증이 동반되고 점액성 콧물이 흐르다가 곧 심한 화농성 콧물로 바뀐다. 농양이 형성된 곳의 통증 때문에 말은 목을 뻣뻣하게 편채로 서있게 되며 습윤성, 통증성 기침(moist, painful cough)을 한다. 그리고 음식물을 삼키기가 어렵게 된다. 목부위 특히 설하림프절(sublingual lymph node)이 붓고 농양이 형성되어 나중에는 림프절이 파열되기도 한다. 선역은 적절히 치료해 주면 보통 10일 정도 후에는 치유된다. 죽는 경우는 드물며 보통은 전신적으로 쇠약해지며 다른 감염증에 저항력이 떨어지게 된다.

(3) 진단 및 치료

림프절의 농양에서 시료(농)를 채취하여 *Streptococcus equi*을 분리함으로써 확진한다. 비록 시료채취 과정중에 많은 수의 *Streptococcus zooepidemicus*가 이차적으로 오염되었을지라도 균분리는 어렵지 않다. *S. equi*은 혈청학적으로 유전자 변이가 없으며 대부분이 혈액 배지 상에서 점액양 집락(mucoid colony)으로 관찰된다. 감염된 말은 우선 격리시키고 항생제(penicillin) 처치를 시작한다. 진단 시 증세가 조금 심한 경우에는 chlortetracycline이나 tetracycline 등의 다른 항생제도 사용하면 좋다. 이런 치료를 하면 전신적으로 악화되는 것은 막을 수는 있으나, 림프절의 농양은 계속적으로 커져 때에 따라서는 파열되는 경우도 있다. 보통은 림프절의 농양은 진단목적이 아니면 외과적으로 절개하지는 않는다. 림프절 농양에 온습포를 해주면 자연적으로 파열되어 농이 밖으로 흘러나오는 것을 도와준다. penicillin은 농이 배출되고 체온이 정상으로 회복된 후에도 1주일정도는 더 투여해야 한다.

(4) 예방

선역은 매우 전염성이 높은 질병이므로 임상증상이 보이는 말은 즉시 격리시켜야 한다. 격리된 말은 최소한 6주 동안 격리 사에서 키워야 한다. 오염된 마방과 도구들은 반드시 세척 후 소독하여야 한다. 또한 발병한 말들의 사료와 물은 따로 놓고 급여하여야 한다.

파리가 선역을 전파하는데 매개체로 작용할 수 있기 때문에 파리 구제하는데도 신경을 써야 한다. 질병의 유입을 막기 위해서 구입마는 2-3주 동안 격리하여 관찰한 후에 합사해야 한다.

말의 격리뿐만 아니라 마부의 역할도 질병예방에 매우 중요하다. 가능하면 격리사를 전담하는 마부를 두고 운영해야 한다. 그렇지 못할 경우는 건강한 동물사에 출입 시 반드시 옷을 바꿔 입고 손과 신발을 깨끗이 닦고 소독한 후에 들어가야 한다.

가장 일반적으로 사용되는 방법은 예방접종이다. 예전에는 *Streptococcus equi* bacterin을 주로 사용하였으나 근래에 와서는 M-protein extract vaccine을 많이 사용하는 추세이다. 최초로 예방접종을 맞은 말은 1주일 간격으로 3회 접종해야 하며 다음부터는 연 1회 접종하면 된다. 드물기는 하지만 말에 따라서는 예방접종 후에 출혈성 자반증(purpura hemorrhagica)이 발생할 수도 있다.

6) 말의 가성피저(假性皮疽)

말의 하지부에 농포를 형성하는 Cryptococcus라는 곰팡이성 전염병으로서 가을 및 겨울철에 다발 하는 질병이다. 지중해지역, 중앙 및 남아프리카지역, 소련지역에서의 발생이 빈번한 것으로 보고되어 있다. 일명 전염성 임파관염(Epizootic Lymphangitis)라고도 한다.

(1) 원인체

가성피저의 원인체는 곰팡이의 일종인 *Histoplasma farciminosum, Blastomyces farciminosa, Cryptococcus farciminosus, Saccharomyces farcimmosus* 등의 여러 이름을 갖고 있는 원충으로서 화농을 현미경으로 관찰할 때 원형 혹은 계란형의 효모와 유사한

형태(2.5~4㎛)를 나타낸다.

(2) 발 생

아프리카, 아시아, 미국, 인도 등 세계적으로 옛부터 알려진 질병이며 전쟁에 말을 이용하던 시기에 발생이 많았다고 한다.

(3) 전파

가성피저는 감염동물과 직접 또는 간접의 접촉으로 전파되는데 원인체가 상처부위에 침입함으로서 발병된다. 감염 후 수주일이 지나 괴양(Ulcer)이 형성되며 이에 따른 국소 임파관의 종창이나 확장이 발견된다. 간혹 종창된 임파가 파열된 후 괴양을 일으키며 화농이 흐르기도 한다. 접촉에 의한 생식기의 발생 예도 있으며, 각막염, 폐렴의 경우도 보고되어 있다. 상처를 통해 체내에 들어오거나, 감염된 말과의 접촉, 울타리, 마구(馬具) 등이 오염 됐을 때 이들로부터 감염될 수 있다. 그리고 감염 부위가 눈이나 비강일 때에는 파리에 의한 전파라고 볼 수 있다. 만일 코로 흡입되면 폐에도 감염이 가능하다.

(4) 증상

임파관(lymph vessels)이 비후되어 피부를 밀고 나오며 결절(nodular lesions)이 여러 군데 나타난다. 이 결절들은 종양을 형성해서 파열되어 황색 기름 같은 농을 배출해 내며 상처가 난다. 부위로는 보통 사지하부(lower legs), 안상(saddle sores)이 났던 부위, 눈 주위 등이다.

만일 폐에 감염 되었을 때는 호흡이 곤란하며 황색 콧물이 나온다. 이 곰팡이가 체내에 들어와도 2개월간은 증세가 없으나 이 기간 중에 주위의 말에 급속도로 전파되며 말기에 가서야 식욕부진, 발열, 전신 쇠약 등이 나타나기 시작한다.

(5) 진단

외부 증세로도 알 수 있으나 실험실 진단으로서 발생부위의 시료를 smear한 후 그람양성의 효모성 형태의 원인체를 확인해야 한다.

(6) 치료 및 예방

알려진 치료법은 없고 치명적이다. 그래서 진단 즉시 처분해 버리는 것이 최선책이다. 그리고 파리를 구제하고 마구나 방목장 등에 대한 소독을 철저히 해야 한다. 치료에는 Iodides와 ketoconazole에 감수성이 있는 것으로서 알려져 있다.

6. 사슴

1) 위생대책

밤낮의 기온차가 심한 때는, 낮에는 개방하여 환기가 잘 되도록 하고 밤에는 문을 닫아 보온이 유지되도록 한다.

봄이 되어 새로운 풀이 많이 나오게 되면 갑자기 많은 양의 풀을 섭취를 하게 되는데, 고창증과 식체, 하리와 같은 질병이 발생될 것을 감안하여 급작스런 과량의 청초가 급여되지 않도록 유의한다.

환절기나 하절기(夏節期), 장마철 등 전염병이 발생하기 쉬운 때에는 사육동물 전반에 대해 예방약을 투여하는 것이 바람직하며, 주위의 환경을 깨끗이 하는 방편으로 운동장의 흙을 바꾸고 배수구와 사육장 내를 깨끗이 청소하며, 주기적으로 소독약을 살포하여 청결히 한다. 사료통과 급수통에 남는 사료와 물은 제거하고 깨끗이 해 둔다.

가급적이면 개체별로 검사하는 것이 좋겠으나, 부득이 하면 종합적으로 기생충 충란 검사를 하여 발견되는 장내 기생충의 구충을 실시하도록 한다. 특히 영양상태가 좋지 못한 사슴은 수의사에게 건강유무를 확인하고 조치해야 한다.

또한 약한 사슴이나 질병증상을 나타낸 사슴이 있으면 즉시 격리해서 안정을 시켜 주며 항상 면밀하게 관찰하고 수의사의 대책에 따라 집중적인 치료를 해야 한다.

전염성 질병의 대부분은 새로 구입한 사슴과 이웃 사슴에게서 전염되므로 새로 구입한 사슴은 격리수용하여 건강한 것이 확실할때 혼사(混舍)시키도록 하고, 특히 운송해 온 사슴들은 질병의 예방을 조치한 후에 혼사하도록 한다.

오염된 방목장이나 목초가 전염의 큰 원인이 된다.

2) 기생충검사 및 구충(驅蟲)

기생충의 감염은 대수롭지 않은 것으로 생각하기 쉬우나, 모든 질병은 기생충 감염에 의해 악화되며 2차적 감염을 유발하기도 한다.

기생충 검사는 1년에 3회 정도 실시해서 충란이 발견되면 즉시 구충(驅蟲)을 실시해야 한다. 사육장 안의 변은 말끔히 긁어내고 새로운 모래를 깔아 주면 재감염을 예방하는데 큰 도움이 된다. 구충약으로는 메벤다졸(Mebendazole)이 좋으며, 허용량은 3㎎/㎏을 10일간 복용시킨다.

3) 질병의 징후(徵候)와 조기 진단법

질병의 구체적인 치료에 있어서는 전문수의사의 도움을 받아야 하므로 병의 조기 발견이 필요하게 된다. 이때 사육자의 경험이 매우 중요한데 다음과 같은 징후에 유의하면 점차 발견이 빨라질 수가 있다.

가. 징후

- 식욕이 줄어들거나 전혀 없게 된다.
- 사료 급여 시에 주의하여 관찰하는 습관을 들인다.
- 되새김이 완만하여 진다.
- 거동이 활발하지 못하게 된다.
- 드러누우면 복부에 머리를 기울인다.
- 눈에 힘이 없고 얼굴에 권태감이 있다.
- 피모(被毛)가 거칠고 광택이 없다.
- 호흡수와 맥박수, 체온에 변화가 생긴다.

나. 조기 진단

- 코 끝이 차갑고 젖어 있는가?
- 콧물을 흘리고 있는가?
- 침을 흘리고 있는가?
- 기침을 하고 있는가?
- 배의 팽창 정도가 알맞는가?
- 설사나 변비는 하지 않는가?
- 오줌은 나오는가?

위의 징후로 증상을 확인하고 그 원인 및 병명을 알아보고 경우에 따라서는 대증요법(對症療法)을 생각할 필요도 있다. 그러나 서투른 판단을 하는 것보다 수의사의 진료를 받는 것이 안전하다.

●● **표 5-15.** 사슴의 정상 체온, 맥박, 호흡수

연 령	맥 박	호 흡	체 온
어린 사슴	50~80회	30~40회	39~39.5℃
큰 사 슴	20~80회	20~40회	38~38.5℃

정상적인 상태에서 갑작스럽게 비정상적인 행동을 하는 것을 사육자가 직감할 때 이상과 같은 경우에는 즉시 원인과 병명을 파악하여 간단한 대중 요법을 미리 익혀서 조기 예방을 실시하여 경제적 손실을 미리 막을 수 있어야 한다.

4) 사슴의 주요 질병

(1) 질식

- **증상** : 갑작스런 호흡곤란
- **원인** : 젖을 떼는 시기에 흔히 발생한다. 사료 등 이물질이 목에 걸려 발생한다.
- **치료** : 빨리 발견하여 이 물질을 제거한다.

(2) 식체

- **증상** : 복부의 팽배, 반추작용이 없음. 운동기피, 우울증
- **원인** : 사료의 과식, 운동부족
- **치료** : 효소 소화제나 위기능 강화제를 투여한다.

(3) 고창증

- **증상** : 복부의 심한 팽배, 호흡이 거칠며, 순환기 장애
- **원인** : 부패된 사료의 급여, 콩과 식물의 과식
- **치료** : 가스제거제 사용, 복부 마사지

(4) 장염

- **증상** : 설사, 털이 거칠고 활동불량
- **원인** : 부패된 사료의 급여, 기생충 감염, 사료의 갑작스런 변경
- **치료** : 항생제, 설파제 주사, 구충실시 정장제 투여 및 위장 기능 항진제투여

(5) 피부염

- **증상** : 탈모현상, 털이 거칠고 윤기가 없다.
- **원인** : 기생충감염, 광물질, 비타민 부족으로 인한 영양장애, 세균의 감염
- **치료** : 구충, 영양사료 첨가제를 투여, 연고를 발라준다.

(6) 골절

- **증상** : 절뚝거리며 걷거나 다리를 딛지 못하고 끈다.
- **원인** : 포획시 잘못으로 다리골절, 동족간의 투쟁시 발생
- **치료** : 손상이 심하지 않은 것은 자연치유, 석고붕대 깁스와 심하면 절단수술

(7) 골수염

- **증상** : 환부의 치료가 지연되면 식욕부진, 활동상태 불량
- **원인** : 비위생적인 뿔의 절각, 농양상태의 상처 방치 시
- **치료** : 환부소독, 외과적 처치 후 항생제 주사

(8) 난산

- **증상** : 호흡이 거칠며, 호흡곤란, 동통
- **원인** : 비정상적인 분만의 진행, 태아의 과태, 자궁 산도 협착
- **치료** : 제왕절개 수술, 유도분만 시도

(9) 자궁내막염

- **증상** : 외음부로 화농성 분비물이 나온다. 털이 거칠고 식욕부진
- **원인** : 분만후 산도를 통해 감염 후산물이 정체되어 일어남
- **치료** : 자궁 세척, 항생제 주입

(10) 빈혈

- **증상** : 운동기피, 기립불능, 운동의 불균형과 감각을 상실
- **원인** : 절각시의 지혈잘못, 기생충 감염, 무기물의 결핍
- **치료** : 수액을 보충해 준다.

7. 오리(Duck)

최근 소비자의 건강에 대한 관심이 높아지면서 오리고기 소비량 또한 지속적으로 증가하고 있다. 국내 오리 산업의 규모에 비해 오리 생산시설은 낙후하여 사육농가의 65% 이상이 비닐하우스 형태이며, 이로 인한 사육관리 및 소독 개념의 미비로 인해 질병 발생 위험성은 높은 상태이다.

국내 오리 사육농가에서 주로 문제가 되고 있는 질병은 오리바이러스성 간염, 오리패혈증, 대장균증, 살모넬라 감염증과 같은 전염성 질병이 대부분이다. 특히, 오리바이러스성 간염은 1주령 이하인 오리들이 95%이상 폐사되고, 오리패혈증은 육성 중인 오리 30% 가량 폐사를 일으킬 수 있어 이들 질병으로 인한 피해가 가장 크다.

1) 오리 바이러스성 간염(Duck Virus Hepatitis: DVH)

(1) 정의

주로 3주 이내의 어린 오리에서 급성 간염이 나타나며 병의 경과가 매우 빠르고 치사율이 높은 급성 전염병이다. 1주령 이하인 오리들의 경우 95%에 가까운 폐사를 일으킨다. 육용오리용 생백신이 개발되어 현장에 적용되고 있지만 병아리 초기일령(3~4일령 전후)에 발생하는 질병의 특성상 방어가 어렵다.

(2) 원인체

오리 간염 바이러스(Duck hepatitis virus)가 원인체로서 병원체에 따라 제1형, 제2형, 제3형 오리간염으로 크게 3종류로 분류되고 있다. 제1형 오리 간염(Duck hepatitis type 1)은 피코르나 바이러스(Picornavirus) 감염으로 오리 간염 중 치사율이 가장 높은 형으로 국내에서 발생되는 오리 바이러스 간염들이 모두 이 형태에 속한다. 제2형 오리 간염(Duck hepatitis type 2)은 에스트로 바이러스(Astrovirus) type Ⅰ 감염으로 지금까지 영국에서만 발생이 보고되어 있으며, 야생 조류와 접촉한 집오리에서 발생된다. 치사율은 제1형 오리 간염보다는 낮다. 제3형 오리 간염(Duck hepatitis type 3)은 에스트로 바이러스 type Ⅱ 감염으로 미국에서만 발생이 보고되어 있다.

(3) 발생

제 1형 오리 간염은 1945년 미국에서 처음 발생 보고되어 가까운 일본과 중국을 비롯하여 전세계적으로 발생되고 있다. 국내에서도 1985년부터 질병이 발생하여 최근 10년간(2001년~2010년) 259건이 발생되었다.

(4) 전파

감염된 오리와 동거하는 오리는 쉽게 이 질병에 감염된다. 주로 오리가 배설하는 분변을 통해 전염이 일어나지만 공기를 통한 전파도 가능하다고 알려져 있다. 감염된 종오리가 생산한 종란을 통해 감염이 일어나는 난계대 전염은 되지 않는 것으로 알려져 있다.

(5) 임상증상 및 병변

임상증상은 매우 빠르게 나타나는 것이 특징이며, 증상이 발현 후 1시간 이내에 죽게 된다. 오리 간염 바이러스 제1형에 감염된 오리들은 급성으로 병이 경과하여 질병 발생 3-4일에 모든 폐사가 나타나고 폐사율은 감염되는 일령에 따라서 다양하여 1주 이내의 어린 오리에서는 95%, 1~3주령의 오리에서는 50% 이내의 폐사를 보이나 4주령 이상의 오리에서는 전혀 폐사가 나타나지 않는다. 주요 증상은 건강한 오리가 갑가기 침울하게 되며 움직이지 않다가 한쪽으로 쓰러지게 되며 목을 뒤로 젖히면서 발버둥을 치는 신경증상이 나타나다가 급사하게 된다. 폐사된 오리는 간이 부어있고 심한 출혈소견이 나타나는 것이 특징이다. 오리 간염 바이러스 제2형과 제3형의 감염 시에는 폐사율은 제1형 감염 때보다 높지 않으나 임상증상 및 부검소견은 제1형 감염과 거의 동일하게 나타난다.

(6) 진단

병의 경과가 몹시 빠르고 목이 뒤로 젖히게 되는 독특한 임상증상이 나타나기 때문에 임상적인 증상만으로도 쉽게 진단이 가능하나 최종 진단은 바이러스 분리에 의한다. 바이러스 분리는 계태아에서 가능하며 오리 간염 바이러스는 계태아를 위축시키고 간에 백색 괴사소를 유발한다.

(7) 치료 및 예방

오리 간염은 급성으로 진행되는 바이러스 질병으로 발병 후에 적절한 치료방법은 없다. 따라서 이 질병은 절대적으로 예방이 필요하다.

예방은 주로 백신 사용에 의존하며 백신접종은 종오리를 고도로 면역시켜 감수성이 있는 어린 오리에게 수동면역을 부여하는 종오리 면역법과 감수성이 있는 어린 일령때 직접백신을 접종하는 활동면역법으로 구별할 수 있다. 종오리 면역법은 미국 등지에서 주로 이용하고 있으며 활동 면역법은 유럽 등지에서 주로 실시하고 있다. 백신은 계태아에서 약독화한 생바이러스 백신과 사독오일백신이 이용되지만 사독오일백신은 방어능이 생바이러스 백신보다 좋지 않기 때문에 주로 생바이러스 백신이 이용되고 있다. 그러나 생바이러스 백신은 오리에 역계대 될 경우 쉽게 병원성이 회복되는 단점이 있기 때문에 발생이 낮거나 없는 지역에서 사용할 경우에는 세밀한 주의가 요망되며 발생이 상재한 지역에 사용하는 것이 바람직하다.

2) 오리 패혈증(Duck Septicaemia)

(1) 정의

오리 패혈증은 국내 오리농장에서 가장 빈번하게 발생하는 질병으로 주로 3~5주령 사이의 오리에 감염돼 5~75%의 높은 폐사와 증체불량, 사료효율 저하 등을 유발한다. 특히 종오리에서 산란저하와 종란의 품질저하를 일으켜 오리 산업에 많은 경제적 피해를 유발하는 대표적인 세균성 질병이다.

(2) 원인체

오리 패혈증은 리메렐라 아나티페스티퍼(*Rimerella anatipestifer*) 세균 감염에 의해 발생한다. 운동성이 없는 그람음성 세균으로 파스튜렐라(Pasteurella)로 분류되다가 1993년부터 리메렐라(Rimerella) 균으로 분류되었다. 고온에 비교적 약한 편으로 55℃에 16시간 방치하면 죽게 된다. 세계적으로 21종의 혈청형이 존재하고 국내에는 4종의 혈청형(1형, 4형, 7형, 16형)이 유행하고 있다. 이중 국내에서 주로 발생하는 1형과 7형은 병원성이 매우 강해 오리농장에 많은 피해를 야기하고 있다.

(3) 임상증상

오리 패혈증은 주로 육성중인 오리에서 발병된다. 성숙한 오리에서는 감염되어도 증상이 나타나지 않으며 3~5주령의 어린 오리에 감염될 경우에만 증상이 나타난다. 감염 2-5일 후에 증상이 나타나고 초기 눈과 코에서 화농성 삼출물이 나오며 약간의 기침과 재채기 증상이 있다. 이후 머리를 흔드는 신경증상과 함께 머리를 등쪽으로 뻗치는 사경증상이 나타나기도 한다. 감염된 오리는 잘 움직이지 못하고 사료 섭취를 하지 못하다가 옆으로 쓰러진 후 죽게 된다.

(4) 치료 및 예방

오리 패혈증은 세균 감염에 의해 발병되는 질병으로 초기에 적절한 항생제를 투여하면 어느 정도 폐사를 줄일 수 있다. 사료에 항생제를 포함하여 공급하는 항생제 예방적 투여

방법이 효과적인 예방법이지만 최근 사료 내 항생제 사용 규제에 따라 사용이 제한되어 있다. 국내 유행주를 이용한 불활화백신이 개발되어 시판되고 있으나 백신 혈청형과 동일한 유행주에 대해서만 효과가 있기 때문에 널리 이용되지 못하고 있다. 밀집사육, 스트레스 요인을 피하고 위생적인 사양관리를 통해 질병을 예방한다.

3) 오리 바이러스성 장염(Duck virus enteritis)

(1) 정의 및 원인체

오리 바이러스성 장염은 일명 '오리 페스트'로 불리며, 허피스 바이러스(herpesvirus) 감염에 의한 급성 전염성 바이러스 질병이다. 현재 국내에서는 발생 보고가 없다. 주로 새와의 접촉을 통해 감염되며 분변 및 분비물에 의해 전염된다.

(2) 임상증상

오리가 병원체에 접촉 후 3~7일에 높은 빈도로 갑작스럽게 폐사한다. 감염된 오리는 기운이 없고 사료를 섭취하지 않게 된다. 콧물이 나며 수양성 설사를 보이다가 급성 경과로 폐사하게 된다.

(3) 치료 및 예방

치료 방법은 없다. 2주령의 오리에게 약독화 생백신을 사용하여 예방한다. 감염된 오리 농장은 철저히 격리하여 외부와의 접촉을 차단한다.

4) 오리의 아플라톡신 중독증

(1) 정의 및 원인체

아플라톡신은 곰팡이의 일종인 *Aspergillus flavis, A.parasiticus* 및 *Penicillium puberulum*에서 생성되는 대사산물로 매우 강한 독성을 갖고 있는 발암물질이다. 이들 곰팡이들은 사료의 원료인 곡류에서 증식하면서 독소를 생성하며 이들 오염된 사료를 섭식하는 가축이나 조류에서 발병되며 특히 오리는 매우 감수성이 높고 폐사율 또한 높다.

(2) 임상증상

이들 독소에 노출된 오리는 식욕결핍이 있고 처음 노출 후 2주까지 성장이 매우 불량하다. 또한 비정상적인 울음소리와 함께 깃털을 쪼며 다리와 발이 탈색된다. 보행불량, 경련,

목이 돌아가는 신경증상도 관찰할 수 있다. 조류 중에 이들 독소에 가장 민감한 감수성 동물로는 어린 오리, 칠면조, 꿩이며, 비교적 저항력을 갖는 조류는 닭, 일본메추리 등이다.

(3) 예방대책

아플라톡신 중독증은 온도와 습도가 높은 여름철에 발생이 높다. 곰팡이는 매우 습도와 민감하여 장마철에 특히 증식력이 높고 이때 사료의 취급을 잘하지 못하거나 곡류를 외부에 그냥 방치할 경우 쉽게 곰팡이가 증식하고 이로 인한 아플라톡신이 생성됨으로 일반 농가에 피해를 준다. 최선의 예방책은 항상 최적의 사료를 공급할 수 있도록 저장창고 및 일시적인 사료보관을 위생적인 장소에 보관하며 빗물이나 높은 습도에 노출되지 않도록 해야 한다.

단원 학습 정리

- 오리 바이러스성 간염(DVH)은 1주령 이하인 오리들의 경우 95%에 가까운 폐사를 일으키는 감염병이다.
- 오리 패혈증은 리메렐라 아나티페스티퍼(*Rimerella anatipestifer*) 세균 감염에 의해 발생하며, 주로 3~5주령 사이의 오리에 감염돼 5~75%의 높은 폐사와 증체불량, 사료효율 저하 등을 유발한다.
- 오리 바이러스성 장염은 일명 '오리 페스트'라 불리우며 설사증상과 함께 갑자기 폐사하는 질병으로 국내에서는 발생 보고는 없다.

8. 칠면조(Turkey)

1) 칠면조 코라이자(Turkey Coryza)

(1) 정의

칠면조에게 걸리는 급성 또는 만성 호흡기 질병이다. 1~6주령의 칠면조에서 가장 일반적으로 나타나며, 모든 연령의 칠면조가 다 감수성을 가진다. 여름과 가을에 주로 발생하는 이 질병은 미국과 같이 칠면조의 사육이 많은 나라에서 많으며 독일과 프랑스, 영국, 이태리, 이스라엘, 남아프리카 등에서도 보고되고 있다.

(2) 원인체

보르데텔라 아비윰(*Bordetella avium*) 그람 음성 세균 감염에 의해 발생한다. 상부 호흡기에 감염되고 병원균의 형태에 따라 독력의 차이가 크다. 오염된 깔짚과 식수를 통한 접촉 감염에 의해 기도에 감염된다.

(3) 증상

높은 이병율과 낮은 치사율, 성장저하가 나타난다. 어린 칠면조에서 감염 4-7일째 임상증상이 갑작스럽게 출현하게 되고 초기 임상증상은 깨끗한 점액성의 비루, 재채기, 안부의 삼출물 등이 나다난다. 식욕감소로 인한 증제율이 저하되고 활력이 감소한다. 목소리가 변하게 되고 목소리가 전혀 나오지 않게 되는 경우도 있다. 호흡기의 삼출물로 인해 호흡곤란과 개구호흡 증상이 발생한다. 단독 발생시는 치사율이 낮으나 *Ornithobacterium, Pasteurella* spp, *Mycoplasma* spp. pneumoviruse 등과 혼합 감염 시에는 치사율이 10~60%에 이르게 된다.

(4) 진단

임상증상과 균의 분리와 동정을 실시하여 진단한다. 비강과 기도에 과량의 삼출물을 볼 수 있다. 원인체는 비강과 기관으로부터 채취하여 분리하고 동정을 실시한다.

(5) 치료 및 예방

일반적으로 항생제 사용은 거의 효과가 없으며, 일단 한번 발생하면 쉽게 다시 발생할 수 있으므로 예방이 중요하다. 늙은 칠면조는 보균 상태로 오래 살기 때문에 여러 일령의 칠면조를 함께 사육하면 감염될 가능성이 많아진다. 평소에 칠면조 계사와 계사 안의 모든 장비들을 철저히 소독하고 환기를 잘하며 축축하지 않게 해주어야 한다.

2) 칠면조 마이코플라즈마 감염증(Mycoplasma meleagridis infection)

(1) 정의 및 원인체

마이코플라즈마 멜레아그리디스(*Mycoplasma meleagridis*) 감염에 의해 칠면조의 호흡기병과 병아리의 왜소화를 일으킨다. 칠면조 산업이 발달한 미국의 경우 이 질병과 관련된 부화율의 저하와 질병의 방제를 위하여 경제적으로 막대한 손실을 겪고 있다. 칠면조에 국한 되어 발생하며 난계대 전염이 되어 새끼에게 기낭염을 일으킨다.

(2) 증상

부화율 저하, 깨어난 병아리의 경우 성장률 저하 및 왜소화, 허약 병아리, 사료섭취 곤란으로 폐사하는 경우가 많다. 성장 중인 칠면조의 경우 기낭염, 부비강염 등의 호흡기 증상을 보이고, 무릎관절 이상과 경추의 만곡 등의 골격계의 이상이 발생한다.

(3) 진단

병변부에서 마이코플라즈마를 분리하여 동정한다. 평판이나 시험관 응집반응을 실시하여 항체 양성율을 검사할 수 있으며 이때 양성반응이 나타나면 혈구응집억제반응으로 확진할 수 있다. 병리학적으로는 병원체가 감염된 부위의 점막과 기낭의 비후가 관찰되고 림프구의 침윤이 현저하다. 기낭 내에는 점액성 삼출물, 치즈와 같은 상태의 응괴 등이 확인된다.

(4) 치료 및 예방

현재 백신은 없다. 마이코플라즈마를 방지하기 위해서는 감염된 병아리의 입식을 피하고 종란을 약욕하여 감염률을 낮춘다. 부화장에서 1일령 칠면조에 항생제를 주사하면 이 질병의 발생을 감소시키기도 한다. 감염된 칠면조는 타이로신, 겐타마이신 등의 항생제를 투여하여 치료한다.

3) 칠면조 비기관염(Turkey Rhinotracheitis)

(1) 정의 및 원인체

뉴모바이러스(Pneumovirus) 감염에 의해 발생한다. 이병율은 10~100%, 치사율은 1~30%

이다. 20년전 남아프리카의 칠면조에서 발생 보고된 이후 유럽 등에서 발생하고 있다. 최근 육용종계군에서 바이러스가 분리되었고 닭에서 두부종창증 등의 복합감염을 일으키는 원인체로 밝혀졌다. 주로 칠면조와 닭에서 큰 피해를 일으킨다.

(2) 증상

식욕이 감소하고 호흡기 감염으로 인해 목소리가 변한다. 눈과 비강에 삼출물이 발생하고 마지막 2~3주에 증체율이 감소한다. 부화란이 탈색되고 껍질도 얇아지게 된다. 비강과 기관 내에 장액성 삼출물이 존재한다.

(3) 치료 및 예방

바이러스 감염증으로 치료 방법이 없다. 2차 세균감염의 예방 및 치료 목적으로 항생제를 투여할 수 있으나 효과는 미비하다. 불활화 생백신을 사용하여 예방한다.

4) 가금 설사병 치사증후군(Poult Enteritis and Mortality Syndrome; PEMS) 그리고 칠면조 급성폐사증후군(Spiking Mortality of Turkeys)

(1) 정의

가금 설사병 치사증후군(PEMS)은 1991년 미국에서 처음으로 발견되었다. 7~28일경의 칠면조에서 갑작스럽게 치사율이 증가하는 감염성 질병이다. 전형적인 바이러스 장염과는 확연히 구별되는 증후군으로 어린 칠면조에서 높은 치사율과 심한 성장률 감소가 특징적이다.

(2) 증상

초기에 과잉행동과 울음소리가 증가한다. 수분 섭취가 증가하고 식욕은 감소하여 성장률이 떨어진다. 활력이 저하되고 몸을 웅크리며 따뜻한 곳을 찾는다. 체중감소와 심한 탈수로 인해 폐사한다.

(3) 치료 및 예방

세균 감염의 차단을 위해 항생제와 비소제를 사용한다. 플루오르퀴놀론(Fluoroquinolone)계 항생제는 특별히 이 질병에 효과적이다. 7.5-8% 지방이 함유된 고단백사료, 복합비타민 등의 공급은 질병을 극복하는데 도움을 준다. 질병의 유입을 막기 위한 철저한 차단방역을 실시하고 소독을 철저히 하며 질 좋은 사료를 공급하여 질병을 예방한다.

9. 밍크

1) 바이러스병

(1) 밍크 알루샨병

① 병원체

- 밍크 알류샨병 바이러스, Parvoviridae, Amdovirus에 속하는 DNA 바이러스

② 전파경로

- 감염밍크는 분변, 소변, 타액에 바이러스를 배출하므로 접촉 및 경구 감염
- 태반을 통하여 태아에 수직 감염되므로 비감염 모축을 확보하는 것이 중요
- 미국에서 발견된 후 세계 각국에서 발생
- 밍크는 모든 품종에 감염되나 특히 알류샨계의 품종에서는 잠복기와 경과가 짧고 병세가 무거움
- 이 품종은 유전성질환인 Chediak-Higashi 증후군을 가짐
- 암갈색의 비알류샨계 품종에서는 잠복기와 경과가 길고 병세가 약하다.

③ 주요 증상

- 면역이상, 알레르기성 질환을 주 특징
- 중증 밍크는 식욕감퇴, 만성설사, 점막의 창백 등 빈혈소견 및 구강에 궤양과 출혈이 관찰되기도 함.
- 다음, 다갈, 빈혈, 요독증으로 인해 구강 내에 궤양이나 출혈
- 알류샨계에서는 감염 후 3~6주에 임상증상을 보이며 3~6개월에 폐사
- 어린 밍크는 수일 내에 폐사, 비알류샨계에서는 증상이 가볍고 회복하는 것도 있음
- 가장 특징적인 육안소견은 신장, 간, 비장, 림프절의 종대
- 조직학적으로는 각 장기에서 형질세포의 현저한 증가, 침윤과 더불어 담관증생, 신간질의 섬유화, 사구체신염, 혈관중막의 유리화나 글로불린 침착 등을 보임
- 어린 밍크에서는 간질성 폐렴이 특징적임.
- 폐사는 주로 면역복합체에 기인한 신부전, 즉 항원-항체복합체의 침착과 파종성혈관내응고에 기인

④ **예방 및 치료**

- 백신 및 치료법은 없음
- CIP에 의한 감염밍크의 적발, 도태가 중요

(2) 밍크 바이러스성 장염

① **병원체**

- 밍크 장염 바이러스, 고양이 파보바이러스의 숙주변이체

② **전파경로**

- 감염밍크의 배설물을 통해 경구감염
- 연령이나 품종에 상관없이 감염되며 발증 후의 경과로 대부분의 성숙 동물은 보통 4~5일 내에 회복되고 어린 동물에서는 폐사하는 것도 많음

③ **주요 증상**

- 잠복기는 약 4~8 일로 비교적 빠른 편
- 특징적인 장염과 탈수소견
- 식욕부진, 원기소실, 심한 설사를 보이며 범백혈구감소를 동반
- 급성 카타르성 또는 출혈성장염을 주 병변

④ **예방 및 치료**

- 조직배양 불활화백신을 사용
- 불활화백신을 7~8주령 시 접종
- 적극적인 탈수 예방을 위한 대증요법을 실시하면 일부의 폐사율을 줄일 수 있으나 실효성에 문제점이 많음
- 철저한 위생관리와 예방 접종만이 유일한 방역대책

2) 프리온병

(1) 전달성 밍크뇌증

① **병원체**

- 프리온, 고압증기 멸균, 페놀 등으로 불활화

② **전파경로**

- 스크래피에 감염된 양을 먹이로 섭취하여 발생하는 것으로 추정
- 투쟁에 의한 교상에서도 수평감염

③ **주요 증상**

- 7개월~1년의 잠복기를 거쳐 발증
- 식욕결핍, 쇠약 등의 증상
- 시간이 경과함에 따라서 꼬리를 올리고 털의 조잡화, 체중감소, 운동실조, 불안 상태를 나타내고 기면 상태
- 이상행동, 운동실조에 이어 기면상태에 빠져 발병 후 4-30일에 예외 없이 폐사
- 대뇌피질, 특히 전두엽의 해면상뇌증 병변을 일으킴

④ **예방 및 치료**

- 백신 및 치료법은 없음
- 병에 걸린 동물의 처분과 철저한 소독
- 오염사료를 급여하지 않음

3) 세균병

(1) 출혈성 폐렴

① **병원체**

- 녹농균(*P. aeruginosa*)

② **전파경로**

- 자연계와 사육환경에 널리 분포
- 감염 밍크의 분변이나 객혈 등에서 다수의 균이 검출되므로 경구 또는 경비 감염
- 일반적으로 이 균은 기회감염증의 기인균이지만 밍크에서는 원발적으로 이 병을 발생시킴
- 품종과 성별에 상관없이 발생, 어린 밍크에서 다발
- 한랭, 열악한 사육환경에 의한 스트레스가 요인

③ **주요 증상**

- 출혈성폐렴과 패혈증을 주 특징으로 한 급성 치사성 질병

- 식욕상실로 시작하여 동작이 둔해지고 호흡곤란이 발생하며 마지막에는 객혈
- 발증 후 대부분이 반나절에서 1일 내에 폐사
- 부검시 출혈성폐렴과 패혈증이 확인
- 조직학적으로 폐에 광범위한 출혈성섬유소성의 화농성괴사성폐렴
- 실질장기는 강도의 혼탁 및 울혈이, 균괴가 여기 저기 보임
- 폐 이외의 조직의 병변은 비교적 경도

④ **예방 및 치료**

- 백신접종이 가장 유효하여 전 균체 불활화백신이 세계적으로 이용
- 예방에 있어 충분한 위생관리가 중요
- 심급성 경과로 진행되므로 항균제에 의한 치료는 기대할 수 없음

(2) 보툴리누스 중독증

① **병원체**

- *Clostridium botulinum*
- 독소생성은 박테리오파지에 의해 지배

② **전파경로**

- 유럽 북부, 북미, 일본 등 북반구의 고위도 지역에서 발생한다.

③ **주요 증상**

- 독소는 중추신경이 아닌 말초신경에 작용하여 특징적인 마비증상
- 마비는 처음 뒷다리에서 전신으로 확대, 호흡곤란에 이어 폐사
- 종종 안구돌출, 동공확대, 유연

④ **예방 및 치료**

- 사료에의 균 오염을 방지
- 톡소이드가 시판되어 있음

10. 여우

1) 견온열

- 개과의 동물을 해치는 공통의 질병
- 백신을 년1회 주사
- 사망률은 70~80%

2) 식중독

- 어류 사료에 혼입된 보튤리누스균(A,형, C형)에 의해 발생되며 구토와 설사
- 백신을 사용하는 것이 최선

3) 기생충

(1) 외부 기생충

① 이

- 개에 기생하는 이와 동일
- 번식력이 왕성하므로 청결하게 해 줌

② 귀진드기(이개선)

- 귀 가려움증
- 항생제 및 소염제 연고 도포와 ivermectin과 같은 항기생충제 주사로 치료가 가능하다.

(2) 내부 기생충

① 회충

- 생후 2~3주간부터 해를 끼치며 어린 여우의 경우 피해가 특히 많음
- 네마톨 또는 페신 투여

② 십이지장충

- 십이지장충은 모든 여우에게 큰 피해

- 구충증(ancylostomiasis/uncinariasis)이라고도 부르며, 여우에는 협두구충(Uncinaria stenocephala)가 주로 감염됨.
- 4염화에칠렌, 펙신을 가끔 사용해서 구충

③ **폐선충**

- 크레노조마 벌피스(Crenosoma vulpis)가 여우 폐선충의 주 병원체
- 크레노조마 벌피스(Crenosoma vulpis) 감염으로 심한 기침을 보임.
- 치료약은 없음
- 철망에 사육하면 자연히 치료

Chapter

06 야생동물 질병

1. 야생동물의 주요 질병

야생동물은 먹이, 은신처 등 서식에 필요한 자원의 제한이 없을 때 최적의 조건에서 생존할 수 있다. 이와 같이 야생동물의 서식을 제한하는 요인에는 야생동물의 생존에 직접적인 영향을 미치지는 않으나 서식에 영향을 주는 간접요인과 야생동물의 생존에 직접적인 영향을 미치는 직접요인, 그리고 직·간접요인에 영향을 주는 환경요인이 있다. 직접요인으로 포식자, 질병, 가뭄, 사고 등이 있으며 질병은 야생동물 관리자가 쉽게 인지할 수 없는 요인이다.

동물의 정상적인 기능(function)과 구조(structure)를 교란시키는 인자인 야생동물의 질병은 여러 가지원인에 의해서 발생할 수 있다. 즉 세균감염, 기생충, 독, 생리적 이상, 영양상태, 선천적 원인, 퇴화 등 다양하게 나타나며 환경오염이 중요한 문제가 되기도 한다. 또한 야생동물의 질병은 단순하지 않다. 즉 단 하나의 원인 또는 특별한 하나의 상황 하에 발생하는 것이 아니라 서식환경의 복잡한 변화에 의한 결과일 수 있다. 질병이 야생동물 개체군에 미치는 영향을 구명하는 것은 대부분의 경우 매우 어렵다. 그 이유는 자연상태에서 질병에 감염된 동물을 발견하기 어려운 것이 가장 큰 원인이며 이로 인해 대량으로 사망하기 전에는 사람이 인지하기 어렵다. 이러한 야생동물의 질병조사에는 혈액을 채취하여 혈청학적인 방법으로 항체가를 조사하는 것이 가장 간편한 방법으로 사냥포획물로부터 시료를 얻는 것이 확실한 방법 중의 하나이다.

1) 야생동물 질병에 대한 현 실태 및 사례

우리나라에 서식하는 야생동물은 가축처럼 작은 면적에 집단 수용되어 대규모로 서식하는 경우가 많지 않기 때문에 전염병의 전파 및 확산에 대한 정보는 전무한 상태이나 1997년도 거제도 백로 폐사사건처럼 집단 도래 서식하는 조류에 있어서는 심각한 문제를 발생시키기도 한다. 국내에서는 해마다 순환수렵제도에 의해 수렵이 행해지고 있지만 이들 수렵동물의 질병에 대한 정보도 보고된 바가 거의 없다. 외국에서는 야생동물에 관한 역학조사가 꾸준히 이루어지고 있으며, 사람에게나 동물에게 새롭게 등장하는 많은 질병이 갑자기 생겨났다기보다는 야생동물을 비롯한 야생 생태계에 존재하고 있던 병원체가 그러한 집단에 왔으리라는 추측을 기반으로 야생동물에 대한 질병에도 많은 관심을 가지고 있다.

일본에서는 멸종위기에 처하여 있다가 세심한 보호관리 정책으로 과번식 상태까지 이른 일본산양에 인한 숲의 훼손을 방지하기 위해 정해진 지역에서 일정수량 수렵을 허용하였고, 질병에 대한 조사를 수행하여 가축에서 발병되는 여러 가지 질병에 대한 역학조사를 실시하여 톡소플라스마 및 클라미디아 감염에 대한 양성반응 결과를 얻기도 하였다. 브루셀라(Brucellosis)는 1980년대 일본 전역의 임신한 소에서 흔하게 발견되는데 우제류에 잘 감염되는 이 병에 대해 산양의 감염여부를 조산한 결과 양성반응이 나타난 경우는 없었다. 칠레에서는 야생동물의 크립토 스포리디움에 대한 연구결과 조사대상 400개체 중에서 96개체에서 양성반응 결과를 얻었으며, 미국에서는 흰꼬리 사슴의 7~20%에서 렙토스피라 양성반응이 나타나기도 하였다. 야생토끼에게서 발견되는 토끼출혈병(Rabbit hemorrhagic disease)은 다양한 신경증상을 나타내다 2~3일내에 100%까지 사망하는 질병으로, 1984년 중국에서 집토끼에 피해를 주는 병으로 알려진 이후 우리나라를 비롯하여 독일, 이태리, 스위스, 스페인, 헝가리, 멕시코 등 전 세계적인 질병으로 유럽에서는 집토끼뿐만 아니라 야생토끼에서도 30~100%의 감염율이 확인되었다.

(1) 렙토스피라

렙토스피라는 야생동물 및 가축에 주로 발생하며, 사람에게도 발병하는 인수공통전염병이다. 사람에서는 1886년 처음으로 임상보고 된 바 있고, 국내에서는 서울지역의 족제비에서 양성반응이 보고된 바 있으며, 1940년 대구지역의 쥐에서 40%의 양성반응이 나타나기도 하였다. 또한 1942년 대구의 개에서 감염을 확인 하였고, 수많은 Leptospira 균주에 따라 다양한 비율의 양성 반응을 얻었으며, 한국전쟁 중 유사한 임상증세의 환자가 나타났다는 기록도 있다. 중국에서는 1943년 처음으로 사람에서 감염된 예가 보고되어 있으며, 1975년에는 출혈성 폐렴과 유사한 증세로 폐에 폐출혈을 일으키는 증세도 보고된 바 있다. 1987년 국립보건원의 보고에 의하면 국내 발열 환자에서 혈청학적 검사를 실시한 결과 11.6~20.1%의 환자가 렙토스피라에 대한 양성반응을 나타낸 경우도 있다.

(2) 광견병

광견병은 고려시대의 기록에도 나오는 질병으로 국내에서는 1907년 최초로 보고된 이래 지속적인 발생을 보여 왔는데 1945년까지 매년 200~800개체씩 발생되었으나 그 후 점차 발생이 감소되어 1970년대 까지는 매년 3~91개체가 발생되었다고 보고되었다. 과거 약 30년간 광견병 발생 실태를 살펴보면 1969년 6개체, 1970년 3개체, 1971년 및 1972년 25개체, 1973년 38개체, 1974년 82개체, 1975년 91개체가 발생되어 매년 발생이 증가되었다. 그러나 1976년에는 10개체가 발생되어 급격히 발생이 감소되었고 1977년 9개체, 1978년 2개체, 1979년 비발생, 1980년 5개체, 1981년 15개체, 1982년 1개체, 1983년 비발생, 1984년 1개체가 발생되어 발병이 감소되었고 1985년부터 1992년까지는 발생이 없었다. 그러나 1993년 강원도 철원군 동송읍에서 개 1개체가 광견병으로 확인된 이래 1994년 31개체(개 13, 소 16, 너구리 2), 1995년 7개체(소 6, 너구리 1), 1996년 5개체(개 2, 소 3), 1997년 19개체(개 10, 소 8, 너구리 1)가 발생되어 지속적인 문제가 되고 있으며 1998년 이래 광견병으로 확인된 가축은 개와 소이며 야생동물의 경우에는 너구리가 유일하다. 또한 너구리가 개와 싸운 후 개에 광견병이 발생했다는 발생지역 주민들의 말로 미루어 보아 현재 국내 광견병 전파에 너구리가 중요한 역할을 하고 있는 것으로 추측된다. 최근 주요 발생지역은 연천, 포천, 동두천, 파주, 철원, 화천, 인제, 양구 등 전방지역이다.

(3) 가금티푸스

가금티푸스는 *Salmonella gallinarum*이 병원체이며 1968년 가축위생연구소 보고에 따르면 1965년도에 이미 야외농장에서 가금티푸스균이 분리되었다고 명시하고 있으므로 이미 그 이전에 이미 가금티푸스균이 야외에 존재하고 있었을 것으로 판단하고 있다. 가금티푸스로 인한 폐사율은 10～93%이며 사육환경과 지역 등 관련 상황에 따라서 다양하게 나타난다.

(4) 전염성기관지염

전염성기관지염은 Coronavirus가 병원체로 현재 30종 이상의 혈청형이 존재하고 이들 각각이 다른 증세를 나타낸다. 장, 신장, 수란관 등이 주요 바이러스 표적 장기로 알려져 있으며, 1930년 미국 North Dakoda주에서 최초로 확인되었고 그 후 현재까지 전 세계적으로 발생되고 있다. 국내의 경우에는 1986년도에 최초 발생이 보고되면서 공식 확인되었으며, 현재 전 세계적으로 발생하고 있는 Massachusetts type과 유사한 유전형으로 분류된 바 있으나 아직까지 정확한 국내 유입 경로는 확인된 바 없다. 가금 인플루엔자를 일으키는 바이러스는 RNA바이러스로 Orthomyxovirus에 속하는 종류이다. 항원성에 따라 Type A, B, C로 나누며 동물의 인푸루엔자 바이러스는 모두 Type A에 속하며, 실험적으로는 75% 이상의 높은 폐사율을 나타내지만 야외에서는 다양한 폐사율을 나타난다.

Chapter 06

(5) Botulism

Botulism은 *Clostridium botulinum*이 생산한 치명적인 독성물질로 발병한다. 1910년 미국에서 수백만 개체의 수조류가 사망한 이후 1921년 우루과이, 1934년 호주, 1956년에 남아공, 1963년에 스웨덴, 1973년에 일본 등 전 세계에서 발생하고 있으며 국내에서도 언제든지 집단폐사의 가능성이 있다. 1952년 미국 서부지역에서 5백만 개체, 1980년에 러시아에서 1백만 개체의 수조류가 사망한 기록이 있으며, 이외에도 수만에서 수십만에 이르는 대규모 폐사사례가 많이 있다.

(6) Salmonellosis

Salmonellosis는 Salmonella spp.에 속하는 세균이 발병원이며 가금류에서도 흔히 발견된다. 야생조류에서는 주로 *Salmonella typhimurium*에 의해 감염되며, 거제도의 백로 폐사체 대부분도 *S. typhimurium*에 감염되었다. 조류콜레라는 *Pasteurella multocida*가 발병원이며 전염성이 매우 강하여 감염된 후 6~12시간 정도 후에 폐사한다. 미국은 1944년 이후에 야생 수조류의 감염이 처음으로 보고되었다. 이후 캐나다에서도 발생하였으며 조류의 이동경로를 따라 급속히 확산되고 있는 추세이다. 일본에서 철새이동경로를 연구한 결과에 의하면 일본의 수금류 월동집단과 미국과 카나다의 월동집단간의 이동이 있으며 따라서 국내에서도 발병가능성이 있다. 또한 조류에게서 나타나는 납중독은 수렵(납탄알)이나 낚시를 통해 자연환경에 버려진 납을 수조류가 먹이섭취과정에서 먹게 되고 이것이 흡수되어 납중독을 일으키게 된다. 고니류, 기러기류, 오리류 등 습지에서 먹이를 찾는 모든 종들에 나타날 수 있으며, 납 축적이 진행된 오리나 기러기류를 사람이 먹을 경우 2차적인 납 축적이 진행된다. 전 세계적으로 나타나며 수렵선진국의 상설수렵지역에서는 발생빈도가 높은 편이다. 국내의 경우 최근에야 납중독 사례가 보고되었으나 앞으로 주요 수렵지역에서 증가할 것으로 예상된다.

(7) 구제역

우제류에게 치명적인 구제역은 세계적으로 가장 중요한 동물질병으로 간주되고 있으며, 이 질병이 발생되고 있지 않은 국가에 있어서는 가공 축산물의 수입과 생축의 수입에 있어서 까다롭고 비용이 많이 드는 검역 및 검사를 요구하는 등 국제교역을 제한하고 있기 때문에 구제역을 경제적 질병(economic disease) 또는 정치적 질병(political disease)이라고도 한다. 국제수역사무국에 보고된 자료에 의하면 1990년 이래 최근까지 구제역의 세계적 지리적 발생동향은 다양하게 나타나고 있다. 주요 발생국은 아프리카, 남미, 아시아, 유럽 등으로, 이탈리아에서 1993년 2~5월에 55건 발생하였고, 그리스에서는 1994년까지 지속적으로 발생하여 러시아에서는 1993년 6월 1건의 발생보고가 있었는데 실험실내 우발사고였던 것으로 밝혀졌다. 1990년 초 터키, 이스라엘, 사우디아라비아, 이라크, 시리아 등 중종 전 지역에서는 국가에 따라 산발적 또는 집중적으로 지속적으로 구제역이 발생하여 막대한 피해를 입혔다. 아프리카지역에 있어서는 거의 대부분의 국가에서 발생을 보이고 있으며, 혈청형도 다양한 것으로 알려져 있다. 북미를 제외한 중남미에서도 다수 발생하고 있으나 남미지역에 있어서는 브라질, 볼리비아 및 페루에서 1992년에 비해 1993년에 발생이 증가된 바 있으며, 아르헨티나, 콜롬비아, 베네주엘라 등에서도 발생하였다. 아시아지역에서는 한국과 일본을 제외하고 거의 전 지역에서 발생을 보이고 있다.

2) 질병이 야생동물에 미치는 영향

(1) 질병의 영향

질병은 야생동물을 직접 죽이기도 하지만 몸을 쇠약하게 만들고 생리적, 행동적 변화를 일으켜 굶어 죽게 하거나 또는 포식자에게 쉽게 잡아먹히게 된다. 원인은 세균, 곰팡이, 바이러스, 살충제 및 살균제 등 유기화합물과 중금속을 비롯한 각종 독성 화합물질이다. 최근 독성물질의 심각성이 크게 대두되고 있으며, 독성물질은 직접적인 접촉이나 섭취뿐만 아니라 먹이연쇄를 통해서도 오염되는데 문제의 심각성이 있다. 특히 생태계의 정점에 있는 맹금류나 육식 포유류는 이렇게 먹이연쇄를 통해 오염물질이 체내에 축적되면 생리적인 문제로 인한 저항력 약화, 번식력 저하 등을 통해 개체군 감소에 영향을 받는다. 조류는 곤충을 포식하고, 어류는 물과 직접적인 접촉을 하며 살아가기 때문에 독성물질 오염의 지표종이며 이러한 지표종을 이용한 환경모니터링 기법에 대한 연구가 활발히 진행되고 있다.

(2) 야생동물 질병 연구 4가지 이유

야생동물 관리자가 야생동물 개체군에 발생하는 질병을 연구하는 데는 네 가지의 중요한 이유가 있다.

야생동물이 인간 또는 가축에 질병을 전파시키는 감염원인이 되기 때문이다.

감염된 야생동물이 주변의 야생동물에 전파시키는 역할을 하여 야생동물의 개체군 감소에 영향을 주기 때문이다.

멸종위기의 야생동물의 생존에 심각한 문제를 야기하기 때문이다.

먹이섭식 습성, 개체군 변동, 서식지 요구조건 등 야생동물 관리자가 연구 수행하는 많은 분야에 있어서 야생동물 관리자에게 풀 수 없는 수많은 문제를 발생시킨다. 또한 어떤 질병은 야생동물이 정상적인 사망원인의 한 부분을 차지하는 경우도 있기 때문에 질병의 원인파악 및 관리조절에 어려움이 있는 분야이다.

3) 야생동물에 발생하는 질병의 종류

(1) 렙토스피라증(Leptospirosis)

Leptospira icterohaemorrhagica, L. autumnalis, L. canicola, L. biflexa, L. interogans, L. pomona, L. grippotyphosa 등 다양한 렙토스피라 세균에 의한 전염병으로 동물은 물론 사람에게도 전염되며, 감염된 동물의 오줌, 침, 콧물을 통해 빠르게 전염된다. 출혈형, 황달형, 경증형 등으로 쇠약, 식욕감소, 복통, 발열, 혈액성 설사와 구토, 탈수, 황달, 마비, 혈뇨 ,다음, 다뇨 등 증세를 나타내며, 주로 감염된 쥐의 배설물이나 배설물에 오염된 물을 통하여 전염된다. 회복된 동물은 보균자로 수개월 이상 균을 배설하고 감염후 생존하여도 영구적인 신장장애를 일으킨다. penicillin, oxytetracycline, doxycycline 등이 효과적인 예방 및 치료제로 알려져 있다.

(2) 보툴리즘(Botulism)

*Clostridium botulinum*이 발병원이며 치명적인 독성물질을 생산한다. 야생동물이 독성물질을 직접 섭취할 수도 있지만 독성물질을 축적한 곤충을 잡아먹는 것에 의해서도 영향을 받는다. 독성물질은 무척추동물에게 영향을 미치지 않으며 체내에 축적된다. Botulism은 1910년 미국에서 대량 폐사가 일어난 이후 크게 주목을 받았다. 이러한 대발생은 일반적으로 수온 20℃이상의 고인 물, 따뜻한 날씨, 동물의 사체 또는 부패한 유기물 등이 있을 때 시작된다. 이 세균이 생산한 독성물질에 의해 영향을 받으면 몸이 마비되고 목을 가누지 못하는 증세가 나타난다. 또한 세균이 생산한 독성물질은 사람에게도 매우 유해하므로 폐사체는 즉시 수거하여 소각해야 하며, 습지에 있는 모든 부패한 유기물질은 제거해야 하고 고인 물은 흐르게 하여 수온을 낮추어야 한다.

(3) 살모넬라증(Salmonellosis)

Salmonella spp.에 속하는 세균이 발병원이며, 가금류에서도 흔히 발견된다. 야생조류에서는 주로 *Salmonella typhimurium*에 의해 감염되며, '97년도 거제도의 백로폐사체 대부분도 이 세균에 감염되었다. 발병되면 대개 간과 비장 조직에 회색 또는 흰색의 작은 혹이 생기며, 폐에 반투명한 혹이 생길 수도 있다. 주로 조류가 집단을 이루는 지역에서 대발생을 하며, 세균은 배설물을 통해 체외로 배출되어 새로운 감염원이 된다. 감염되었을 경우 식중독 증상과 함께 설사 및 무기력증을 보이며 배설물이 노란색을 띤다.

(4) 브루셀라증(Brucellosis)

Brucella spp.에 속하는 세균에 의한 것으로 포유동물에 잘 감염되고, 특히 순록, 들소 등 우제류에서 잘 나타난다. 수컷에서는 음낭이 커지고, 암컷은 자궁이 두꺼워 진다. 임신한 암컷에서는 심한 부종 및 유산을 수반하거나 약한 개체를 분만하고 성수의 사망률에도 영향을 미친다.

(5) 조류콜레라(Avian cholera)

*Pasteurella multocida*가 발병원이며 전염성이 매우 강하다. 급성감염이 일반적이며 감염된 후 6~12시간 뒤에 사망할 수 있다. 감염된 조류간의 접촉, 발병원을 함유한 물이나 먹이의 섭취 등을 통해 전염될 수 있다. 조류와 포유류 대부분의 종에서 발견되나 이들 간의 연관관계에 대해서는 알려져 있지 않다. 염소에서 분리한 *P. multocida*는 조류에게 질병을 유발하지 않는다. 갈매기류나 까마귀류처럼 사체를 먹는 종들에게 빈번한 사망원인이 되지만 똑같이 사체를 먹는 종인 맹금류에게는 거의 발견되지 않는다. 조류콜레라가 대발생할 경우 그 당시의 종 구성 및 풍부도와 대부분 밀접한 관련이 있다.

(6) 개홍역(Canine distemper)

매우 감염력이 높으며 호흡기, 위장관, 신경계를 침입하여 폐사 시킬 수 있는 바이러스가 그 원인이다. 공기 또는 접촉에 의해 감염되며, 사람의 홍역을 일으키는 바이러스와 비슷한 성상을 하고 있어 개홍역이라고 부르며 사람에게 나타나는 홍역증상과는 다르다. 전염성과 치사율이 높아 동물에게는 치명적인 질병이다. 감염된 동물의 각종 분비물을 통하여 전염되며 체온이 상승하고 식욕이 떨어지며 눈물과 눈꼽이 끼며 매우 침울해 진다. 식욕감소, 발열, 누런 콧물, 과다한 눈꼽, 마른기침, 구토, 설사를 동반하고 경직과 마비가 나타나며, 예방만이 최선책으로 일단 감염되면 폐사한다.

(7) 광견병(Rabies)

사람을 포함한 모든 포유동물의 중추신경계에 침입하여 죽게 할 수 있는 매우 위험한 바이러스성 인수공통 질병으로 제2종 법정 전염병이다. 광견병 바이러스에 감염된 동물에게 물리거나 상처에 침이 묻었을 때 전염되며 모든 온혈동물에 감염된다. 바이러스에 의한 뇌신경의 손상으로 행동의 변화, 동공의 확장, 심한 불안감, 침울, 목소리 변화, 공격적 행동, 침 흘림이 심하게 나타나고 최종적으로 전신마비와 혼수상태 및 폐사로 이어진다.

(8) 구제역(口蹄疫 Foot-and-mouth disease)

소, 돼지, 양, 염소 등 우제류 동물 및 야생동물에서 고도의 전염성을 나타내는 구제역 바이러스에 의해 감염된다. 구제역바이러스(Foot-and-mouth virus; FMDV)는 Aphthovirus 속에 속하며 Type A, Type O, Type C, SAT 1, SAT 2, SAT 3 그리고 Asia 1 등 7가지의 주요 형이 있으며 70가지 이상의 아형이 알려져 있다. 수포의 출현이 특징이며, 입, 코, 발굽, 유두 및 위의 주상돌기에 미란이 형성된다. 범발성이며 장기간에 걸쳐 가축의 생산성을 저하시키나 폐사율은 높지 않다. 인체에도 매우 드물게 감염은 되지만 증상은 심하지 않고 아구창(鴉口瘡)이라고도 한다. 구제역은 전 세계적으로 발생하고 있다. 주요 발생국은 아프리카, 남미, 아시아, 유럽 등이며, 발병되지 않았거나 비발생국으로 인정되는 지역은 한국, 일본, 북미, 중미, 호주, 뉴질랜드 등이다.

(9) 파보바이러스 장염

파보바이러스(Parvo virus)에 의한 감염으로 치사율 및 감염율이 높다. 심한 구토와 설사, 혈액성 설사, 쇠약, 식욕부진, 심한 탈수, 혼수 등 증상을 나타낸다. 매우 흔하고 감염력이 높으며 위험한 바이러스 질병으로 초기증상은 잘 나타나지 않으며 설사와 구토가 주요 증상이다. 이 병은 때때로 갑자기 발병하여 24시간 이내에 폐사시키는 경우도 있으며, 특히 어린 동물일수록 치명적이며 이 질병에 감염되어 죽거나 감염된 동물을 통해 전파된다.

(10) 토끼출혈열

전염력이 강하며 폐사율이 매우 높은 바이러스성 전염병이다. 이 질병이 침입하면 70~90%가 죽게 되는 무서운 전염병으로 1984년 중국에서 최초로 발생하여 수십만 수의 토끼가 폐사하였고 유럽에도 막대한 손실을 입혔으며 야생의 토끼에게도 같은 감염율을 나타낸다. 국내에서도 1985년 가을 강원도 및 경기도에서 처음 발생하여 20만 개체 이상의 토끼가 폐사하였다. 증상은 심급성형, 급성형 및 만성형 등으로, 심급성형은 건강한 토끼가 특별한 증상 없이 갑자기 떼죽음을 하게 되는 경우이며, 급성형은 원기가 떨어지고 체온이 상승하여 죽게 되고, 코나 입 주위에 거품 섞인 혈액이 묻어있거나 발작, 괴성을 지르며, 고개를 뒤로 젖히고 죽는 때도 있다. 만성형은 감염토끼가 1~2주정도 증상이 계속된 후 죽거나 회복한다. 간혹 회복된 토끼는 탈모 현상을 나타내며 임신한 토끼는 유산하는 경우도 있다. 늦은 가을에서 봄까지 1년생 이하에서 주로 발생하며, 1년 이상 및 2개월령 이하에서는 거의 발생하지 않는다.

(11) 전염성 간염(Infectious hepatitis)

바이러스가 간장과 혈관의 내피세포에 침입하여 감염되며, 쇠약, 식욕감소, 구토와 설사, 복통, 갑작스런 폐사, 고열, 부종, 출혈 등 증세를 나타내며 폐사율이 높다. 감염동물의 변이나 오줌을 통해 전염된다.

(12) 전염성 기관지염

파라인플루엔자 바이러스, 보데텔라균, 마이코플라즈마균 등 기관지염 바이러스에 의한 감염으로 감기 증세로 나타나며 전염력이 높다, '켄넬코프'라고도 부르는 파라인플루엔자는 바이러스성 호흡기질병으로 감염력이 특히 높다. 발열과 콧물분비, 편도선염, 거친 기침과 질식할 듯한 소리를 내는 등 개홍역(디스템퍼)과 유사한 증상을 나타내나 사망률은 낮다.

(13) 코로나 바이러스

매우 전염성이 높은 바이러스성 질병으로 위장관 소화기계통에 침입하여 구토, 설사로 인한 탈수와 고열을 일으킨다.

(14) 전염성 위장염(TGE)

코로나 바이러스속에 속하는 돼지전염성위장염 바이러스가 병원체이다. 심한 설사가 주요증상인 전염성 위장염은 최근 들어 양돈산업에 지대한 영향을 미치는 질병으로서 2~3년을 주기로 지속적으로 발생하고 있다. 임신된 개체에 철저한 예방 백신을 접종하고 철저한 위생관리가 선행되지 않고서는 질병 발생을 근본적으로 막기는 어렵다. 짧은 잠복기를 갖으며 전파속도가 빨라 2~3일이면 전개체로 퍼져 나간다. 심한 구토, 설사, 탈수와 수척에 이은 체중감소가 나타나고, 2주령 이내에 발병한 개체는 거의 폐사하며, 성수에서는 거의 회복된다.

(15) 유행성 설사병(PED)

코로나 바이러스족의 PED virus가 원인이다. 돼지의 유행성 설사병은 전염성 위장염과 함께 돼지에서 문제가 돼는 소화기 질병으로서 국내에서 다발하고 있으며 발생 주기는 2~3년 정도이다. 급성 설사, 탈수, 수척, 구토 증상이 나타난다.

(16) 피부병

기생충성, 세균성, 곰팡이성, 호르몬성, 면역성, 알레르기성 등 원인이 다양하다. 대표적인 증상은 탈모로서 피부 속살이 드러나고 가려워하며 피부색이 변하고, 붉은 반점이나 몸에서 악취 또는 비듬이 많아지고 굵거나 염증으로 인해 피부가 짓무르게 된다.

(17) 옴(Sarcoptic mange, Scabies)

*Sarcoptes scabiei*에 의해 전염되며 감염된 동물과 접촉할 경우 사람에게도 발병가능하다. 머리(귓바퀴), 복부, 다리에서 시작되며 가려움증, 표피박리, 만성피부염 등을 유발하고 체중감소도 일으킨다.

(18) 모낭충(Demodecosis)

Demodex는 숙주 특이성이 있어 *Demodex canis*는 개에게, *Demodex cati*는 고양이에게 발생되며 직접 접촉에 의해 전염되고 유전적 소인이 있다. 국소형은 약간의 인설과 홍반, 홍반양 발진이 있는 둥근 반점모양의 원형 탈모 및 만성 피부염으로 나타나고 머리와 사지에 주로 감염된다.

(19) 진드기(Tickbite infections)

*Rhipicepalus sanguineus, Ixodes ricinus, Dermacentor variabilis*으로 *Rhipicepalus sanguineus*와 *Ixodes ricinus*는 전 세계적으로 분포하지만 *Dermacentor variabilis*는 북미, 특히 대서양 연안에 한정 분포한다.

진드기 침입의 빈도는 온도, 습도, 숙주에 따라 다르게 나타나며, 생활순환의 여러 단계 진드기들은 보통 목, 귀, 머리, 발 등에서 관찰할 수 있지만 몸 어느 부위에서도 발견된다.

진드기 물린 부위에는 홍반성 반응이 있는데 이것은 신느기가 물은 것 때문에 생기며, 중심에 구멍이 있는 단단한 결절성 병변으로 발전할 수 있다. 진드기 대사산물에 대한 과민반응은 아주 드물다.

(20) 콕시디움증

아이메리아, 크립토스포리디움, 아이소스포라 등이 일으키는 기생충성 질병으로 설사가 주요 증상으로 폐사에 이르기도 한다.

(21) 효모균증(Cryptococcosis)

효모균에 의한 질병이며 전신성 진균증으로 주로 따뜻하고 습한 지역에서 발생한다. 일차적인 병변은 구진과 결절이 있는데 보통 머리에 생긴다. 그러나 몸의 모든 부위에도 생길 수 있다. 병변은 하나 혹은 여러 개로 생기며 궤양 혹은 농양이 될 수 있다. 부분적인 임파선종이나 호흡계와 상호 연관된 증세가 흔하다.

(22) 아스퍼질러스증(Aspergillosis)

대개 곰팡이인 *Aspergillus fumigatus*가 발병원이다. 조류가 곰팡이 포자를 호흡 또는 먹이 등을 통해 섭취하는 것에 의해 감염된다. 감염되면 폐와 기낭에 혹이 생기거나 경직화가 일어나며, 때로는 뇌를 비롯한 다른 조직에도 영향을 미친다. 조류의 많은 종에서 기록되었으며, 가끔 높은 사망율을 동반한 대발생을 하기도 한다. 수조류와 수렵조류가 감염되기 쉬우며, 때로는 salmonellosis, 스트레스, 영양결핍과 연관되어 감염되기도 한다.

(23) 칸디다증(Candiasis)

진균류에 속하는 알비칸스(*Candida albicans*)라고 하는 곰팡이의 증식으로 일어나는 병으로 모닐리아증이라고도 한다. 보통 면역복합체 상태와 관련이 있다. 칸디다 감염은 신생물 장해, 면역연관 질병, 지속적인 corticosteroid 항생제 혹은 세포 죽음과도 관련이 있을 수 있다. 칸디다증은 점막, 점막피부 연접부, 복부피부, 음낭, 회음, 발가락사이, 비공, 귀, 콧등과 같은 여러 부위의 피부에 침범할 수 있으며 모호한 상태에서 전신적으로 관련되어 발병한다.

(24) 납중독(lead poisoning)

수렵(납탄알)이나 낚시를 통해 자연환경에 버려진 납을 수조류가 먹이섭취과정에서 먹게 되고 이것이 흡수되어 납중독을 일으키게 된다. 납중독은 직접적인 사망원인이 되기도 하지만 납 축적에 따른 체력저하, 면역기능 약화, 마비 등에 의해 2차 감염 또는 천적에 의한 포식율 증가, 장거리 이동시 사망율 증가를 통해 개체군 감소에 영향을 미친다. 납중독이 일어난 수금류는 가슴근육이 약화되어 사람이 접근하더라도 잘 날지 않으려 하며, 날더라도 정상적인 개체보다 비행거리가 짧고 날개짓이 약하다. 또한 목을 구부리고 있거나 날개를 정상적으로 접지 못하고 늘어뜨린 상태로 활동한다. 납 축적이 진행된 오리나 기러기류를 사람이 먹을 경우 2차적인 납 축적이 진행된다.

(25) 알러지성 피부염

세균이나 바이러스 등 이물인 항원이 들어오면 이에 대응하여 싸우는 항체라는 방어기구를 형성하여 동물의 몸을 질병으로부터 자체적으로 보호하나, 이러한 방어기전이 동물 몸에 들어오거나 벼룩, 모기의 타액, 꽃가루, 먼지 또는 모직물과 같은 것 등의 접촉에 대해서 과잉으로 반응하여 어떤 화학 물질을 방출하거나 심한 염증 반응을 일으키는 것을 알러지라 하고 이러한 알러지 반응이 피부에 나타나는 것을 알러지성 피부염이라 한다. 원인을 찾아 제거하기가 곤란한 경우가 많다.

(26) 돼지콜레라

돼지 콜레라바이러스가 병원체로서 돼지에서 알려진 질병 중 가장 병원성이 높은 질병의 하나로 국내에서의 발생은 약 50년의 역사를 갖고 있으며 근절시키기 어려운 질병이다. 감염시 폐사율이 높으며 계절, 성별, 품종에 관계없이 발생하고 농장의 경영을 파괴할 수 있는 질병이다. 감염후의 잠복기는 4~7일 정도이며 식욕감소 및 고열, 설사, 변비, 눈의 충출혈 및 눈꼽이 끼는 증세가 나타나며 배와 등에 자색 반점이 생기고 후구 마비를 일으킨다.

(27) 오제스키병(가성광견병)

허피스 바이러스가 병원체이다. 오제스키병은 현재 국내에서 가장 언론에 많이 거론돼는 질병에 속하며 돼지 콜레라와 버금가는 무서운 전염병이다. 성수에서는 호흡기 증상을 나타내고 돼지콜레라가 감염된 만큼 피해는 크지 않지만 임신한 동물에서는 유사산을 일으키는 무서운 질병이다. 감염된 동물로부터 태어난 새끼는 신경증상을 보이고 위축되거나 폐사하는 등 다양한 병원성을 나타낸다. 무증상 감염에서 폐사에 까지 다양한 병원성을 나타낸다. 발열, 구토, 설사, 운동 및 신경장애, 호흡기 이상, 유·사산 및 허약한 새끼를 생산한다.

(28) 일본뇌염

토가바이러스족의 일본뇌염 바이러스가 병원체이다. 일본뇌염은 모기가 매개하는 곤충매개성 전염병으로 가을철에 다발한다. 감염된 개체에서는 사산, 조산, 허약한 새끼분만 및 신경증상을 나타내는 등 다양한 증세가 나타나고 성수에서의 증상은 거의 없다.

(29) 로타바이러스 감염증

레오 바이러스족의 로타바이러스가 원인으로 전염성 위장염이나 유행성 설사와 같은 심한 병원성을 나타내지는 않으나 지속적으로 2주령 정도의 새끼에서 구토 및 설사 증세를 보이고 폐사율은 5%내외이다. 어린 개체에서는 구토 및 설사가 나타나고 잠복기는 24시간 이내이며, 황갈색 또는 순두부 모양의 소화되지 않은 모유가 섞인 설사 증세를 보인다.

(30) 돈적리

그람음성균으로 운동성 및 용혈성이 있는 돈적리균이 일으키는 세균성 질병으로 하반기에 산발적으로 발생하는 설사병이다. 배설물에 점액 및 혈액이 섞여 나오며 대장점막의 괴사성 염증과 궤양을 일으키고 고열(40~40.5℃)을 나타낸다.

(31) 유행성 폐렴

마이코플라즈마균이 병원체로 건성기침과 재채기, 사료효율 저하, 증체량 감소를 나타내며 2차 감염시 심한 호흡기증상을 보인다.

4) 야생동물 질병관련 학문분야

(1) 기생충학(Parasitology)

동물에 병원성을 나타내며 피해를 주는 원충 및 기생충류를 선별해서 그 형태, 생활사, 병원성, 치료 및 예방에 관한 분야

(2) 수의공중보건학(Veterinary Public Health)

인류의 생명 및 건강을 위협하는 모든 위생학적 요인을 제거하여 인류의 생명을 연장케 하고 건강을 증진시키는 수단을 연구하는 수의학 분야

(3) 수의내과학(Veterinary Internal Medicine)

동물에 발생하는 내과질병의 원인과 발병기전을 밝히는 합리적인 진단 및 치료·예방법을 연구하는 분야

(4) 수의독물학(Veterinary Toxicology)

동물에 영향을 미치는 독성 물질에 관한 연구를 하는 학문

(5) 수의미생물학(Veterinary Microbiology)

동물의 병원성 관련 미생물의 형태, 생리, 생화학, 유전, 분류 및 혈청학적 연구를 목적으로 감염방어 및 전염병의 예방에 대한 분야

(6) 수의방사선학(Veterinary Radiology)

진단 X-선학, 치료 X-선학 및 초음파에 대한 안전도 및 생물학적 효과에 대한 연구 분야

(7) 수의법규(Veterinary Jurisprudence)

수의사가 그 업무를 수행하는데 필요한 수의사법, 가축전염병예방법, 약사법, 축산물 위생처리법, 식품위생법 등에 대한 분야

Chapter 06

(8) 수의병리학(Veterinary Pathology)

동물에 나타나는 다양한 병적변화를 계통적으로 분류해서 동일한 종류의 병변을 하나로 묶어 그 일반 통칙을 논하는 분야

(9) 수의산과학(Veterinary Obstetrics)

동물들의 번식생리, 생식기에 관련된 해부, 임신생리, 태아의 기관발생 및 기형발생, 임신진단을 위한 직장검사 및 생물학적 검사, 분만생리에 관한 분야

(10) 수의약리학(Veterinary Pharmacology)

동물에 의약품을 투여 하였을 때 그 동물이 나타내는 반응 즉, 약리 작용과 작용양식 및 작용기전, 약물의 체내흡수, 체내분포, 생체내 변화, 배설 등과 각개 약물의 치료적 응용 및 부작용 등에 관한 분야

(11) 수의외과학(Veterinary Surgery)

외과 질병에 대한 그 원인 증상 등의 기초와 일반적인 외과 처치에 필요한 기구의 사용과 소독, 무균수술 등에 대한 분야

(12) 수의임상병리학(Veterinary Clinical Pathology)

각종 동물의 각 장기별로 나타나는 다양한 병변을 계통적으로 다루며 각종 질병의 감별진단을 수의 병리학적 각론에 대해 논하는 분야

(13) 수의전염병학(Veterinary Epizootiology)

동물의 각종 감염병에 대한 정의, 병원체, 발생 및 역학, 진단, 예방 및 치료에 관한 지식에 관한 분야

(14) 야생동물질병학(Zoo and Wildlife Animal Medicine)

동물원에서 전시되거나 한방약용의 목적으로 사육되고 있는 각종 야생동물의 동물학적 특성과 사양·관리법의 개요 및 각 동물에 흔히 발생하는 질병의 원인, 발병기전, 증상, 진단법 및 치료·예방법에 대한 분야

(15) 어류질병학(Fish Diseases)

각종 물고기의 해부 및 생리학적 특성을 파악함과 아울러 어류질병을 진단하고 치료하는 방법과 방역을 위한 수족환경 및 사육관리, 영양 및 사료 등에 대한 분야

(16) 조류질병학(Poultry Diseases)

조류 중심으로 질병의 진단, 치료 및 예방법에 대하여 해부, 생리, 면역체계에 대한 기초 이론 및 감염병과 비감염성질병의 방제에 대한 전문적인 분야

동물의 질병은 야생동물의 보호와 관리를 위해 관심을 가져야 할 중요한 부분이며, 집단 번식하는 조류에 있어서는 대부분 작은 면적의 제한된 지역에 밀집되어 서식하고 있으며 질병이 발생할 경우 집단폐사의 가능성이 상존하고 있다. 그러나 아직까지 국내에서 야생동물 질병에 대해 보고된 바는 거의 없으며 앞으로 많은 관심과 연구가 필요한 분야이다. 따라서 순환수렵 시행 시 포획물에서 시료를 채취하고, 도로 등에서 사고로 죽은 동물사체 및 철새 도래지 등에서 발견되는 조류의 사체를 수거하여 원인을 구명하고 지속적인 모니터링을 하는 등 감시체계의 구축과 전문 인력의 확보가 필요하므로 야생동물 질병에 대한 인력과 시설을 확충하고 기술을 개발할 수 있는 제도적 보완이 필요하다.

2. 구조센터에서 보는 대표적 감염성 질환

야생동물에게서 발생하는 질병은 그 수를 헤아릴 수 없이 다양하며 인간이 사육하는 가축에서 발견되는 질병도 야외에서 유입되는 경우가 많다. 국내에서는 아직 야생동물의 질병현황이나 질병 원인체의 규명에 대한 연구가 거의 이루어져 있지 않고 북미나 유럽에서 이루어진 정보를 참고하고 있을 뿐이다. 몇 해 전부터 주로 물새류에게서 발생하는 심각한 전염병들이 관계당국에 의해 규명되고 있으나 아직도 수많은 질병에 대한 정보조사는 미지의 상태로 남아 있다. 아래 언급하는 몇 가지 질병-세균성, 진균성, 바이러스성 및 기생충성 질병-들은 그 모든 질병을 모두 망라하는 수준이 되지 못하지만 우리나라에서 비중 있게 발견되고 이슈화되는 질병을 개략적으로 설명하고자 한다. 구조센터나 치료소에 의뢰되는 대부분의 경우는 감염에 의한 원인보다는 부상의 원인이 훨씬 많은 비중을 차지하는데 부상을 입은 경우 거의 도로 주변이나 민가 주변에서 발견되고 움직임을 포착할 수 있지만 전염병에 의한 감염의 경우 집단발병이 아닌 이상 숲 한가운데서 죽어가는 것이 일반적이기 때문

에 의뢰수도 적고 때문에 질병연구나 통계에도 상당한 어려움이 있다. 모든 질병에 대한 정보를 얻기 위해서는 추가적으로 수의전염병학이나 세균학 또는 바이러스학, 기생충학 서적들을 참조하는 것이 보다 나을 것이고 야생동물의 특이 질병에 대해서는 국외에서 꾸준히 발간되는 야생동물질병학 관련서적을 참조하길 바란다.

1) 세균성 질병

(1) 가금 콜레라(Avian Cholera)

가금콜레라(Fowl Cholera)는 가창오리나 청둥오리, 고니 등 야생조류(특히 수금류)나 닭, 오리 등 가금에 감염되어 급성 패혈증을 일으킨다. 원인균은 *Pasteurella multocida*이며 캡슐(Capsule)이 균체를 싸고 있고 캡슐의 형태에 따라 혈청그룹은 A, B, C, D, E, F종으로 구분한다. 이중 특히 A와 D형이 야생오리류 및 가금류에 감염되어 높은 폐사율을 보이는 것으로 알려져 있다. 많은 야생조류 중에서 오리류(가창오리, 청둥오리, 고방오리 등)가 가금콜레라에 감수성이 가장 높아 아주 쉽게 감염된다. 닭의 경우 가금콜레라에 감염되면 급성 혹은 만성의 임상증상을 나타내고 평균 폐사율은 0~20% 정도이다. 주로 심장과 근위에서 출혈소견을 보이며 간에 다발성 괴사반점 등의 육안적인 병변을 나타내는 제1종법정전염병이다. 전파방법은 콜레라균으로 오염된 물을 마시거나 감염된 개체와의 직접적인 접촉, 분비물과의 접촉 등에 의해 이루어진다.

증상은 급성과 만성으로 나뉘어 설명되지만 야생조류의 경우 일반적으로 급성증상을 보이게 된다. 이 질병의 발생양태는 급작스런 폐사가 일어니고 심각하게 진행되다가 갑자기 폐사율이 줄어들면서 진정된다는 것이 특징 중의 하나이다. 침울과 쇠약, 구강이나 비강 내에 끈적이는 점액성 분비물을 보이며 호흡곤란이 있다. 일반적으로 폐사체는 구강 내에 많은 분비물을 머금고 있는데 이 분비물이 유출되면 물이나 토양을 오염시키게 되고 질병이 확산될 수 있다. *Pasteurella multocida* 균은 일반 소독제인 알데하이드, 포르말린, 페놀계 소독제 등에 의해 곧바로 감염력을 상실하며 태양광선에 의해서도 사멸하지만 물에서 약 3주간 생존 가능하며 토양에서는 4개월까지 감염력을 갖고 있다. 그러므로 가급적이면 빨리 수거된 폐사체들은 비닐봉투나 큰 플라스틱통 등 액체가 흐르지 않는 봉투나 기구에 담아 운반하여 모두 소각 처리해야 한다. 또한 이 질병의 특징은 한번 발병한 곳에서 다시 발생하는 경향이 있기 때문에 원인균 유포에 각별히 주의하여야 한다. 임상증상 및 병리해부소견에 의한 진단은 쉽지 않으므로 반드시 실험실 검사가 이루어져야 한다. 가금콜레라로 의심되는 조난야생조류를 발견하였을 경우 지체 없이 관계기관에 신고하여야 하고 철저한 소독이 필요하다.

(2) 가금 결핵(Avian Tuberculosis)

원인균은 *Mycobacterium avium*으로서 만성감염을 야기한다. 조류형 결핵균이라 불리며 사람을 비롯한 포유류(소, 양, 돼지 등)에도 전파가능한 인수공통전염병이다. 전형적인 만성 소모성 질병양태를 보이며 진균성 질병과 유사한 증상을 나타낸다. 흉근이 심하게 위축되고 지속적으로 체중이 감소한다. 녹색 혹은 황색의 설사가 나타나지만 식욕은 정상인 경우가 많다. 부검소견으로는 간장, 비장, 장관에 황백색의 다양한 결핵결절이 나타나는 것이 특징이다. 다른 결핵균과는 다르게 석회화되는 결절은 극히 드물다. 우리나라에서는 드물게 가금에서 발생되지만 중요한 인수공통전염병으로 알려져 있으며 주의하여야 한다.

(3) 살모넬라증(Salmonellosis)

살모넬라속의 세균에서 조류질병을 일으키는 3가지 종은 *S. pullorum*(추백리), *Sal. gallinarum*(가금티푸스), *Sal. typhimurium* 등의 여러 세균(가금파라티푸스)이 있으며 여기서는 *Sal. pullorum*과 *Sal. gallinarum*, *Sal. typhimurium*에 대해 주로 설명하고자 한다.

① 1997년 거제도에서 발생한 백로 집단폐사체 대부분은 *Sal. typhimurium*에 감염되었다. 가금파라티푸스는 주로 *Sal. typhimurium*과 *Sal. enteritidis*에 의해서 발병하며 주로 소화기증상을 나타내게 된다. 어린 개체가 감수성이 훨씬 더 높다. 주로 조류가 집단을 이루는 지역에서 집단발생을 하며, 세균은 배설물을 통해 체외로 배출되어 새로운 감염원이 된다. 추백리나 가금티푸스의 증상이 비슷하여 질병 특이적 증상은 뚜렷하지 않으나 식중독 증상과 함께 수양성 설사 및 무기력증, 전반적인 침울 증상이 있고 배설물이 노란색을 띤다. 부검소견에서는 일반적으로 충혈 종대된 간과 비장, 신장을 볼 수 있다. 사람에게는 식중독을 일으키는 균으로 알려져 있어 주의가 필요하다.

② 추백리는 *Sal. pullorum*에 의해서 발병되며 주로 어린 조류에서 높은 폐사율과 백색의 설사를 특징으로 하는 소화기계 전염병으로 성조일수록 증상은 나타나지 않으나 만성형의 보균자가 되는 것으로 알려져 있다. 주요증상은 어린 새의 백색 설사와 높은 폐사가 특징이며 난계대에 의한 감염의 경우 부화율이 크게 떨어지고 부화된 새끼는 허약하여 부화 직후 폐사되는 수가 많다. 부검소견은 심급성으로 폐사했을 경우 육안소견이 없을 수 있다. 급성의 경우 다른 살모넬라 감염증과 마찬가지로 간장과 비장, 신장에 출혈 및 종대 소견이 관찰되고 간에는 흰색 괴사반점이 있기도 한다.

③ 가금티푸스는 *Sal. gallinarum*이 병원체이며 1968년 가축위생연구소 보고에 따르

면 1965년도에 이미 야외농장에서 가금티푸스균이 분리되었다고 명시하고 있으므로 이미 그 이전에 이미 가금티푸스균이 야외에 존재하고 있었을 것으로 판단하고 있다. 일반적인 외부증상으로는 벼슬이 창백하고 웅크리고 눈을 감은 채 앉아 있으며 황색 또는 푸른 설사 증상을 주로 보인다. 주요증상이 추백리와 비슷한 점이 많으나 추백리가 어린 조류의 백색설사와 높은 폐사율이 특징이라면 가금티푸스는 모든 연령에서도 심한 장염과 황색 또는 푸른색 설사를 보이고 폐사율이 높은 것이 특징이다. 부검소견에서는 간장과 비장이 종대되고 간은 녹갈색 또는 청록색를 띄기도 한다. 역시 추백리와 비슷한 소견을 보임으로 실험실 진단이 가장 확실한 방법이다.

이러한 살모넬라 감염증들은 대량으로 집단 내 번질 가능성이 있고 독소의 형성을 통해 2차 포식자들의 감염을 유발하게 되므로 빠른 시일 내에 모든 폐사체의 수거, 정확한 질병 진단 및 대책을 수립해야 한다.

2) 원충성 질병

조류에서 자주 보이는 세포내 기생충성 Protozoa는 비둘기종과 맹금류에 주로 발생하는 Trichomoniasis(*Trichomonas gallinae*) 외에도 Coccidiosis(intestinal, renal) 등이 있다. Trichomoniasis는 비둘기류, 참새류나 맹금류 등에서 발견된 바 있으며 어린 개체의 경우 치사율이 높다. 식욕부진과 설사, 호흡곤란 등의 증세를 보이며 구강, 인후두 부위에 궤양과 황백색의 치즈양 결절부가 나타난다. 외부증상은 기생충성 질병인 Capillariosis와 비슷하므로 면봉으로 결절의 일부를 채취하여 현미경 하에서 원충의 출현을 확인하여야 한다. 치료는 Metronidazole로 가능하다. 이밖에 혈액기생충으로 Hemosporidiosis(Plasmodium, Haemoproteus와 Leucocytozoon)가 일반적으로 많이 발견된다. Avian Malaria라고 부르는 질병들이며 Chloroquine(10~20mg/kg), Primaquine(0.75~1mg/kg)을 치료제로 사용한다. 그밖에 국내에서 Giardiasis가 참새류나 백로류, 맹금류에서도 관찰된 바 있으며 Metronidazole에 의해 쉽게 치료된 바 있다.

3) 진균성 질병

(1) 아스퍼질로시스(Aspergillosis)

Aspergillosis는 곰팡이 핀 먹이를 먹어 흔히 발생하며 감염될 소인을 제공하는 인자들인 깔짚, 사료, 곡물, 먼지 등을 방치하는 잘못된 사양관리 때문에 계류장에서도 발생한다. 야생조류들의 경우 스트레스로 인한 체내 면역력의 감소도 영향을 미치며 말똥가리, 매 과의 감수성이 높다. 진균성 폐렴이 발생한 개체의 대부분에서 *Aspergillus fumigatus*가 분리되며 *A. flavus* 및 *A. glaucus*도 간혹 분리되기도 한다. 완벽한 진단은 어렵지만 호흡곤란이나 습한 기침, 운동내성 저하, 체중감소 등의 증상이나 방사선 검사로 추정할 수 있고 내시경 검사를 통해 확진할 수 있다. 부검에서 가장 일반적인 병변은 아주 작은 것에서부터 직경 4mm 정도의 다양한 결절이 폐에서 발견되는 것이다. 각 결절은 연노란색에서 누런색을 띠며 밀도가 균일하다. 이러한 결절들은 흉기낭 및 복기낭에서도 발견되며 때로 내장기관에서도 발견된다. 치명적이며 Amphotericin B와 Rifampicin을 병합하여 사용하기도 하고 Itraconazole을 5~10mg/kg의 용량으로 1일 1회 경구 투여한다.

(2) 캔디다증(Candidiasis)

캔디다증은 *Candida albicans*에 의해 위장관에서 문제를 일으키는 질병이다. 거의 대부분의 경우에 부상이나 기타 질병, 항생제의 장기사용 등의 합병증에 의해 발생한다. 상부 소화관이 침범당하고 소낭의 병변이 심하다. 일반적인 증상은 구강 내에 작고 흰색 결절이 나타나고 식욕이 저하되고 연하가 어려우며 구토를 하게된다. 진단에서는 주로 구강내 문제를 일으킬 경우 면봉으로 구강을 닦아내어 배양을 시도하는 것이다. 확인된다면 경구투여용 Nystatin 1,000 units/kg을 1일 2회로 1주일간 투여한다. 이외에 Ketoconazole(15mg/kg bid 7~14일간)이나 Itraconazole(5~10mg/kg mid 7일간)을 투여할 수 있다.

4) 바이러스성 질병

(1) 광견병(Rabies)

국내에서는 1907년 최초로 보고된 것으로 알려졌고 기록에 의하면 고려시대에도 발생한 것으로 미루어 한반도에서는 상재질병으로 있었던 질병이다. 1970년대까지는 매년 3~91개체가 발생된 것으로 보고되었고 그후 점차 감소하여 85년도부터 1992년까지 발생되지 않았다고 알려졌다. 1993년 강원도 철원군 동송읍에서 개 1개체가 광견병으로 확인된 후 1994년 31개체(개 13, 소 16, 너구리 2), 1995년 7개체(소 6, 너구리 1), 1996년 5개체(개 2, 소 3), 1997년 19개체(개 10, 소 8, 너구리 1), 1998년 58개체, 1999년 34건(인신사고 포함)이 발생되었다. 2002년과 2003년에도 사람에게 발생하여 각각 1명씩 사망한 바 있다. 일반적으로 광견병에 걸린 가축의 경우 도살 혹은 폐사되었기 때문에 전파를 일으키는 주요 과정에서 야생동물인 너구리가 중요한 역할을 하고 있는 것으로 추측된다. 현재 주요 발생지역은 연천, 포천, 동두천, 파주, 철원, 화천, 인제, 양구 등 한강 이북 전방지역이다. 현재 휴전선 인근 지역을 중심으로 광견병 발생이 많이 증가하는 추세이며 2003년 농림부에 의해 발표

된 2002년 가축질병발생정보에 따르면 2001년 30건에서 2002년 78건으로 2.6배 이상 증가한 것으로 보고되었다. 이 때문에 한강 이북지역, 특히 휴전선 부근에서 발생하는 너구리나 오소리의 구조는 대단히 주의해야 하며 때로 감염개체로 추정되는 경우 안락사 후 국립수의과학검역원을 통하여 진단하여야 한다. 원인체는 Rhabdoviridae Lissavirus 속이다. 전파는 거의 반드시 교상이나 타액의 침입에 의해 일어나게 되며 각 동물의 감수성은 차이가 있어 여우, 너구리, 늑대 및 고양이과 동물 등이 가장 높고 족제비과에 속하는 족제비, 담비, 오소리 및 수달 등도 감수성이 높은 것으로 알려졌다. 증상은 물린 부위나 바이러스의 양, 바이러스 타입에 의해 다양하게 나타나는데 초반에는 식욕부진, 정서불안과 어두운 곳으로 숨으려는 증상이 일반적으로 보인다. 그 후 광조형(狂躁形)에서는 이물질을 먹거나 반사반응의 과도항진, 근육경련과 진전, 과도한 침흘림이 관찰된다. 이 시기에 가장 공격적이고 바이러스 전파가 극심하다. 이 시기가 지나게 되면 마비기가 찾아오고 자연폐사하게 된다. 사람은 동물에게 물린 후 한 달에서 두 달 정도가 지난 후에 증상을 보이게 되므로 물린 즉시 병원을 찾아가야 하고 문 동물을 포획하여 10일이상 지속적으로 관찰 평가하여야 한다. 감염동물은 반드시 살처분을 해야 하는데 바이러스 동정을 위해 뇌를 파괴해서는 안 된다. 현재 우리나라에서는 수의사나 일선 야생동물구조전문가에 대한 광견병 예방접종을 실시하고 있지 않으므로 정책적인 결정이 시급한 사안이다.

(2) 개홍역(Canine Distemper)

Canine distemper 바이러스에 의해 식육목의 개과, 고양이과 및 족제비과 곰과에서 유행하는 질병이다. 매우 감염력이 높으며 호흡기계, 위장관계와 신경계를 침입하여 폐사시킬 수 있다. 1993년 아프리카 세렝게티에서 원주민의 개를 통하여 유입된 이 바이러스는 사자 개체군의 1/4을 감염시킨 바 있고 미국의 검은발족제비의 복원 프로젝트과정에서도 감염되어 심각한 폐사율을 보였다. 주로 직접접촉에 의해 감염되며 오염물이나 비말, 비즙 또는 흡입에 의해서도 감염된다. 전염성과 치사율이 높아 식육목 야생동물에게는 치명적인 질병이다. 우리나라에서는 겨울철에 너구리에서 많이 유행되고 있고 주로 신경형 감염이 많이 발견된다. 개의 바이러스와는 약간의 차이가 있어 연구가 필요한 것으로 보인다. 멸종위기에 처한 기타 야생동물로의 감염이 우려되는 질병이다. 증상은 수양성 콧물과 재채기 등으로 시작하여 체온이 상승하고 식욕이 떨어지며 눈물과 눈꼽이 끼며 매우 침울해 진다. 점차 비경과 안검 건조증이 발생하며 누런 콧물과 눈꼽, 마른 기침 등의 호흡기증상이 심해지고 말기에는 신경형인 경직과 마비가 나타난다. 신경형까지 이환된 개체는 90%가 넘는 폐사율을 보인다. 이 질병으로 의심되는 야생동물은 철저히 격리, 소독하고 안락사 등을 고려한다. 가급적이면 관계당국에 의뢰하여 부검과 질병진단을 실시하여야 한다.

(3) 파보바이러스 장염(Parvoviral Enteritis)

파보바이러스(Parvo virus)에 의한 감염으로 치사율 및 감염율이 높다. 우리나라에서는 1981년 처음 보고된 질병으로 전국적으로 유행하고 있다. 야생동물의 경우 보고된 바가 아직 없다. 심한 구토와 탈수, 특이한 악취가 있는 혈변, 쇠약, 식욕부진을 거쳐 혼수에 이르는 등의 증상을 나타낸다. 이 병은 돌연 발병하기도 하여 어린 동물의 경우 심근염형일 경우에는 24시간 이내에 폐사되는 경우도 있다. 족제비과 동물의 경우 이 바이러스에 감염되면 Aleutian Disease라고 하여 사구체신염에 의한 요독증이 발생하게 된다. 물론 숙주특이성이 있어 고양이과나 개과 동물에서는 문제를 심각하게 일으키지 않는다. 밍크사육장에서 발생하는 경향이 있고 식욕부진, 설사 및 구강내 궤양의 증상을 나타낸다.

(4) 바이러스성 오리장염(Duck Plague, Duck Virus Enteritis: DVE)

주로 오리, 기러기 및 고니류에서 발생하는 급성치사적 질병이다. 병원체는 Herpesviridae의 Alphaherpesvirinae아과에 속한다. 전파는 감염개체나 구강분비물이나 감염된 분변이 섞인 곳에서의 먹이활동, 바이러스 분자의 흡입 등 직접접촉에 의해 일어난다. 주요증상은 식욕부진, 비즙유출, 운동실조, 수양성 설사가 나타나게 된다. 깃털을 부풀리고 극심한 갈증이 나타나며 지각증상의 소실, 두부와 날개를 늘어뜨리며 날지 못한다. 부검에서는 체강내의 혈액저류식도와 장벽, 총배설강 등에서 출혈성 원형 띠를 볼 수 있다. 작은 백색반점이 간에 나타나고 심장에 출혈을 볼 수 있다. 아직 우리나라의 야생에서는 대규모 발생 보고가 없다. 한번 감염되어 살아나면 건강한 보균자로 남게되고 체액이나 분비물을 통해 바이러스를 배출하고 바이러스는 야외환경에서 수주간 생존할 수 있다. 발견 즉시 각 지방 가축위생연구소나 수의과학검역원 조류질병과로 연락하여야 한다.

(5) 계두(Avian Pox)

이 병은 명조류, 비둘기류와 앵무류에서 나타나고 맹금류에서도 일어난다. 전파는 감염된 개체나 감염된 개체에 의해 오염된 물, 먹이나 깃털, 횃대 등에 의해 일어난다. 피부에 찰과상이 있거나 발바닥에 Bumble foot 등의 증상이 있을 때 전염가능성이 높아진다. 일반적으로 피부형과 점막형이 있는데 피부형의 경우 가장 흔하면 폐사율도 낮다. 눈가나 부리주위, 벼슬과 같이 털 없는 피부에 사마귀모양의 가피가 형성되며 시각이나 호흡장애를 초래할 수 있다. 점막형은 구강이나 인후두 및 기관점막에 결절이 형성되어 호흡과 연하를 방해하고 때로는 질식을 일으키기도 하는 질병이다. 전염성이 높으므로 감염개체를 격리하거나 안락사도 고려한다. 특별한 치료법은 없다.

Chapter 06

(6) 뉴캐슬병(Newcastle Disease)

근래 들어 60만두에서 200만두를 상회하는 가금 감염수치를 보이는 제1종법정전염병이다. 가금에서는 닭이 가장 감수성이 높은 종이며 많은 기타 조류들도 감염이 되지만 흔히 불현성 감염이 되고 발병하여도 특징적인 병증이 없는 경우도 많다. 병원체는 Paramyxoviridae의 Paramyxovirus속에 속한다. 주된 전파양식은 접촉전파이고 감염원은 감염개체의 호흡이나 소화기 배설물이다. 이 감염원은 먹이나 서식지 오염을 통하여 전반적으로 번지게 된다. 야생조류에서는 앵무목이 가장 감수성이 높고 비둘기류에서 현성감염이 일어난 바 있다. 증상은 각 혈청형과 병원성이나 감염개체의 나이, 건강상태 등에 따라 매우 다양하게 나타난다. 신경형에서는 운동실조나 사경, 목의 뒤틀림 증세가 보이고 호흡기 증상과 돌연폐사증도 나타난다. 인수공통전염병으로 사람에게는 드물게 일과성 결막염과 발열, 인두염을 일으키는 것으로 알려졌다. 법정전염병으로 질병이 의심되는 경우 신속하게 행정당국에 보고하여야 한다.

(7) 조류 인플루엔자(Avian Influenza)

조류 인플루엔자(Fowl plague, Avian influenza; AI)는 가금과 야생조류 등에서 피해가 심한 바이러스 전염병으로서 병원성이 강한 AI는 국제수역사무국(OIE) List A에 등록된 질병이며, 국내에서는 제1종법정전염병으로 분류된다.

원인체는 RNA 바이러스로 Orthomyxoviridae의 Influenza virus type A형이 강독주에 속한다. 특히 이 바이러스는 혈청형이 다양한 것이 특징인 것으로 알려졌다. 타 질병에 비해 전파가 빠르고 병원성도 매우 다양하여 임상증상이 전혀 나타나지 않는 경우에서 100% 폐사에 이르기도 한다. 감염된 조류의 종, 나이, 바이러스의 병원성, 타원인체와의 동시감염 여부, 외부 스트레스의 존재여부 등에 따라 다양한 임상증상을 나타내는 것이 특징이다. 두부 나출피부의 청색증과 부종, 전위내의 출혈소견이 특징적 병변이다. 심급성으로 폐사하는 경우 병변이 나타나지 않을 수도 있다. 경증의 인플루엔자 감염에서는 식욕저하, 부비강 종창, 유루, 기침 등의 증상을 볼 수 있으며 설사를 동반하기도 한다. 뉴캐슬병과 장염, 콕시듐과의 감별이 어렵다. 부검에서도 가금인플루엔자의 특이적 병변을 찾기는 어려우나 췌장의 경우 1~5㎜의 백색반점의 괴사소가 나타나기도 한다. 경증의 인플루엔자 감염(호흡기형)에서는 점도가 높은 삼출물이 호흡기계에서 나타난다. 확정 진단을 위해 바이러스 분리 및 동정이 필요하며 실험실 검사를 위해서는 생체와 최근에 폐사된 조류를 의뢰해야 한다. 우리나라에서는 아직도 발생감염이 높고 야생조류의 보균에 대한 정밀한 혈청학적 검사가 필요하다. 발견 시에는 지체없이 관할행정당국에 신고하여야 한다.

5) 기생충성 질병

내부기생충은 주로 현미경 하에서 기생충의 알을 직접 관찰하여 진단할 수 있다. 주로 많이 발견되는 기생충은 회충 Roundworm(Ascarids. Capillaria와 Serratospiculum 등), 촌충 Tapeworm, 흡충류(Trematode, Fluck)가 있다. Sarcocystis, Tracheal worms(Syngamus trachea, Cyathostoma bronchialis)와 Gizzard worms(Amudostomum sp., Epomidiostomum sp.), Acanthocephaliasis 등이 Field manual of Wildlife Disease에서 중요하게 보고되었다. 거의 대부분은 분변 내의 기생충알을 찾아 진단하고 혈액기생충은 혈액도말에서 기생충을 찾아야 한다. 다만 Capillariosis의 경우 구강내 노란색 결절을 만드는 것이 일반적이므로 결절의 일부를 면봉으로 채취하여 기생충 알을 찾아내기도 한다.

외부기생충은 Feather lice, Mite, Ticks 등이 깃털이나 피부에서 문제를 일으키고 있으며 우리나라에서도 역시 발견되는 Hippoboscid fly(Finch louse fly)는 조류 피부에서 직접 흡혈을 하는 파리 종류이다. 특히 이 파리는 굉장히 납작하며 깃털 아래로 파고들어 생활을 한다. 흡혈을 하고 다른 숙주를 찾아 움직이면서 혈액기생충이나 기타 전염병을 전파하기도 한다. 이 파리는 보통 파리와는 달라 사람을 물기도 하며 눌러도 잘 죽지 않는다. 보통의 파리처럼은 잘 날지 못하며 사람에게 붙을 경우 머릿속으로 파고 들어가 신경을 쓰이게 한다. 이러한 외부기생충이 있을 경우 새들은 깃털 손질을 더욱 빈번하게 하고 갉아진 깃털이 보이며 발톱 등으로 깃이나 피부를 긁는 것을 많이 볼 수 있다. 0.2mg/kg의 Ivermectin을 피하주사하거나 스프레이로 만들어 피부와 깃털에 뿌려줄 수 있다. 그 외에도 동물병원에 외부기생충과 내부기생충을 동시에 조절할 수 있는 약품들이 나오고 있다. 포유류의 외부기생충으로는 개선충증(Scabies, *Sarcoptic mange*)이 있는데 *Sarcoptes scabiei*가 원인체이고 감염된 동물과 접촉할 경우 사람에게도 발병 가능하다. 귀와 겨드랑이, 복부, 다리에서 시작되며 심한 가려움증, 표피박리, 만성피부염 등을 유발하고 체중감소도 일으킨다. 2차적 세균이나 진균감염을 일으키면 농포를 형성하는 등 난치성으로 전환되는 경향이 있다. 사람에게도 감염되지만 생활사를 이어갈 수 없어서 증식하지 못하고 자연적으로 없어진다. 모낭충증(Demodecosis)의 원인체는 털이 자라는 모낭 내에 기생하는 기생충으로 치료가 까다로운 질병이다. 숙주특이성을 가지고 있어서 *Demodex canis*는 개과 동물에게, *Demodex cati*는 고양이과 동물에게 발생된다. 주로 직접 접촉에 의해 전파되며 머리와 사지말단에 주로 감염된다. 역시 발적, 비듬형성, 농포증그림 . 외부기생충(Manual of Ornithology에서 재인용) 등이 나타난다. 피부소파검사법으로 쉽게 진단할 수 있다. 우리나라의 야생동물에서는 너구리에서 많이 보이며 특히 겨울철에 그 발생이 두드러진다. 치료는 일반 애완동물에 준해서 치료하되 감염동물이 발견될 때에는 이미 전신감염으로 진행되고 면역억압상태가 일어난 상태라서 안락사도 고려할 수 있다. 이 밖에 진드기(Tick infestation)가 감염되는 경우가 많으며 대부분의 경우 정상 야생동물도 보유하고 있는 경우가 많다. 다만 몸 상태가 나빠질 경우 대거 증식하는 경향이 있으므로 먼저 눈에 띄는 대로 제거한 후에 주사 약물로 제거해주는 것이 좋다. Heart worm 으로 알려진 *Dirofiliaria immitis*가 국내 너구리에서 항체가 검사로 진단된 경우들도 비공식적으로 보고되고 있어 질병 역학적 차원에서도 조사 연구가 필요할 것으로 생각된다.

6) 환경적 질병

환경 전체의 오염이나 파괴 등에 의해 발생하는 조난은 엄청난 수의 야생동물을 한꺼번에 몰살시키며 전체적인 파괴를 가져오고 이를 치유하는 데 필요한 재정적, 시간적 비용은 상상을 초월할 정도로 거대하다. 1989년 알래스카 연안에서 일어난 엑손 발데즈호의 기름 유출사건에 이어 2002년 11월 스페인 북서부 대서양 연안에서 발생한 유조선 프레스티지호의 해양기름유출사건이나 2000년 씨프린스호 유출사건, 서산 천수만 가창오리 집단폐사사건, 2001년 대만 저어새 집단 폐사 사건은 인간의 경제활동이나 서식지의 파괴 등에서 유래된 대표적인 환경 질병의 증거들이다.

7) 세균 독소

독성질병에서는 생물학적 독소인 Algal toxins(조류藻類독소), Mycotoxins와 Avian Botulism이 대표적이다. 보툴리즘은 1990년대에 거제도에서 유행한 것으로 추정된 바 있으며 많은 쇠백로가 희생되었고 2001년 대만 타이난현 치쿠습지에서 발생하여 전 세계 저어새 생존집단 중 8%에 해당하는 71마리 이상을 희생시켰다. Clostridium botulinum이 발병원이며 치명적인 균체외독소의 섭취에 의한 중독으로 운동신경이 마비되고 폐사율이 높은 급성 중독증이다. 주로 Type C가 오리류에서 잦은 문제를 야기하는 것으로 알려져 있다. 야생동물이 독소를 직접 섭취할 수도 있지만 독소를 축적한 곤충, 구더기, 지렁이를 잡아먹는 것에 의해서도 영향을 받는다. 독성물질은 무척추동물에게 영향을 미치지 않으며 체내에 축적된다. Botulism은 1910년 미국에서 대량 폐사가 일어난 이후 크게 주목을 받았다. 이러한 대량발생은 일반적으로 수온 20℃이상의 고인 물, 따뜻한 날씨, 폐사체 또는 부패한 유기물 등이 있을 때 시작되며 독소를 전파하는 구더기나 지렁이 등 무척추동물의 활동이 가능한 더운 계절에 다발한다. 독소에 중독되면 몸과 다리, 날개가 마비되고 목을 가누지 못하는 증세가 나타난다. 또한 이 독소는 사람에게도 매우 치명적이므로 폐사체는 즉시 수거하여 소각해야 하며, 습지에 있는 모든 부패한 유기물질은 제거해야 하고 고인 물은 흐르게 하여 수온을 낮추어야 한다.

8) 기름 오염

여기에서는 조난야생동물 구조의 한 원인으로 문제되어 왔던 기름에 오염되어 구조되는 동물을 치료 관리하는 방법에 대해 알아보기로 한다. 근래에 들어 기름에 오염된 조류들이 빈번하게 발견되고 있다. 단순하게 외부의 오염으로 보이는 기름오염문제는 사실 신체적 접촉 이외에도 흡입하고 삼키며 피부를 통한 흡수까지 다양한 방법으로 문제를 일으키며 영향을 받는 장기들 또한 깃털의 손상을 넘어서 중요장기인 폐와 기낭, 신장, 심장과 간에 이르기까지 다양하다. 선박에서 사용되는 연료용 기름 외에도 대형으로 발생하는 유조선 좌초, 유전개발 문제로 인해 심각한 해양오염이 지금도 세계 곳곳에서 벌어지고 있고 우리나라의 경우에도 예외는 아닐 것이다. 기름에 오염된 동물을 구조하는 것은 인간과 관련된 활동에 의해 피해 입은 야생동물을 구하려는 인도적인 발상 외에도 멸종위기에 처해진 동물의 번식개체군과 서식지를 복구하고 유지하기 위한 활동과 연관된다.

(1) 기름오염의 영향

가. 환경적인 영향

동 식물 먹이 자원과 번식지를 오염시키고, 전체적인 악영향으로 산란율의 저하, 부화율 감소가 초래되어 멸종위기에 처한 여러 수생성 조류를 집단적으로 위태롭게 한다. 기름에는 PAHs와 같은 각종 발암물질과 환경호르몬이 포함되어 있어 오염 이후 오랜 기간 동안 해당 지역의 생태계를 교란시킨다는 점 또한 매우 심각하게 고려해야 하는 점이다.

나. 외부에 미치는 영향

물새류 중 오리 기러기류, 아비류, 논병아리류, 갈매기류, 제비갈매기류와 물수리 등 물과의 접촉이 심한 종에게 주로 영향을 미치게 된다. 깃털의 손상은 방수력을 떨어뜨려 피부가 직접 찬물에 노출되고 체온조절기능을 저하시키며, 날개깃 등이 뭉쳐서 비상능력을 떨어뜨리고 물 위에 떠 있지 못하여 먹이를 구하지 못하고 천적의 공격에서 도피하지 못하게 된다. 먹이를 먹지 못하며 보온력의 저하에 따른 체온유지에너지의 증가 때문에 더욱 빨리 지치고 죽게 된다. 이외에도 화학적 피부손상과 자극, 염증 및 궤양 등이 나타난다.

다. 내부에 미치는 영향

독성영향은 스트레스를 주고 탈수, 저체온증을 야기한다. 동시에 깃털을 다듬는 과정에서 기름을 먹게 되어 위장관 내의 출혈과 미란, 궤양을 일으키게 된다. 이러한 흡수는 염분 분비선의 삼투조절기능의 변화와 각종 호르몬 분비의 변화를 일으켜 산란율과 수정율을 저하

Chapter 06

시키고 내분비 장애를 유발한다. 폐렴과 호흡기 부종 및 출혈을 일으킬 수 있다. 신장을 포함한 비뇨기계에는 기름에 포함된 독성 물질이 직접 작용하고 제한된 음수 섭취에 의해 탈수와 산증이 유발되어 쇼크나 죽음으로 이어진다. 원유를 먹게 되는 경우 조혈장기에 영향을 미쳐 재생불량성 빈혈을 일으킨다. 기름에 의한 2차적 스트레스에 의해 면역기능의 저하가 일어나고 이는 2차적 세균 곰팡이 감염이 쉽게 일어나도록 하여 역시 죽음으로 이어지게 된다.

(2) 오염된 동물의 관리와 치료

가. 안정

가장 먼저 따뜻하고 조용하며 환기가 잘 되는 곳에서 안정시킨다. 체중과 체온, PCV, TP, 혈당 및 WBC 등이 포함된 기본적 혈액학적 수치를 검사하는 것이 기본이다. 일반적으로 39℃~41℃, 35%~50%의 PCV, 3.5~5.5g/dℓ의 TP이 정상의 범주로 알려져 있다.

나. 치료

구강과 비강의 점막면은 면봉 등으로 세척하고 안구부위는 따뜻한 멸균증류수나 식염수 혹은 기타 안구세척액으로 씻어낸다. 흡착제인 Bismuth subsalicylate는 2~5mg/kg의 용량으로 1회 투여한다. 활성탄(Activated charcoal)은 52mg/kg의 용량으로 경구투여한다. PCV 치가 25% 미만인 경우 Iron dextran을 10mg/kg의 용량으로 근육주사한다. Patagium에 있는 피부는 기름에 의한 자극을 평가하는 기준을 삼을 수 있으므로 잘 관찰한다. 항문에 기름이 묻었는지, 깃털이 얽혀 배설이 어려운지를 확인한다. 독성물질 흡수 위험을 줄이기 위해 포획 후 8~24시간 내 세척하여야 한다. Aspergillosis의 감염을 우려할 때는 즉시 예방약인 항진균제(Itraconazole, Amphotericin B)를 먹인다. 일반적으로 원양성 조류나 맹금들의 경우 진균성 감염에 취약하기 때문에 처음부터 예방차원의 투약이 필요하다. Itraconazole의 경우 5~10mg/kg/day의 용량으로 투여한다.

- **탈수** : 머리를 가눌 수 있을 정도의 체력을 가지고 있다면 경구용 전해질 용액을 투여하여 이미 삼킨 기름을 제거한다. 너무 체력이 저하된 개체에는 경구투여를 해서는 안 된다. 일반적으로 전해질 용액의 투여량은 소화 흡수를 위한 체중의 10%와 세척을 위한 5% 정도를 투여한다. Pepto-Bismol과 같은 위장관 점착보호제의 단독 투여가 필요하며 저하된 위장관 흡수능력 때문에 비경구적 수액의 공급이 필요하다. 수액 공급시에는 피하주사와 정맥주사를 사용하는데 체온저하가 일어날 수 있으므로 사전에 가온한 후 투여하도록 한다.

- **저체온증 :** 정상체온은 39~41℃ 정도를 유지하여야 하나 방수능력의 저하 등으로 인한 수온과의 직접접촉 때문에 저체온증이 발생하기 쉽다. 보온등, 보온유리병이나 보온패드 등 서서히 체온을 올릴 수 있는 방식을 사용한다. 보온팩 등을 사용하는 경우 날개 아래에 넣어 중심온도를 올리는 것도 의미가 있다. 심한 저체온증의 경우에는 따뜻한 정맥주사용 수액을 이용한다.
- **부상 :** 포획 또는 수송 중 발생하는 견관절 탈구나 날개 골절 같은 부상이 일어난다. 날개를 늘어뜨리거나 다리를 사용하지 못하면 방사선 검사 등을 동원하여야 한다. 기름오염이 동반되는 경우 심각한 2차 감염이 우려되므로 잘 판단하여야 하며 안락사도 고려한다.
- **질병 :** 전염병 혹은 인수공통질병의 발생 시에는 군집차원의 건강성을 고려하여 안락사 시킬 수 있다. 실험실적 검사가 이루어지고 양성으로 진단되면 개체군 전체에 대한 조치를 취하도록 한다. 일반적으로 행정당국에 지체 없이 보고하고 지시받는다.

다. 오염된 깃털에서 기름을 제거

일반적으로 기름에 오염이 되면 깃의 미세구조에 기름이 엉기게 되어 깃털복구가 원천적으로 불가능하게 된다. 세척 시에는 수온은 40~45℃ 정도를 유지하고 세척제는 제거하는 술자와 동물 모두에게 비자극성이어야 한다. 먼저 비눗물을 먹는 것을 막기 위해 머리와 목 부분을 제외하고 몸 전체를 물에 잠기게 한다. 부리를 살짝 잡아주는 것도 좋으나 주의해야 한다. 부리에 테이프를 붙이는 것은 바다새의 경우 외부 콧구멍이 없어 질식할 수도 있기 때문에 위험하다. 바닥에 지탱할 물체가 없는 경우 새가 당황할 수 있으므로 발로 잡을 수 있게 무거운 나무토막을 바닥에 놓아준다. 손으로 또는 타월을 이용해 깃털 전체에 비눗물을 묻혀준다. 머리는 부드러운 칫솔 등으로 닦아주고 눈은 무균 생리식염수로 세척해 준다. 머리와 목 부분을 완전히 깨끗이 해주어야하는 이유는 새들이 몸을 다듬으면서 다른 깃털들을 재오염시킬 수 있기 때문이다. 재오염 방지를 위해 수조를 옮겨가며 씻어준다.

라. 세척제의 제거

머리와 목부터 몸 전체로 40~45℃의 깨끗한 물을 뿌려준다. 헹구는 작업은 물방울이 깃털에서 굴러 떨어질 때까지 계속해준다. 헹구기가 끝나면 마른 수건으로 물을 제거해주고 깨끗한 계류장에 넣어준다. 보온등이나 기타 보온기구를 가까이 두어 세척작업에서 발생했을지 모를 저체온을 예방하고 정상체온을 유지시켜준다.

Chapter 06

마. 방수기능의 재생

일반적으로 세척된 후 24시간 이내에 담수연못으로 이동시키는 것이 좋다. 연못 등지에는 새들이 수영 후에 올라서서 깃털을 손질할 수 있는 공간이 마련되어야 한다. 깃털을 손질하는 것은 깃의 미세구조를 복원시켜 방수능력을 상승시키는 것이다. 어떤 새들에게서는 Uropygial 선에서 분비되는 기름을 깃에 발라 방수력을 높이고 깃의 형태를 유지하고 강하게 만들기도 한다. 과도한 깃털 손질을 하는 개체에게는 방수력이 현저하게 떨어지는 다른 원인이 잠재하는 것을 의미하므로 다시 검사하여야 한다.

(3) 기름에 오염된 동물의 재활관리에 참조할 점들

대규모 기름유출사고가 일어나는 경우 많은 종류의 동물이 영향을 받게 되므로 사육장 등은 여러 종에 맞게 다양하게 지어져야 한다. 여기에서는 그중 가장 기본적으로 지켜져야 하는 것만을 다루기로 한다.

① **스트레스의 감소 :** 재활 과정에 있어 가장 중요한 요소 중의 하나가 바로 최대한 스트레스를 감소시키는 것이다. 가장 기본적으로는 동물의 감각(시각, 청각 및 후각)의 자극을 최소화하는 것이며, 두 번째로 적절한 먹이나 무리를 지을 수 있게 해 주는 등 자연서식환경을 최대한 제공하려고 노력하여야 한다.

② **영양 :** 스트레스와 탈수, 위장관 장애 및 손상이나 부상으로부터 기인되는 영양결핍은 각 종과 상태에 맞게 특별한 고려를 필요로 한다. 기본적으로 지방, 단백질 및 탄수화물과 비타민, 무기질을 공급하되 여러 약물의 복합 투여와 위장관의 손상은 영양분의 장내 흡수를 억제한다는 것을 고려한다. 부상동물이 스스로 먹을 때까지는 고칼로리의 균형 잡힌 등장성 영양수용액을 공급한다. 이때 Gavage tube 등을 사용하고 기름을 삼켰을 경우 비타민 A와 K의 요구량이 증가하기 때문에 고농도의 비타민을 첨가하는 것도 좋다. 장내 세균총의 증식과 영양분 흡수를 돕기 위해 유산균제제를 첨가할 수 있다. 많은 물고기들은 생체 내에 Thiaminase를 함유하고 있어 25~30㎎/kg의 Vit B1의 추가 공급이 필요하다. 점차 적응하여 물고기를 급여할 때는 유성 배설물을 통한 재오염을 막기 위해 참치나 고등어 같이 기름을 많이 포함한 물고기는 피해야 한다.

③ **수액 :** 거의 모든 기름에 오염된 동물은 다양한 원인에 의해 일정정도의 탈수 상태에 빠져들게 된다. 혈압 유지와 소화, 주요 기관 세척을 위한 수분 공급이 필요하며 정맥주사나 피하주사 등을 이용한다.

④ **계류시설 :** 계류시설에 대한 기본적인 자료는 관리방법 및 기초시설 편에서 자세히 다루고 있다. 원양성 어류에 속하는 아비류, 슴새류, 바다제비류 등의 계류장에

는 바닥이 망으로 된 시설이 적합하다. 이들의 다리는 상대적으로 몸 뒷부분에 위치하고 있어 일반 조류같이 일어서지 못하므로 가슴손상을 예방하여야 하며 바닥에 떨어지는 분변으로부터 깃털이 오염되는 것을 막을 수 있어야 한다.

⑤ **수영장** : 기름에 오염된 동물은 기름이 제거된 후 가급적이면 빨리 물로 돌아가 습성을 되찾도록 도와주어야 한다. 가장 좋은 것은 모든 종의 습성에 맞는 다양한 깊이의 풀(Pool)이 제공되어야 한다. 상황이 여의치 않을 경우 적어도 하루에 3회 이상 물을 분무하여 깃털의 손질과 방수력을 시험하도록 해 주어야 한다.

⑥ **염수** : 바다나 해안에 사는 새들은 염수를 소비하기 위해 잘 발달된 Supraorbital 혹은 Nasal salt gland를 갖고 있다. 치료를 위해 포획된 후 담수에 적응된 해양조류는 방사 후를 고려하여 미리 염수 적응이 필요하며 먹이도 염분을 포함하는 해양성 물고기로 대체한다.

⑦ **무리 짓기** : 오리류나 기러기, 고니 등 무리를 지어 서식하는 동물은 서로 접촉할 수 있거나 마주 볼 수 있는 환경을 만들어 주어야 하지만 과도한 군집은 피한다. 단독 생활하는 동물이나 포식관계에 있는 동물의 계류는 달리한다.

⑧ **온도** : 대부분의 기름 오염된 동물은 체온조절 기능이 심하게 저하되기 때문에 다른 조난동물들 보다 더욱 외부온도 조절에 신경을 써야 한다.

⑨ **환기** : 냄새와 휘발성 독성물질, 호흡기성 질병의 전파를 예방하기 위해 시간당 15회 이상 환기가 이상적이며 맹금류나 원양성 조류와 같이 호흡기 질병, 특히 Aspergillosis에 취약한 동물에게는 더욱 강력하게 요구된다.

⑩ **방사 전 검사** : 방사 전의 모든 의학적 검진은 경험 있는 야생동물 수의사를 통해 수행되어져야 한다. 기본적으로 체중, 전체적 신체상태, 혈액화학치와 방수력 등이 평가되며 부상을 입었거나 질병에 이환되었던 동물의 경우 질병 유무, 생존 가능한 운동기능의 복구여부가 검진의 목적이다.

9) 납중독(Lead poisoning, Plumbism)

고니나 오리, 기러기류 및 참새류 등은 이빨이 없어 근위 내에 작은 돌을 모아 먹이를 갈아서 소화시켜야 하고 이로 인해 빈번하게 돌을 섭취하여야 한다. 주로 진흙을 부리에 머금어 돌을 골라 삼키는데 이때 납추나 납탄 등을 삼키게 되고 이 납덩어리가 갈리고 부식되면서 체내로의 흡수가 시작된다. 더군다나 고니류는 기러기류와 달리 목이 길어 납추 등을 더욱 잘 찾아 삼키게 된다. 일반적으로 기러기나 오리류는 밭 등지에서 풀을 먹는 경우가 많아 납추보다는 납탄에 의한 중독이 더 빈번하게 발생한다.

미국과 영국, 일본 등지에서는 납탄과 납추의 사용을 점점 금지해 나가고 있으나 이미 살포되고 소실된 납덩어리들이 그대로 남아있어 지속적으로 문제가 되고 있는 형편이다. 우리나라의 경우 납추나 납탄에 대한 규제 자체가 없어 이에 대한 대책이 시급한 형편이다.

납중독의 진단과 치료는 거의 임상증상과 치료에 반응하는 임상증상들의 개선에 의해 결정된다. 혈중 납농도의 정상치는 0.5~2.0 ppm이지만 일부 조류에서는 훨씬 높은 혈중농도를 보이면서도 정상적으로 생활하는 경우가 많다. 치료에 대한 임상증상들의 반응은 실험실 결과보다 빠른 결과를 알려준다. 물론 근래에는 혈액을 이용한 납중독 검사 Kit이 개발되어 나왔으나 집단적 실험을 하는 경우에만 합리적일 정도로 고가라는 것이 흠이다.

납중독이 의심될 경우 복부방사선 검사를 통하여 근위 내의 방사선 불투과성 물질의 존재 여부와 위장관 경색정도, 근위의 확장여부를 검사한다.

주된 납중독 증상은 마비되어 축 늘어진 다리와 보양실조, 기립불능에 빠지기도 하며 종종 목을 꼬고 있는 것을 볼 수 있다. 헐떡거림과 빈혈, 연녹색의 설사와 위장관 경색이 나타난다. 근육으로 이루어진 근위의 기능이 마비되어 삼킨 음식물은 소화장기로 지나가지 못하고 식도와 선위에 가득 차게 된다. 심한 경우에는 혼수나 경련이 나타나기도 하며 만성의 경우 식욕절폐와 극심한 체중저하가 특징이다.

Botulism은 주로 더운 계절에 발생하는 경우가 많으며 집단적으로 여러 물새종에서 한꺼번에 발생하게 되는 경향을 가진다. Botulism에 중독된 새들의 경우 훨씬 심각하고 비참하게 보이는 경우가 많고 목이 마비되어 앞으로 빼고 있는데 반하여 납중독 시에는 목을 뒤로 돌려 날개 사이에 부리를 파묻고 있으나 상태는 더 나아 보인다. Botulism 중독 시에는 점조도가 높은 타액을 분비한다. 납중독의 경우 동물이 기립할 수 있지만 Botulism 중독의 경우 두 다리 모두 마비되고 날개도 마비되어 그냥 퍼덕거리기만 하게 된다. 납중독에서 보이는 연녹색 설사 등을 고려하면 쉽게 분간할 수 있다.

납중독 치료

정말로 필요한 상황이 아니라면 납중독에 의한 체력저하, 체중감소 및 탈진 상태에 있는 조류에게 마취는 불필요하다. 사실 이러한 상태의 조류는 거의 마취각성지연현상이 나타나기 때문에 마취 시에도 가급적 흡입마취가 적당하다. 위관세척을 하기 위해 카테터를 사용하는 경우가 있으나 이에 대한 효과나 스트레스 유발, 식도괄약근의 손상이라는 시각에서 아직까지 논란이 많다. 이미 쇠약해진 동물에서의 납 제거 수술도 최근에는 실시하지 않는 것을 권장하고 다만 대형의 낚시바늘이나 루어(가짜미끼) 등이 포함된 경우에만 고려한다. 일반적으로 10kg의 성조에 대해 1ℓ의 LRS에 6mℓ의 EDTA(250mg/kg)을 24시간 동안 정맥주사하여 킬레이션을 유도한다. 상황에 따라 2일째에도 이 정도의 수액을 유지하거나 근육주사로 대체하기도 한다. 3일째까지 EDTA요법을 유지한 후 보조요법으로 바꾸는 것이 일반적이지만 EDTA요법의 빈도와 기간 등은 임상증상의 개선과 반응에 달려 있다. 납으로 코팅된 총탄의 경우에는 중독 증상이 더 가볍게 나타난다. 중독에서 어느 정도 회복된 후에는 보조치료법과 스트레스가 없는 환경에서의 보호가 가장 중요하다.

10) 농약 중독

농약 중 살충제로 주로 사용되는 유기인제 약물은 농업용 및 산림용으로 해충에 대한 살충제로 널리 사용되고 있다. 특히 최근에 농약의 오 남용, 밀렵을 위한 무차별적 살포로 인하여 오리나 기러기, 심지어 맹금류 등 야생조수가 희생되는 사례가 잦아 이의 예방을 위한 대책이 시급히 요구되고 있다(Fletcher와 Hunter, 1994; MAFF, 1995). 포스파미돈(Phosphamidon)이나 모노크로토포스(Monocrotophos) 및 파라치온(Parathion), 말라치온(Malathion)은 대표적인 유기인제 살충제(Organophosphorus pesticide)로서 우리나라에서 주로 밀렵에 사용되는 대표적인 독극물이다. 유기인제 약물은 동물의 위장관이나 피부 등 신체 전 부위를 통해 흡수되며 체내 모든 장기로 30분 이내에 신속하게 퍼지므로서 급성 독성을 유발한다(Humphreys, 1988). 주된 중독과정은 이 약물들이 체내의 Cholinesterase(ChE)와 결합하여 이 효소의 작용을 비가역적으로 억제시킴으로써 신경전달 물질인 Acetylcholine(Ach)을 지속적으로 축적시켜 신경장애를 일으킨다(Hofstad, 1978). 쉽게 말하면 신경절 내에 지속적인 Ach의 잔류가 일어나게 되는 것이다. 유기인제 농약에 일단 중독되면 부교감신경의 절후섬유, 골격근의 운동신경, 부교감신경, 교감신경의 절전섬유, 중추신경계 연접부 말단에 Ach이 과도하게 축적됨으로써 Muscarine성 부교감신경 증상, Nicotine성 근육 증상, 일부 교감신경 증상, 중추신경 증상 등을 나타낸다(Hayer와 Laws, 1991; 조, 1995). 주요증상은 발작, 경련, 무기력 혹은 마비 등 비특이적 신경증상이 나타나게 된다. 대개의 경우 호흡부전으로 인한 질식사를 당하게 되고 죽기 전 후로 발작을 보여서 주변의 초지에 그 흔적이 남는 경우가 많다. 부검에서는 상부 위장관계에 약물로 인한 염색의 흔적이나 곡류 등이 좋은 증거가 되며 포식자들의 경우 먹이동물의 내장기관이 존재하는 경우가 많다. 이 계열의 약물은 또 다른 독극물인 카바메이트제제(Carbamate)의 중독증상과 흡사하여 초기 대응에 어려움이 있다. 진단은 실험실적 조건에서 뇌내 ChE의 활성도와 혈중 ChE의 활성도를 비교하여야 한다. Atropine과 2-PAM(Pralidoxime)이 대표적이 치료제로 사용이 된다. Atropine은 0.1~0.2mg/kg으로 2-PAM은 24시간 이내에 10~100mg/kg으로 근육주사하되 되도록 Atropine과 함께 적은 용량에서 투여를 시작하도록 한다. 물새들의 경우 100mg/kg을 근육주사한다. 위장관에 미치는 영향 때문에 지속적인 설사가 발생하므로 전해질과 수분 공급이 필수적이다.

Chapter 06

발견된 야생동물이 농약중독으로 의심이 가는 경우에는 지체없이 관계당국에 신고하여야 하고 야외에 남아 있는 폐사체를 수거하고 아중독(亞中毒) 상태로 남아 있는 개체를 찾아내 치료해야 한다. 특히 이러한 독극물 중독은 야외에 폐사된 동물이 남거나 독극물의 영향으로 포식자로부터 쉽게 도주하지 못해 2차 중독으로 빈번하게 이어져 포식자인 맹금류나 기타 포유류의 희생이 쉽게 일어나게 된다.

이외에도 DDT로 유명한 유기염소제 화학물질이나 PCBs 등에 의한 중독도 보고되고 있다.

Chapter

07

인수공통감염병

1. 인수공통감염병의 정의

공중보건 분야 중에 가장 중요한 부분으로 인수공통감염병(인수공통전염병)을 꼽을 수 있는데 이는 동물과 인간에 공통으로 감염되는 질병으로 정의된다. 인수공통감염병은 원래 Greece어로 Anthropozoonosis, Anthropos=인류, Zoo=동물, nosis=질병을 의미하며, 문자대로라면 "사람과 동물이 같이 감염되는 전염병"인데, 실제로는 사람을 중심으로 생각하여 "동물로 부터 사람으로"의 방향으로 쓰이는 게 일반적이다.

최근 조류독감과 같은 인수공통감염병의 확산은 인간과 동물의 밀접한 관계를 고려할 때 SARS와 같은 새로이 유행되는 신종전염병의 출현과 함께 사회적 파장이 매우 큰 사안으로

표 7-1. 세계동물보건기구(국제수역사무국, OIE) 지정 List A 전염병 : 15종

질 병 명	감수성동물	국내발생 여 부	질 병 명	감수성동물	국내발생 여 부
구 제 역	우제류 (소, 돼지, 사슴 등)	'00,'02년 발생 (OIE는 '02.11. 29 청정화 공식 인증)	돼지수포병	돼지	비발생
우 역	소, 돼지, 면양, 산양	비발생	아프리카 돼지콜레라	돼지	"
가성우역	산양, 면양, 사슴	"	수포성구내염	말, 소, 돼지	"
럼프스킨병	소	"	아프리카마역	말	"
우 폐 역	소	"	조류 인플루엔자 (고병원성가금 인플루엔자)	조류	발생
리프트계곡열	면양, 산양, 소	"	돼지콜레라	돼지	발생
블 루 텅	면양, 산양, 소, 사슴	"	뉴캣슬병	조류	발생
양두 및 산양두	면양, 산양 등	"			

받아들여지고 있다. 축산에 중요한 영향을 미치는 인수공통감염병은 만성소모성질병인 소의 결핵이 대표적이다. 인간과 동물 양쪽에 중대한 영향을 미치는 인수공통감염병으로는 brucella, salmonella 및 박쥐매개 광견병 등이 있다. 인간에게는 중요하나 동물에게는 별로 영향을 미치지 않는 인수공통전염병은 Q fever, 리슈마니아 및 선모충증 등이 있다.

2. 인수공통감염병의 분류

1) 감염병원체의 life cycle(epidemiological pattern)의 형에 의한 분류

(1) Direct Zoonosis

병원체의 life cycle 완성에 단 1종의 척추동물을 필요, 그 과정에서 사람 및 타종 척추동물에 이행되는 질병으로 직접접촉 혹은 오염된 물질을 통하여 전파되며, 전파과정 중 이렇다 할 만한 증식은 없고, 주로 동종 척추 동물간의 전파된다. 동물에서 사람에게 1종의 척추동물로부터 직접 전파가 가능하다.

예) 광견병, 디프테리아, 연쇄구균증, brucellosis 등.

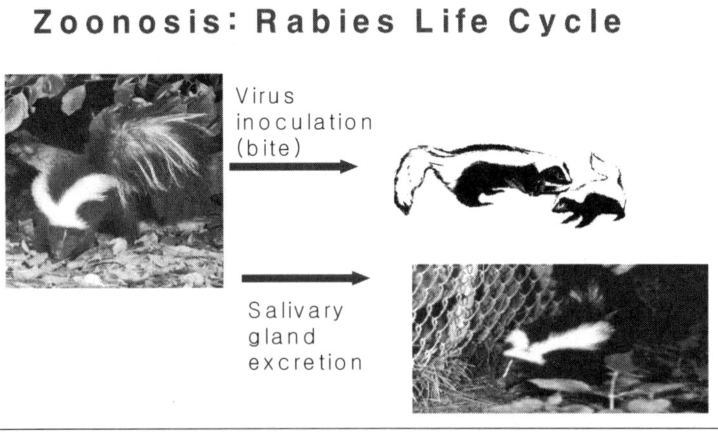

●● 그림 7-1. Direct zoonosis로서 광견병의 life cycle

(2) Metazoonosis

Life cycle의 완성에 척추동물과 무척추동물을 필요, 무척추동물의 매개에 의해서 생물학적 전파가 일어나며 무척추 동물에서 병원체가 증식 발달, 다른 척추동물에 감염이 가능할 때까지 외부에서의 잠복기(extrinsic incubation period)가 존재한다.

예) 폐흡충증, arbovirus infection, pest, trypanosomiasis 등.

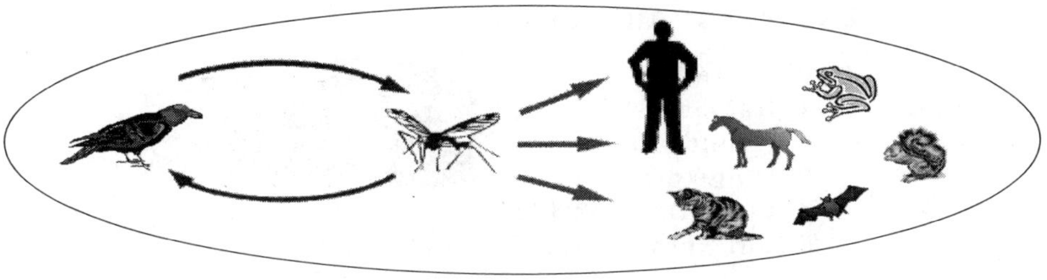

●● 그림 7-2. Metazoonosis의 모식도

(3) Cyclozoonosis

life cycle의 완성에 2종 이상의 척추동물을 필요, 그 과정에서 사람 및 타종 척추동물에 이행되며 무척추동물의 매개 없이 2종 혹은 그 이상의 척추동물을 거쳐서 전파한다.

예) 무구, 유구조충증, 포충증 등.

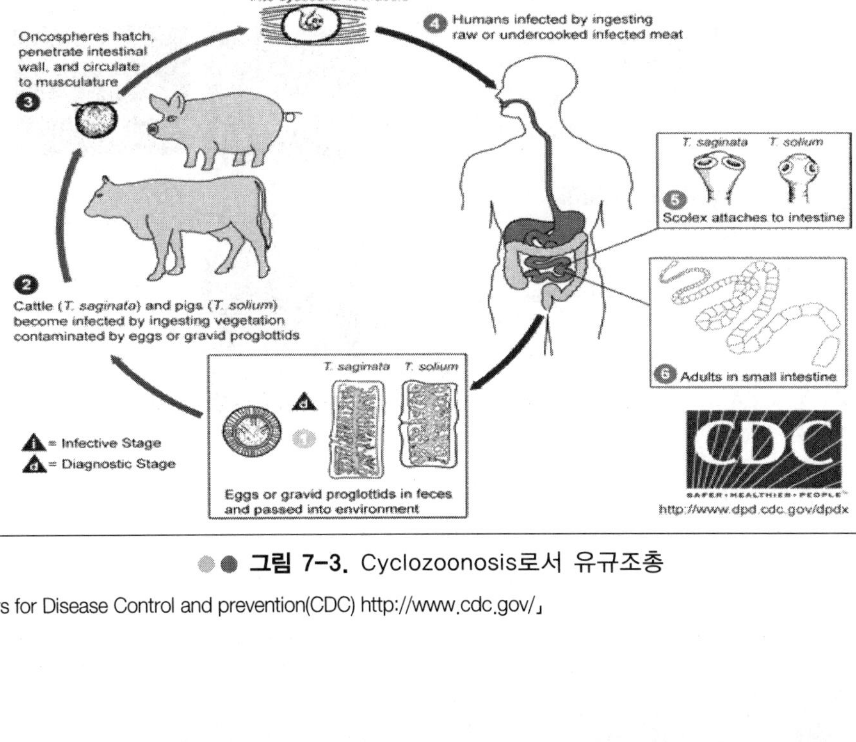

●● 그림 7-3. Cyclozoonosis로서 유규조충

「Centers for Disease Control and prevention(CDC) http://www.cdc.gov/」

(4) Saprozoonosis(토양식물 → 개 → 토양식물 →개)

척추동물과 비 동물성의 reservoir나, 발육 위치(유기분 토양 식물) 등을 필요로 하는 경우로서 개의 선충류들이 토양에 있다가 사람에 감염되어 Visceral larva migrans를 일으키는 것과 간질증, 파상풍, botulism 등이 있다.

그림 7-4. 동물종류에 따른 인수공통감염병의 예

2) 병원체 종류에 의한 분류

(1) 세균성질환

① 결핵병(tuberculosis)

주요 전염원은 소, 감염 후 소의 담, 분변, 우유를 통하여 배출된다. 호흡기도, 장관, 자궁(태반감염 의미)으로도 감염되며, 모든 사람과 동물이 감수성이 있다.

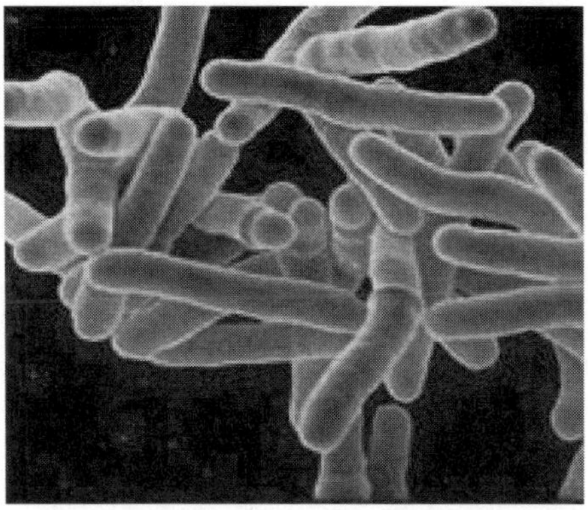

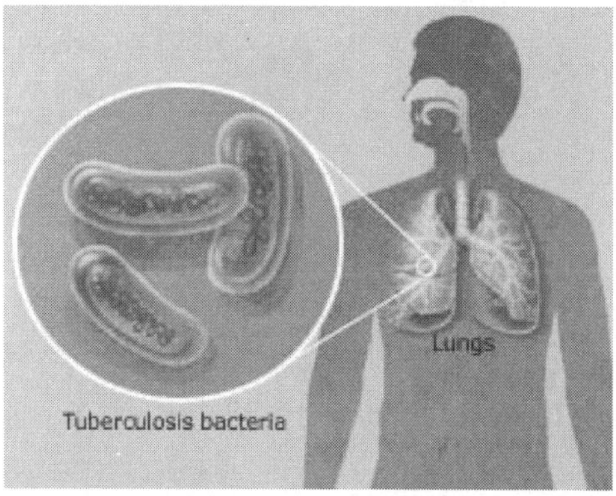

●● **그림 7-5.** 결핵균과 폐결핵

㉮ **병원체**

항산성 세균(Gram positive) 즉, 항산염색 특성을 갖는 가늘고 긴 간균.

- *Mycobacterium tuberculosis* : 인 결핵균
- *Mycobacterium bovis* : 우 결핵균
- *Mycobacterium avium* : 조 결핵균

㉯ **저항성**

- 아포를 형성하지 않으며 일광에 강하다.
- 건조된 객담속의 결핵균은 일광에 126일, 부패된 폐 점액 속에 6주간, 장 내용물에 오염된 비료 속에 178일, 산패된 우유 속에 15일간 생존한다.
- 열에 가장 약하여 저온살균 시 사멸된다.

㉰ **동물감염**

㉠ 감염동물

- 우 결핵균 : 소. 돼지. 개. 산양. 고양이. 말. 카나리아. 앵무새. 원숭이

- 인 결핵균 : 원숭이. 돼지. 개. 소. 앵무새
- 조 결핵균 : 가금. 돼지. 밍크. 동물원의 야조. 소. 양. 사슴

소는 주로 inhalation(비말 핵 감염) : 사료, 물을 통하여 감염, 밀집 사육 시, 감염 우와 접촉, 감염우의 우유를 통하여 감염된다.
돼지는 주로 세 가지 유형이 모두감염 : 사람의 신발에 의한 감염

㉱ **감염 양식**

소는 호흡기, 송아지는 경구 감염되며, 돼지는 오염된 밥 찌기에 의한 경구 감염이 된다.

㉲ **증상**

폐결핵, 장기결핵, 장결핵
장기별 병소의 이병율: 폐(75%), 폐늑막(55%), 복막(48%), 간(28%), 척추(19%), 흉늑막(7%), 기관지(3%), 장(1%)의 순이다.

㉳ **예방**

- 우형균 감염에 대한 예방은 OT(Old tuberculin). PPD(Purified protein derivate)(투베르클린 반응) 검사로서 감염우의 검색 및 살처분을 실시
- 도축검사 시 결핵병이 있는 소는 폐기
- 생우유의 음용을 피하고, 우유의 살균소독 철저
- 개, 고양이, 원숭이 등 반려동물의 정기적인 검색.
- 인형균 감염에 대한 예방을 위하여 BCG(Bacillus Calmetta & Guerin)로 예방접종과 생활환경을 개선시킨다.

객담이나 배설물은 5% phenol, 20% cresol에 12시간 이상 혼합하여 소독하여야 한다.
BCG는 결핵에 대한 항체를 형성하며, 우 결핵균을 230회 계대배양 시 병원성이 약화되고 항원성이 증가된다.

② **탄저**(Anthrax)

주로 초식동물의 급성열성전염병이다.

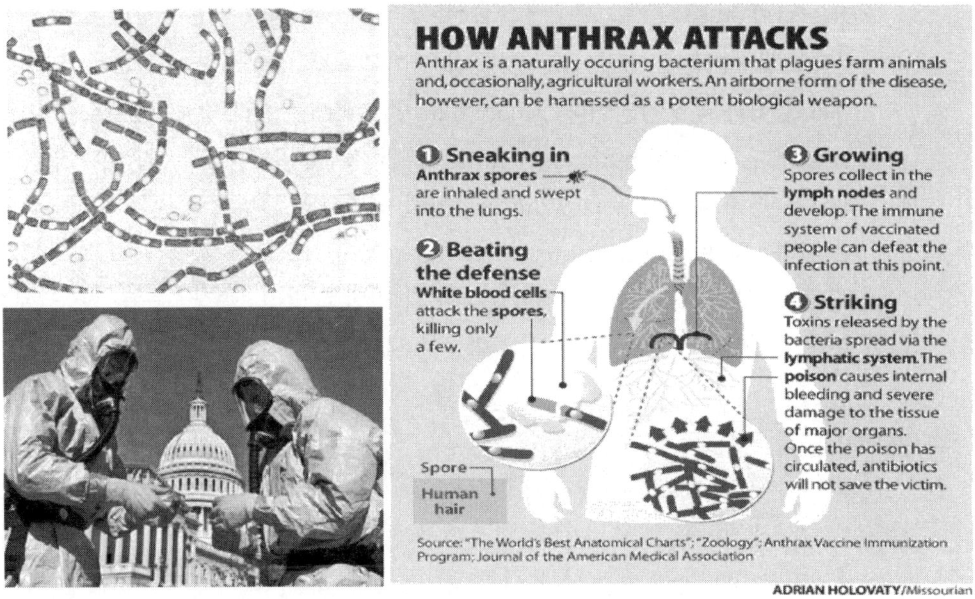

그림 7-6. 탄저균과 병원성

㉮ **병원체**

탄저균(*Bacillus anthracis*)으로 그람양성간균, 운동성 없음, 동물체내에서 협막(capsule)을 형성, 산소의 존재 하에서 아포를 형성한다. 아포 형은 사체 중에 12년간, 토양 중에 30년 생존 아포 형은 121도에 15분에 사멸하고, 소독제로 10% 포름알데히드가 좋다.

주로 피부와 점막의 창상감염. 경구감염. 흡혈곤충에 의한 경피 감염 된다.

㉯ **감염 양식**

- **동물** : *Bacillus anthracis*에 오염된 사료나 토양 등 자연환경으로부터의 경구적 감염이 있으며, 피부 또는 점막의 창상으로부터의 감염과 흡혈곤충에 의해 감염 된다.
- **사람** : 감염동물과의 접촉, 경구 섭취, 아포 흡입

㉰ **증상**

- **동물** : 초식동물은 패혈증을 일으키고 급성 경과로 폐사한다. 고열(41~42℃)로 시작하여 호흡 곤란으로서 폐사한다. 사후 강직이 불완전하며, 천연공(비강, 항문 등)으로부터 타르양 혈액을 배설한다. 돼지는 초식동물에 비하여 저항성이 있다. 그러나 인후두부에 교양침윤이 나타나며, 장관에 감염될 경우 급성 패혈

증을 나타낸다.

- **사람 :** 잠복기는 2~5일이고, 주 증상은 피부탄저(cutaneous anthrax)의 경우 경피 감염과 창상감염이다. wool, hair 접촉(60%), 피부접촉(20%), 감염동물(16%)이다. 폐 탄저(pulmonary anthrax)의 경우는 균, 아포 흡입 시 흡입 탄저라고하며, 또는 woolsorter disease(양털 선별사의 질병으로 일종의 직업병)라고 한다. 장 탄저(alimentary anthrax)는 경구적으로 아포섭취 시 경피 감염 및 흡입감염은 잠복기가 2~3일로 피부의 병변은 발적, 종창, 동통, 화농, 분화구상 등이며, 고양이 발병 시 패혈증이 나타난다.

㉣ 예 방

- 가축에 대한 vaccine, 폐기 처리 시 주의
- 사체는 해체하지 않고 소각하거나 매각
- 오염지역 오염물의 소독실시 철저
- 모피 검역 및 소독실시(모피공장의 진애 발생 방지)
- 절박도살시의 세균검사
- 탄저 생백신 접종 후 6주 이내의 식용도살 금지. 밀도살 금지
- 사체의 혈액이나 비장을 도말하여 검증. 혈청반응: Ascoli test

③ 브루셀라병(brucellosis)

처음에는 지중해의 연안에서 열성질병으로 막연히 인식되었다. 동물에서 유산을 특징(enzootic, epizootic, infectious abortion)으로 하며, Bang's disease. ram epididymitis 등으로 알려져 있다. 사람의 경우는 지중해열, Malta fever(몰타열), intermittent gastric fever로서 알려져 있다. 국내 브루셀라는 축산 농가에 큰 피해를 입히는 질병으로 현재에도 계속 발병하고 있어 보균 소에 대한 검출 및 살처분으로 전파를 막으려고 노력하고 있으나 해결이 쉽지 않은 상황이다.

㉮ 병인체

- *Brucella melitensis*(Bruce, 1887): 산양
- *B. abortus*(Bang,1896): 소
- *B. suis*(Traum, 1914): 돼지
- *B. canis*: 개
- *B. ovis*: 양

그람음성으로 미약한 항산성의 소 간균으로서 "S"및 "M"집락은 협막을 가지나, 운동성이 없고 아포를 형성하지 않는다.

㉯ **감염증상**

*B. melitensis*와 *B suis*의 biotype은 좀 더 심한 증세를 보인다. 잠복기는 5~21일 정도이나 몇 달 이상의 긴 경우도 있다. 발열, 발한, 권태감, 허약, 수막염, 근육통, 식용상실, 체중 감소를 특징으로 한다. Tetracycline, rifampin 등을 이용한 적절한 치료를 하지 않을 경우 재발율이 높다. 만성경과시의 증상은 척수염(spondylitis), 골수염(osteomyelitis) 및 간장, 비장, 신장, 심장, 복대동맥 등에 육아종이 보인다. 국내에서는 감염 확인되는 경우 보상 후 살처분을 원칙으로 하고 있다.

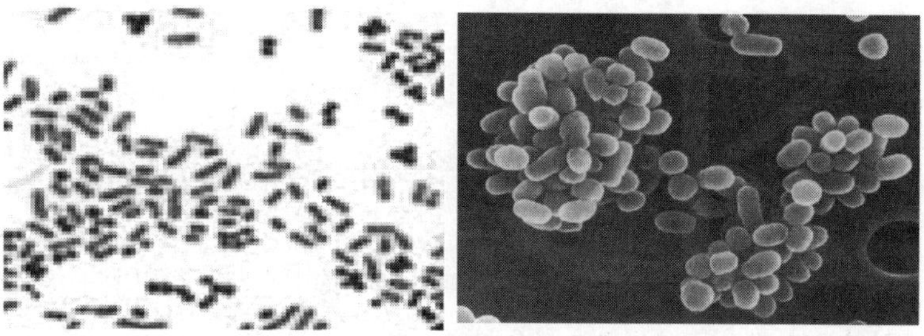

●● **그림 7-7.** 그람음성의 브루셀라 세균

㉰ **전파양식**

병원소가 되는 모든 동물에서 몇 가지 전파기전이 있다.

- 교미에 의한 정액, 생식기의 직접 접촉
- 자궁분비물에 오염된 환경으로 부터의 균의 직접 섭취
- 태막, 유산태아는 감염원이 된다.
- 비유를 통한 전파(외견상 정상적인 젖소가 균을 배설할 수 있음)
- 사람에서는 살균되지 않은 우유가(유제품)의 섭취(특히 치즈는 위험하다)

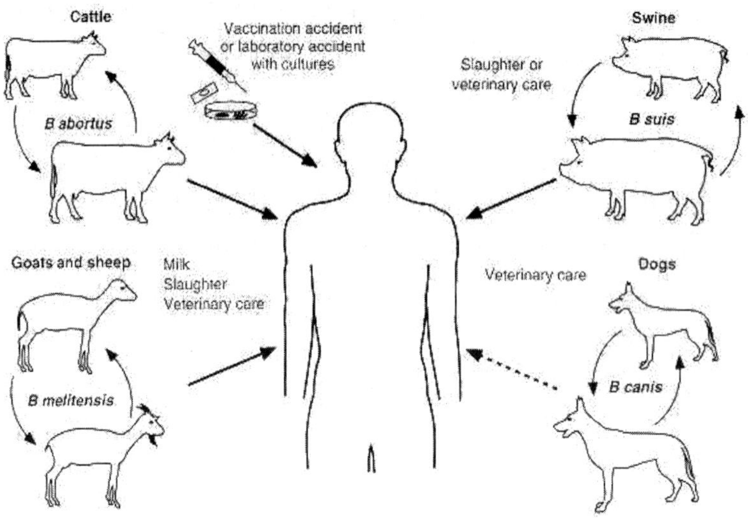

그림 7-8. 브루셀라의 전염경로

㉣ **동물별 임상 증세 요약**

- **소** : 자궁내막염(번식장애), 유사산(임신7~8개월), 숫소의 생식기 감염증, 송아지 위장염
- **돼지** : 유산, 불임증, 고환염, 파행, 후구마비, 자궁내막염
- **산양, 양** : 피로, 파행, 식욕부진, 설사, 유방염 등의 경증으로 경과한다.
- **말** : 기갑루(poll-evil), 누공(fistulous withers)-관절염
- **사람** : *B. melitensis*가 병원성이 가장 높고, *B. suis* 및 *B. abortus*의 순이며, 주증상은 파상열(undulant fever)이 특징이다.

표 7-2. 브루셀라의 증상

암 컷	수 컷
① 불임과 임신후기(주로 45일 이후) 유사산 ② 미숙아 또는 허약아를 낳기도 하지만 1-2일 뒤에 죽는다. ③ 몇 번의 유산 뒤 정상적인 분만을 하는 경우도 있지만 불임이 되는 경우가 많다.	① 고환이나 정소(精巢)가 많이 커지거나 또는 작아지기도 한다. ② 부고환염, 전립선염 등이 나타나고 드물게 고환 위축이 나타난다. ③ 고환을 자주 핥아서인지 고환이 빨갛게 붓고 피부염이 생기기도 한다.

㉤ **진단**

- **Milk Ring Test** : 신선한 우유의 응집 반응시험(양성이면 tube 상층에 Dark Cream layer로 반응)으로 개별검사 가 필요하다. 음성인 경우 Milk layer와 Cream layer는 Normal cream colour를 보인다.
- **Sero Test** : Card test, latex test, 혈구응집반응검사, 그리고 ELISA 등이 있다.

④ 렙토스피라병(Leptospirosis)

와일씨병, 농부병이라고도 하며 1883년에 하수도 작업인부에서 직업병으로 처음 인식되었다. 출혈성 황달, 일본 7 일열, 사탕수수 절단 농부병, 논-농부병, 콩 농부병, 건초 농부병, 추수열, Mud fever, swamp fever, field fever 등의 명칭이 있다

●● 그림 7-9. 렙토스피라병의 감염 위험 그룹

㉮ **병인체**

부생성(saprophytic)계통으로 구성된다. 배양 속도가 늦고 까다로운 spirochete 이며, 스스로 움직이는데 그 장축으로 선회하며, 가끔 채찍 모양의 운동을 한다. 저항성은 56도 10분에 사멸, 알칼리성 오염수 속에는 오래 생존하지만 육식수의 산성 뇨에서는 급속히 사멸한다.

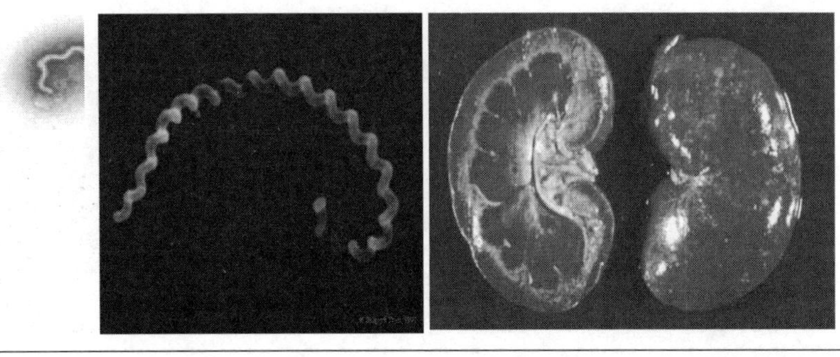

●● 그림 7-10. 나선형의 렙토스파이라 세균과 감염 후 신장 괴사 및 출혈병변

- *Leptospira icterohaemorrhagiae* : 사람, 개에서 다발
- *L. ballum*과 *icterohaemorrhagiae* : 랫트와 마우스에 기생한다.
- *L. canicola* : 개
- *L. pomona* : 소와 돼지

㉯ 감염 증상

고열과 황달, 용혈, 및 간장과 신장의 기능 부전을 특징으로 한다. 원인 불명의 influenza와 같은 발열, 감염성 단세포 증가증(infectious mononucleosis)과 전신성 임파절의 종대, 전경골(pretibial)부위에 분포하는 반점내지는 반점 구진상의 발진, 복통과 무균성 뇌수막염 등이 있다. 잠복기는 4일~19일이며, 임상 경과는 발열기와 면역기(신장, 간장, 눈, 뇌막과 같은 특수 장기의 병변 발생 시기)인 2단계로 구분된다. 치사율은 낮지만, 연령이 많을수록 또는 황달이 있을수록 더 높다.

- **소, 양 :** 용혈성 빈혈, 혈색소 뇨, 유산, 비정형성 유방염하고 황색의 혈색조의 우유 분비가 일반적인 증세이다.
- **돼 지 :** 비특이적인 임상 증상을 보이는데 임신 후기에 유산을 보이는 것이 가장 중요한 단일 증후이다.

⑤ 비저(Glanders, Malleus)

단제류(말, 당나귀, 노새)의 전염병으로서 B.C.450 년경부터 "malis", "melıs"로 불리고 있으며, 말로부터 2차적으로 사람에 감염되어 높은 사망률을 나타낸다. 발열, 화농성점액비루, 폐 농양과 피부 병소와 비 궤양 등이 특징이다.

병인체는 비저균 *Pseudomonas mallei*(*Actinobacillus mallei*)으로 그람음성, 비운동성의 소 간균이다.

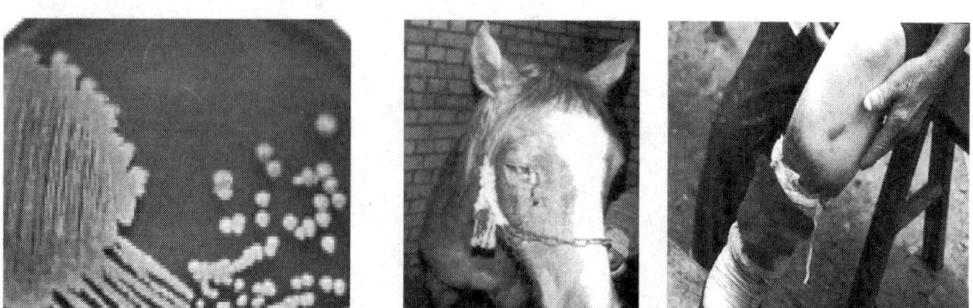

그림 7-11. 비저 원인균과 증상

⑥ 유비저(Melioidosis)

*Pseudomonas pseudomallei*가 원인체로서 편모를 갖고 있으면서 운동성이 있으며, *P. mallai*와 혈청학적으로 구분이 어렵다. 동남아지역의 자연환경에 널리 분포되어 있다. 동물 감염은 양, 산양, 말, 소, 돼지, 설치류(쥐, 기니아픽), 원숭이 등이다.

⑦ 돈단독(Swine erysipelas), 유단독(Erysipeloid)

가축 및 가금류에서 발생하고 사람에게 감염되는 경우에는 Group A Streptococcus에 의한 단독(Erysipelas)과 구별하여 유단독(Erysipeloid)이라 칭한다. 병원체인 *Erysipelothrix insidiosa*은 Gram 양성의 간균으로 호기성이며, 비운동성이다. 혈청학적으로 병원성과 비병원으로 구분된다.

- I 형 : 돼지 및 조류의 패혈증
- II 형 : 돼지의 심마진형 및 만성형 돈단독(관절염, 심내막염) 및 조류의 패혈증

⑧ 세균성 이질(Shigellosis)

세균성 이질은 사람과 원숭이에서만 감염된다. 일반적으로 위생 정도가 낮은 국가에서 발병하는데, 최근 학교급식 확대에 따른 일부 영세 단체 조리시설업체의 위생 불결로 집단 발생하며, 연중 발생되는 경향을 나타내기도 한다. 국내에서는 2001년도 제주도 지역에서 장기간 발생된 적이 있다.

㉮ 병원체

Gram음성 간균, 비운동성, 무아포, 혈청학적으로 4군(A, B ,C, D), 34혈청형으로 분류된다.

Shigella dysenteriae, S. flexneri, S. boydii, S. sonnei(국내에서 분리됨)

㉯ 감염 양식

환자와 보균자와의 접촉, 오염된 식품에 의한 경구 감염

㉰ 증 상

잠복기는 2~5일, 대장 점막에 염증과 궤양을 일으킨다. 출혈성 장염을 일으키며, 발열과 구토가 있음. 전형적인 설사와 병변이 대장에 국한하는 것이 살모넬라 감염증과의 차이점이다. *S. dysenteriae*가 가장 중증 감염을 일으키나, *S. sonnei*에 감염될 경우보다 가벼운 경과를 취한다.

⑨ **페스트**(plague, pest)

설치류 특히 주요 급성전염병으로서 쥐벼룩을 통하여 Yersinia pestis 병원체가 사람에게 전염되면 사회적, 경제적으로 문제를 야기 시키며, 1848~1839년에는 2500만 명이 사망하였다.

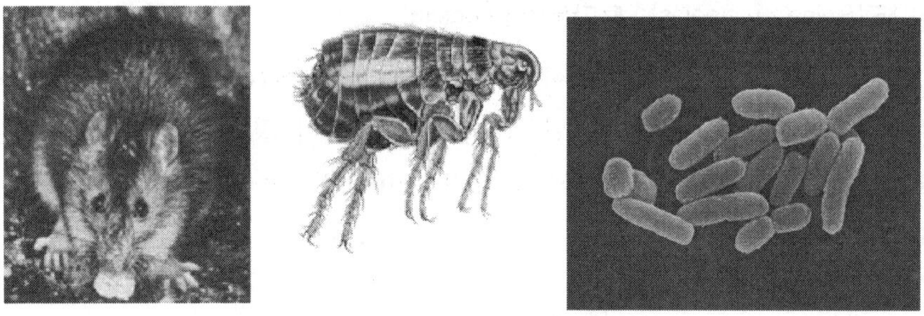

그림 7-12. 쥐벼룩과 페스트 균

⑩ **야토병**(Tularemia)

야생설치류의 병으로 2차적으로 사람에게 감염된다. *Francisella tularensis*으로 Gram 음성의 소간균, 운동성이 없으며, 극염색성이다.

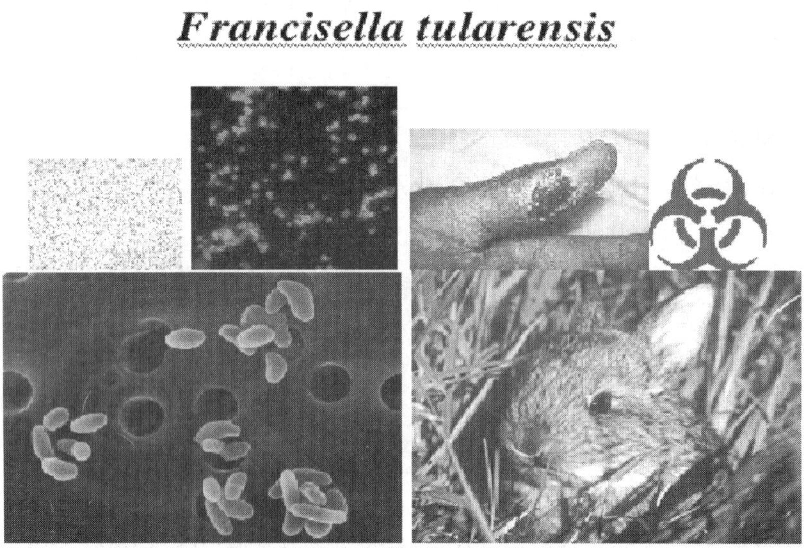

그림 7-13. 야토병의 병원균과 위험성

㉮ **감염 양식**

- **동물** : 경피감염(흡혈곤충, 진드기, 이를 통한 매개감염)
- **사람** : 토끼가 감염원이며, 야외에서는 흡혈곤충의 매개에 의하거나 사체의 박피, 해체, 조리시에 피부로부터의 창상 감염, 오염 육을 먹은 스컹크나 개의 교상에 의한 감염, 오염 육이나 오염 수에 의한 경구 감염, 실험실 비말에 의한 눈이나 비강의 오염 등이 있다.

Chapter 07

⑪ 가성결핵(Pseudotuberculosis)

Gram 음성의 소 간균인 *Yersinia pseudotuberculosis*가 원인체이며, 감염양식은 명확치 않으나 오염사료나물에 의한 경구 감염으로 본다.

⑫ 리스테리아병(Listeriosis)

사람, 포유동물, 조류에 감염 병을 일으킬 뿐 아니라, 장관에 보균하고 있으며, 물고기, 갑각류, 무척추동물, 토양, 사료, 하수 등에 분포한다.

㉮ **병원체**

*Listeria monocytogenes*으로 그람양성, 운동성, 비아포성 단 간균, 사이레지 등 저양분의 자연재료 중에서도 발육한다. 저항성은 58도 10분에 사멸한다, 보통 소독제에 쉽게 사멸된다.

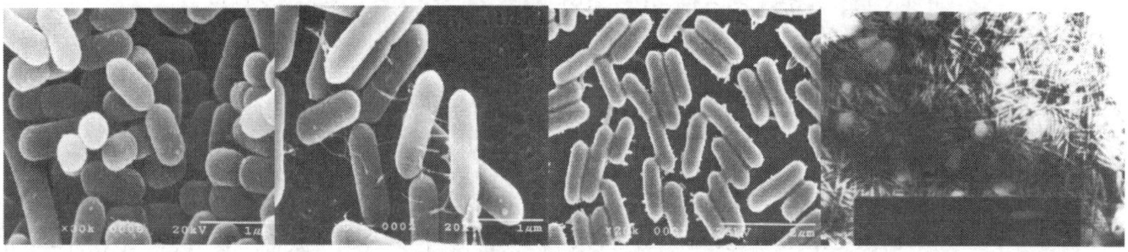

●● **그림 7-14.** 리스테리아 병원체

㉯ **감염동물**

면양, 산양, 소에 많이 발생하며, 돼지, 토끼, 말, 쥐, 여우, 개, 카나리아, 칠면조 등에도 감염된다.

㉰ **감염양식**

- **동물** : 사이레지 등의 오염사료를 매개로 하여 구강점막을 통한 창상감염과 흡

혈곤충에 의한 비강점막의 창상감염

- **사람** : 야채, 우유, 식육, 어패류 등의 식품오염은 물론 태반감염이나 산도 감염도 이루어진다.

㉣ **증 상**

- **동물** : 무증상 감염에서 각종의 병변을 나타낸다. 반추 수는 각종 신경장해가 있고, 침울, 경련, 선회(Circling Disease), 파행, 사경, 단위동물에서는 패혈증을 일으키며, 닭에서는 신근에 병변을 가져온다.
- **사람** : 수막염을 일으킨다. 패혈증, 주로 장 독혈증, 선회병 신경초내에 들어가 연수에 증식하여 화농 병소가 생기게 되며, 임산부가 감염되면 태반감염이나 산도 감염에 의하여 수직 감염이 이루어진다.

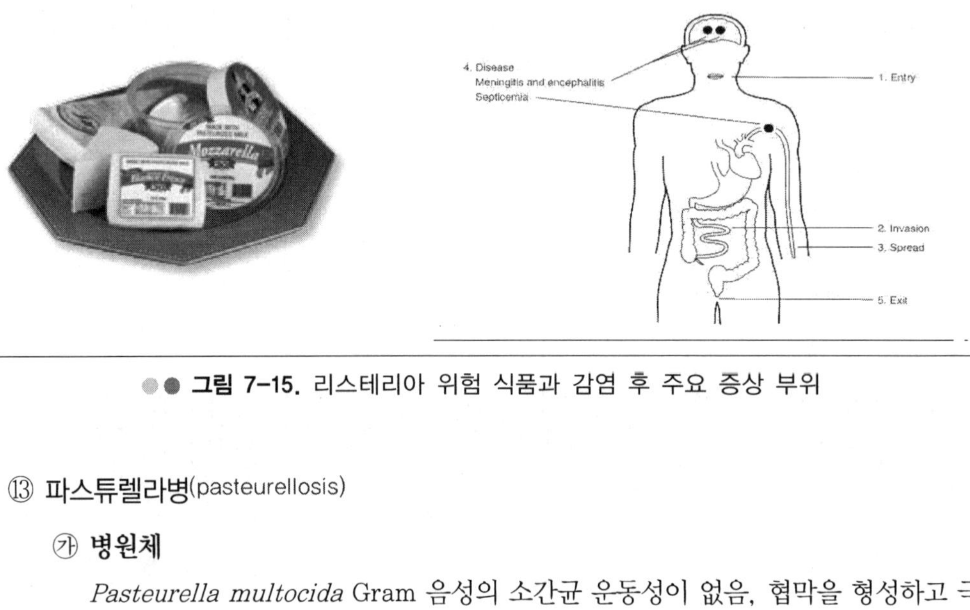

●● **그림 7-15.** 리스테리아 위험 식품과 감염 후 주요 증상 부위

⑬ 파스튜렐라병(pasteurellosis)

㉮ **병원체**

Pasteurella multocida Gram 음성의 소간균 운동성이 없음, 협막을 형성하고 극염색성이다. 15종의 혈청형이 있다. 저항성이 극히 약하며, 인공배지에서도 잘 죽는다.

㉯ **감염 양식**

- **동물** : 돼지(돈역), 개, 소(우역), 고양이, 쥐, 양(양역), 말, 토끼, 조류(cholera 라 함)
- **사람** : 주로 고양이, 개의 교상에 의하며, 창상부위에 직접접촉에 의해 감염되기도 한다.

㉰ **증상**

- **동물** : 소, 물소에서 출혈성 패혈증, 닭의 가금콜레라를 일으키고, 동물의 구강에 있다가 수공으로 저항력이 약화될 때 폐담 등 호흡기 질환을 일으킨다. 개와 고양이는 보통 무증상으로 구강, 상부 기도에 보균(90%)하고 있으며, 기회감염(Opportunistic infection)을 한다. 특히 돼지는 Pneumonic Pasteurellosis를 일으킨다.
- **사람** : 개 또는 고양이에 물린 후 수신간이 지나면, 창상 국소에 발적, 종창, 두통이 있으며, 대부분 국소감염으로 봉와직염 또는 골막의 괴사나 골수염을 일으킨다. 때로는 임파절염, 오한, 불면증, 두통 등의 전신 증상을 일으킨다.

⑭ 라임병(Lyme disease)

*Borrelia burgdorferi*는 경 진드기(hard tick)에서 처음 발견된 이래 사람의 라임병의 원체이기도 하며, 미국에서는 개에서 많이 나타나는 병이다. 이 병은 코네티컷 주의 라임시에서 1975년 처음 발견되었다. 하얀 꼬리 사슴과 하얀 발의 쥐가 주로 감염원이지만 가축들과 새들도 병균을 옮길 수가 있다. 라임병은 주로 5 월부터 6월 사이에 발생하며, 주로 7월에 절정을 이룬다.

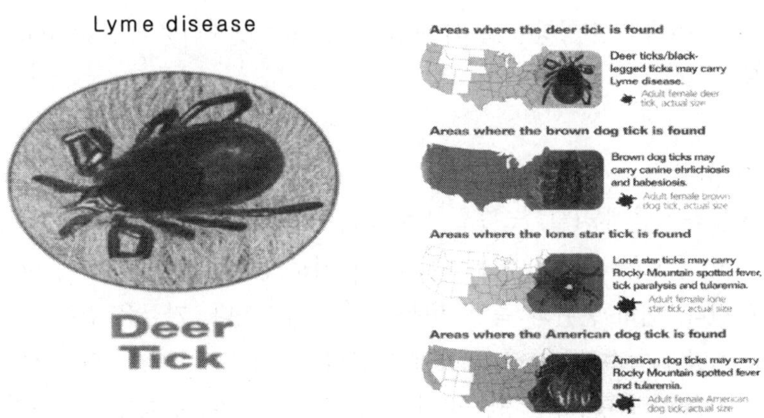

그림 7-16. 라임병의 매개체 진드기와 미국내 발병지역

⑮ 화농구균감염증(Pyogenic coccal infection)

사람과 동물 공히 병을 일으키는 중요한 질병이다. 젖소의 유방염(bovine mastitis)의 주요 병원체이다.

- *Streptococcus pyogenes*: 사람의 성홍열(Scarlet fever)을 일으키며, 사람의 단독

(erysipelas)의 원인체가 된다.

- *S. agalactiae* : 소의 유방에서만 병원성이 있고 사람에는 비병원성. 신생아의 수막염을 동반한 패혈증을 일으키며, 산모가 보균 시 신생아는 산도로부터 100% 감염된다.
- *S. equisimilis* : 소의 유방염, 사람의 중이염, 화농 증
- *S. faeclais*: 소의 유방염, 자궁내막염, 사람의 요도염, 심내막염

Chapter 07

⑯ 파상풍(Tetanus)

사람과 동물은 자연으로부터 감염을 받으며, 상호 직접적인 관계는 없어 인수공통전염은 아니지만 넓은 의미에서 인수공통전염이다.

㉮ 병원체

Clostridium tetani, 그람양성, 부채모양의 아포혐기성 간균, 가축분뇨를 비료로 한 곳에 많다. 신경친화성 독소(tetanospasmin)을 생산한다. 이열독소(65℃/5분) 및 단백분해 효소에 분해된다.

㉯ 감염 양식

못, 목편에 의한 창상감염, 신생아의 산후 비 위생관리로 인한 tetanus neonatorum 을 일으킨다.

㉰ 증 상

- **동물** : 단제류(말, 코뿔소, 당나귀)는 감수성이 높다. 소와 양은 감수성이 높지 않다. 모든 자극 반응에 대한 과잉반사로 강직성 경련이 온다. 다리를 뻣뻣하게 한다. 연하 곤란과 죽기 전에 고열이 특징이다. 가금은 감수성이 없다.
- **사람** : 척수의 ganglioside에 결합되어 운동뉴런 시냅스의 억제물질의 산출을 막는다. 과잉반응, 경련성 마비, 잠복기는 중추신경계에 가까울수록 짧고 중증으로 경과한다. 감염 후 4~5일에 수의근의 경련성 강직이 특징이다.

⑰ 가스괴저(Gas gangrene)

Clostridium perfringens, C. histoliticum, C. sporogenes, C. novyi 등이 원인체, 토양이나 동물의 분변에 분포하고 있으며 혐기성이다. 아포 형성균으로 균체외 독소를 산생한다.

⑱ 살모넬라병(Salmonellosis)

각종 동물이 보균하고 있으며, 식품이나 환경에 널리 분포하고 있으며, 오염식품에 의하여 급성위장염을 일으킨다. - 식품위생상 중요한 질병.

㉮ **병원체**

Gram 음성의 간균으로 주위에 flagella를 갖고 있어 운동성이 있다. 3,000여종의 혈청형. 사람에만 병원성이 있는 *S. typhi, paratyphi* A 및 C, sendai를 제외하면 대부분의 혈청형은 인수공동 전염병원균. 저항성 : 저온살균에 사멸, 소독제(phenol, alcohol)에 약함.

- **사람에만 병원성이 있는 균 :** *S. typhi, S. paratyphi*(A,C), *S. sendai*
- **인수공통전병의 균 :** *S. typhimurium*(국내에서 가장 흔함), *S. enteritis, S. cholerae suis*

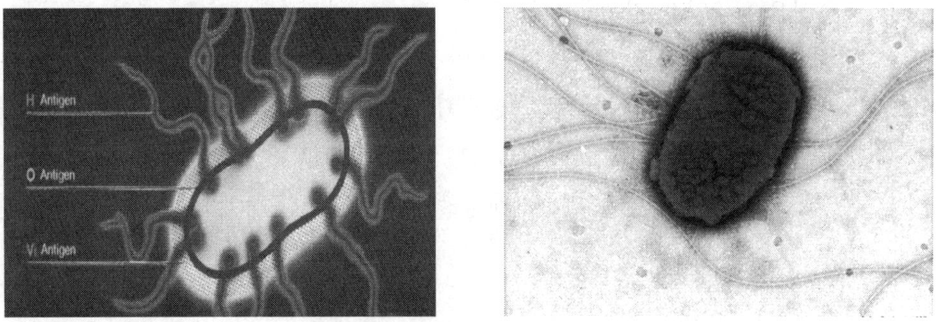

●● **그림 7-17.** 살모넬라균의 전자현미경 사진

㉯ **감염동물**

- 소, 돼지, 닭 등 가축, 개 등의 애완동물, 거북 등의 파충류, 야생 조수류, 쥐의 보균율이 높음.

㉰ **감염 양식**

- **사람, 동물 :** 경구감염

㉱ **증상**

동 물 :

- 어린 동물은 설사를 동반하는 전신증상으로 폐사.
- 어릴수록 이환율과 치사율이 높음.

- 성숙 동물은 발병이 드물고 대부분 불현성 감염.
- 보균동물에서 균은 대부분 소장하부에서 대장상부의 점막에 정착해 장기간에 걸쳐 균을 변중에 배균.
- **돼지** : 황색 물설사, 빈혈, 악액질 -> 폐사 혹은 위축돈으로 된다.
- **소** : puerperal fever(산욕열), 설사, 패혈증, 자궁내막염 등
- 기타 동물은 경증 혹은 불현성 감염으로 사람에 대한 감염원 역할
- ***S. pullorum, gallinarum*** : 닭- 설사, 패혈증, 유산 유발. cf. 근년의 유럽과 미국에서S. enteritidis 보균율이 높아 문제시 *S. cholera-suis, typhimurium* : 돼지 *S. typhimurium, dublin* :소 *S. typhimurium, abortusovis* : 산양 *S. abortus-equi* : 말 *S. enteritidis, S. typhimurium* : 설치류

사람 :

- 잠복기 12~24시간, 발열, 구토, 수양성 설사, 복통을 증상으로 하는 식중독. 주증상은 1~3일간 지속.
- 증상이 소실되어도 짧은 기간 동안 변 중에 균 배출.
- 감염하여도 발병하지 않고 보균자가 되는 경우도 있음.
- 우리나라에서는 세균성 식중독 중 가장 발생빈도가 높음.
  cf. enteric fever(장열형), 패혈증형, 위장염(식중독)형

㉯ **진단**

- 대변이나 구토물에서 분리 농정.

㉰ **예방**

- 돼지, 닭 등 식용동물의 검사, 도태.
- 개, 거북 등의 애완동물에 대한 대책.
- 쥐, 곤충 등을 대상으로 한 환경위생정화.
- 식품 및 사료의 오염검사.
- 식육, 말 등 동물성 식품의 충분한 가열.

⑲ 보툴리즘(Botulism)

모든 동물 및 사람에 발생하는 보툴리눔 균의 독소에 인한 중독증이며, 운동근육의 급속한 마비가 특징이다.

㉮ **병원체**

Clostridium botulinum, 그람양성 간균, 혐기배양균(통조림, 소세지), 신경 독 산출, 주립편 모를 가져 운동성, 혈액한천에서 용혈작용 등이 있다.

㉯ **저항성**

아포를 형성하여 100도 에서 3시간 생존, 신경독소인 exotoxin은 100도 20분에 독성 소실

㉰ **동물 및 사람감염**

- **사람** : A, B, E
- **닭** : C(limber neck)
- **소** : D

사람에서는 신경독소가 시냅스와 신경근 접합부에 아세틸콜린의 생산, 산출을 막음으로서 일어난다. 신경의 자극전달이 되지 않아 운동실조, 마비증상이 온다. 중독시 40% 치명, 중독 증상은 독성 식품을 섭취한 후 18~96시간에 일어난다.

(2) 바이러스성 질환

바이러스성 인수공통감염병의 전염은 다음과 같이 4가지로 구분된다. 첫째 직접접촉에 의한 전염(교상에 의한 전염: 광견병, 피부 또는 점막의 접촉에 의한 전염: 양의 전염성 농창), 둘째 섭취에 의한 전염(구강 오염물 또는 분변오염물 섭취로 전파: 전염성 간염), 셋째 호흡기 전염(돼지 인플루엔자), 그리고 마지막으로 절족동물에 의한 전염(뇌염, 출혈열, 다발성 관절염 및 피진)으로 구분된다.

① 광견병(Rabies)

모든 온혈동물에 치명적인 결과를 초래하는 질병으로 거의 전 세계적으로 발병된다. 1907년 첫 발생이후 1920년부터 예방접종 실시, 비 발생 국가는 61개국(한국의 비무장지대와 중부산악지대 발병)이다. 1993년 이후 강원도 철원에서 발생, 1998년부터 60마리 이상 발병보고가 있다.

㉮ **병원체**

Single stranded RNA virus로 Rhabdoviridae과 Lyssa virus속에 속하며, 산성에 의해서 급속히 사멸된다.

Chapter 07

㉠ **야외 바이러스(street virus)** : 병원성, 잠복기간, 조직학적 병변소견이 다르다.

㉡ **고정 바이러스(fixed virus)**

- 증식성이 좋다.
- 고정과정 중 잠복기간이 점차 짧아져서 고정, 고정 후에는 일정. 이 성질은 불가역성이다.
- 고정과정에 사용된 동물의 신경조직에 높은 친화성을 가지며, 광폭 형이 아닌 마비형의 증상을 규칙적으로 나타낸다.
- 전형적인 Negri소체를 형성하지 않는다.
- 고정바이러스에 사용된 동물에는 높은 병원성을 가지나 다른 동물에게는 저하된 병원성을 나타낸다.

㉯ 증상

- **동물** : 광조형, 마비형, 울광형
- **개** : 광견병의 임상증상은 광폭형과 마비형으로 나뉘나 보통 두형을 다 나타낸다. 귀와 꼬리가 파상풍에 걸린 것처럼 뻣뻣해지며, 극도의 흥분상태, 과민상태, 타액분비, 결막의 충혈 등을 볼 수 있다. 간헐적인 근육경련, 연하곤란과 거품섞인 침을 흘리며 유열을 나타낸다. 간혹 집을 떠나서 배회한다. 임상증상은 대개 3~7일간 계속되며 대부분 10일내에 사망하나 간혹 회복되는 개는 보균 견으로 남게 된다. 봉입체가 관찰 된다.
- **고양이** : 감수성이 매우 높으며, 광폭형, 발증 기간이 짧아 2~4일후에 폐사된다.
- **소** : 극도로 흥분되며(광폭형), 공격적으로 변한다. 감염후기에는 뒷다리부분에 마비가 오며, 비유가 중지되며, 처음 증상을 나타낸 지 3~6일 후에 폐사된다.
- **기타 가축** : 광견병과 유사함.
- **야생동물** : 많은 종류의 야생동물에서 발병함.
- **인체 감염** : 잠복기는 2~8주로 교상의 정도와 물린 부위에 따라 10일 내지 8개월까지 다양(중추신경에 가까운 부위를 물릴수록 잠복기가 짧아 짐)하다. 발병율은 20%(교상의 위치, 바이러스 양), 초기증상은 두통, 식욕결핍, 구토, 미열, 심한 갈증이 있으나 물을 마시지 못한다. 인두 근에 경축으로 인하여 연하곤란, 공수증을 보인다. 신경증상을 보이며 죽는다.

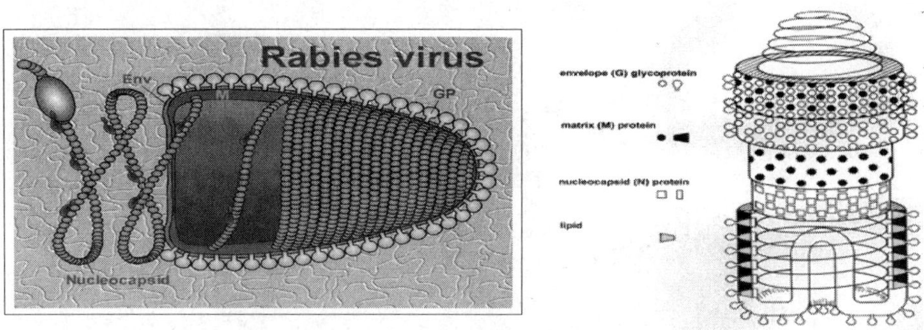

●● **그림 7-18.** 광견병 바이러스의 구조

●● **그림 7-19.** 광견병에 걸린 동물의 임상증상

㉰ 전염원 및 전파양식

- **개와 고양이의 전파 :** 광견병에 걸린 개의 60~75%가 타액으로 바이러스를 배출한다. 광견병은 타액속의 바이러스가 주로 상처를 통하여 감염됨으로서 발생되며, 뇌에서 바이러스가 검출된 동물의 타액에서의 바이러스 검출 율은 개(75%), 소(53%), 여우(87%) 등이다.
- **야외 동물에 의한 전파 :** 육식 야생동물과 박쥐가 중요한 역할을 한다.

㉱ 진단

- 가검물 재료 취급 시 특별히 주의.
- **직접형광항체 검사법 :** 신속성, 민감성, 특이성이 높다(각막이상, 혀 점막 소편, 모낭의 구상 조직(bulbar tissue), 냉동 피부 조직).
- 바이러스 분리에 의한 진단 : 포유 마우스의 뇌 접종에 의한 바이러스 분리, 2~3주 걸리는 것이 단점(3일령 이하의 포유 마우스가 좋다).
- Negri bodies : 모든 개가 양성으로 진단되지는 않는 점에 주의해야 한다.
- 혈청학적 항체 측정
- **타 바이러스와 감별진단 :** 중화시험이나 교차 방어 시험

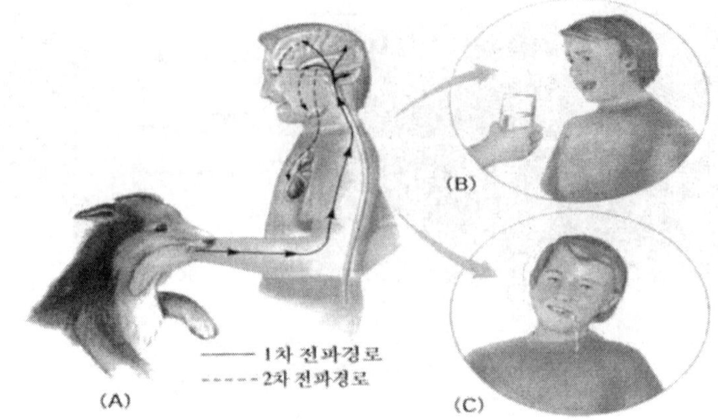

그림 7-20. 광견병에 걸린 사람의 임상증상

그림 7-21. 국내 광견병의 전파경로(자료출처:국립수의학검역원)

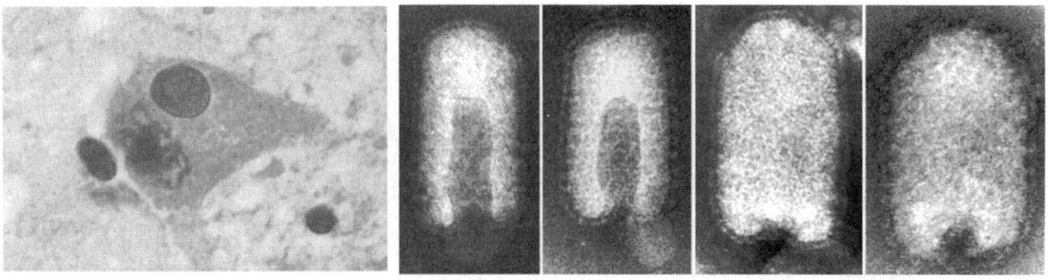

그림 7-22. 신경세포의 봉입체 병변과 바이러스의 전자현미경 사진

㉲ **예 방**

- **주거지역에서 발생하는 광견병 예방과 박멸 :** 애완견(80%) 예방접종 실시(고양이)
- **야생동물에서 발생하는 광견병의 예방 :** 감수성 동물수의 조절, Subunit vaccine
- **동물의 국제 교역 금지 :** 광견병 상재 지역 수입 억제, 검역 기간 연장(6월 이상), 사독 백신의 활용

사람에 대한 광견병 예방 대책

① 광견병 바이러스 노출 전: 직업적인 특색에 따라서 human diploid cell vaccine을 접종 함
② 노출 : 상처부위에 대한 처치가 대단히 중요, 수압이 강한 물로 씻고, 비누 및 세척제를 사용한 세척을 한다. 40~70% 알코올, Iodine tincture, 0.1% quaternary ammonium compound 등으로 세척한다.
③ 상처부위에 고단위 면역혈청주입, 백신접종, 면역 혈청 요법, 사람유래 면역 혈청

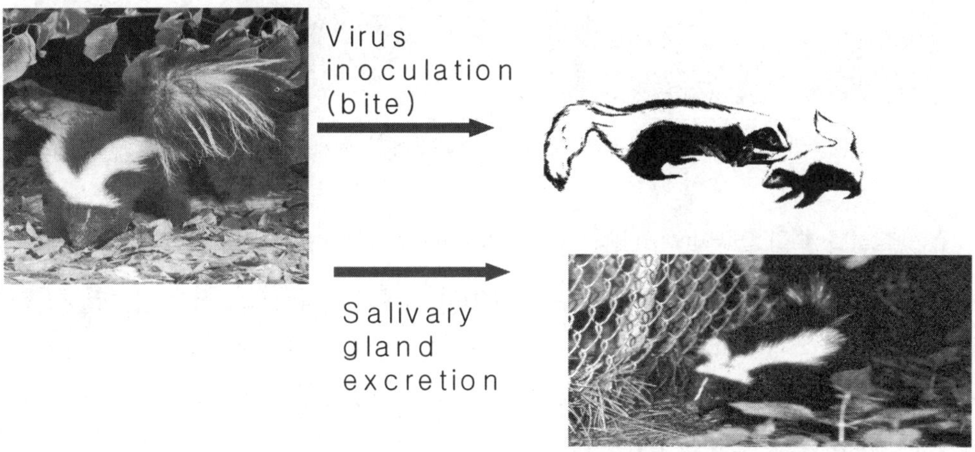

그림 7-23. 너구리에 의한 광견병의 전파(국내 상황)

② 가성광견병(Pseudorabies; Aujesky's disease)

Swine herpesvirus인 pseudorabies virus에 의하여 발생, 1813년 소에서 "mad itch" 발생 보고되었으며, 1902 Aujesky가 병원체가 세균이 아님을 보고함으로서 이 질병에 대한 연구가 활발해졌다. 특히, 돼지에서 문제가 됨(국내에서 발병하고 있음), 임상증상은 일령이 낮은 돼지에서 치명적이다(폐사율 100%). 고열, 식욕부진, 불안, 타액분비, 운동실조, 견좌 같은 신경증세, 체중감소와 호흡기증상등을 보인다. 성돈은 가벼운 호흡기 증상이나 무

증상을 나타내며, 신생자돈은 2~4일간의 잠복기를 거쳐서 심한 임상 증세를 나타낸다. suckling을 게을리 하다가, 발열(41도), 24시간이내 신경증세를 나타낸다. 이유자돈에서도 심한 신경계통에서 증세를 나나낸다. 3~4주령에서의 치사율은 50% 정도이며, 호흡기 증세를 나타낸다. *Pasteurella multocida*, 또는 *Actinobacillus pleuropneumoniae* 등의 2차 세균 감염 증세를 수반한다. 출하직전 돼지와 임신 돈에서는 호흡기 증세가 나타나며, 번식장애(유산, 사산)을 나타낸다. 극심한 소양 증세는 소, 개, 고양이 등에 나타내며, 감염 시 신경증세, 폐사를 나타낸다(야생 동물도 치명적임). 사람에서는 드물게 발생 보고가 되고 있다.

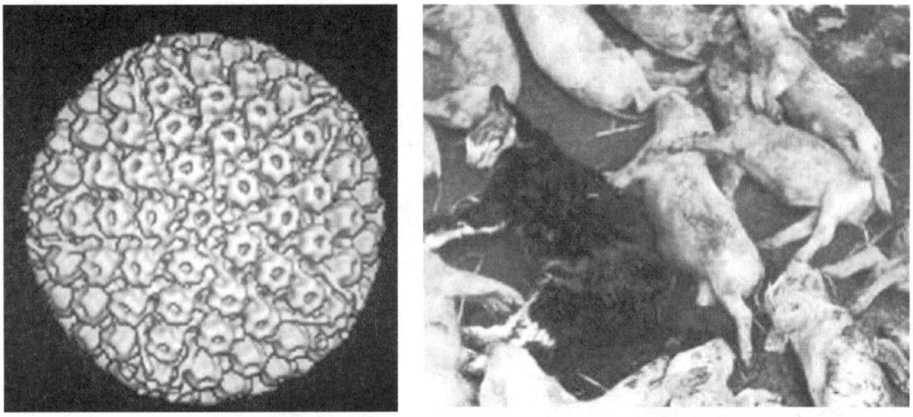

그림 7-24. 오제스키바이러스와 폐사된 돼지

③ 신증후성 출혈 열(Hemorrhage fever with renal syndrome, HFRS)

신증후성 출혈열은 발열, 순환기계 부전, 출혈과 신부전을 특징으로 하는 급성열성질환으로 한타 바이러스 속(genus Hantavirus)에 속하는 여러 바이러스에 의한 감염성 질환으로 국내에서는 한국전쟁 당시 처음 알려 졌다. 우리나라 급성 신부전중 가장 흔한 단일 원인질환이며 제 2종 법정 전염병이다.

㉮ **병인체**

Hantavirus(single strand RNA virus)- 고려대학교 의과대학에 재직하던 이호왕 박사 세계 최초 보고

㉯ **발생**

년 중 발생되나 유행 시기는 등줄 쥐의 활동시기, 도시 형 감염으로 전국적으로 환자가 확산됨.

㉰ **감염경로**

자연계의 숙주는 등줄쥐(*Apodemus agrarius coreae*).

사람에게의 감염 경로는 등줄쥐, 집쥐 등의 배설물이 건조되어 먼지 등과 함께 부유하다가 호흡기를 통해 감염.

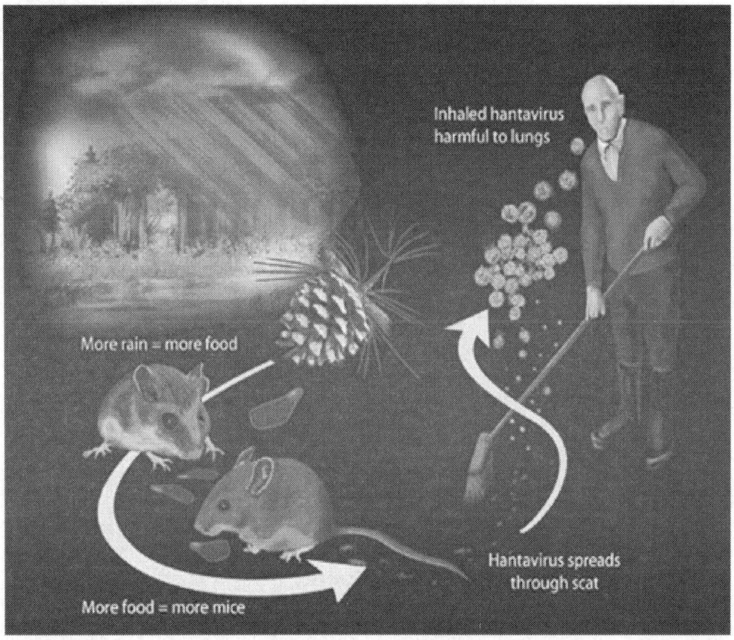

●● **그림 7-25.** 한타바이러스 감염경로

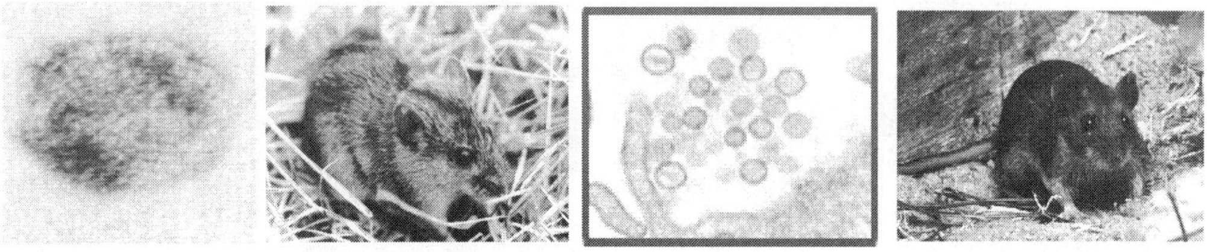

●● **그림 7-26.** 등줄쥐와 한타바이러스 세포내 증식

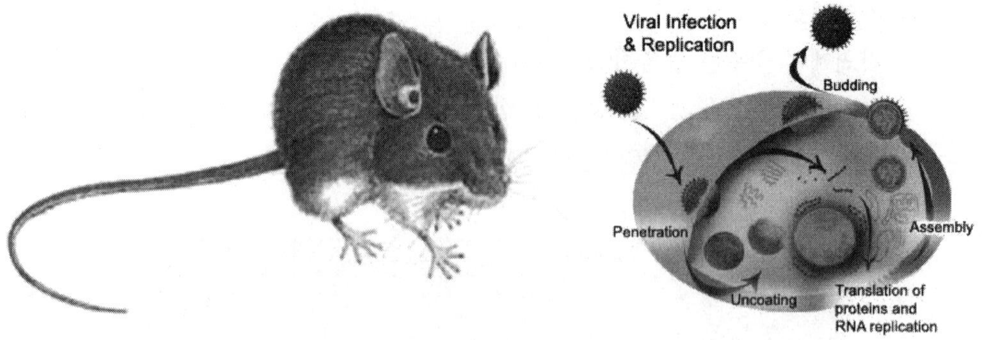

그림 7-27. 유행성출혈열 병원체와 매개 동물 등줄쥐

④ 원숭이 B 바이러스 감염증

- **원인체** : *Herpesvirus simiae*
- **임상 증상** : 원숭이에 빈발하며, 입주위에 수포와 궤양이 생김.
- **사람(매우 치명적 임)** : 원숭이에 물린 후 수포, 임파관.선 염증, 고열, 두통, 복통, 설사, 인두염, 폐염, 호흡 불능
- 원숭이에 물린 것과 뇌증상이 있는 경우 이를 의심해도 됨.
- **예방** : 원숭이에 할킴과 교상을 피할 것.

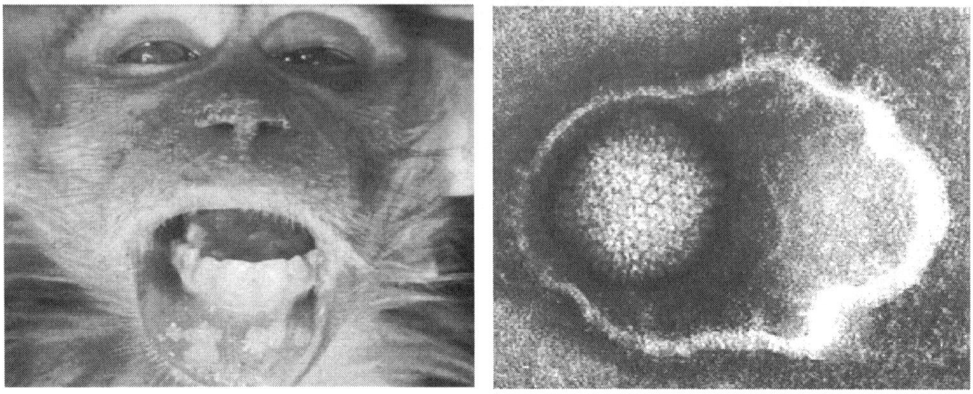

그림 7-28. 원숭이 B 바이러스의 전자현미경 사진

⑤ 뉴캐슬 병(Newcastle Disease)

가금류의 급성전염병으로서 다양한 임상 증상을 나타낸다(양계업계에 가장 큰 피해를 준다).

㉮ **병원체**

뉴캐슬 병 비루스는 Paramyxovirus속인 RNA Virus이며, 장기친화성과 신경친화성이 있다. 병원성은 Velogenic virus(강독성), Medogenic(중등도), Lentogenic(약독성)으로 분류된다.

㉯ **동물 감염**

거의 모든 조류가 감수성을 가지고 있으며(오리 거위는 저항성이 높은 편임), 어린 닭에서 감수성이 더 크다.

㉠ 임상적 증상(잠복기: 평균 5~6일)

- Pneumoencephalitic 또는 Neurotropic form: 호흡기 증상이 시작된 후 신경증상이 시작됨(폐사율 10~90%).
- Respiratory syndrome(호흡기형): 성계에서 호흡기 증상(폐사율 10~50%).
- Velogenic-vescerotropic form: 갑작스러운 발병, 설사, 빈번한 기관지 배설물
- 불현성 감염: 성계에서 관찰됨

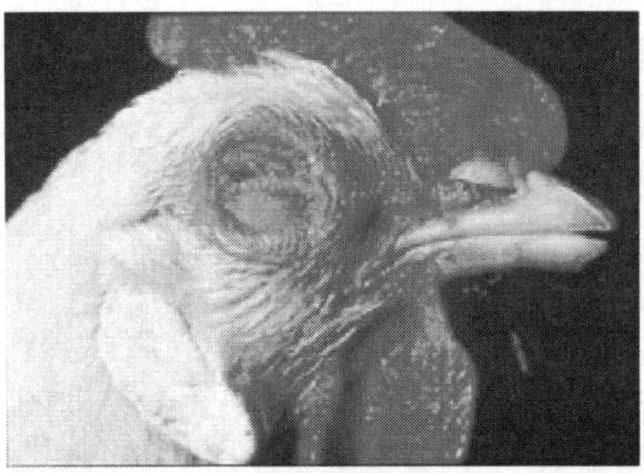

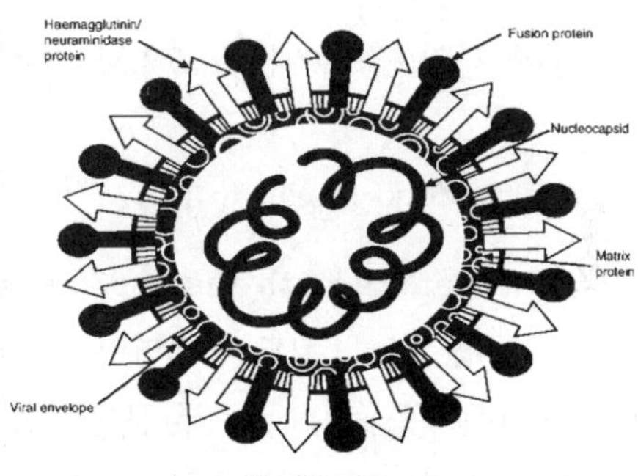

그림 7-29. 뉴캐슬병의 증상과 바이러스 모식도

㉰ **인체 감염**

잠복기는 1~2일이며, 주된 증상은 결막염(Conjunctivitis)으로 눈의 충혈, 눈물, 통증 및 결막하 조직 부종 등이 특징이다. 1주일 내 회복된다.

㉱ **전염원 및 전파양식**

조류, 호흡기계의 전파, 인체감염은 aerosol으로 감염

⑥ 소의 두진(Cow pox)

두진(pox)은 피부에 농포형성을 특징으로 하는 병으로 주로 유두와 유방에 병변을 일으키며, 병진이 소포진으로 진행된 후 가피를 형성한다.

- 병원체 : Orthopoxvirus속의 Cowpox virus(DNA virus)
- 감염 동물 : 개와 고양이를 제외한 모든 가축과 사람에게 발생한다.
- 인체 감염 : 착유자의 손, 얼굴, 팔 등 발열, 국소적인 부종, 임파선염, 소에 비교하여 사람은 상대적으로 심하게 나타난다.
- 전염원 : 영국에서 소와의 접촉이 없는 지역 주민에서도 발병(설치류가 전염원으로 추정)

⑦ 가성 우두(Pseudo Cow pox)

paravaccina virus로 parapoxvirus group에 속하며(Milker Nodule), 산유량의 감소와 세균 감염에 의한 유방염으로 인하여 경제적 손실이 크다.

- 병원체: Parapoxvirus속에 속하는 Pseudocowpoxvirus
- 감염 동물: 비유기의 유우가 주로 감염, 유두 통증으로 착유가 힘들다. 발병부위의 구진은 수포화한다. 2~3일 후 검붉은 가피를 형성하여 탈락(송아지는 주로 입에 존재함)된다.
- 인체 감염: 잠복기는 5~7일로 착유자의 감염 부위에 Milker nodules을 형성한다.

⑧ 구제역(foot and mouth)

구제역(Foot-and-Mouth Disease; FMD)이란 소, 돼지, 양, 염소 등 우제류동물 및 야생동물에서 급성, 열성, 고도의 전염성을 나타내는 바이러스 감염증이다. 수포의 출현이 특징이며, 입, 비공(콧구멍), 비구부(콧등), 발굽, 유두(젖꼭지) 그리고 위의 주상돌기에 미란이 형성된다. 장기간에 걸쳐 발육, 비유, 운동, 번식 등의 장애를 일으킨다. 야생동물을 포함하여 감수성 동물종이 많고, 전염성이 강하며, virus형이 많아서 방역이 극히 어렵다. 폐사율은 높지 않지만 어린가축에서는 높은 폐사율을 보인다. 국제수역사무국(OIE) 질병 리스트에는 A010으로 지정되어 있다. 이 병의 최초 발생보고는 16세기 초 이탈리아 북부지역이며 그 후 급속히 유럽 전역에 만연하여 19세기에는 전 세계적으로 분포하였다. 구제역은 거의 전 세계적으로 발생하고 있다.

㉮ 병원체

구제역바이러스는 미생물 분류학적으로 피코르나바이러스 아프토바이러스 속에 속하는 소형의 RNA 바이러스이다. 구제역바이러스의 혈청형에는 A, O, C, SAT-1, SAT-2, SAT-3, Asia-1등 7가지의 주요 혈청형이 있으며, 80여 가지의 아형(subtypes)이 알려져 있다. 알칼리에 쉽게 사멸되기 때문에 소독제로 양제 물과 소다회가 흔히 사용된다.

㉯ 동물

주로 소와 돼지에 침울, 발열이 있고 구강점막, 발톱 상부, 유두 그리고 드물게는 유방에 소포진을 형성한다. 치사율은 1~2%이지만, 심근염시에는 높은 폐사율을 보인다. 어린동물은 심내막염으로 죽게 된다.

㉰ 사람

구제역바이러스는 인체 세포내에서는 증식하지 않으므로 공중위생학적으로 문제시 되지 않는다.

㉱ 전염원 및 전파양식

- **우제류(소, 양, 염소)** : 우유, 타액, 요, 분변 등을 통하여 바이러스 배출
- 환경에 저항성이 강함

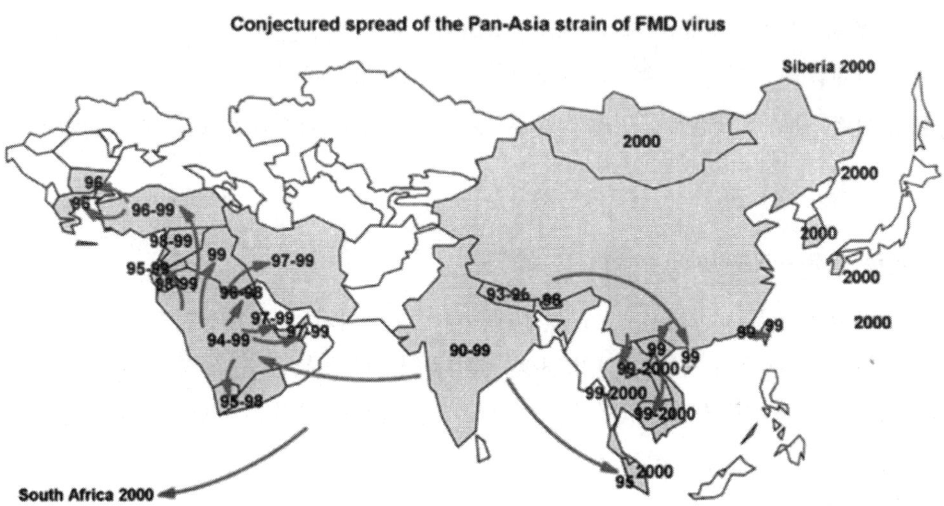

●● 그림 7-30. FMD바이러스의 아시아 행

⑨ 수포성 구내염(Vesicular stomatitis)

수포성구내염은 남북아메리카 지역에서만 발생이 인정되고 있는 바이러스성 전염병이다. 감수성이 있는 동물은 말, 소, 산양, 면양 및 돼지이며, 실험적으로는 거의 모든 포유동물과 설치류, 냉혈동물에도 감염된다. 폐사율은 거의 없으며, 반추수나 돼지가 발병하였을 경우에는 임상증상이구제역과 비슷하여 감별진단이 필요한 질병으로 중요시 되고 있다. 우리나라에서는 발생이 없는 질병이며, 법정 제2종 전염병으로 지정되어 있다.

- **병원체** : Vesiculovirus속의 RNA virus(뉴저지형, 인디아나형)
- **감염 동물 : 잠복기** : 2~4일, 수포성 구내염이 발생되며, 돼지에서 상당한 피해를 끼친다.
- **인체 감염 : 잠복기** : 1~2일, 사람의 인플루엔자와 비슷(고열, 안구통증, 근통증)
- **전염원 및 전파양식** : 야생동물과 모기(Aedes mosquitos)와 Sand flies에서 바이러스 분리

⑩ 임파구성 맥락수막염(Lymphocytic choriomeningitis)

실험용 마우스에 많다. 가축은 발병되지 않으며, 미국, 일본, 아르헨티나 및 유럽 국가에서 발생된다.

- **병원체** : lymphocytic choriomeningitis(RNA비루스)
- **동물 감염** : 마우스에서 번식장애, 성장지연, 뇌막염, 자가면역에 의한 사구체 신염(**관용감염** : persistent tolerant infection), 폐사나 회복
- **인체감염** : 무증상 감염, 뇌수막염, Influenza와 유사
- **전염원 및 전파양식** : 마우스(수직 및 수평 감염), 음식물과 감염된 물건을 통하여 감염.

⑪ 조류 인플루엔자(Avian influenza, AI)

조류 인플루엔자는 닭, 칠면조, 오리, 야생조류 등 여러 종류의 조류에 감염되며, 전파가 빠르고 병원성에 따라 고병원성, 저병원성, 비병원성으로 구분된다. 고병원성은 가축전염병 예방법상 제1종 가축전염병으로 정하고 있으며, 세계동물보건기구(국제수역사무국, OIE)에서도 List A 질병으로 분류하고 있다.

㉮ 원인체

조류 인플루엔자 바이러스로서 혈청형은 H형(15종)과 N형(9종)으로 구분되고 H_5N_2, H_9N_2 등으로 표기한다. 바이러스의 생존력은 −4도 온도에서 분변 내에서

는 최소 35일간, 계사 오염 먼지에서는 2주간 생존, 오염된 물에서는 22도에서 4일간, 0도에서 30일간 생존, 오염된 가금육에서는 70도 30분, 75도 5분, 80도 1분간 열처리 시 사멸함

㉯ **잠복기**

일반적으로 수 시간에서 2-3일임, OIE에서는 최장 잠복기를 21일로 규정

㉰ **전파경로**

오염된 물, 사료, 분변 등으로 전파됨

㉱ **임상증상**

- **닭의 경우** : 일반적으로 사료섭취 감소, 벼슬의 청색증, 머리와 안면의 부종, 80% 이상 급격한 폐사, 산란율 저하 등을 나타냄
- **오리의 경우** : 알을 생산하는 종오리는 급격한 산란율 저하, 경미한 폐사가 나타남. 육용오리는 거의 증상을 나타내지 않으나, 새끼오리는 일부 폐사
- **개와 고양이 및 포유동물** : 감염된 닭이나 조류를 날 것으로 섭취시 감염된 사례가 있음

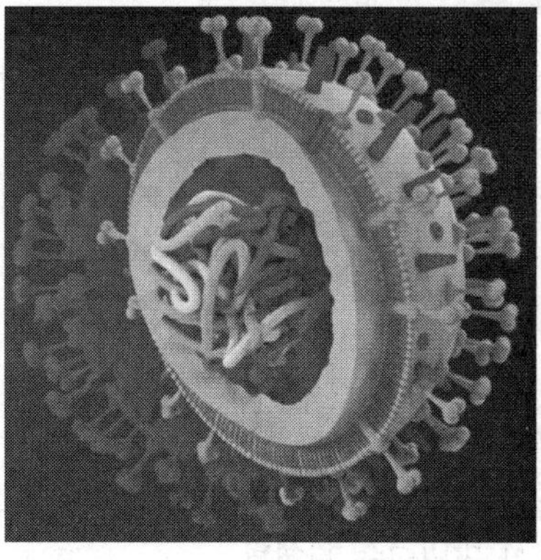

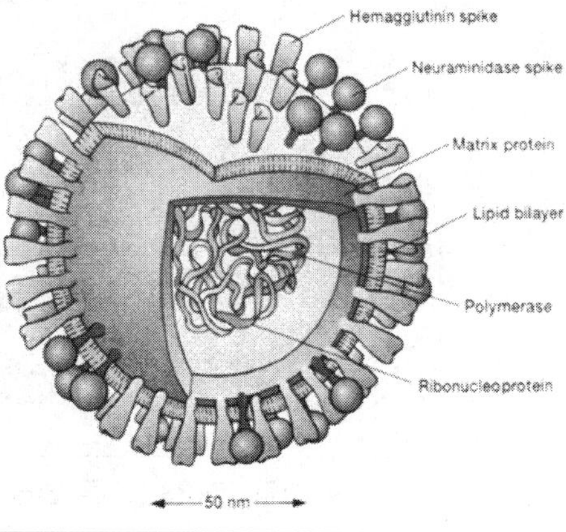

●● **그림 7-31.** 조류독감 바이러스 구조도

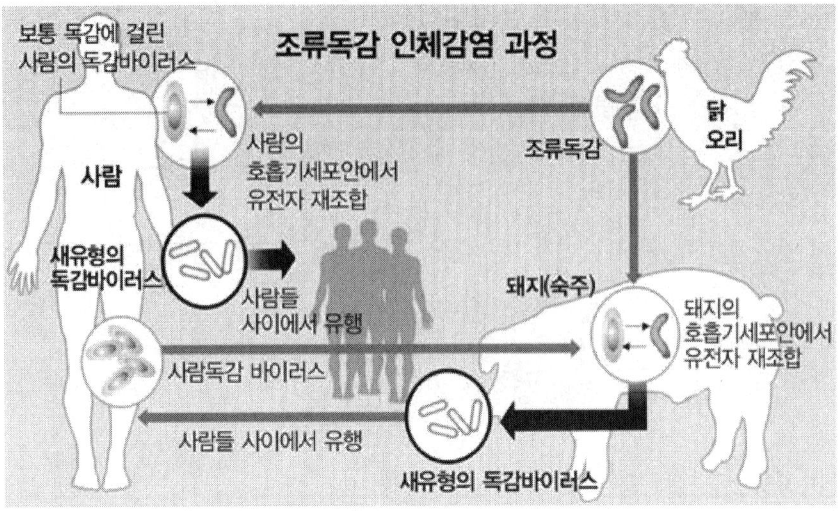

●● **그림 7-32.** 조류 인플루엔자 바이러스 전파

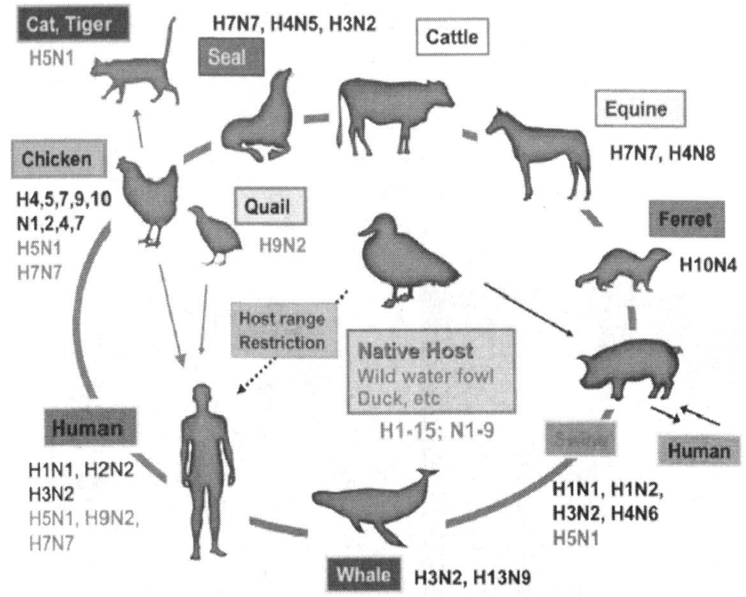

●● **그림 7-33.** 조류 인플루엔자 바이러스 혈청형

㉮ **방역대책**

고병원성 조류 인플루엔자(HPAI) 방역을 위한 전략으로는 조기신고에 의하여 발생농장의 감염 동물 살처분 등 신속한 오염원 제거, 발생지역을 중심으로 한 오염, 위험지역, 경계지역의 설정(zoning) 및 오염요인에 대한 강력한 이동통제, 오염대상물건 및 농장에 대한 집중적인 소독 실시와 함께 감염축을 신속히 검색하기 위한 능동예찰(active surveillance) 등 신속하고 강력한 초동방역을 시행하기 위한 방역정책 등을 핵심개념으로 들 수 있다. 초동방역이 실패하여 HPAI가 전국적으로 확산 또는 만연되거나 방역체계가 허술하여 살처분 정책만으로 확산을 막을 수 없을 경우, 또는 홍콩과 같이 지속적으로 특정지역에서 HPAI가 전파되어 오는 것과 같은 경우에 예방접종을 살처분 박멸정책과 병행하여 실시하는 것도 효과적인 대안이 될 수 있으며, 예방접종을 시행하고 있는 국가는 모두가 위의 범주에 속하는 국가이다.

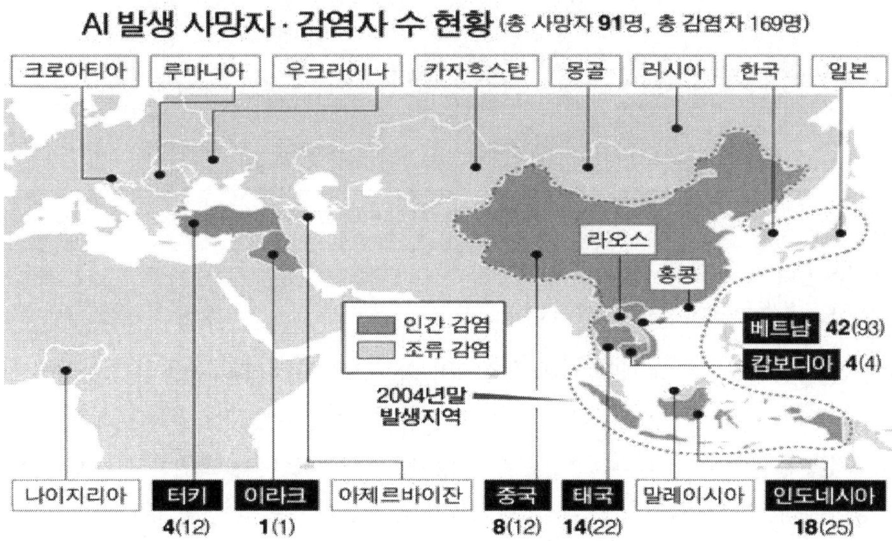

●● **그림 7-34.** 조류 인플루엔자 바이러스 발생국가와 사망자(2004년)

●● **그림 7-35.** 조류 인플루엔자 예방 홍보 포스터

⑫ 일본뇌염(Japanese B encephalitis)

제1종 법정 전염병으로 모기에 의해 전염되며 임신돈의 유사산과 웅돈의 정자생산기능 장애등 번식장애를 일으키는 질병이다. 모기가 많이 발생하는 8월경에 많이 감염되며, 감염된 돼지의 유산 및 사산은 8~11월 사이에 가장 많다. 경산돈 보다는 초임돈에 주로 발생한다. 일본뇌염바이러스는 사람에게도 감염되어 뇌염을 일으키므로 공중보건위생상 중요시되는 질병이다. 일본, 중국, 대만, 한국 등에서 절족동물(모기)에 의하여 전파된다.

㉮ **병원체**

Togaviridae, Flavivirus(Japanes B encephalitis virus, JEV), envelope를 가진 RNA 바이러스로 열에 약하여 56도 30분에 불활화 된다.

㉯ **동물 감염**

3개월 미만의 자돈에서 뇌염 증상과 성돈은 무증상, 유산, 사산, 신생자돈의 폐사, 발열, 침울, Photophobia, 근육진전 등이 특징이며, 소와 산양도 감염되지만 이

●● **그림 7-36.** 모기와 일본뇌염바이러스

환율은 낮다. 3) 인체감염: 무증상 감염, 현성인 경우는 두통, 고열, 경련, 정신착란 마비, 10일 이내에 사망과 같은 치명적 증세, 감수성이 가장 높은 연령 3~6살(그 후 이환율은 감소).

㉰ **전염원 및 전파양식**

모기(*Clulex tritaeniorhynchus*)

㉱ **진단**

균의 분리(주로 뇌에서), 보체결합반응(HI; IgM, CFT, SN)

㉲ **예방**

순화생독백신(예방접종)

⑬ 광우병(Bovine Spongiform Encephalopathy)

- 사람의 CJD와의 연관이 있는 것으로 추정됨.
- 광우병에 걸린 소의 골 등의 SRM(특정위험물질)을 먹을 때 원인체 프리온 감염 가능성이 높은 것으로 알려짐.
- 사람이 감염되면 10여년의 잠복기 후, 기억력 상실, 치매증상이 발증.
- 광우병 CJD는 수혈이나 성적 접촉을 통하여 전염되지 않음. 감염된 신경세포를 섭취할 때 발병가능.
- **국내의 대책** : 영국 및 미국 등 발생 국가의 문제 발생 시 수입금지

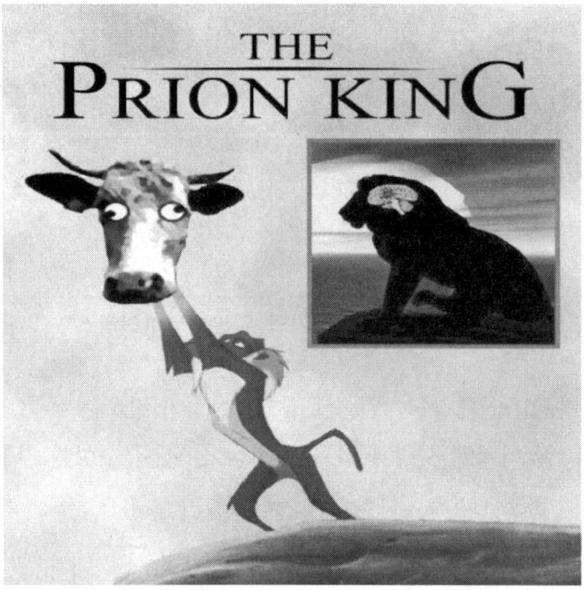

●● **그림 7-37.** 프리온의 위험성 포스터

cf. **사람에서의** Creutzfeldt Jakob Disease(CJD):

- 오랜 잠복기를 거친 후 증상을 나타내므로 전에는 slow virus 감염으로 생각.
- 사람간의 전염으로 알려져 왔으나,
- 뇌의 계속적인 위축, 구멍, 전신경련, 치매.
- 사람에서의 치매 평균연령은 27.5세, 치사율 100%

국내에서도 80년 이후 발생보고.

- prion이라는 단백질의 매개로 발병한다고 추정
- CJD환자의 prion을 침팬지에 주사할 때 80% 발병.

Prion이란?

- 핵산이 결여된 느리게 감염하는 입자로서, CJD, scrapie(양과 염소 등에서 일어나는 신경계질환)의 원인.
- 바이러스 입자를 virion이라 하듯이, protein의 알맹이란 뜻에서 prion이라 칭함.
- 광우병 소나 CJD 환자의 뇌에서 예외 없이 발견됨.
- 종 특이성이 없으나 감수성의 차이는 있음.
- 다른 종이라도 단백질 배열이 비슷하면 쉽게 전염.
- 양과 소의 prion은 단백질구조 거의 비슷, 사람과 소의 단백질구조는 30군데 이상 다름.
- 열, 포르말린, 알콜, 자외선 등에 저항성이 강함. NaOH 고압멸균 1시간에 파괴.
- 소의 근육에서는 prion이 발견되지 않음.
- 1985년에 이 단백질의 유전자가 클로닝 되었다.

⑭ 급성호흡기 증후군(Severe Acute Respiratory Syndrome, SARS)

국립보건원자료참조

(http://dis.cdc.go.kr/information/general.asp?Code=F11&name=)

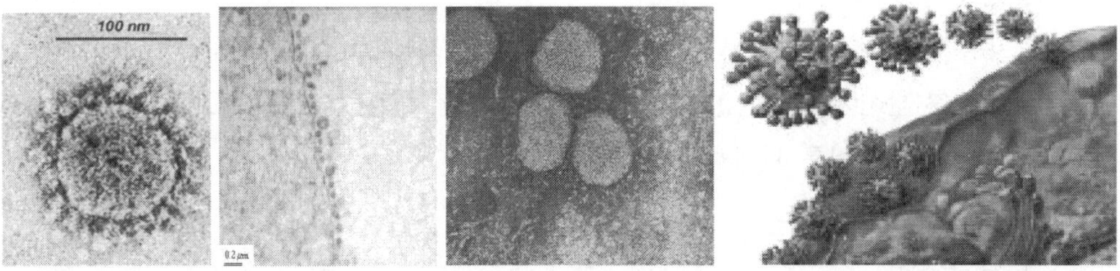

●● **그림 7-38.** SARS 코로나바이러스의 전자현미경 사진과 감염모식도

㉮ 정의 및 병원체

사스(중증급성호흡기증후군, Severe Acute Respiratory Syndrom, SARS)는 2002년 11월부터 중국 광동지역을 중심으로 발생하여 홍콩, 싱가포르, 캐나다 등 전 세계적으로 확산되었던 신종전염병으로, 사스 코로나바이러스 감염에 의해 발열과 기침, 호흡곤란, 폐렴 등을 보이는 증후군이다.

㉯ 임상증상

주로 발열(체온 측정 시 38℃ 이상)이 첫 증상이며 오한, 두통, 근육통 등 전신적인 불편감이 동반되기도 하며 일부환자에서는 초기에 미약한 호흡기 증상이 나타난다.

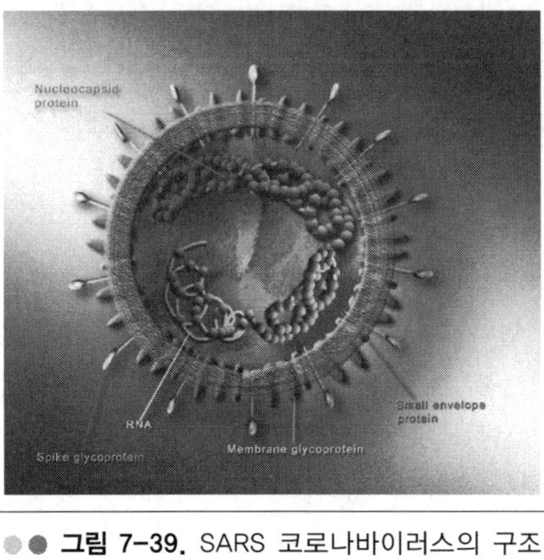

●● **그림 7-39.** SARS 코로나바이러스의 구조

2~7일이 지나면 가래가 없는 마른기침이 나타나고 혈중산소포화도가 낮아진다. 대부분의 환자는 회복이 되지만 10~20%의 환자에서는 호흡부전이 나타나고 인공호흡이 필요하게 된다.

㉰ 잠복기

SARS의 전형적인 잠복기는 2~7일이다. 그러나 극소수의 환자에서 10일까지 잠복기를 보이기도 하고 13일까지 보고된 환자가 있으므로 14일까지는 38℃ 이상의 발열이 있는지를 관찰해야 한다.

㉱ 감염경로

아직 SARS의 전파는 주로 비말(작은 침방울)을 통해 감염되는 것으로 생각된다. 즉 SARS 환자가 기침, 재채기, 말할 때 배출되는 호흡기 비말에 의해 전파된다. 또한 호흡기 분비물에 오염된 물건을 통해서도 전파될 수 있다. 감염원에 대한 규명 연구가 계속되고 있으나 일부 학자들은 동물의 변종 코로나바이러스에 의한 감염을 주장하고 있어 인수공통전염병으로서 심각한 질병으로 받아들이고 있다. 앞으로 연구가 계속되어 사실이 확인되어야하지만 중국에서는 전염원으로 의심받고 있는 사향고양이를 대량 잡아 죽인 것으로 알려져 있다.

그림 7-40. SARS 코로나바이러스와 중국의 동물 수난

㉲ 치료방법

현재까지는 지역사회에서 감염된 원인을 모르는 중증비정형폐렴에 적합한 치료를 하도록 권하고 있다. 그러나 아직까지는 치료법에 대한 충분한 정보가 없으며 비정형폐렴을 치료할 수 있는 항균제를 투여하고 항바이러스(oseltamivir 또는 ribavirin)제를 투여해볼 수 있다. 그리고 스테로이드를 항바이러스제와 함께 경구 또는 정맥 투여해볼 수 있다.

㉥ **치사율**

- 80~90%의 대부분 환자는 6~7일째 증상이 호전이 된다.
- 10~20% 정도의 환자는 증상이 악화되어 급성호흡곤란증후군(acute respiratory distress syndrome)이 발생하여 기계호흡이 필요할 정도 중증으로 발전한다.
- 사망율은 3~4% 정도이며, 다른 기저질환이 있는 경우에 높아진다.

⑮ 중증열성혈소판감소증(severe fever with thrombocytopenia syndrome, SFTS)

㉮ **병원체** : 증증열성혈소판감소증(SFTS) 바이러스(Bunyaviridae과, Phlebovirus 속, RNA 바이러스)

㉯ **중간 매개체** : 작은소참진드기(*Haemaphysalis longicornis*)- 소와 야생동물 피를 빨아 먹는 진드기로 흡혈 과정에 바이러스 전

㉰ **중간숙주** : 소, 사슴, 멧돼지, 쥐 및 야생 동물

㉱ **발생 현황** : 2006년 중국에서 발병이 최초 보고되었으며 2011년 병원체가 발견되었다. 2013년 1월 일본, 2013년 5월 대한민국 사망자가 확인되었다. 이후 국내에서도 충청북도, 강원도, 부산시, 제주도 등의 각지에서 감염 및 사망이 발생한 바 있다.

㉲ **사람의 증상** : 발열, 구토, 설사, 다기관 부전(multi-organ failure), 백혈구감소, 간효소치 증가, 혈소판감소에 의한 사망으로 치사율이 12-30%에 이른다.

㉥ **예방방법** : 야외 활동 시 진드기에 물리지 않도록 주의한다.

⑯ 중동호흡기증후군(Middle East Respiratory Syndrome, MERS)

㉮ **다른 이름** : MERS, 메르스, 메르스바이러스, 메르스바이러스감염증, 메르스코로나바이러스, 메르스코로나바이러스감염증, 신종코로나바이러스감염증

㉯ **병원체** : 신종 코로나 바이러스인 MERS-Corona 바이러스

㉰ **중간숙주** : 낙타가 1차 감염원으로 추정. 유전자 염기서열이 박쥐에서 발견되는 것과 유사하다 하여 박쥐를 원인 동물로 보고 있으며 최근 연구 결과로는 매개 동물이 낙타일 가능성이 더 높은 것으로 보고 있다.

㉱ **발생 지역** : 사우디아라비아를 비롯한 중동에서 집중적으로 발생하고 있으며, 최근에는 다른 나라에서도 발생하고 있다. 2015년 한국에서 큰 문제를 유발한 바 있다.

㉲ **주증상** : 발열, 폐렴, 콩팥 손상

㉥ **잠복기** : 14일

㉦ **치료제와 백신** : 개발되지 않았음

㉧ **치사율** : 약 30%

Chapter 07

⑰ 에볼라열(Ebola hemorrhagic fever)

㉮ **정의 및 병원체**

에볼라 바이러스 감염에 의한 급성열성전염병으로 치사율이 높고 전파가 잘되는 무서운 질병이다. 원인 바이러스에 대한 연구도 금지될 정도로 인류에 치명적일 것으로 예측되고 있으며, 수단과 자이레 지역에서 1976년 처음 질병이 확인되었으며 영화 '아웃브레이크'를 통하여 우리에게 잘 알려져 있다. 여러 나라에서 생물학전 무기로 연구되고 있다는 주장이 제기될 정도로 인류의 생존을 위협하는 치명적인 무서운 질병이다.

병원체는 Filovirus속에 Ebola virus가 원인체로 single stranded RNA 바이러스이다.

㉯ **임상증상**

원숭이에서 치명적인 출혈을 유발한다. 사람의 경우에 고열과 두통, 관절통, 근육통, 무력감, 구토, 설사 등이 나타나고 피부 발진, 피부와 점막의 출혈에 이어 비출혈과 각종 내장 장기 출혈이 유발되어 쇼크로 사망에 이른다.

㉰ **잠복기**

2~20일의 잠복기를 거쳐 증상이 유발되고 내장 장기 출혈이 유발되어 쇼크로 사망에 이른다.

㉱ **감염경로**

원인 바이러스인 에볼라 바이러스 보균 동물은 야생 설치류와 과일박쥐로 추정되고 있다. 사람과 원숭이는 감수성 동물로 보균동물과 접촉하거나 보균동물 배설물에 노출되어 감염이 일어나면 출혈로 사망에 이른다. 전염성이 매우 강하여 과거 수간과 자이레 지역에서 발생된 경우에 환자를 돌보던 간호사와 의사가 감염되어 그 중 50%가 사망하였다.

최근 가장 의심되는 감염경로는 아프리카 현지에서 에볼라 바이러스에 감염된 과일박쥐나 야생 설치류를 생식하여 감염이 유발되는 것으로 추정되고 있다.

감염된 사람은 체액이나 출혈 시 피로 바이러스가 배출되어 다른 사람에 감염을 유발할 수 있다.

㉲ **예방 및 치료방법**

현재까지는 적절한 치료제가 없다. 원숭이를 수입할 때 철저한 검역과 검사가 필요하다. 양성 반응을 보이는 모든 동물은 도태하고 소각한다.

(3) 진균성질환

① 아스페르질루스균증(Aspergillosis)

조류에 주로 폐렴. 소, 말에 폐렴, 유산을 일으킨다. 피부, 전신성 질환도 보고되고 있다.

㉮ 병원체

Aspergillus fumigatus, A. clavatus, A. flavus 중요하다. 균사로부터 수직으로 뻗은 분생자병의 정점이 팽대하여 전낭이 되어 여기에 다수의 경자(sterigma)가 생겨 그 위에 수개의 juice상으로 이어진 원형의 소분생자 형성한다.

㉯ 동물감염

조류, 소, 말

감염경로는 병원균은 토양 속에 상재하고 있기 때문에 외인 성으로 포자로 흡입하여 감염되며, 조류는 부란기내에서 접촉감염이 많다. 주 증상은 조류의 경우 진균성 폐렴으로 호흡곤란이 오며 사료와 음료수를 먹지 않고, 기립불능, 발육부전을 일으킨다. 개의 경우 오염 사료에 의한 신부전증이 대표적이다.

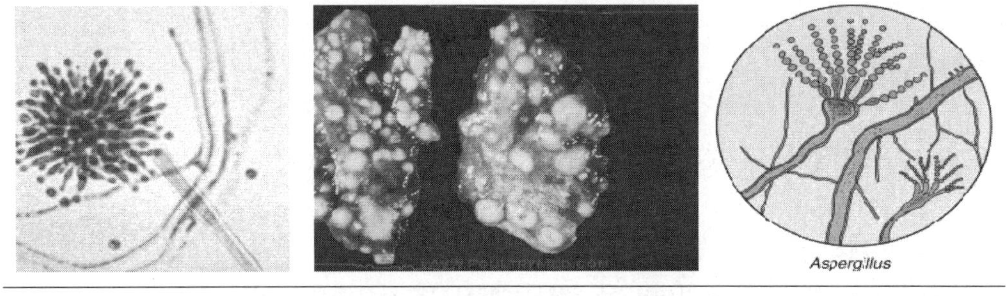

●● 그림 7-41. 아스퍼질러스와 감염 동물의 폐장 병변

㉰ 인체감염

감염경로는 흡입감염이 많다. 조류 사양 자, 모피취급인, 농부(곡물취급)등의 직업병이다. 균교대감염증으로 많이 감염 된다. 주 증상은 폐렴으로 폐 아스페르질루스 증이 가장 많다. 최근 A. flavus의 특정 주는 발암성물질인 "aflatoxin"을 생산하는 것이 알려졌다. A. flavua에서 "aflatoxin"이 많이 산출된다.

② 자이고 진균증(Zygomycosis)

균사에 격벽이 없고 균사 전체가 하나의 세포로 구성되어 있는 Phycomycetes(조균류)와 균사에 격벽이 있는 Mycomycetes(불완전균류)가 있다.

㉮ 병원체

조균류(Phycomycetes)로서 mucor과의 Mucor속, Rhizopus속, Absidia속에 속하는 진균에 의한다. 회흑색의 섬모상 집락을 형성하고 무격성의 균사와 접합포자 및 포자낭 포자를 갖는 것이 특징이다.

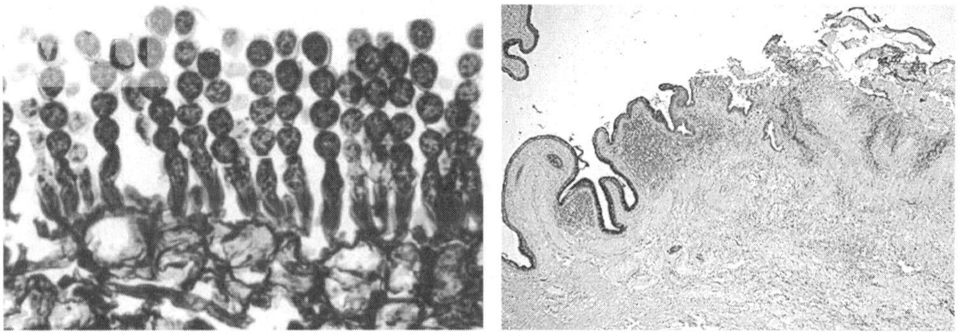

●● 그림 7-42. 자이고 진균과 피부감염 병변

㉯ 동물 감염

개, 말, 소, 돼지, 조류 등이 있으며, 주 증상으로는 임파선, 간, 폐, 신장에 육아종을 형성하는 것과 소화관에 궤양을 보이는 형이 있다.

㉰ 인체감염

감염 경로는 기도 감염과 주 증상은 폐무코로진균증은 포자가 호흡시 기도로 흡입되어 기관지폐렴 증세를 보이고, 진행하면 혈관 벽에 들어가 증식하여 폐 경색증을 나타낸다.

③ 크립토코쿠스증(Cryptococcosis)

토양에서 흔히 존재하는 곰팡이류로 흡입감염이 된다. 정상인의 경우는 자연 치유되기도 하나 폐에 위치에 있다가 면역억제(에이즈, 스테로이제 투여, 암 치료 등)시 전신으로 퍼지며, 특히 뇌에 침입 뇌수막염을 일으키고 신경증상을 나타낸다. 즉, 에이즈 환자의 생명을 위협하는 가장 대표적인 곰팡이중의 하나이다.

㉮ **병원체**

Cryptococcus neoformans

㉯ **동물감염**

- **점감염동물 및 분포 :** 말, 소, 개, 고양이, 돼지의 피부. 소화관, 그리고 비둘기의 분변 속에서 많이 분리되며, 주 증상으로는 소는 만성육아성유방염, 말은 폐에 점액종양병소(myxomatous lesion), 코, 입술의 육아종성병변, 개는 폐의 육아종, 수막뇌염, 고양이는 뇌막염, 폐의 육아성염증, 안검의 궤양이 특징적이다.

㉰ **인체감염**

감염 경로는 기도를 통한 흡입감염과 주 증상은 기회감염(opportunistic infection)이 특징이다. 장기별 병소 율은 Cox들의 보고에 의하면 중추신경계질환이 50%, 폐와 중추신경에 동시 발병되는 것이 15%, 기타 전신성이 35%, 임파절 종창이 18%의 순으로서 뇌형이 가장 많다.

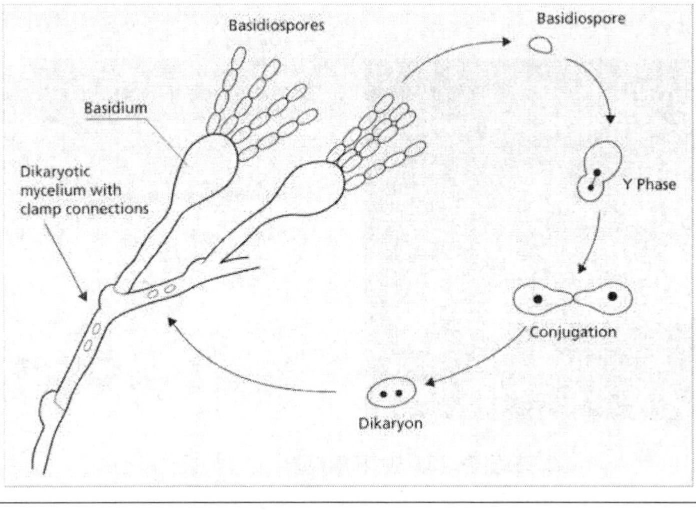

●● **그림 7-45.** 크립토코쿠스의 생활사

④ 캔디다증(Cadidiasis, Moniliasis)

포유류에 병을 일으키며 gastrointestinal tract에 낮은 농도로 존재한다. Candida는 보통 출아법으로 증식하지만 인간의 면역기능이 떨어질 경우와 같이 환경이 좋아졌을 때 필라멘트(filaments)를 만들어 담쟁이덩굴처럼 점막세포나 피부로 침입하여 퍼져나간다. 사람의 구강, 소화관, 생식기 등에 존재하고, 최근 구강(특히 치주, 치육)으로부터 분리한 Candida가 치주 병의 주된 원인일 것으로 예측되어 화제가 되고 있다. 또한 *C. neoformans* 와 유사하게 면역 결핍환자에서 문제가 되고 있다.

㉮ **병원체**

- *Candida albicans*
- 사브로드 한천배지를 이용 실온에서 배양할 때 크림색의 집락형성, 효모 냄새가 특징

㉯ **동물감염**

기회감염, 균 교대감염을 하며, 주 증상은 닭, 칠면조 등 조류는 상부소화관, 사낭에 병소(황백색의 밀크의 응고물)가 있다. 개에도 구각 염, 다리의 피부염, 어린 송아지의 식도염, 인후염, 위염, 돼지의 구내염, 위염, 피부염이 생긴다.

㉰ **인체감염**

점막 칸디다증, 피부 칸디다증은 손톱, 손가락사이, 살, 겨드랑, 유방, 생식기에 발생하고, 심재성으로 내장 칸디다증(기관지, 폐, 장관)도 온다.

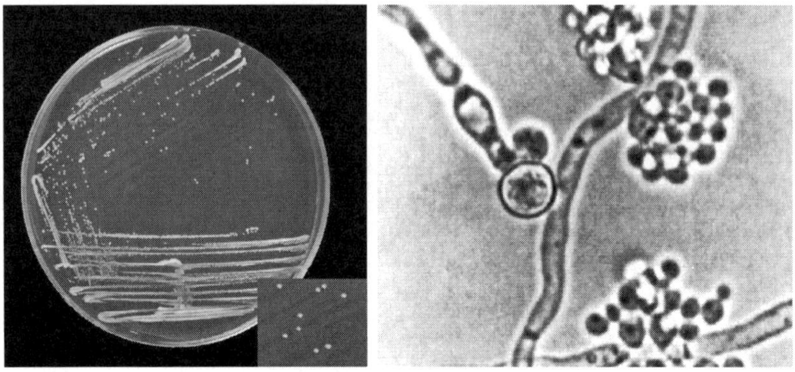

그림 7-43. 캔디다 배양 및 현미경 사진

⑤ 피부진균증(Dermatomycosis)

㉮ **병원체**

피부사상균에 속하는 백선균속, 소포자균속, 표피균속에 의한 피부계상균증이다. 백선과 황선이 있다. 피부진균증이 모든 진균증 중에서 가장 많이 발생되고 있으며 세계적으로 분포한다.

㉯ **동물의 백선 및 황선(Ring worm and Favus)**

- **백선**: 표제성은 원형의 피모결손, 탈모, 비늘형성과 낙설, 피부비후, 가피형성, 심재성은 표재성에서 이행된 것으로 모발 및 모근의 주위에 병변이 있다. 종종 농양을 형성하기도 하며, 병인체로는 *M. canis, M. gypseum, T. mentagrophytes, T. verrucosum* 등이 있다. 이중 *M. canis*는 개, 고양이의 병원균이지만 말, 원숭이, 양, 사람 등에도 감염되며, *T. verrucosum*은 소에서 피부진균증을 일으키지만 산양, 양, 말, 낙타 그리고 사람에도 옮긴다.

- **황선** : *T. gallinae, T. schoenleini*가 원인체이다. 전자는 닭의 원인체이지만 사람 및 개에서도 병원성이 있다. 개, 고양이에 균 증식을 형성시키고, 말, 양, 생쥐에도 감염되고 이것이 사람의 전염원이 된다. 일본에서 말의 복행진의 원인체라 알려진 *Achorion gypseum*도 *M. gypseum*과 같은 것이다.

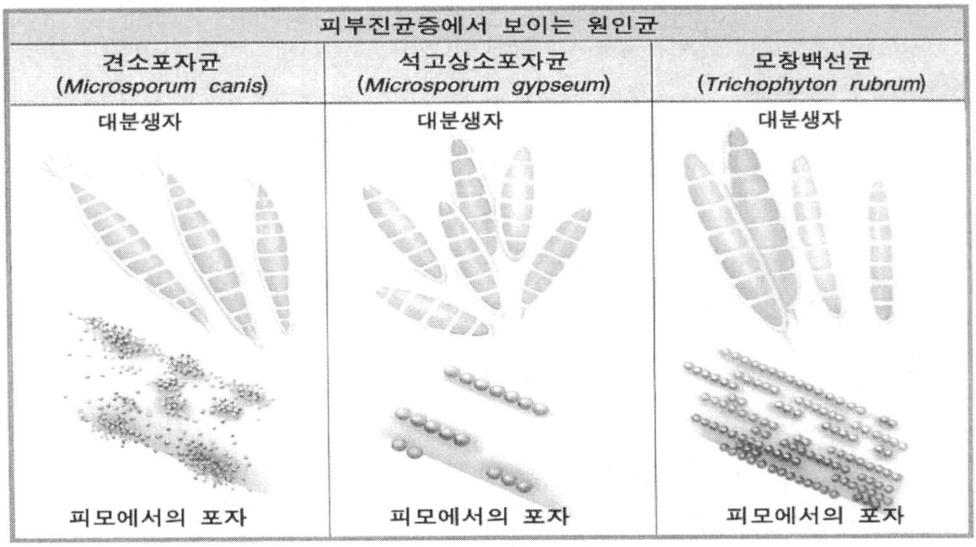

●● **그림 7-44.** 피부진규증의 원인균 종류

(4) 리켓치아 및 클라미디아 질환

리켓치아병은 주로 설치류와 절족동물의 질병으로 절족동물을 매개체로 하여 사람에게 전염되는 질병으로 임상증상, 역학 및 면역학적 특성에 의하여 티푸스병과 Q열로 분류한다.

① **발진열**(endemic typhus fever)

발진열은 *Rickettsia typhi*(R. mooseri)에 의한 급성 열성 전염병으로 감염된 쥐벼룩(*Xennopsylla cheopsis*)에 의해서 전파된다.

임상증상은 발진티푸스와 비슷하지만 일반적으로 증상이 가볍고 사망하는 예는 거의 없다.

계절적으로는 가을철에 많고 산발적으로 발생하며, 쥐의 서식이 많은 지역(농촌, 곡물창고 등)에서 발병이 잘된다.

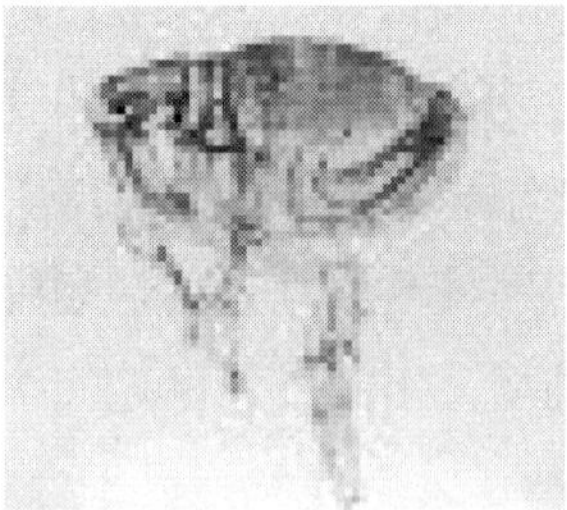

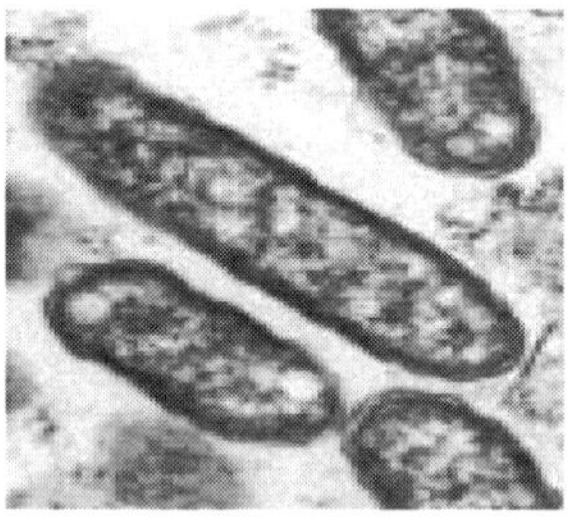

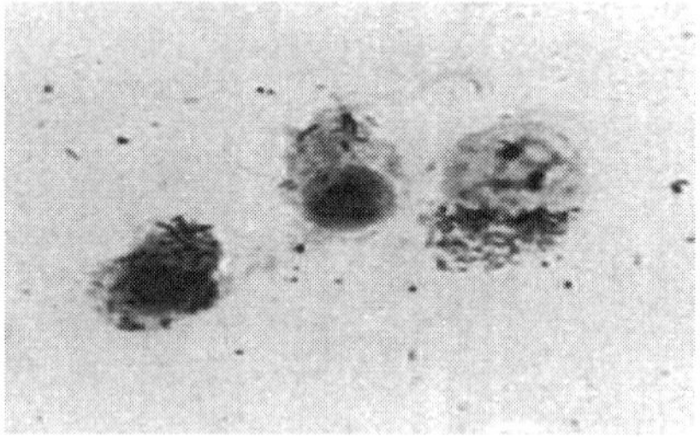

●● **그림 7-45.** 쥐벼룩과 발진열 원인 리케치아

② **홍반열군**(Spotted fever group)

발생지역에 따라 로키산홍반열(RMSF), 퀴인슬랜드 진드기티푸스, 지중해열, 북아시아 진드기열, 리켓치아 두창, 북미 진드기열 등이 있다.

③ 츠츠기무시병(Tsutsugamushi disease, Scrub typhus)

- **병원체** : *Rickettsia tsutsugamushi*
- **동물감염** : 원숭이, 기니아픽, 햄스터, 들쥐, 쥐 및 생쥐에 병원성이 있다.
- **감염양식** : 자연계 생활환 진드기 - 쥐 - 진드기(transovarian passage)
- **증상** : 잠복기는 1~3주이다. 증상은 발진티푸스와 유사하다.
- **장티프스형** : 전 경과 시간 17일

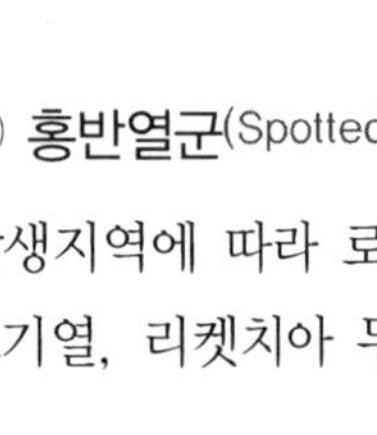

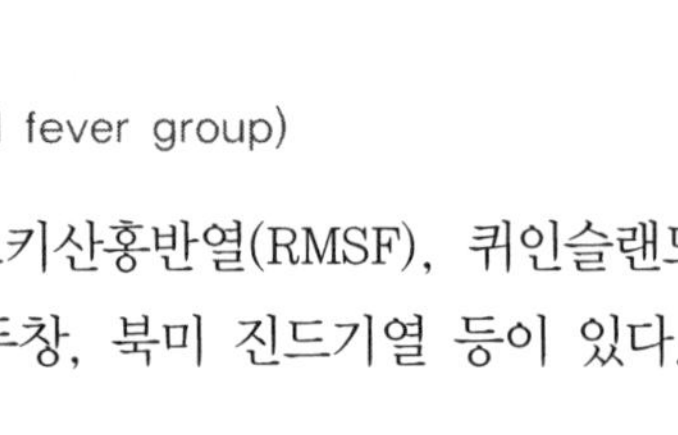

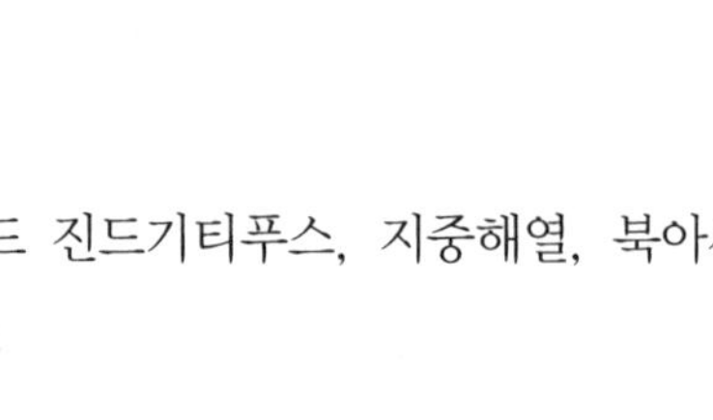

●● **그림 7-46.** 쥐 진드기와 병변 및 츠츠가무시

- **이장형 :** 발열 18~30일 발열은 안면, 구간, 사지에 소두대단 형, 장미발진이 나타나고, 며칠 후 그대로 없어진다. 발병 3주쯤에 섬망, 혼미 등의 신경증상이 나타난다.

④ Q열(Q fever)

- **병원체 :** *Coxiella burnetii*로서 세균 여과기를 통과하는 소형균체이며, 열건조에 대한 저항성이 매우 높다.
- **동물감염 :** 소, 면양, 산양의 준 임상적 질병(유방염 원인체)이기 때문에 진단이 매우
- **사람의 감염 :** 잠복기는 3~5일, 주 증상은 독감, 원발성 비정형 폐렴 및 간염과 유사하다.
- 다른 리켓치아병과 달리 절족동물의 매개체가 없고 홍반이 없다는 두 가지 특징이 있다.
- **감염경로 :** 소, 양, 산양에서의 감염은 이들에 기생하는 진드기에 의하여 전파된다.

⑤ 앵무병(Psittacosis, Ornithosis, Parrot fever)

- **병원체 :** *Chalmydia psittaci*로서 편성생세포(조직배양, 발육계란) 내에서만 증식한다.
- **감염동물 :** 앵무새, 잉꼬, 비둘기, 칠면조, 오리 등의 조류와 소, 양, 산양, 고양이 등
- **감염양식 :** 감염조류의 분뇨나 기도분비물에 병원체를 배설함으로서 이들의 직접 또는 오염 환경에 의한 경구 및 호흡기를 통한 감염.
- **증상 :** 동물에서는 보통은 불현성 감염, 과밀사육, 수송 등 스트레스를 받으면 발증하게 되고 설사, 식욕부진, 발열, 호흡곤란, 결막염 등이 특징이다. 특히, 송아지의

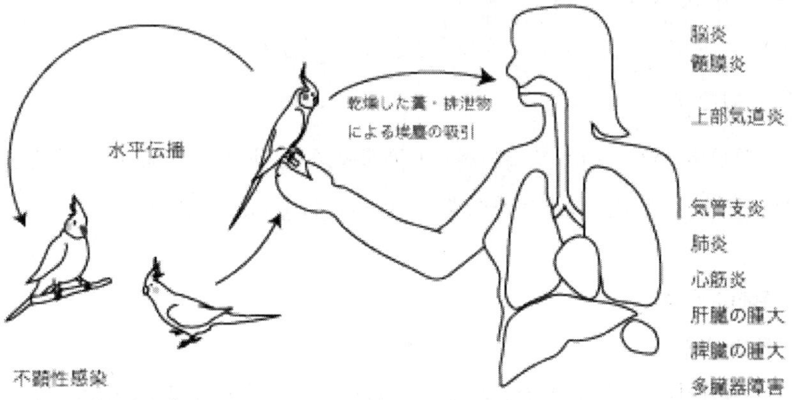

그림 7-47. 앵무병의 전파

Chapter 07

경우는 선회운동, 마비, 신경증상(뇌 척수염 형)과 장염 형이 있다. 사람의 경우는 잠복기가 7~14일이며, 무증상에서 급성전신증세에 이르기까지 다양하다. 식욕부진, 발열, 오한 두통, 정신착란과 50~60세 이상의 노령의 경우는 중증으로 경과하는 예가 있다.

(5) 기생충성 질환

사람과 동물사이에서 직, 간접으로 기생충이 상호 감염하여 생기는 기생충성 질병으로 약 100여종이 알려져 있다. 전파유형에 따른 기생충의 분류는 다음과 같다.

- **토양에서 발육, 채소류를 통해 전달 :** 회충, 십이지장충
- **패류를 중간 숙주로 함 :** 폐흡충, 간흡충
- **모기 등의 절족동물을 매개로 함 :** 심장사상충, 말라리아
- **성 접촉 등을 통해 :** 트리코모나스
- **고기, 어류를 통해 :** 촌충
- **수인성 및 공기 전파성 기생충 :** 이질아메바, 지알디아

생물학적으로 분류하면 다음과 같다.

- 윤충류(Helminths)는 선충류(Nematoda), 흡충류(Trematoda), 조충류(Cestoda)로 구분된다.
- Protozoa(원생동물)는 핵 가운데의 karyosome과 핵막 안쪽에 배열하는 chromatin particle(유전자)이 있고, 세포질은 내세포질(endoplasm)에 식포, 수축포, 염색질체 등이 있으며, 외세포질(ectoplasm)은 cyst wall의 형성, 위족, 편모(운동핵, kinetoplast)에서 시작하여 길게 돌출), 섬모, cytostome(cell mouth), cytopyge (cell anus) 등이 있다.

① 원충류 감염증

원충류는 원생동물로서 단세포성이며, 동물계의 최하위이다. 국내에서 중요한 기생충성 질병으로는 아메바성이질, 톡소플라스병, 바란티디움증 등이 있다.

㉮ 아메바성 이질

㉠ **병원체**

- 이질아메바(*Entamoeba histolytica*) : 영양형, 포낭형으로 구분, 대형과 소형 중에 대형만이 병원성이 있다.

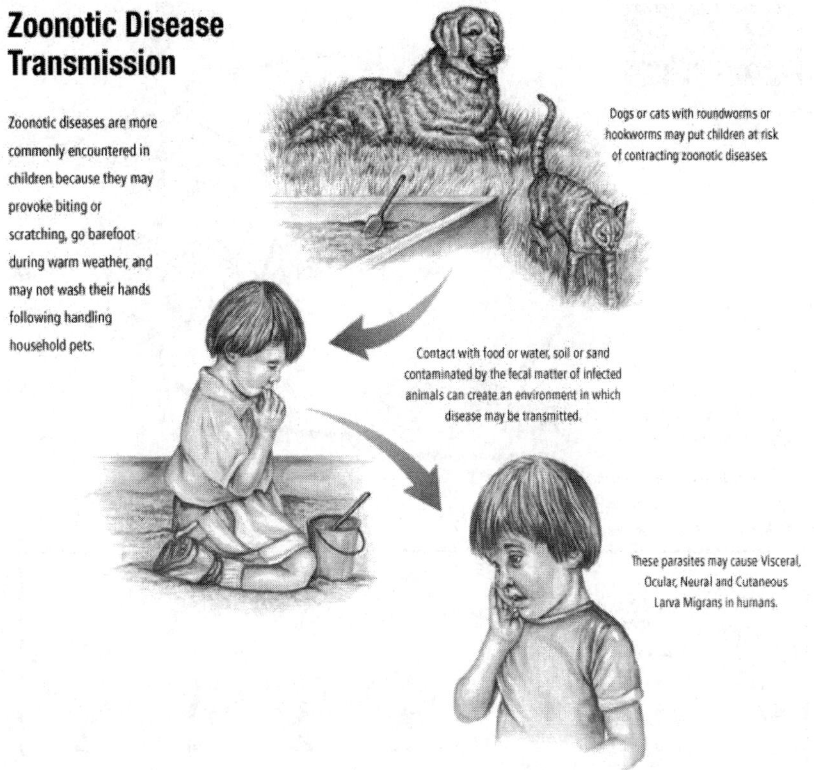

그림 7-48. 인수공통전염병의 주요 경로

㉡ 동물감염

- 원숭이의 이질아메바 감염 : 돼지, 소, 개, 고양이 감염
- 개 : 혈변, 간농양, 홍역이나 파보장염에 걸린 강아지의 경우 전신적인 아메바의증가로 이질증상이 합병으로 나타나며, 대개는 불현성 감염이다.
- 돼지, 소, 고양이의 아메바성 이질 : 희귀성
- 집쥐, 들쥐, 실험용 쥐의 감염 : 많다

㉢ 인체감염

- 온대지방 보다는 열대지방에 다발되고 사람에 한번 감염 시 40년 이상 원충 보유
- 대장에 기생 간장, 폐장, 비장, 뇌 및 여러 장기에 전이된다. 특히 간농양이 다발 됨.
- 급만성 소화 장애, 설사, 변비, 복통, 오한, 구토, 두통, 피로가 특징
- 아메바성 이질: 혈변과 점액변이 이급후증의 상태에서 배설, 이때 복통이 반복

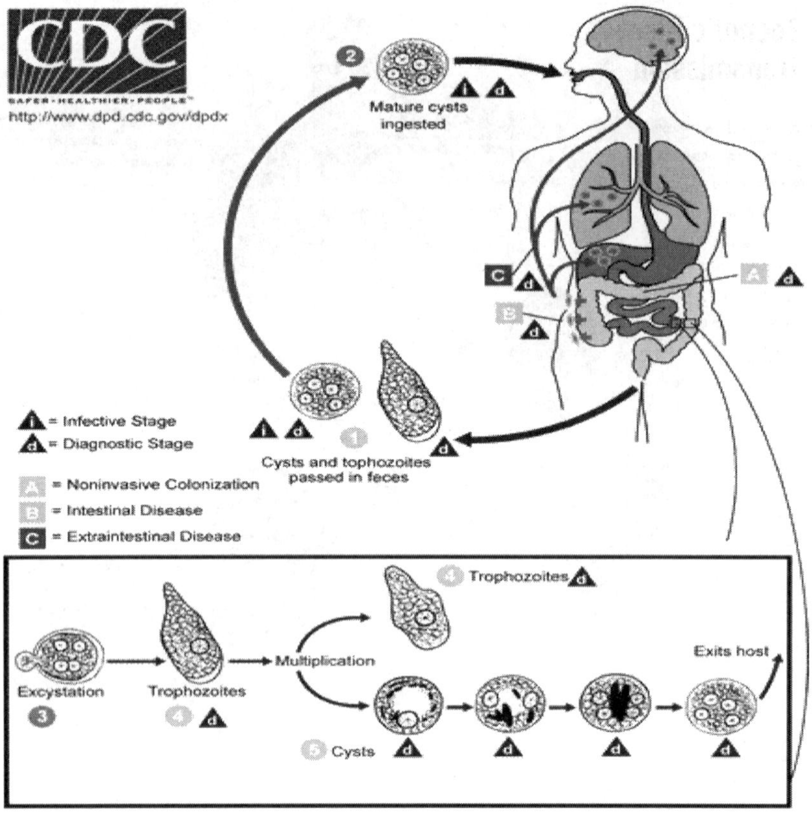

●● **그림 7-49.** 아메바성 이질의 감염경로(CDC 자료)

㉯ **톡소플라스마병**(Toxoplasmosis)

인수공통 기생충성 질병 중 가장 중요하다.

㉠ 점병원체 : *Toxoplasma gondii*

- 반달형의 영양형, 원형 또는 타원형의 포낭형
- 고양이의 장 상피세포에서 유성생식이이루지며 오오시스트가 분변에 배출
- 종 숙주: 고양이 〈-〉 여러 포유동물 및 조류(중간숙주 또는 운반숙주)

㉡ 동물감염 : 피해를 가장 많이 받는 가축은 돼지와 소이다.

㉢ 인체감염 : 육회와 육즙에 의한 것과 자연계에 살포되어 있는 오오시스트의 섭취

- 임신부에 감염된 원충이 태반을 거쳐서 태아에게 옮는 선천적 감염
- 임신 초기에 감염되면 태아의 사망률이 높으며 눈의 톡소플라스마 병으로 실명

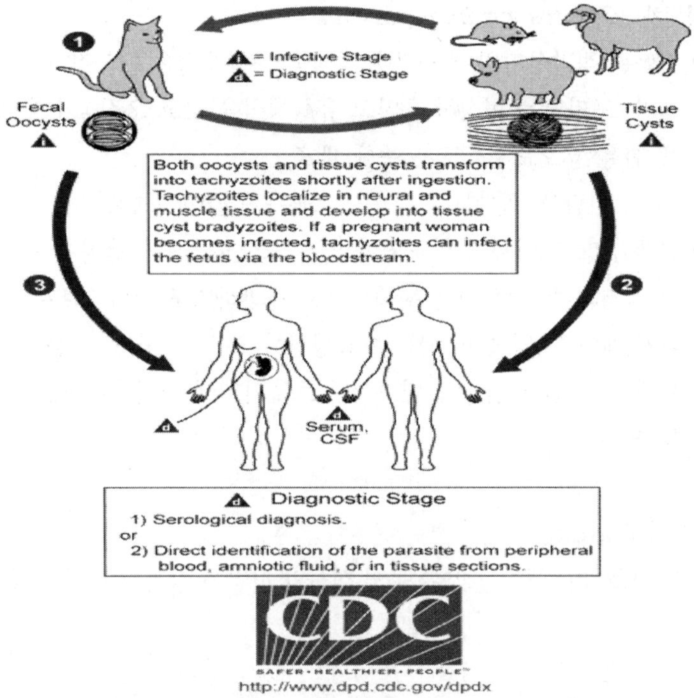

그림 7-50. 톡소플라즈마의 감염경로(CDC 자료)

㉣ **예방** : 고양이에게 쥐나 육류를 먹이지 말아야하며, 그 배설물의 처리를 철저히 한다. 수육 내 포낭의 경우는 -14도에서 3시간 이상 있어야 사멸된다(냉장시설 불안전). 사람은 육회를 통하여 주로 감염됨으로 주의를 요한다. 자연계는 톡소플라스마의 오염 원천이라고 할 수 있다.

㉰ **와포자충병(크립토스포리듐병)** Cryptosporidiosis

여름철 수영장을 찾은 후 설사나 위경련, 열등의 증상의 주된 원인체중의 하나인 와포자충은 최근 에이즈나 화학요법으로 인체의 면역체계가 약화돼 있는 경우 사망을 불러올 수도 있다는데서 주목 받게 된 원충성 질환이다. 크립토스포리듐은 작은 구 균성 형태의 원생동물의 한 속으로 포자소체의 존재가 특징이며, 배설물에 의해 옮겨지는데 전염성이 강해 감염된 1명이 10만 명을 전염시킬 수 있다. 이 크립토스포리듐의 낭포체는 수영장 소독에 쓰이는 염소에 내성을 갖고 있다. 이병은 1976이전 까지는 잘 알려져 있지 않았고, 1993년 미국의 밀워키와 위스콘신에서 수돗물을 통해 40만병이 감염발생 된 이래 일반인에 널리 알려지게 되었다.

㉠ **병원체**: *Cryptosporidium parvum*

- 소화관 점막상피의 쇄자연내 기생충으로 중간숙주를 취하지 않는 단 숙주성이며, 포자낭을 형성하지 않고 유성생식을 하고 오직 4개의 스포로시스트만을 함유한 오오시스트가 똥에 배출
- 숙주: 사람을 포함한 가축 등의 모든 동물이 포함된다.
- 인체감염: 자연계에 살포되어 있는 오오시스트를 음용수 등을 통해 섭취되어 감염되며, 정상인은 무증상으로 경과하기도 하나 대부분 소아, 면역결핍 환자(에이즈, 암 등)에서는 수양성설사와 오심, 구토, 두통 및 식욕억제 등이 특징이다. 간혹 담낭에 염증이나 호흡기계에 침입하여 폐염증을 나타내기도 한다.

㉣ **지알디아(Giardia)**

설사를 유발하며, 개와 고양이 등의 설사와 사람에 감염시 사람의 설사를 유발한다.

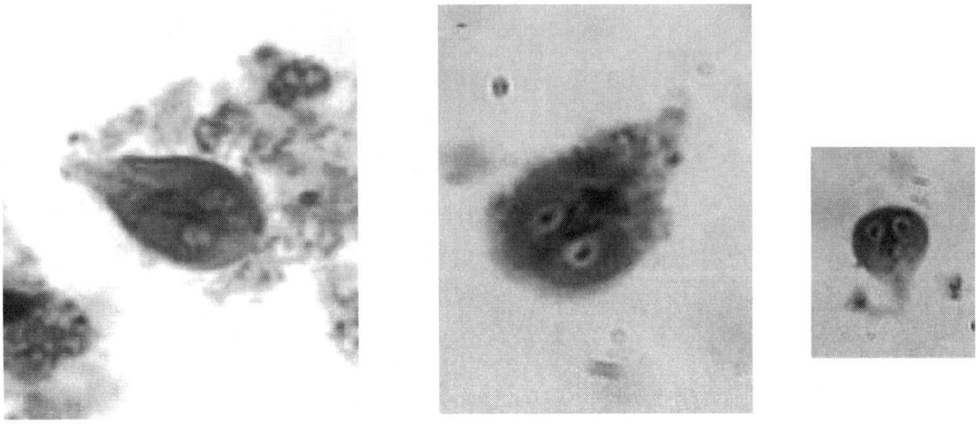

●● **그림 7-51.** 지알디아 원충

㉤ **콕시듐**

장상피 속에 기생하여 구충이 매우 어려운 원충이다.

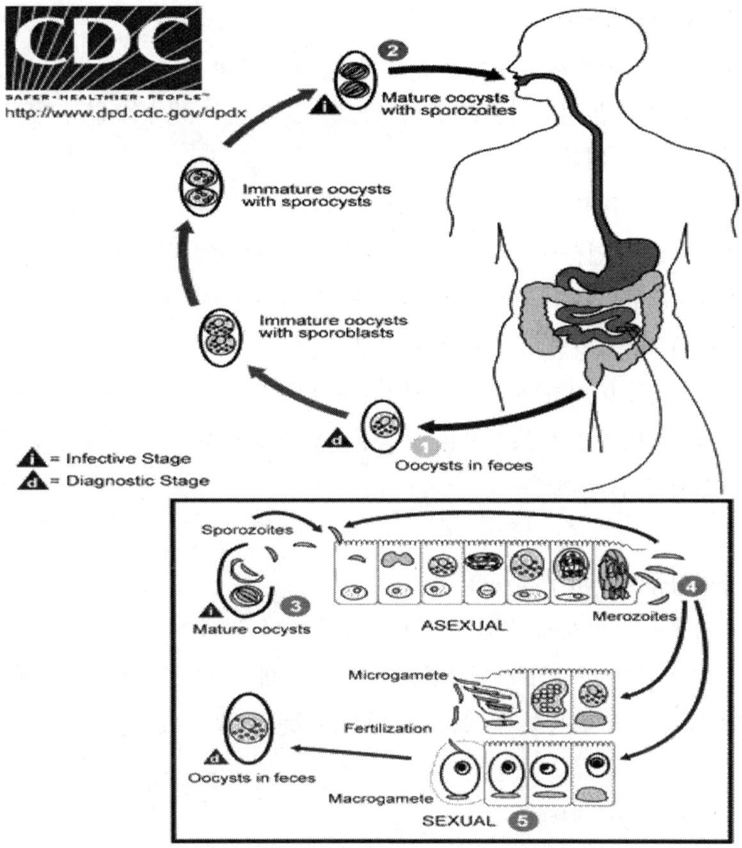

●● **그림 7-52.** 콕시듐 원충의 생활사(CDC 자료)

② 선충성 질환

• **국내에서 문제가 되는 것 :** 회충, 구충, 사상충, 안충(50여 종이 있음), 크기는 다양하며, 생활형태도 역시 다양하다.

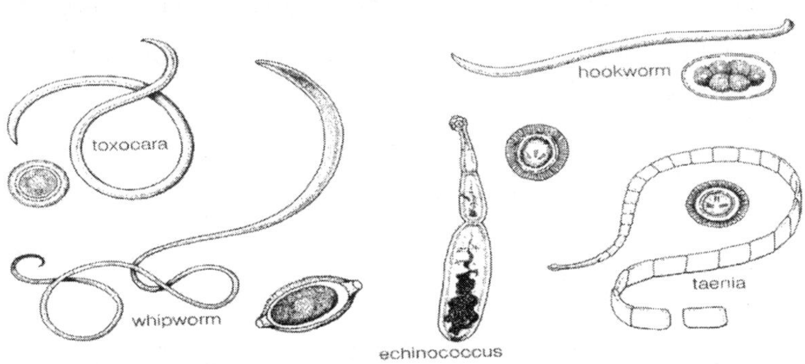

●● **그림 7-53.** 선충의 성충과 난의 모양

Chapter 07

㉮ **회충증(Ascariasis)**

- 병원체 : *Ascaris lumbrioides, Ascaris suum*
- 동물감염 : 돼지의 회충감염률은 높다. 임신 돈이 회충을 보유하면 새끼가 태어난 후 감염 된다.
- 돈 회충 : 돼지, 소, 면양, 사람에 감염
- 인체감염 : 인분을 시비한 야채에 부착한 충란에 의하여 감염
- 체내이행에 의한 병변 : 유충이 장벽을 관통하여 이행 --〉 조직의 파괴
- 성충에 의한 병변 : 기생충성 장염
- 독소작용 : 이행하는 유충의 사멸, 순환계에서 죽은 유충에 대한 체조직의 반응에 따른 병변으로 독성작용이 출현, 성충에 의한 대사산물 등이 독작용
- 미입에 의한 부작용

㉯ **유충이행증(Larva migrans)**

동물기생충이 인체에 감염되어서 여러 장기나 기관을 이행함으로써 야기되는 증상으로 동물에 기생하는 선충류는 해당 숙주에 감염하고서 체내이행을 꼭 수행해야만 성충으로 발육하며, 이를 수행하지 못 하면 죽게 된다.

㉠ 유충이행증의 형태

- 회충유충이 장기를 이행하는 현상
- 구충의 감염자충이 피부를 뚫고 침입하여 파행하는 현상
- 사상충의 자충이 모기에 의하여 피부에 섭종된 이후에 혈관 내피세포에서 탈피를 하고 혈류를 따라서 중추신경계로 미입하는 현상
- 병원체
- 유충 장기이행증을 일으키는 동물기생충 : *Toxocara canis, Ascaris suum*
- 유충 피하이행증을 일으키는 기생충 : *Ancylostoma canimum*
- 사상충 이행증을 일으키는 종류 : *Dirofilaria immitis*
- 동물감염
- 유충 장기이행증 : 우회충, 마회충
- 구충의 동물 감염 : 개와 소
- 지상사상충 감염 : 소
- 인체감염
- 유충의 장기이행증 : 알레르기성 육아종과 같고 병변으로는 호산구증가증, 간비대, 신장염, 심부전증, 발열기침

- 유충의 피하 침입 : 침입한 부위가 발적, 수포 형성
- 사상충의 감염 자충 : 사람의 뇌로 감염 자충이 침입

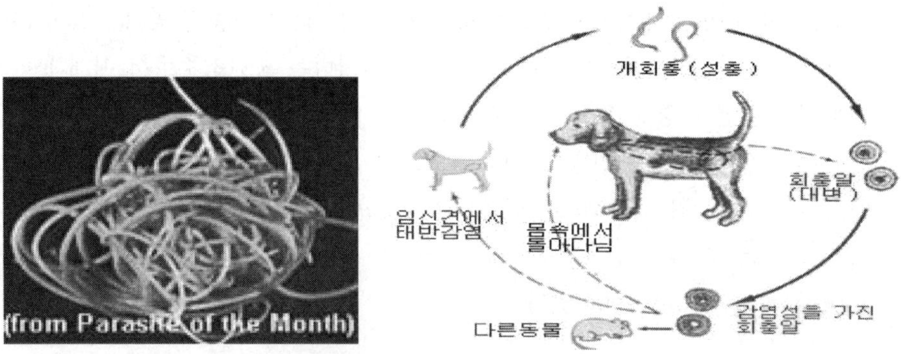

●● **그림 7-54.** 회충의 감염과 생활사

㉰ 아니사키증(Anisakiasis)

- 병원체 : Anisakis spp.
- 동물 감염
- 제 1 중간숙주 : 새우
- 제 2 중간숙주 : 명태, 대구, 청어, 연어, 고등어, 삼치, 가다랭이, 오징어, 낙지
- 종숙주 : 제2중간숙주의 내장을 먹고 감염이 된다.
- 돼지에 많다.
- 인체감염
- 봉와직염형, 농양형성형, 육아종형, 농양육아종형

㉱ 분선충증(Strongyloidiasis)

- 병원체 : *Strongyloides stercoralis*
- 동물감염 :
- 분선충 : 개, 여우, 고양이, 곰, 원숭이에 감염
- 람손간충 : 돼지, 개, 고양이, 토끼
- *Strongyloides filledorni* : 원숭이, 개
- 인체감염
- 피부를 뚫고 침입 → 국소의 염증 초래, 체내이행시 기관지염의 증세
- 경구적으로 감염 : 장점막에 염증표재성궤양 형성, 2차적 감염 수반 → 이질의 원인

㉮ 심장사상충증(Heart worm disease)

개와 고양이에 모기에 의하여 전파되는데 사람에 인수공통전염은 이루어지지 않는 것으로 알려져 있다. 모기에 의한 사람의 원충성 기생충 감염으로 말라리아, 바베시아 등이 있다. *Dirofilaria immitis*는 개 심장사상충 감염(dog heartworm infection)의 원인체로서 개가 고유 종숙주, 사람은 중간숙주로서 매개체인 모기에 의해 감염될 경우 성충으로 발육하지 못하고 유충 체내이행을 하여 피하 결절과 폐 실질내 결절성 병변증(human pulmonary dirofilariasis; HPD)을 일으킨다. 이들 원인체는 *D. immitis*외에 *D. tenuis, D. repens, D. ursi, D. striata, D. lutrae, D. spectans, D. subdermata* 등이 있으며, 매개 모기는 *Aedes, Anopheles, Culex* 등이 있다.

㉠ 형태

암컷은 갈이 25~31 cm, 폭 1mm로 수컷보다 크며, 수컷은 일반적으로 미단 부위가 약간 말려올 간 형태이다. 암수가 동시 감염 시에는 자충(microfilariae)을 생산한다. 이들 자충은 혈류를 타고 순환하다가 모기에 섭취되어 다른 포유동물에 전파하게 된다. *D. immitis*는 전 세계적으로 분포되어 있는 가장 대표적인 종이다.

㉡ 생활사

생활사는 microfilariae 자충이 모기에 섭취되어 중장에서 L3 larvae(14~21일)로 모기 흡혈로 새로운 숙수에 감염 90-120일 동안 숙주조직 내 생활 후 최종적으로 순환기내로 들어감. 숙주 동물의 심장 순환을 거처 폐동맥과 우심

●● 그림 7-55. 심장사상충의 감염경로

쪽으로 이동하여 잠복기를 거쳐 성충으로 발육하여 자충을 생산하는데 까지는 약 5-6개월 소요된다.

* 개에서 충체는 1~250마리가 감염되며, 수명은 약 5~7년이다.

③ 조충성 질환

조충류의 충체는 두부, 경부, 체절 혹은 편절이 연한 연절로 구성, 가장피해가 심한 것은 광절열두조충, 유구조충, 무구조충, 단방조충

㉮ **광절열두조충증(Diphyllobothriasis)**

㉠ **병원체** : *Diphyllobothrium latum* : **의엽조충류에 속함**

- 인체감염
- 빈혈이 생기는 것이 특징: 열두조충성 빈혈
- 소화장애, 오심, 구토, 복통, 설사

㉯ **무구조충증(Taeniasis)**

㉠ **병원체** : *Taeniasis saginatus*

㉡ 동물감염

- 중간숙주 : 소, 물소, 기린, 산양, 면양, 낙타 → 충란 섭식 → 무구낭미충(유충)으로 발육

㉢ 인체감염

- 사람에게 감염되는 조충중에서 가장 감염률이 높다.
- 특히 쇠고기를 많이 먹는 지역에 분포가 높다.

㉰ **유구조충증(Taeniasis, cysticercosis)**

㉠ **병원체** : *Taenia solium*

㉡ 동물감염

- 중간숙주 : 돼지, 멧돼지, 양, 사슴, 개, 고양이, 곰, 쥐, 사람 → 근육에서 유구낭미충 발육

㉢ 인체감염

- 무구조충보다 낮은 편
- 성충 : 소장에 감염
- 유구낭미충 : 근육에서 발육
- 성충 감염 시 : 복통, 설사, 식욕이상, 오심, 구토, 두통, 현기증, 신경증상,

중독증상, 복막염

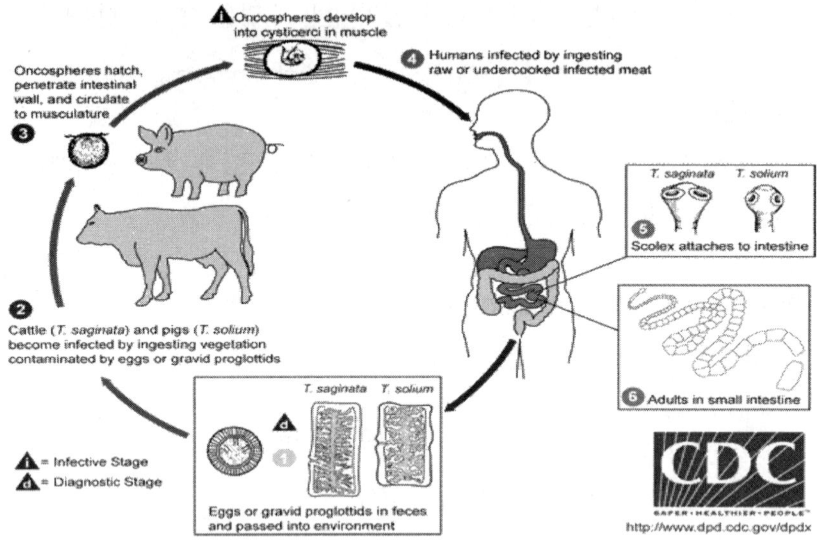

●● **그림 7-56.** 조충의 생활사(CDC 자료)

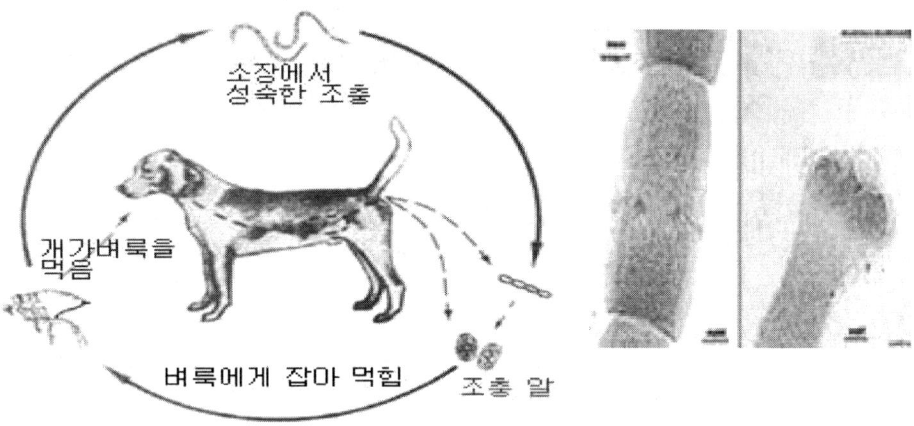

●● **그림 7-57.** 개의 조충 생활사

㉣ **포충증**(Echinococcosis, hydatiddisease)

- 병원체 : *Echinococcus glanulosus*
- 동물감염 : 종숙주 : 개와 여우
- 인체감염 : 개가 배출하는 충란을 사람과 면양이 먹게되어 감염

④ 흡충성 질환

디스토마(이구체)로 충체는 나뭇잎 모양으로 배복면이 편평하며 소화관은 퇴화, 표피를 통하여 영양을 흡수한다. 발육에 있어 두 개 이상의 중간숙주를 필요로 하는데 첫째 중간숙주는 연체동물을 택하고 두 번째의 중간숙주는 민물 어류를 택한다. 흡충류의 발육은 충란 → 미라시디움 → 레디아 → 유미유충(셀카리아) → 피낭유충(메타카리아) → 종 숙주에서 성충

㉮ **간질증(Fascioliasis)**

- **병원체 :** 간질(*Fasciola hepatica*): 20~30mm, 거대간질(*Fasciola gigantica*): 25~50mm
- **동물감염 :** 간질은 반추동물에 흔히 기생하며, 국내의 소나 양에 30% 기생한다. 수초, 볏짚에 부착된 피낭유충을 먹고 감염되며, 이소기생 예가 많다. → 출산 전 송아지에 감염
- 인체감염
  냉이나 미나리에 붙은 피낭유충을 먹어서 간질 충에 감염
  인체에 감염 → 체내이행 → 조직의 파괴 → 병변 시작
  증상 : 산통, 황달, 압통, 설사, 발열, 빈혈, 부종
  만성감염 시 : 복수, 간경변증
  이소기생 : 뇌, 피하조직, 장 상피조직, 혈관, 복강

② **간흡충증**

- **병원체** : 간흡충(*Clonorchis sinensis*)을 간디스토마라 부름
- **동물감염** : 개, 고양이, 돼지, 족제비, 밍크, 오소리 등에 감염
- **국내** : 한강, 낙동강, 영산강, 만경강, 금강 등의 담수어가 오염
- **인체 감염** ; 전국적 감염 : 4.7~9.3%
- **인체감염의 기전** : 민물생선회, 피낭유충이 물에 오염되어 감염
- 간디스토마의 피낭유충 1000개 이상의 감염에서 치명적 영향
- **제 1 중간숙주** : 왜우렁(*Parafossarulus manchouricus*)
- **제 2 중간숙주** : 담수산어류 - 참붕어와 긴물개

③ **폐디스토마증**

- **병원체** : *Paragoniumus westermanii*
- **동물감염** : 숙주범위가 넓다.

- **생활사** : 충란 → miracidium → sporocyst → redia → cercaria → 성충
- **제1숙주** : 다슬기
  제2숙주 : 참게, 가재(감염형 metacercaria)
  종 숙주 : 포유동물
- **형태** : 충란의 난각은 두꺼우며, 난세포를 포장하고, 광절열두조충과 회충의 불수정란과 구별이 필요하다.
- **이소적 기생(ectopic infection)** : 고유의 기생 장소로 가지 않고 다른 조직이나 장기에 가서 일정기간 기생하다가 정주성으로 되어 성충으로까지 발육하는 경우이다.
  * 폐흡충 : 폐 → 뇌(유충)
  * 일본주혈흡충 : 장간막정맥 → 장기, 척수뇌폐(충란)
- 폐장에 감염으로 인한 피해는 적다(충낭 형성 → 결합조직 증식: 결절형성)
- **뇌나 그 밖의 여러 장기에 기생** : 큰 장애 초래, 특히 고양이에 발생이 많다.
- **사람의 이소기생** : 횡격막, 간장, 장간막, 음낭, 안와, 뇌에 기생 → 뇌의 페디스토마증 : 간질, 반신불수증, 국소마비, 실어증, 시력장애 등을 병발

⑤ **피부 기생충**

㉮ 개선충(scabies)

- **병원체** : 개선충은 옴이라고도 불리는 *Sarcoptes scabiei* var. *canis*이 원인체이며 전염력이 강한 피부 기생충으로서 주로 피부의 안쪽에 굴을 파고 생활하는 기생충이다. 피부 속에서 알을 낳아 약 1주일이면 새끼가 알에서 태어나며 다시 알을 낳을 때까지 피부에 자극을 주면서 생활을 하게 된다. 피부를 자극하면서 심한 가려움증을 유발하는 것이 특징이다.
- **증상** : 심한 소양감, 탈모, 발적, 가피 등이 대표적인 증상이다. 일반적으로 병원 검사실에 들어온 개는 긴장해 있기 때문에 웬만한 소양감이 있어도 잘 긁지 않으나 개선충증에 걸린 개는 심지어 검사실에서까지도 계속해서 긁는다. 피부병변은 일반적으로 털이 적은 부위에서 시작하며 귀의 변연부, 복부, 뒷다리꿈치, 앞다리꿈치 등에 많이 형성된다. 항생제 및 Steroid계 약물에 치료되지 않는다. Pinnal-pedal reflex를 보인다. 그러나 Pinnal-pedal reflex는 지루성 귀질환과 같은 타 원인에서도 관찰되기 때문에 특징적 진단법은 아니다. 전염성이 매우 강해 동거하는 개들 모두가 감염된다. 애견센타에서 털을 손질한 후, 혹은 가축병원에 내원한 후에 많이 감염된다. 강아지에서는 성견에서처럼 심한 가려움증을 보이지 않는 경우가 많다. 사람도 옮

을 수 있으며 팔, 가슴, 혹은 복부에 가려움증과 구진(papular rash)이 형성된다.

- **발생 부위 :** 다리, 얼굴, 귀끝에 두터운 딱지가 특징적으로 생긴다. 사람에게도 전염이 된다. 치료가 된 후 2차적으로 진균성 피부병이 걸릴 위험이 높다.
- **진단과 치료**

  수의사의 검진에 의하여 피부에서 *Sarcoptes scabiei* 병원체 검사

  수의사의 치료를 받는다.

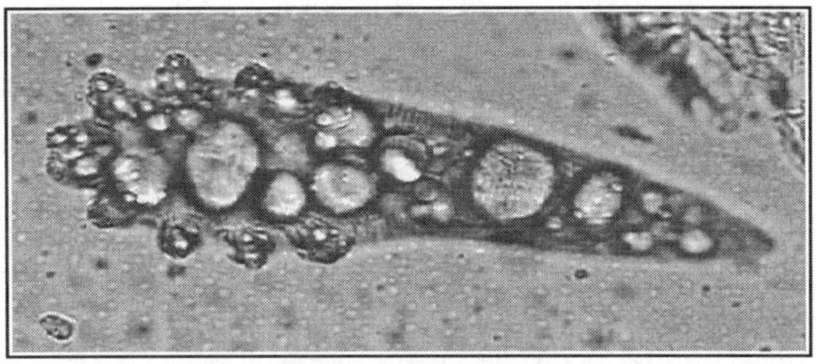

●● **그림 7-58.** 개선충 병원체

㉯ 모낭충(demodex)

㉠ **원인 :** 주로 생후 2~3개월 령에서 5~6개월 령에 걸친 발육기에서 *Demodex canis*의 기생에 의해 발생하는 기생성의 피부병으로 개는 다른 동물에 비해 감수성이 높다. 모낭충은 사람을 포함한 각종 동물에 기생하는 고유의 종이 밝혀져 있다. 소는 *D. bovis*, 돼지는 *D. suis*와 *D. phylloides*, 고양이는 *D. cati*로 모낭 및 피지선내에 기생하고 있다. 감염은 직접 또는 간접접촉에 의해 어린 개는 포유시 감염될 수 있고 피모의 발육이 끝난 후에는 환견과 접촉이 있어도 감염이 적은 것으로 알려져 있다. 감염률과 발생은 연령, 품종 및 피모의 장단 등에 따라 달라 어린 개가 감염률이 높고 또한 Dachshund 종과 같은 단모종이 장모종에 비해 감염되기 쉽다.

㉡ **증상 :** 탈모, 홍반, 농포, 발적이 주 증상이며 모낭충증 자체로는 가려움증이 거의 없다. 소양증은 보통 2차세균감염에 의한 것이거나 전신성일 경우에 국한된다. 전신성일 경우 면역계의 이상으로 인한 것이므로 동거하는 개들 모두가 전신성 모낭충을 나타내지는 않는다. 항생제 및 Steroid계 약물에 치료되지 않는다. 오히려 이들 steroid계 약물 처치를 받고 있는 개에서 면역억압의 결과로 모낭충증이 임상적으로 발현될 수 있다.

- **국소성 모낭충증(localized demodicosis) :** 부분적인 탈모와 홍반 및 종창, 주로 안면(특히 안와 및 입주위)과 전지 등에 다발하며 드물게는 몸통과 후지에도 발생한다. 주로 3~6개월 령에 다발하며 소양감은 드문 편이다. 감염된 어미 개를 통해 새끼에게 이환된다.
- **전신성 모낭충증(generalized demodicosis) :** 가장 중요한 피부염의 하나로서, 국소형으로 부터 시작하여 전신으로 퍼진다. 치료하지 않을 경우 2차 감염으로 인해 폐사할 수 있으며 보기가 매우 흉측하며 Amitraz라는 약이 개발되기 전에는 치료가 거의 불가능해 축주의 요구나 수의사의 추천에 의해 안락사 되는 경우가 대부분이었다.
- **모낭충성 족피부염(demodectic pododermatitis) :** 병소는 발에 국한되어 나타나며 전신성 모낭충증 치료한 후에도 발 부위만 만성적으로 남아 있게 되는 경우에 해당 2차 세균감염이 거의 항상 수반된다. Old English sheepdogs에 다발하며 치료해도 잘 낫지 않는다.

ⓒ **예방 및 치료**

- **국소성 모낭충의 치료 :** 대부분의 경우에 자연치유, 일부는 전신성으로 확대된다. rotenone이나 lindane 또는 benzyl benzoate계 연고를 매일 1회 발라준다.
- **전신성 모낭충증의 치료 :** 털을 깎는 것이 매우 중요하며, 피부에 형성되어 있는 가피들도 제거해야 한다. 가능하면 약용 샴푸로 전신을 세척하여 가피, 지루, 세균등을 제거한 후, Amitraz(그린틱스, 녹십자수의 또는 Mitaban, Upjohn)로 약욕시키거나 스폰지로 도포한다. [그린틱스: 따뜻한 물을 1: 250배로 희석하여 사용 Mitaban의 경우 한 병(10.6ml)을 3.8리터의 따뜻한 물에 희석하여 사용]. 약을 도포 후 물로 씻어 내지 말고 드라이 등으로 불어 말린다. 2주에 한번씩 3~6회 실시하도록 되어 있으나 매주 약욕하는 것이 더 효과적이다. 12~24시간가량 진정작용이 있음을 축주에게 상기하는 것이 좋다. 가끔 수종을 수반한 심한 통증 및 발열이 약 도포 후 수 시간 후에 발생하는 경우도 있다. Skin scraping을 실시하여 살아있는 모낭충 응에가 사라진 후 두 번 더 약욕한다. 전신성으로 모낭충이 감염된 경우 귀속도 반드시 검사하여 모낭충이 검출되면 치료해야 한다. 귀속은 mineral oil 3에 rotenone 1로 섞어 치료하거나 mineral oil 9에 amitraz 1을 섞어 매일 점적해 준다. 모낭충증이 있는 개는 corticosteroid요법을 실시해서는 안 된다. steroid 요법을 실시하면 치료된 개도 재발할 가능성이 매우 높다.

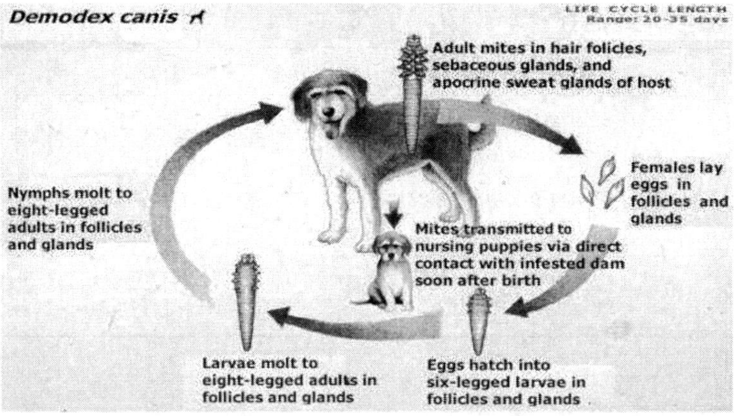

그림 7-59. 모낭충의 감염

표 7-2. 세균성 주요 인수공통감염병

병명	병원체	증상
살모넬라증	*salmonellosis spp*	어린견에서 혈액, 점액성 설사, 발열, 구토, 식욕부진, 성견에서는 1~2일간 일과성으로 심함 설사
캠필로박터증	*Campylobacter jejuni. c.coli*	장염, 설사(연변~혈액성 수양성변), 4개월이하의 어린 견에서 발생
여시니아증	*Yersinia enterocalitica*	점액성 혈액성 설사
부르셀라증	*Brucella canis*	태반염, 유산
파상풍	*clostridium tetani*	순막노출, 심한 강직성 경련, 관절의 굴신, 운동불능, 호흡곤란, 불빛과 음향에 대한 과민증
포도상구균증	*staphylococcus aureus*	발열, 농즙이 형성된다. 구토, 식욕부진
라임병	*Borrelia burgdoferi*	관절염, 신경염, 발열
마이코플라즈마감염증	*Mycoplasma cynos*	경도의 폐렴
렙토스피라증	*Leptospira interrogans*	황달성 출혈형 : 황달, 혈색소뇨, 설사, 구토, 구내염
		카니클라형 : 발열, 치은의 출혈, 요독증

표 7-3. 진균성 주요 인수공통감염병

병명	병원체	증상
피부진균증	*Microsporum spp.* *Trichophyton spp.*	윤상의 홍반, 가피형성, 탈모
칸디다증	*Candida albicans,* *C. parapsilosis*	면역상태가 좋지 않은 경우 발생. 발열, 피부에 다발성 홍반, 출혈반
크립토코커스증	*Cryptococcus spp.*	부비동염, 눈곱, 비즙, 진행되면 보행장해, 안저이상, 경련

표 7-4. 개의 주요 전염병

병명	병원체	증상
광견병	광견병 바이러스	전기 : 침울, 불안
		중기 : 유연, 연하곤란, 공격적, 물을 무서원한다.
		말기 : 전신마비와 쇄약
디스템퍼	개디스템퍼 바이러스	식욕부진, 발열, 눈꼽, 점액성, 농성 비즙. 구토, 설사, 전간성 발작, 경련
파보바이러스 감염증	개 파보바이러스 감염	구토, 심한 혈액성 설사, 탈수, 백혈구 감소, 3~9 주령의 자견에서는 심근염
코로나바이러스 감염증	개 코로나 바이러스	성견에서 많지만 무증상이 대부분 자견에서는 구토, 수양성 설사
개 전염성 간염	개 아데노 바이러스 I형	발열, 복부의 압통, 식욕부진, 구토, 설사, 구강내 점상 출혈, 편도선 종창, 회복 후 가막의 혼탁
개 전염성 후두기관염 (켄넬코프)	개 아데노 바이러스 II형	발열, 비즙, 건성 기침, 폐렴
파라인플루엔자 (켄넬코프)	개 파라인플루엔자 바이러스	발열, 기침, 비즙, 편도선의 종창
허피스바이러스 감염증	개 허피스바이러스	설사, 복부의 압통, 구토, 호흡곤란, 생식기 점막에 수포 형성

표 7-5. 개의 주요 인수공통전염병

병명	병원체	감염경로	증상
광견병	*Rabies virus*	이환된 개에게 물린 경우	두통, 불안감, 경련, 사망
렙토스피라증	*Leptospira interrogans*	감염동물의 요중으로 나온 병원체가 물과 토양을 오염시키고, 이를 접촉하는 경우 감염된다.	발열, 두통, 근육통, 구토, 출혈, 황달, 신부전
파스튜렐라증	*Pasteurella spp.*	감염ㅁ동물에 물리거나, 입맞춤 등에 의해 직접 감염된다.	국소적인 통증, 발적, 종창
부르셀라증	*Brucella canis*	유산태아 등의 접촉	오한, 발열, 두통, 근육통
라임병	*Borrella burgdorferi*	감염동물을 흡혈한 진드기에 의해 감염된다.	윤곽이 명료한 홍반, 관절염
톡소카라증	*Toxacara canis*	견회충란을 섭취	발열, 근육통, 소아에서는 시력 장해가 온다.
분선충증	분선충	오염지역에서 휴지기를 보내는 제 3기 유충의 경피 감염	설사, 점액성 혈변
심장사상충증	견사상충	감염동물을 흡혈한 모기에 물린 경우	기침, 발열, 흉통
개조충	개조충	감염 유충을 가지고 있는 벼력을 섭취하는 경우	통상적으로 무증상이지만 소아에서는 소화기 장해가 보인다.
개선충	진드기	감염동물과 직접 접촉	피부 가려움증, 구진
벼룩교상	개벼룩, 고양이벼룩	오염 환경중의 번데기 (번데기 내에 성충이 자라고 있다.)	심한 가려움, 발적
피부진균증	*Microsporum spp., Trichophyton spp.*	감염동물과의 직접적인 접촉	두부, 팔, 다리, 피부에 원형 홍반, 소수포

강영배,(1993), 해외악성가축전염병 최근발생동향과 대응연구 전략. 전국수의임상강습회 특강교재. 대한수의사회
강영배,(1996), 해외가축전염병. 농촌진흥청 '96농촌지도 공무원 전문교육 교재 〈가축위생〉. pp113~125.
김기호. 홍순조, 이효식, 강문원, 김호연, 정규원, 정희영, 전종휘, 김선무, 김정진,(1976), 폐염양질환의 임상적 관찰. 대한의학회지 19:274
공중보건학 강공언 외. 2005. 고려의학
공중보건학 문성기 외. 2006. 고려의학
공중보건학. 문성기,이인학,김미란,김종대,문효정,박장성,봉재환,이성란,장태수,조진만,조혜명,최영순,최은영 공 저. 2002년. 고문사
공중보건학의 이해. 김병환 외. 2005년. 신광출판사
공중보건학. 김병환 외. 2005년. 청구문화사
공중보건학(21세기). 양희태 외. 2005년. 효일
공중보건학. 강성례 외. 2004년. 보문각
공중보건학. 서광석 외. 2004년. 대학서림
공중보건학. 김동석 외. 2006. 고문사
공중보건학. 김종오 외. 2006. 청구문화사
공중보건학. 남철현 외. 2005. 청구문화사
공중보건학. 강공언 외. 2005. 고려의학
공중보건학. 문성기 외. 2006. 고려의학
공중보건학. 문성기,이인학,김미란,김종대,문효정,박장성,봉재환,이성란,장태수,조진만,조혜명,최영순,최은영 공 저. 2002년. 고문사
공중보건학의 이해. 김병환 외. 2005년. 신광출판사
공중보건학. 김병환 외. 2005년. 청구문화사
공중보건학(21세기). 양희태 외. 2005년. 효일
공중보건학. 강성례 외. 2004년. 보문각
공중보건학. 서광석 외. 2004년. 대학서림
국내 주요 오리질병 발생 원인 및 대책 / 장형관 / 오리마을 110 45-47 / 2012년
국립수의과학검역원 http://www.nvrqs.go.kr/index.asp
국제수역사무국,(1995), Disease Information. 1992~1995. Paris France
국립수의과학검역원 가축질병 정보 http://www.nvrqs.go.kr/Ex_Work/Disease_information/
수역사무국,(1992), Manual of Standards for Diagnostic Tests and Vaccine. Paris France
농림축산검역본부 축종별가축질병 / http://www.qia.go.kr/
소독 및 전염병학 전연숙외. 2004. 훈민사.
소독법과 전염병학 2003. 강성심 외. 정문각
소독과 전염병학 박지영 외. 2003.
소독 및 전염병학 김근수외 2001. 성화
소독 및 전염병학 장태수외 2000. 고문사

소독멸균학(이론과 실제) 김용호 외. 1995고려의학
수의공중보건학. 한국수의공중보건학회편. 2004. 문운당
수의전염병학. 김순재 외. 1994. 경북대학교출판부.
식품의약품안전청 http://www.kfda.go.kr/
질병관리본부 http://www.cdc.go.kr/webcdc/index.jsp
박재희,(1997), 야생동물과 인수공통 전염병. 자연과 사냥. pp324~329.
산림청,(1988), 한국의 새와 짐승. 삼정인쇄공사
원병휘,(1967), 한국동식물도감 제7권 동물편(포유류), 문교부
자연보호중앙협의회,(1979), 동물자원의 보호. 자연보호운동. 130~147.
한국동물분류학회,(1997), 한국동물명집(곤충제외), 도서출판 아카데미서적.
질병관리본부 http://www.cdc.go.kr/webcdc/index.jsp
면역학. Peter Pharm 저. 2006. 라이프사이언스.
최신면역학입문. Abbas Richuman 2005. 범문사.
최신 가축위생학. 이택주 외 1997. 선진문화사.
축산수첩 - 국내에서 발생되고 있는 주요 오리질병 / 한국오리협회/ 오리마을 97 46-50 / 2011년
한국과학기술정보연구원 동물질병 데이터 베이스 http://animal.ccbb.re.kr/renew/sub_animal.php
A Pocket Guide to Poultry Health and Disease / Paul McMullin / 2004년
Anderson, R. M. and R. M. May,(1981), The population dynamics of microparasites and their invertebrate hosts. Phil. Trans. R. Soc. Lond. B. 291:451~524.
Bolen, E. G. and W. L. Robinson,(1995), Wildlife disease. in Wildlife ecology and management(3rd ed.). Prentice Hall. pp113~140.
BSAVA Manual of Exotic Pets / Anna Meredith, Cathy Johnson Delaney / 2010
Centers for Disease Control and prevention(CDC) http://www.cdc.gov/Concepts in Dental Public Health. Jill Masson. 2004. Lippincott Williams & Wilkins.
Centers for Disease Control and prevention(CDC) http://www.cdc.gov/Companion Animals in Human Health. Cindy C. Wilson. 1998. Sage Publication.
Duck virus hepatitis / OIE Terrestrial Manual 2010
Gehrt, S. D., and E. K. Fritzell,(1996), Second estrus and late litters in racoons. Journal of mammalogy, 77:388~393.
Hancox, M. K.,(1980), Parasites and infectious diseases of the European badger : a review. Mamml Rev. 10:151~162.
Kim J. K., S. S. Lee, S. H. Kim, P. S. Oh, J. K. Yim and H. B. Park,(1992), The 155 cases of leptospirosis in Kwangju and Chonnam Proveince for recent 4 years. Kor. J. Med. 42:239~245. Infection: Microbiology and Management. Barbara Bannister, Stephen Gillespie, Jane Jones. 2006. Blackwell Publishing Ltd.
Macdonald, D. W.,(1988), The Encyclopaedia of Animal.(vol. 1) Carvivora. Academy Press, Korea. Public Health Microbiology: Methods and Protocols(Methods in Molecular Biology). J. F. T. Spencer 2004. Humana Press.
Manual of Exotic Pet Practice / Mark Mitchell, M. Camille Harris, Thomas N. Tully Jr. / 2008National Institute of Health(NIH) http://www.nih.gov/
Mason, C. F., and S. M. Macdonald,(1986), Otters, ecology and conservation. Cambridge

University Press, Cambridge, UK.

National Institute of Health(NIH) http://www.nih.gov/

Rosatte, R. C. et al.,(1997), A proactive prevention strategy for raccoon rabies in Ontario, Canada. Wildlife Society Bulletin, 25:110~116.

Schubert, C. A. et al.,(1998), Rabies control: an adaptive management approach. Journal of Wildlife Management, 62:622~629.

The Emergence of Zoonotic Diseases: Understanding the Impact on Animal and Human Health : Workshop Summary. Tom Burroughs. 2002. National Academic Press.

Watt G, L .P. Padre and M. Tuazon,(1990), Skeletal and cardiac muscle involvement in severe, late leptospirosis. J. Infect. Dis. 62:266~269.

Whlhelm, U., and L. G. Schneider,(1990), Oral immunization of foxes against rabies practical experiences of a field trial in the Federal Republic of Germany. Bulletin of World Health Organization. 88:87~92.

Wilson, D. E., and D. M. Reeder,(1993), Mammal species of the world. Smithsonian Institution Press. Washington and London

World Health Organization(WHO)http://www.who.int/en/

Zoonotic Health Topics http://www.dshs.state.tx.us/idcu/health/zoonosis/default.asp

찾아보기

찾아보기

저자약력 profile

저 자 | 김옥진

서울대학교 수의과대학 대학원 졸업/수의학박사
前 미국 농무부 동물질병연구소 해외연구과학자
前 서울대학교 의과대학 연구교수
現 원광대학교 동물자원개발연구센터 센터장
現 원광대학교 생명환경학부 교수

저 자 | 김현주

서울대학교 수의과 대학원 졸업/수의학박사
前 ㈜동화약품 중앙연구소 연구원
前 쿨펫동물병원 진료수의사
現 한국동물매개심리치료학회 윤리분과 위원장
現 서정대학교 애완동물과 교수

저 자 | 정태호

서울대학교 수의과대학 대학원 졸업/수의학박사
前 미국 뉴저지 주립대학 (RUTGERS-UMDNJ) 연구교수
前 한국한의학연구원 선임연구원
現 중부대학교 애완동물자원학과 교수

저 자 | 황인수

전북대학교 수의과대학 대학원 졸업/수의학박사
前 기관동물실험윤리위원회 위원장
現 한국동물간호사 자격위원회 위원장
現 서울호서전문학교 애완동물학부 교수

저 자 | 홍선화

원광대학교 생명자원과학대학 대학원 졸업/농학박사
前 원광대학교 동물자원개발연구센터 연구교수
現 서울호서전문학교 애완동물학부 외래 교수
現 한국폴리텍대학 생명의약분석과 외래 교수
現 서울종합예술실용학교 애완동물학과 교수

동물질병학

발 행 / 2022년 9월 8일

저 자 / 김옥진, 김현주, 정태호,
황인수, 홍선화

펴 낸 이 / 정 창 희

펴 낸 곳 / 동일출판사

주 소 / 서울시 강서구 곰달래로31길7 (2층)

전 화 / 02) 2608-8250

팩 스 / 02) 2608-8265

등록번호 / 제109-90-92166호

ISBN 978-89-381-0996-5 93490

값 / 22,000원